일러두기

1. 이 책은 2018년 4월부터 2020년 10월까지 〈문화일보〉 '지식 카페'에 연재되었던 글들 중 일부를 수정·보완하고 새로운 원고를 추가해서 단행본으로 엮은 것입니다.
2. 저작권 표시가 없는 사진들은 위키피디아 등 공유가 가능한 웹사이트에서 가져왔습니다. 추후 저작권이 확인되는 사진에 대해서는 적절한 승인 절차를 거칠 예정입니다.

우리가 기억해야 할 제2의 건축가'들

그들의 집은 이렇게 시작되었다

김광현 지음

뜨인돌

　르 코르뷔지에의 '사보아 주택'은 너무나 유명한 건물이라서 모르는 건축학과 학생이 없다. 그런데 이게 웬일인가! 강의 시간에 "사보아 주택의 건축주는 누구인가?"라고 물어보았더니 손들어 답하는 학생이 없었다.

　정년을 맞이한 첫해에 전국 순회강연을 하면서 똑같은 질문을 했는데, 역시 건축주를 아는 학생은 아무도 없었다. 건축주가 사보아라서 '사보아 주택'인데도 말이다. 지금껏 단 한 번도 이 주택을 건축주의 관점에서 배운 적이 없었다는 뜻이다. 그들에게 이 집은 이렇듯 르 코르뷔지에에서 시작하여 르 코르뷔지에로 끝난다. 참 기이한 일이었다.

　건축주(建築主)는 집을 짓기로 결정한 사람이다. 집을 제일 먼저 구상하는 이는 건축가일 것 같지만, 실은 서툴지라도 공간을 제일 먼저 구상하고 건축가와 함께 건축물을 지어가는 이는 건축주다. 모든 건축은 건축주로부터 시작된다. 건물이 지어진 후에도 건축주는 사용자나 이용자로서 계속 관여한다. 이렇듯 건축주는 건축의 모든 단계에서 주역으로 나타난다. 그래서 그들은 '제2의 건축가'들이다.

건축은 건축주의 희망, 내면에 잠재해 있는 욕망을 공간으로 바꾸는 것에서 시작한다. 건축가는 건축주의 희망과 욕망을 이어받아 물질로 구체화하는 사람이다. 법적으로 건축주는 '공사를 발주하여 그 공사를 하는 자'라고 좁게 설명되지만, 이렇게만 생각하는 건축주는 자신의 희망과 욕망을 올바로 실현할 수 없다. 건축가 루이스 칸이 말했듯이, 자신이 무엇을 열망하는지 정확히 아는 사람이 건축주다.

아주 먼 옛날부터 인간은 집을 지어야 살 수 있었다. 이것 하나만으로도 인간은 존재의 본질이 건축주였고, 건축가였으며, 건설자였다. 그러다가 세상이 분화되면서 어떤 사람은 건축가가 되었고, 그렇지 않은 사람은 건축주가 되어 자기 집을 건축가에게 맡겼다. 이렇게 생각하면 건축주는 또 다른 의미의 건축가다. 자기 집을 짓는 개인, 공동체나 조직의 대표자, 공공기관의 장은 모두 건축주가 되어 그 집으로 크고 작은 공동체를 형성한다. 건축주의 생각과 태도는 곧바로 건축에 대한 사회적 인식으로 이어진다. 그만큼 건축주의 책임이 크다는 말이다.

2018년 4월부터 2020년 10월까지 36회에 걸쳐 〈문화일보〉 '지식카페'에 건축 관련 글을 실었다. 연재물의 전체 주제를 세우지 않은 채 무작정 첫 회를 르 코르뷔지에의 사보아 주택으로 시작했다. 그리고 제목을 "사보아 주택에는 왜 사람이 살지 않는가?"라고 붙였다. 이렇게 첫 회를 마치고 나니 이 제목이 "그들의 집은 어떻게 시작되었는가?"라는 질문을 더 해보라고 나를 재촉하는 듯했다.

도대체 건축가만의 명작이란 무슨 의미가 있을까? 건축가와 함께 고민했던 건축주는 왜 늘 뒤에 가려져 있는가? 좋은 건물의 건축주는 어떤 생각으로 건축가와 함께했는가? 건축가라는 직업이 없던 먼 옛날의 거대한 구조물에는 어떤 의미가 담겨 있으며, 누가 그것을 구상하고 함께 지었는가? 모든 것이 부족한 변방의 빈국에서 어떻게 역사적인 건축물이 태어날 수 있었는가? 좋은 건물이 '공동의 가치를 담아 미래로 이어가는 집'이라면, 개인 건축주에서 공공이라는 사회적 건축주에 이르기까지 모든 이들이 그것에 동의해야 하지 않겠는가? 이런 질문들을 담은 건물을 두루 찾아서 답을 얻고자 한 것이 이 책을 쓰게 된 배경이다.

　　'지식 카페'에 연재했던 글들 중 26개를 골라 고쳐 썼고 10개의 글을 새로 더했다. 그렇게 하여 모두 36개의 글이 되었다. 그렇지만 건물마다 사정이 다르고 기록이 확실한 것만 다루어야 했으므로 하나의 논지로 전체를 관통할 수는 없었다. 그럼에도 36개의 글에는 자신의 건물을 대하는 36개의 건축주 유형이 분명하게 나타나 있다. 그러니 각각의 건물을 내가 바로 그 건축주라고 대입하며 읽어주시기를 바란다.

　　그들의 집은 이렇게 시작되었다.
　　우리가 기억해야 할 '제2의 건축가'들이 그곳에 있었다.

2025년 3월
김광현

제 1 장

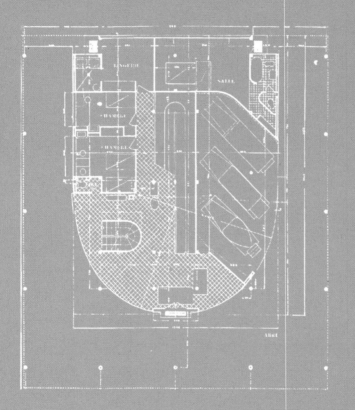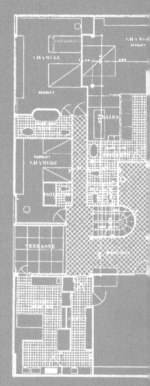

명작은 행복한 신화였는가?

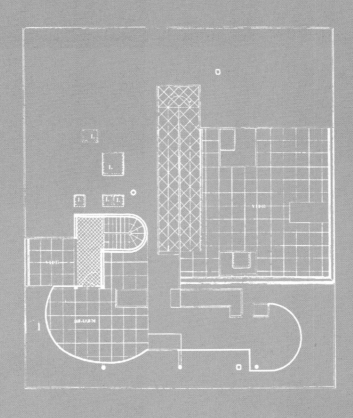

1
사보아 주택의 가족은 행복했을까?

　20세기의 건축을 열어준 명작으로 첫째가는 르 코르뷔지에(Le Corbusier, 1887~1965)의 사보아 주택(Villa Savoye). 강의 시간에 가장 많이 거론되고, 마치 복기라도 하듯 크고 정교한 모형까지 만들어가며 연구하는 주택이다.

　워낙 유명한 주택이라 사진도 많다. 사보아 주택 사진은 대략 네 종류다. 가장 오래된 것은 르 코르뷔지에의 『작품 전집』에 실린 흑백사진이다. 넓은 공원 같은 곳에 주택이 홀로 서 있고 사방이 나무로 둘러싸여 있는데, 전원 속의 근대주택을 강조하려는 의도적 앵글이다. 완만한 경사로를 따라 올라가는 영화 속 한 장면도 유명하다. 남아 있는 자료들 중 사람이 찍혀 있는 유일한 사진으로, 건축학자들이 많이 인용한다. 폐허가 되어버린 모습이 담긴 흑백사진들도 의외로 많

르 코르뷔지에의 『작품 전집』에 실린 흑백사진.

이 보인다. 그러나 가장 많이 등장하는 건 평온한 푸른 풀밭 위에 놓여 있는 하얀 입체나 정교하게 구성된 내부 사진이다. 모두 1960년대 이후 개수한 사진으로 뛰어난 공간과 조형을 보여주고 있다.

그러나 어느 사진에도 건축주 가족은 전혀 나타나 있지 않다.

명작 주택은 왜 명작인가? 명작 주택은 건축주 가족에게 훨씬 더 많은 행복을 가져다주었는가? 파리에서 가까운 푸아시(Poissy)에 있는 이 거장의 주택을 찾아간 학생들은, 옛날의 내가 그러했듯이, 어느새 르 코르뷔지에교(敎) 신자가 된 듯이 숨을 죽이고 진지한 눈초리로 이곳저곳을 살펴본다. 이들의 관심은 오직 뛰어난 물리적 구성에 있다. 건축가나 건축학과 교수 같은 '전문가'들도 이 유명한 주택의 건축주인 사보아 가족이 과연 행복했는가를 묻지 않는다.

사람은 왜 집을 짓는가? 이 질문에 대한 답은 아주 간단하다. 아리스토텔레스가 "건축은 인간에게 쉼과 행복을 주기 위한 것이다"라고 했듯이, 매일매일 반복되는 생활 속에서 쉼과 기쁨을 주는 게 건축의 목적이다.

뭔가 대단하고 거창할 줄 알았는데 뭐 이리 간단한가, 라고 생각할 수도 있다. 그러나 다시 말한다. 사람은 행복하기 위해 집을 짓는다. 이 간단한 조건을 숙고하지 않고 가볍게 여겨서 그렇지, 여기에 충실하면 주택이든 공공건물이든 잘 지어지게 되어 있다.

똑같이 물어보자. 20세기의 건축 명작인 사보아 주택의 건축주는 왜 집을 지었는가? 그들은 과연 그 주택에서 행복했는가? 그들은 명작을 만들 목적으로 자기 집을 지었을까?

'살기 위한 기계인 주택'의 전형

사보아 주택은 1929년에 착공하여 1931년 봄에 완공되었다. 르코르뷔지에는 1931년 6월 28일 사보아 부인(Eugénie Savoye)에게 이렇게 편지를 보냈다.

"1층 홀에 있는 테이블에 책 한 권을 놓으세요. (그리고 이 책에 '황금의 책[방명록]'이라고 호화롭게 라벨을 붙이세요.) 그러면 방문하는 분마다 자기 이름과 주소를 적을 겁니다. (…) 부인, 당신의 주택에서 완벽하게 사는 모습을 보는 게 저에게는 큰 행복이고 참 기쁨이 되겠습니다."

그러나 건축의 기쁨은 찾아오는 사람들의 이름을 적는 방명록에 있지 않았다.

르 코르뷔지에는 잡지 《에스프리 누보(Esprit Nouveau)》에 기고한 글과 자신이 설계한 주택을 통해 20세기 건축양식을 요약한 '근대건축의 5가지 요점(Cinq points de l'architecture moderne)'을 전개했다. 철근콘크리트라는 새로운 기술을 통해서 필로티, 역학적으로 자유로운 벽, 수평으로 긴 창, 옥상정원, 자유로운 평면으로 새로운 건축을 만들자는 것이었다.

'근대건축의 5가지 요점'은 19세기 말 파리 도로변에 늘어선 무거운 석조주택의 건축방식을 완전히 뒤바꾼 것이다. 당대의 근대적인 생활과 일치하는 새로운 건축을 보증하는 것이었으며, 시대에 대한 대단한 도전이었다. 이런 다섯 가지 요점을 완벽하게 보여준 작품이 바로 사보아 주택이다.

당시의 새로운 기술은 건축가들에게 커다란 영향을 미쳤다. 그중에서도 특히 르 코르뷔지에는 "주택은 살기 위한 기계(A house is a machine for living in)"라는 간단한 말로 자신의 건축 개념을 요약했다. 이런 그의 말을 학부 시절에 처음 들었을 때는 말도 안 된다고 생각했다. 사람이 사는 주택이 어떻게 기계가 되는가? 그러나 그렇지 않다. 단순하게 요약된 이 말이 그 시절 그의 건축을 유명하게 만드는 데 결정적인 역할을 했다.

사실 이것은 그렇게 심오한 말은 아니었다. 1930년에 피에르 쉐날(Pierre Chenal)과 르 코르뷔지에가 공동 제작한 러닝타임 10분 정도의 무성영화 〈오늘의 건축〉의 앞부분에 이런 자막이 나온다.

"자동차는 여행하기 위한 기계다. 비행기는 날기 위한 기계다. 주택은 살기 위한 기계다."

자동차와 비행기가 그러하듯 근대주택은 살기 위한 기계여야 한다는 뜻이다. 논법이 그럴싸하다. 그는 이런 식으로 새로운 시대에 대응하는 자신의 독자적인 건축을 주창하고 설득했다.

사보아 주택은 파리에서 30킬로미터 떨어진 근교에 있었다. 당시 이 주택의 주변은 도시에서 떨어진 전원 지대였다. 높은 나무들 사이를 걸어가면 시야가 트이고, 북쪽으로 완만하게 올라가며 풀이 자라는 땅이 있고, 그 위로 커다란 하얀 상자가 지상으로부터 약간 위쪽에 고정된 듯이 나타난다. 평면은 거의 정사각형이고 필로티, 벽면, 옥상층의 3부 구성을 하고 있다. 멀리서 보면 땅에 떠 있는 배를 연상케 한다. 미술사가 한스 제들마이어(Hans Sedlmayr)는 『중심의 상실(Verlust der Mitte)』에서 이 주택을 "지상에 춤추며 내려온 우주선"이라고 묘사했다.

완공 당시 진입하는 방향에서 볼 때 주택의 왼쪽은 학교 건물에 막혀 있으나 오른쪽으로는 센강과 푸아시 시가 내려다보였다. 7헥타르나 되는 넓은 땅 한가운데 기하학적인 육면체가 있었다. 그 주택의 필로티 밑으로 자동차가 지나간다. 옥상에는 식물이 무성하게 자라는 풍경이 펼쳐진다. 언덕에 서서 사방을 조망하는 이 주택은 안드레아 팔라디오의 설계로 1591년에 완성된 명작 '빌라 라 로톤다(Villa La Rotonda)'를 닮았다. 사보아 주택은 과수원 전체를 통제하며 바라보는 일종의 전망대다. 곧 사람의 눈이 풍경을 보게 만드는 기계다.[*1]

그렇지만 이 땅은 비가 많고 습한 곳이다. "지면에 서 있으면 그렇

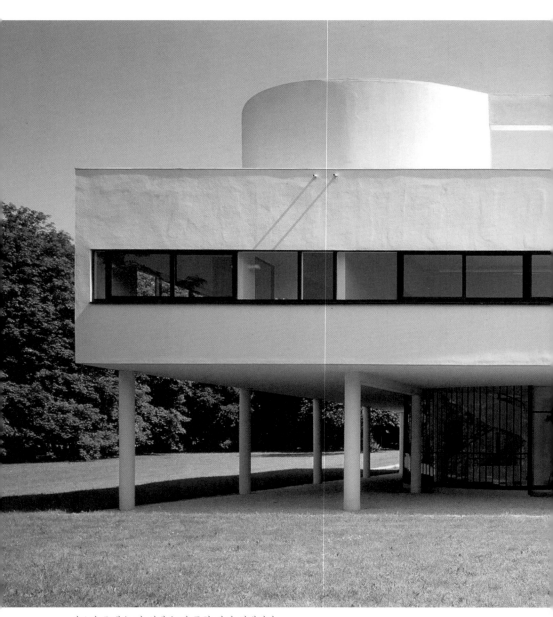

사보아 주택은 땅 위에 놓인 듯한 하얀 입체였다.

사보아 주택의 왼쪽은 학교 건물이 막고 있다.

게 멀리 볼 수 없다. 더욱이 땅도 건강에 좋지 않고 습하기도 하다. …
이 집에서 살려면 결국 주택의 실제 정원은 땅 위가 아니라 3.5미터
위다. 이 정원의 바닥 표면이 건조하고 건강에 좋은 옥상정원이 될
것이다. 그 정원에서는 밑에 있을 때보다 훨씬 더 아름다운 풍경을
잘 보게 될 것이다."*2 땅이 습하니 공중 정원으로 만들어 높은 곳에
서 사방으로 조망하게 하자는 것이다. 그렇기에 "이 집에는 정면이라
는 개념이 있어서는 안 된다. …집의 주위는 사방에서 어떤 방해를
받으면 안 된다." 굉장히 넓은 대지의 한가운데 정사각형의 주택을
앉혔기 때문이다. 주택의 세 면에서는 긴 수평 창으로 풍경을 틀로
잘라내어 파노라마로 보게 한다.

22

르 코르뷔지에는 이런 환경에서 생활하면 그곳에 사는 사람은 근대의 시적인 감정을 지니고 살게 된다고 보았다. 그에게 새로운 기술(기계)은 새로운 생활(주택), 새로운 정신과 삼위일체다. 따라서 그의 "살기 위한 기계인 주택"은 단순히 물리적인 주거환경이 아니다. 새로운 정신(Esprit Nouveau)을 생산하는 기계, 20세기의 생활을 대표하는 전형적인 주택 작품이었다. 그런 까닭에 "살기 위한 기계"인 이 주택은 주말을 보내려는 가족을 위한 '시(詩)'를 생산해주는 곳이기도 했다. 그래서 사람들은 이 주택을 "수정처럼 순수하고 효율적이며 건강하고 기품이 있으며 청명한 도구"라고 평해주었다.

주택의 중심부는 북쪽에 있다. 도로에서 들어와 마주 보는 남쪽 파사드가 실은 뒤쪽이다. 거실 앞에는 서쪽으로 테라스가 있다. 자동차 사용을 전제로 설계했기 때문에 차가 한 바퀴 돌 수 있게 했다. 가족은 각자 하나씩 모두 3대의 자동차를 가지고 있었다.

필로티와 외벽 사이를 넓히고 차를 지나가게 하여 1층에 주차하게 한 것은 부인의 아이디어였던 것 같다. 운전 실력이 그다지 좋지 않았던 부인은 후진하지 않고 곧바로 주차하게 만든 것을 마음에 들어 했다.[*3] 1층의 북쪽이 반원인 것은 차가 돌아가는 반경에 맞춘 것이다. 반원의 중심에 있는 입구 앞에 정차하고 운전사는 서쪽 주차장으로 들어간다. 넓은 땅을 놔두고 자동차가 집 안의 통로를 지나 주택 하부에 주차한다니 참 이상하게 들리지만, 옛 모습을 찍은 동영상은 지금 보아도 참신하다.

이렇게 주변의 풍경을 바라보게 만든 이 주택의 안에 들어오면 중앙에 완만한 경사로가 있다. 이 경사로를 걸어가노라면 내부의 공간

사보아 주택의 내부 경사로.

과 바깥 풍경이 겹치고 사라지며, 닫히고 열리며 돌아가는 다양한 장면을 만들어낸다. 거실 앞 테라스로 나와 외부에 마련된 경사로를 걷는 동안에도 이러한 장면 변화는 계속된다. 바로 이것이 르 코르 뷔지에가 이름 붙인 '건축적 산책로(architectural promenade)'다. 마치 자연스러운 숲길을 천천히 산책할 때와 같은 변화를 건축물로 구현해낸다는 뜻으로 만든 말인데, 사보아 주택에서는 옥상정원의 일광욕실이 종점이 된다. 공간의 표정이나 풍경의 변화를 바라보면서 걷기 위한 르 코르뷔지에 특유의 건축적 장치다.

영화 〈오늘의 건축〉의 앞부분에는 3개의 주택이 등장한다. 그중

거실 앞 테라스에서 옥상으로 이어지는 외부 경사로.

세 번째가 '필로티의 주택', 곧 사보아 주택이다. "어떻게 집에 바람을 통하게 하고 습한 지면에서 벗어나게 하지 않을 수 있겠는가? 인공광의 도움을 빌리지 않고 식당에서 촬영했다. 완만한 경사로로 일광욕장으로 갈 수 있다"라는 자막이 적혀 있다. 이때 한 여성이 경사로를 올라가 그 끝에 있는 개구부를 통해 저 먼 곳의 풍경을 바라보는 장면이 나온다. '건축적 산책로'가 어떤 것인지 영상으로 보여주어야 사람들이 제대로 이해할 수 있다고 보았기 때문이다. 다만, 그 여성은 사보아 주택에 거주하는 사람이 아니고 카메라 앞에서 연기를 하는 중이다.

영화 <오늘의 건축>이 보여주는 '건축적 산책로'의 장면들.

자동차로 오가며 머무는 주말주택

　1928년 르 코르뷔지에에게 주택 설계를 의뢰한다는 내용을 담은 편지가 날아왔다. 건축주는 피에르와 유제니 사보아(Pierre & Eugénie Savoye) 부부였다. 남편은 파리의 로이드 해상보험회사 소유주의 친척이며 그 회사의 중역이었다. 이들 부부가 원한 것은 파리에

유제니 사보아(왼쪽)와 피에르 사보아(오른쪽).

살면서 자동차로 오가며 머무는 주말주택이었다. 이때 남편은 48세, 부인은 40세였다. 그런데 사보아 주택을 탄생시킨 주역은 다름 아닌 부인 유제니 사보아였다. 손자의 말에 의하면 할머니는 자신이 원하는 것을 잘 파악하고 있을 뿐 아니라 결코 남에게 휘둘리지 않으며, 누구에게도 쉽지 않은 타입이었다고 한다.[4]

실제로 부인이 보낸 첫 번째 편지는 인사말도 없이 다짜고짜 이렇게 시작한다. "르 코르뷔지에 선생님, 제가 시골 별장에서 바라는 주요 디테일을 보내드립니다. 우선 몇 년 후, 집을 손상하지 않으면서 몇 년 안에 증축할 수 있게 해주십시오. 온수와 냉수, 전기(조명과 플러그) 그리고 중앙난방을 원합니다."[5]

편지에는 아주 세심한 요구가 적혀 있었다. 일단 부인은 큰 집을 바라지 않았다. 전원에 지어진 주택이라고 하지만 파리까지는 차나 기차로 1시간이나 1시간 30분 정도여서 당일로 돌아올 수 있는 거리였다. 부부와 하나밖에 없는 아들 등 세 식구가 살 집이면 되었다. 편지를 보냈을 때는 아들이 21살이었으므로, 훗날 손주들이 태어나 식구가 늘어나는 건 염두에 두지 않은 것 같다.

지층과 1층에 들어갈 방과 크기 등도 자세히 적혀 있었다. "포도주 저장소 1개와 또 다른 지하 창고, 강력 전기 플러그 3개와 조명 2개… 전기 세척기와 플러그가 들어가도록." 거실에 대한 요구는 이랬다. "거실은 간접 조명에 식탁 위에는 횃불 등롱들. 플러그 5개와 커다란 벽난로. 이 공간은 완전한 직사각형이어서는 안 되고 대신에 아늑한 구석 공간이 있어야 합니다. …저장용 찬장 예일(Yale) 자물쇠… 추가 공사 진행 및 공사 규모 축소시 공사 대금은 기본 계약 내용에 따라 책정합니다."*6

특히 조명과 전기 플러그에 대한 기술적인 요구가 많았다. 이 주택에 대한 기대는 주로 온수, 냉수, 가스, 전기, 전등, 중앙난방 등 근대 건축의 최신 기술에 집중되어 있었다. 방바닥의 나무판이나 타일 재료도 구체적으로 부탁했고 외벽의 단열도 잘 부탁한다고 했다. 그만큼 현대적인 집을 짓겠다는 의지가 아주 강했다.

그러나 부인의 편지에는 구체적인 삶의 방식은 적혀 있지 않다. 이 주택에서 어떻게 살고 싶은지, 거실에서는 어떻게 지내고 싶고 식사할 때는 어떤 빛을 받으며 식사하고 싶은지, 집 안에서 밖은 어떻게 보며 살고 싶은지, 넓은 마당에서는 무엇을 하고 싶으며 꽃은 어떻게 가꾸며 살고 싶은지 등등. 그렇지만 거실은 "완전한 직사각형이면 안 되고 그 대신 아늑한 구석 공간이 있어야 한다"라는 요구는 주목할 만하다. 아마도 이는 일정하게 틀이 잡히지 않은 거실에, 마음이 편안하고 느긋해지는 공간을 갖고 싶다는 뜻이었을 것이다. "방의 모든 모퉁이는… 방의 싹이고 집의 싹이다"*7라는 가스통 바슐라르(Gaston Bachelard)의 말처럼.

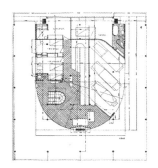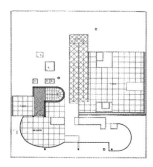

르 코르뷔지에의 다섯 번째 설계안 평면도.

르 코르뷔지에는 처음부터 아주 능숙하게 건축주를 설득했다. 제일 처음 제시한 안은 건축비가 너무 많이 들어 거절당했다. 그러자 당연히 건축주의 마음에 들 리 없는 평범한 안을 몇 개 보여주었다. 그런 다음 지금의 평면이 된 다섯 번째 안을 내밀었다.

이 또한 공사비가 크게 초과했다. 이에 3층의 침실을 없애고 2층으로 옮겼다. 본래 5미터였던 기둥 간격을 5퍼센트 줄여서 4.75미터로 만들어 규모의 10퍼센트를 줄였다. 말하자면, 복사기로 95퍼센트로 축소해서 평면의 명쾌함과 구조의 질서는 그대로 남기면서 도면을 만들었다는 이야기다. 그렇지만 이것은 첫 번째 안보다 공사비가 훨씬 더 많이 들었다. 그 때문인지 당시의 평균 수준에 비해서 시공이 매우 거칠었다. 그리고 건축주가 절대 직사각형이어서는 안 된다고 했던 거실은 완벽한 직각으로 이루어져 있다.

또 다른 요구였던 "커다란 벽난로"는 어떤가? 이것은 건축주의 거주 감각을 느끼게 하는 유일한 요구였다. 유럽이나 미국 주택에서 벽난로는 정말 중요하다. 그들에게 벽난로란 난방의 수단만이 아니다. 그것은 함께 사는 가족의 거주가 근본적으로 투영되는 곳이다. 프랭크 로이드 라이트가 지은 '낙수장'(카우프만 주택, 1939)의 벽난로를 보라(이 책 300쪽 참조). 헨리 데이비드 소로의 『월든』을 연상시키는 미국인의 원초적인 거주 감각을 그대로 보여주지 않는가?

그러나 사보아 주택의 벽난로는 그런 것과는 거리가 멀었다. 건축주가 요구한 "커다란 벽난로"도 아닐뿐더러, 벽 아래에 설치된 방열기의 보조장치처럼 왜소하게 보인다. 창 밑의 선반과 이어진 난로의 상판은 타오르는 난로의 불과는 전혀 달리 추상적이고 냉정하다. 굴뚝 또한 타오르는 열기에는 아무 관심이 없다. 단지 정제된 각기둥으로만 보인다. 게다가 벽난로는 너무 작아서 장작도 몇 개 못 들어갈 것 같다. 심지어 타고 있는 장작과 타고 남은 재가 바닥으로 넘쳐 나올 것만 같다. 한마디로 존재감이 전혀 없는 벽난로다.

사보아 주택의 벽난로.

거실 벽면의 수평 창.

　거실의 벽에는 수평 창이 길게 나 있다. '근대건축의 다섯 가지 요점' 중 하나인 수평의 창은 거실의 긴 변과 짧은 변을 지나 바깥 테라스로 길게 이어져 있다. 덕분에 마치 영화를 보듯이 바깥 풍경을 즐길 수 있다. 그러나 이것은 낮에 바라본 이 주택 내부의 모습이다.

　주변에 아무것도 없는 넓은 대지 한가운데 있는 사보아 주택은 밤에는 어떻게 보일까? 낮에는 안팎의 조형이 명료하게 보였겠지만, 밤이 되고 등이 켜지면 외부는 보이지 않는다. 오직 내부만이 인식된다. 바깥의 풍경을 잘라내 보여주던 수평 창에 커튼을 치지 않는 이상, 밤이 되면 거실의 세 방향은 모두 검고 길쭉한 띠로 바뀌고 말 것이다. 나뭇잎이 무성한 여름 낮에는 시원한 느낌이 들겠지만, 매서운 바람이 부는 겨울에 이처럼 긴 수평 창으로 둘러싸인 거실은 매우 서늘하게 느껴졌을 것이다.

우리 가족의 집이 될 것 같지 않은 집

1929년 한 해 내내 공사를 했다. 그해 4월 25일에는 르코르뷔지에가 부인에게 이런 편지를 썼다. "푸아시에 있는 빌라 사보아는 작은 기적이 되고 있습니다. 하나의 창작물입니다."[*8]

공사는 12월 31일에 마친 것으로 되어 있다. 그러나 1930년 9월에도 계단 경사로에는 바닥재가 깔리지 않았다.

공사가 시작된 지 약 1년이 지나 비가 많이 오는 날, 부인이 주택에 와보니 여기저기에서 비가 새고 있음을 알게 되었다. 유리를 끼우지 않은 창도 있었고 옥상 테라스의 방수도 충분하지 못했다. 주차장, 아들 방, 안방 등에는 물이 새고 있었다. 욕실의 천창도 마찬가지였다. 이에 부인은 1930년 3월 24일 편지를 썼다. "비가 많이 내리면 내 욕실 위의 천창을 때리는 요란한 빗소리 때문에 시끄러워서 잠을 잘 수 없겠어요."

같은 해 6월에 보낸 편지의 말미에도 이렇게 적혀 있다. "우리 집 주차장에 계속 비가 내리고 있습니다." 그러고 나서 같은 해 6월쯤에 이 새집에 이사했다.

르 코르뷔지에는 필로티가 건물을 땅에서 해방하기 위한 것이며, 들어 올린 공간을 많은 사람이 함께 사용할 수 있게 한 것이라고 역설했다. 그렇지만 이 주택에서 1층을 필로티로 들어 올린 주된 이유는 이곳이 비가 많고 습기가 많은 땅이었기 때문이다. 당연히 주택 내부도 춥고 습했다. 시공자 또한 이런 사실을 알고 있었다. 설계안의 창이 너무 커서 열 손실이 클 수밖에 없으며, 이로 인해 문제가 생겨도 자기는 책임을 지지 않겠다고 할 정도였다.

12월에는 비가 심하게 와서 지하실이 침수되었다. 그 이후 부인은 이런 일로 건축가에게 여러 차례 편지를 보냈다. 완공된 지 3년째 되는 1934년 봄에도 지하실이 침수되었고 난방 설비가 고장 났으며, 습기가 빠지지 않아 곰팡이가 피게 되자 건축주는 강력히 항의했다. 부인이 1936년 9월 7일에 보낸 편지는 절절하다. "홀에는 비가 내리고 있습니다. 경사로도 흠뻑 젖었고요. 주차장의 벽도 다 젖었어요. 어쩌면 좋지요? 비가 올 때마다 천창에서 물이 흘러 제 침실에도 비가 새요. 원예사가 사는 집의 벽도 온통 젖었고요." 부인은 설비공사를 다시 해 달라고 몇 번이나 부탁했다.

이렇듯 하자와 불만이 많았지만, 그중에서도 새집에 사는 즐거움을 빼앗아간 것은 난방 문제였다. 사보아 부부의 아들은 1933년에 1년가량 요양원에 있다가 1934년 초에 집으로 돌아왔다. 병약한 아들은 겨울을 몹시 춥게 지내야 했다. 부부에게 이 하자는 가장 큰 골칫거리였다. 평소 르 코르뷔지에는 건축이 건강과 복지에 잠재력을 가졌다고 역설했었다. 그러나 이제 와서는 건축주 아들의 건강 문제가 커다란 창에서 햇빛이 너무 많이 들어온 탓이라고 둘러댔다.

하자 발생에 대해 항의하는 편지는 3년 동안 계속되었다. 그러나 우리의 거장 르 코르뷔지에는 한 번도 부인의 청을 들어주지 않았다. 1937년 9월 7일, 아무리 항의해도 소용없음을 알고 나서 부인은 이런 편지를 썼다. "당신 사무실에는 우리 집에 방문하는 사람들을 관리할 인력은 있어도 제 편지에 회신할 사람은 단 한 명도 없군요."

한 달 뒤인 10월 11일에는 이렇게까지 말했다. "이달 7일에 보내신 당신 편지를 보고 황당했습니다. 그렇게 수없이 요구했는데도 1929년에 지어진 이 주택에 사람이 살 수 없게 되었다는 사실만 받아들이시는군요. 문제가 생기면 10년을 보증한다고 했으니, 그렇다면 제가 비용을 부담할 필요는 없겠습니다. 그러니 이 집에서 살 수 있게 해주세요. 저는 이 일로 법적 조치를 하지 않게 되기를 바랄 뿐입니다."[*9]

실제로 부인은 르 코르뷔지에를 상대로 소송을 제기했지만 제2차 세계대전이 일어나면서 흐지부지되고 말았다. '살기 위한 기계'라던 사보아 주택은 정밀하지 못했고, 건축주도 건축가도 행복하지 못했다.

사정이 이런데도 르 코르뷔지에는 1937년 10월 30일 부인이 아닌 남편에게 답장을 보냈다. 그는 관리인 건물만 언급했으며 주택 본체에 대해서는 아무 말도 하지 않았다. 그리고 이런 추신을 달았다. "이 편지에 서명할 수 없어서 죄송스럽게 생각합니다. 도시 밖으로 나가야 할 급한 일이 생겨서요." 아니, 이게 무슨 실례의 말씀인가?

이튿날 르 코르뷔지에는 건축주에게 보내는 마지막 편지를 썼다.

"친애하는 사보아 선생님, 브뤼셀에서 돌아오자마자 짬이 나 직원에게 받아 적게 한 편지에 몇 마디 덧붙입니다. 제가 제안한 보수 조치 이후에도 북쪽 벽으로 인한 불편이 지속된다면, 그 벽 안쪽으로 3~4센티미터 두께의 나무 합판을 설치해야 합니다. 저희는 선생님께서 만족할 수 있도록 최선을 다한다는 점을 말씀드리며, 선생님께서도 자신을 그 집의 친구로 생각해주셨으면 합니다. 저희 관계에 항상 신뢰가 넘쳤던 만큼, 저 또한 선생님의 가까운 친구로 남고 싶습니다. 저는 언제나 건축주들의 친구이며, 앞으로도 변함없는 친구가 될 것입니다. 르 코르뷔지에 드림."

과연 이것이 건축주를 대하는 거장 건축가의 태도란 말인가? 자꾸

2차대전 당시 거의 폐가가 되어버렸던 사보아 주택.

이런 불만 섞인 편지 보내지 말고, 나는 당신의 '친구'로 남고 싶으니 당신도 나를 '친구'처럼 대하시라, 그리고 "안쪽으로 3~4센티미터 두께의 나무 합판" 등을 대기도 하고 스스로 이것저것 손을 보면서 자신의 주택을 '친구'처럼 대하며 사시라는 말이었다. 건축주는 "짬이나 직원에게 받아 적게 한 편지에 몇 마디 덧붙인다"는 말에 몹시 격분했을 것이다.

　제2차 세계대전이 일어난 날(1939년 9월 1일)의 바로 전날, 사보아 주택의 건축주는 결국 자신들의 집을 포기했다. 1940년 6월에는 독일 게슈타포가 침입하여 이 주택을 감시 초소 또는 탄약고나 사료 창고로 사용했다. 1942년 독일군이 나간 이후 사보아 주택은 거의 폐가가 되어버렸다.

전쟁 중이라 어쩔 수 없었겠지만, 부부는 집을 수리하고 싶지 않았다. 돈이 부족해서가 아니었다. 주택에서 살던 9년 중 6년은 분쟁으로 애를 태웠고, 새집에서 사는 동안 사보아 주택은 애초에 잘못 지어진 집임을 절감했다. 특히 문제가 되었던 난방과 누수는 아무리 보수해도 해결되지 않으리라고 판단했다.

1945년 5월부터 8월까지는 미군이 이 집을 접수하여 물품이나 자동차 보관 창고로 사용했다. 제2차 세계대전이 끝난 후 사보아 주택의 건축주 부부는 어느덧 65세, 57세가 되었다. 그리고 손자는 이렇게 말했다. "빌라 사보아는 우리 가족의 집이 될 자질도 없어 보였다. 무엇보다 할아버지는 전후에 다시는 소유주가 되고 싶지 않았다."[*10]

1947년에 부부는 사보아 주택이 있는 택지를 채소밭과 과수원으로 바꾸었다. 부인은 처음부터 그곳에 채소밭과 과일나무를 심은 과수원을 만들 생각이었다. 1950년에는 남편 피에르가 세상을 떠났다. 그러나 그 후에도 농장 한가운데에는 순수 기하학적 입체의 사보아 주택이 흉물스럽게 서 있었다.

'명작'의 이름 속에만 남은 건축주

전쟁이 끝난 뒤 푸아시 지역이 개발되면서 5층짜리 건물이나 주택이 많이 늘어났다. 이에 맞추어 고등학교도 신축해야 했지만 부지가 마땅치 않았다. 1957년에 푸아시 시장은 사보아 부인에게 주택 부지를 시에 양도할 수 있는지 물었다. 그러나 부인은 이에 응하지 않았다. 결국 1959년에 시장은 고등학교 터를 마련하고자 7헥타르나 되는 사보아 주택의 대지에 대한 수용행정명령을 집행했다. 시는 땅을 매입하고 황폐해진 주택을 부순 다음 고등학교와 스포츠센터를 짓고자 했다.

부인은 시를 상대로 보상금에 관한 소송을 걸었고 승소했다. 이때 이 명작 주택은 나무나 농지에 대한 보상금보다 훨씬 낮게 책정되었다. 아무런 가치가 없었기 때문이다.

부인과 아들은 자기 집이 학교 부지로 수용당하는 것을 억울하게 여겼고, 1959년 초에 이를 르 코르뷔지에에게 알렸다. 아들은 수용 절차 자체는 불가피하더라도 이왕이면 문화부에서 보상금을 받고 사보아 주택도 철거하지 않기를 원하고 있었다. 이때 르 코르뷔지에를 비롯하여 그와 뜻을 함께하는 건축가 몇 명이 '사보아 주택 보존 임시위원회'를 만들었고, 1959년 3월 11일에는 17명의 건축가가 국제청원을 제출했다. "빌라 사보아를 원상복구하고, 르 코르뷔지에의 주도하에 이 집을 어디에 활용할지 최종 해결책을 모색할 수 있도록 저희 행동을 지지해주시기 바랍니다." 그런데 왜 "르 코르뷔지에의 주도하에"인가?

사보아 부인의 편지를 받은 르 코르뷔지에는 저명한 건축역사가였던 지그프리트 기디온(Sigfried Giedion)에게 도움을 청했다. 당시 문화부장관이었던 앙드레 말로와 다른 건축가들의 노력 덕분에 오랫동안 사람이 살지 않았던 사보아 주택은 역사적인 건조물로 지정되었다. 대지 7헥타르 중 6헥타르는 '르 코르뷔지에 고등학교(Lycée Le Corbusier)'를 짓는 데 쓰였고, 나머지 1헥타르 대지 안에 사보아 주택이 남겨져 지금까지도 일반에게 공개되고 있다.

이들은 "빌라 사보아는 르 코르뷔지에의 세계적으로 유명한 명작일 뿐만 아니라, 그 이상으로 세계적으로 널리 전문가 집단에서 인정을 받는 20세기 건축의 기념비"라며, 사보아 주택을 보존해야 하는 이유를 역설했다. 이로써 르 코르뷔지에는 자기 작품이 역사적 유산이 되는 영예를 얻은 최초의 건축가가 되었다.

그 무렵 '르 코르뷔지에 재단(Fondation Le Corbusier)' 설립이 추진되고 있었다. 1959년 3월, 르 코르뷔지에는 사보아 주택이 고대에서 현대에 이르는 건축적 발전 연구에서 서구권의 출발점으로 쓰일 것이라며 이 주택의 가치를 크게 강조했다. 이를 보면 '르 코르뷔지에 재단'을 사보아 주택에 둘 마음이 있었던 것 같다. 1962년 6월 2일, 르 코르뷔지에는 미래의 재단이 사보아 주택에 세워질 것이고 '르 코르뷔지에 박물관' 양식으로 주택의 내부를 정비하기 위한 계획을 짜고 있다며, 예전에 그렇게도 말이 많았던 "난방 설비와 전기기구를 새로운 브랜드로 바꿀 것이고 창문도 상당히 단순화할 것"이라고 적고 있다.[11] 참 역설적인 이야기다.

르 코르뷔지에의 이러한 열망 때문이었을까. 1962년 9월 3일 문화부장관 앙드레 말로는 설립 준비 중인 르 코르뷔지에 재단[12]의 처분에 사보아 주택을 맡기겠다고 확인하는 편지를 르 코르뷔지에에게 보냈다. 이로써 사보아 주택은 르 코르뷔지에에게 맡겨졌다. 다만, 르 코르뷔지에는 사보아 주택의 역사유산 등록이 공식적으로 결정되기 직전에 세상을 떠났다.

사보아 부인은 이런 결정에 만족했을까? 전혀 그랬을 것 같지 않다. 어쩌면 건축가에게 두 번째 배신감을 느꼈을 것이다. 그들 가족이 이 주택에서 살던 때의 기록도 없지만, 그 이후의 삶에 대한 기록도 전혀 없다. 건축주 사보아 부부! 이들은 자신의 집에서 편히 살지도 못하고 오래 살지도 못한 채 '명작'의 이름 안에서만 남게 되었다. 소송의 원인이었던 하자는 문화재로 보존되고 나서야 비로소 완벽하게 고쳐졌고, 지금은 준공한 지 얼마 안 되는 듯이 늘 새하얗게 서 있다.

사보아 주택에는 '투명한 시간(Les Heures Claires)'[*13]이라는 별칭이 붙어 있다. 훗날 르 코르뷔지에가 붙인 이름이다. 1960년에 그는 이 주택과 대지를 수용했던 푸아시 시장에게 자신의 작품집 두 권을 보내며, 이 주택을 보존해야 하는 이유를 설명하기 위해서 이런 글을 적어 보냈다. "여기 1929년에 생긴 그때의 주택이 있습니다. 맑고 투명한 그 주택은 행복했지요. 그렇습니다. 그때로부터 30년이 지났습니다. 소름이 끼치는 투쟁의 험한 30년이었네요."[*14]

'투명한 시간'이라는 별칭은 고요하고 흐트러지지 않았던 건축가 자신의 인생 시기를 기억하며 붙인 멋진 이름이었다. 그러나 이 별칭마저도 사보아 주택 건축주의 삶과는 아무런 관계가 없다. 손자는 "'투명한(찬란한) 시간'을 설계하는 것, 그것은 할머니와 할아버지의 프로젝트였다"라고 말했지만, 건축주 부부에게 사보아 주택은 결코 '투명한 시간'이 아니었다.

"할머니와 할아버지의 요구 사항에는 구체적인 주문이 있었다. 그들에게 빌라 사보아는 어떤 선언을 하거나 누군가의 작품을 후원하기 위한 프로젝트가 아니었다. 그들은 단지 시골 별장을 지어 행복한 시간을 보내고 싶었다. 만일 할머니가 '집은 살기 위한 기계'라고 한 르 코르뷔지에의 말을 들었더라면 6월의 첫 만남은 그 길로 끝이었을 것이다."*15

　손자의 말대로 사보아 주택은 결과적으로 건축가 르 코르뷔지에가 세계적 건축가가 되도록 후원해준 건축물이 되었다.

　사보아 부인의 설계 의뢰서를 보면, 주문은 구체적이었는지 몰라도 어떻게 살아야 하는지에 대한 구체적인 거주의 상(像)이 서 있지 못했다는 것을 쉬이 알아차릴 수 있다. 삶의 방식에 대한 건축주의 생각이 확고했다면 사보아 주택은 그렇게 지어질 수 없었을 것이다. 설계도만으로도 단순한 시골 별장이 아니었고, 골조가 올라갈 때라도 그것이 '살기 위한 기계'와 유사함을 얼마든지 알 수 있었다.

　실제의 건축주가 사라진 지금, 사보아 주택에는 이 집과 무관한 또다른 '건축주'들이 수없이 많다. 이 주택을 근대건축 최고의 주택이라고 생각하는 사람, 그곳에 실제로 가서 조심스레 견학하는 사람이 모두 이 주택의 '건축주'가 되어버렸다. 이들은 사람이 살지 않고 문화재로 남아 있는 이 주택을 오로지 감동을 주는 장치로만 바라보는, 건축주 아닌 건축주들이다.

　여기에서 살고자 했던 건축주는 자기들의 집을 두고 어디에 가서 살았을까? 이제는 아무도 살지 않는 빈 주택이 한 건축가의 위대한 작품으로 남아 있다. 명작이란 무엇인가? 사람은 왜 집을 짓는 것일까? 우리는 이 단순한 질문에 아직도 제대로 답을 내리지 못하고 있는 것 같다. 철학도 좋고 미학도 좋지만, 때로는 거주하는 사람의 관점에서 생각해볼 줄도 알아야 한다. 건축 공부도 마찬가지다. 거장의 작품이라고 해서 모두 옳은 것은 아니다.

2
판스워스만의 방은 오직 화장실뿐

미스 반데어로에(Mies van der Rohe)가 설계한 판스워스 주택 (Farnsworth House, 1951)은 바르셀로나 박람회의 독일관으로 지어진 바르셀로나 파빌리온(Barcelona Pavilion, 1929)에 필적하는 기념비적인 걸작이다. 또한 이 주택은 '작은 도시를 위한 미술관'에서 '레저 주택'으로 이어지는 미스의 일련의 작품들 중 그야말로 결정판이다. 이 주택 앞에는 기품이 있는 단순 명쾌한 테라스가 널찍하게 펼쳐져 있다.

그런데 이런 집의 테라스에 방충망을 치고 의자를 놓고 지낸 오래된 흑백사진이 있다. 눈앞에 아름다운 숲이 넓게 펼쳐져 있는데도 방충망 바로 옆에는 크고 작은 화분들을 늘어놓았다. 건축주는 이렇게 세기의 명작의 현관 앞 테라스를 고쳐서 20년 동안 사용했다.

왜 그래야만 했을까?

'세기의 명작'을 덮은 방충망과 화분들. (위)
미스 반데어로에의 걸작 '바르셀로나 파빌리온'. (아래)

새로운 주택의 전형을 꿈꾸다

이 주택은 미국 일리노이주 플라노(Plano)를 지나는 폭스강에 가까운 넓은 숲속에 지어졌다. 직사각형 상자 모양의 집을 강과 평행으로 배치하고 남쪽으로 강을 바라보게 했다. 그런데 이곳은 홍수가 제법 자주 닥치는 곳이어서 주의를 요하는 땅이었다. 이런 이유로 미스는 집을 강의 수면에서 1.6미터 정도 높여 일종의 고상구조(高床構造) 주택으로 설계했다.

넓은 숲속에 철과 유리로만 지어진 순수한 유리상자와 같은 주택이 서 있다. 바닥 면적은 139.35평방미터로 40평이 조금 넘는다. 널찍한 두 개의 테라스를 지나 문을 열면 원룸 공간에 천장까지 닿은 목제 코어가 있고 그 안에는 욕실 두 개, 부엌, 난로, 설비기기가 다 들어가 있다. 그리고 그 주변 전체를 완벽한 하나의 공간으로 만들었다. 8개의 노출된 H형강 기둥만이 지붕과 바닥을 지지하는데, 바닥에서 천장까지 온통 유리가 끼워져서 커튼을 젖히면 방 안의 가구와 바깥쪽에 있는 숲이 한 번에 이어져 있는 듯이 보인다.

판스워스 주택은 내부의 바닥과 그것에 이어지는 포치(porch), 그 위를 덮은 지붕, 다시 한 단 더 내려간 포치 등 세 개의 수평면으로 이루어진다. 실내 공간과 인접하는 포치는 폭 23.5미터, 깊이 8.5미터의 직사각형이다. 낮은 쪽의 포치는 폭 16.8미터, 깊이 6.7미터로 실내 공간과 면적이 비슷하다. 두 개의 포치는 단순한 직사각형 집에 비대칭으로 붙어 있다. 이 두 개의 포치가 찾아오는 사람의 동선을 정해준다. 대부분은 동쪽에서 집으로 접근하다가, 남쪽에서 정면을 보면서 포치의 계단을 올라오게 된다. 이에 비해 북쪽 면은 평범하다.

넓은 숲속에 지어진 판스워스 주택.

　그러나 이 주택의 의미는 다른 곳에 있다. 이 주택을 확대해보면, 지금 우리 도시에 무수히 서 있는 철과 유리의 고층 사무용 빌딩이나 아파트 한 층의 평면과 구조가 된다. 판스워스 주택을 두고 미스 자신의 건축 개념을 완성한 작품이며 근대건축의 탁월한 원형이라고 평가하는 것은 바로 이런 이유에서다.

　그러면 이 주택의 건축주는 누구였을까?

　건축주 에디스 판스워스(Edith Farnsworth)는 본래 문학과 바이올린을 전공했으나 이후 의학을 공부하여 시카고의 저명한 신장 전문의가 된 독신 여성이다. 판스워스는 시카고 서쪽으로 65킬로미터 떨어진 마을 플라노에 36,000평방미터의 땅을 마련하고 그곳에 자신

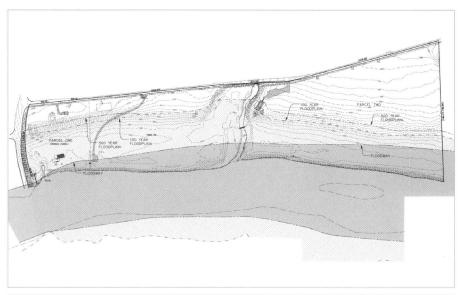

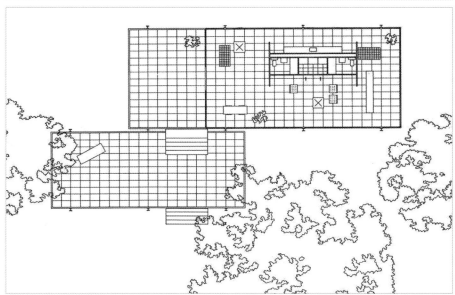

폭스강에 면한 판스워스 주택의 위치와 '100년 홍수' 경계선. (위)
판스워스 주택의 평면도. (아래)

건축주 에디스 판스워스.

의 주말주택을 짓고자 했다. 뉴욕 현대미술관에 이 주택을 설계할 건축가를 추천해달라고 부탁할 정도였다 하니, 그녀가 이 주택에 얼마나 큰 기대를 걸고 있었는지 짐작할 수 있다.

미술관에서는 르 코르뷔지에, 프랭크 로이드 라이트, 미스를 거론했다. 세 사람 모두 당대의 세계적 거장들이다. 그녀는 그중 미스에게 설계를 부탁하기로 마음먹었다.

판스워스와 미스는 1945년 11월 두 사람의 친구가 연 만찬 모임에서 만났다. 그때 미스는 59세, 판스워스는 42세였다. 당시 미스는 부인과 세 딸을 독일에 두고 미국에 와 있었다. 미스의 건축 작품을 이미 알고 있던 판스워스는 그 자리에서 자신의 주말주택을 설계해달라고 부탁했다. 그러나 미스는 금방 대답하지는 않았다. 두 시간이 지난 다음에 "어떤 종류의 집이든 당신을 위한 주택을 지어드리고 싶습니다"라며 설계 작업을 수락했다. 이런 미스의 태도를 "정말 극적인 반응이었다"라고 할 정도로 판스워스는 미스를 신뢰했다.

그녀는 병원 업무로 늘 바빴지만 휴일이면 미국의 여느 독신 여성처럼 소파에 누워 라디오에서 흘러나오는 음악 방송을 듣는 것이 전부였다. 판스워스는 "일요일마다 피곤하고 따분했던" 시기에 이 집을 짓기로 했다. 두 사람은 설계 얘기를 처음 나누고 얼마 안 되어서 현장을 보러 갔다 왔는데, 그날 밤에 판스워스는 당시의 기쁜 감정을 이렇게 회상했다. "느낌이 엄청나게 좋았다. 폭풍우나 홍수, 아니, 하느님이 하신 또 다른 일 같았다."[*16]

무엇이 폭풍우나 홍수 같았는지, "하느님이 하신 또 다른 일"이라는 게 도대체 뭘 말하는 것인지는 모르겠다. 다만 판스워스가 미스와의 여행 자체에 매우 흥분했던 것만은 분명하다. 그녀는 뒤늦게 건축에 관심이 깊어졌고, 책을 통해 미스의 작품을 공부했다. 미스의 건축에 큰 영향을 미친 로마노 과르디니(Romano Guardini) 신부의 책까지 읽었을 정도였다.

판스워스는 1947년 뉴욕 현대미술관에서 자기가 살 주택의 모형을 보았다. 그리고 이 모형에 대해 "전시의 중심이었다. 시카고로 돌아가는 열차에서 우리가 계획하는 주택이 미국 건축의 새롭고 중요한 전형이 될 것으로 생각하니 행복했다"라고 했으며, 자신이 이런 주택의 건축주가 된다는 것을 자랑스럽게 생각했다. 그녀는 자신의

뉴욕 현대미술관에 전시된 판스워스 주택 모형을 보고 있는 미스 반데어로에.

집이 "혼자 살면서 자기 취향을 잘 살릴 수 있게, 비싸지 않게 아주 잘 설계된 주말주택"이 될 것으로 기대하고 있었다.

이때부터 판스워스는 미스의 건축주이자 그의 후원자가 되었고, 지적이며 예술적인 의미를 지닌 주택을 소유한다는 꿈에 부풀었다. 두 사람이 협의하며 주고받은 기록을 보면 미스의 창의성을 몹시 존중한 판스워스는 주택 설계를 전적으로 그에게 맡겼던 것 같다. 그렇지만 그녀는 낭만적인 신뢰 관계 속에서 주택 설계를 미스에게 맡기기는 했어도, 나름대로는 자신이 미스와 함께 공동의 작품을 만든다고 믿고 있었다. 설계를 부탁한 이후에도 판스워스는 땅을 더 사들여 25만평방미터까지 소유하게 되었다.

그런데 두 사람의 관계는 단지 설계 일로만 엮인 것은 아니었다. 판스워스는 미스의 전시가 있는 곳마다 따라다니며 그와 자주 어울렸고, 점차 미스에게 애정까지 느끼게 되었다. 그녀의 여동생 마리안 카펜터(Marian Carpenter)는 "언니는 미스에게 완전히 넋이 나가 있었다. 아마도 두 사람은 불륜 관계였던 것 같다"[*17]고 회상했다. 미스 사무소의 남자 직원들 또한 그렇게 짐작할 정도였다.

설계를 시작하기 전 판스워스는 주말에 미스와 함께 폭스강 강가에 서서 집 짓는 이야기를 했다. 그리고 숲속에서 보내는 호젓한 삶을 그리며 새집에 대한 희망도 말했다. 그러면서 새집은 어떤 재료로 지어지느냐고 미스에게 물었다. 그러나 미스는 건축주의 질문에는 대답하지 않고, 오직 투명한 유리상자를 통해 보이는 아름다운 풍경만 말하고 있었다. 그때 미스가 한 대답은 이러했다.

"이곳은 모든 것이 아름답고 프라이버시가 문제될 것이 없는 곳이에요. 그러니 이런 곳에 외부와 내부 사이의 불투명한 벽을 세우는 것은 아까운 일이지요. 마치 우리가 밖에 있듯이, 철골과 유리로 된 집을 지을 생각이에요. 도시나 근교라면 불투명한 유리로 외부를 막고 중정으로 빛을 받게 해야겠지만요"*18

미스가 머릿속에서 그리고 있는 것은 주택 안에서 바라보는 외부의 자연 풍경이었다. 이 주택이 있는 곳은 녹지가 풍부하여 '자연과 융합하는 건축'이라는 미스의 생각을 표현하는 데 더없이 이상적인 장소였다. 한 폭의 그림을 바라보는 곳에 몸을 두고 커다란 유리창을 통해 마치 자연 안에 있는 것처럼 자연을 즐기자는 생각이었다. 이런 미스의 건축을 두고 건축 전문서는 "자연과 집 그리고 인간을 한 차원 높게 통합한다"라는 어려운 말로 요약한다.

판스워스도 미스의 생각에 크게 공감했다. 한창 공사 중일 때 그녀는 이렇게 썼다. "마감이 안 된 두 장의 수평면은 초원에 떠 있고, 들장미처럼 붉게 물든 태양 아래서 이 세상에 없는 아름다움을 보여주었다." 이때까지만 해도 그녀는 미스와 같은 생각을 하고 있었다.

미스에게 주택이란 자연을 상대로 거주자가 사색하는 곳이었다. 미스의 최대 관심은 절대적인 질서 혹은 시스템이며, 자기목적화된 공간이었다. 그는 사람이나 그의 체험, 생활과는 관계가 없는 원형적이고 원리주의적인 '건축'에 집중했다. 미스는 르 코르뷔지에처럼 '사람'을 많이 말하지 않았다. 르 코르뷔지에처럼 건축은 생활의 그릇이니, 건축과 일치하는 거주자의 정신이니 하는 언급이 전혀 없다. 르 코르뷔지에가 즐겨 사용하는 '인간주의적 3부 구성' 따위에는 관심이 없다. 그래서 그가 설계한 유리로 된 고층 빌딩에는 머리도 없고 몸통도 없다. 판스워스는 자기 집을 지어주는 미스를 이 정도까지 이해하고 있지는 못했다.

인간적 거주 vs 미학적 공간

1949년 여름, 공사가 시작되면서 판스워스와 미스의 관계는 나빠지기 시작했다. 1950년 12월 새 주택으로 이사하고 나서야 건축주는 비로소 문제가 심각함을 알게 되었다. 이사한 첫날밤에 그녀는 이 집이 이럴 줄 몰랐다며 몇 가지를 적어둔다. 지붕에서 물이 심하게 샜다, 난방을 하니 넓은 유리창에 필름 붙인 것처럼 얼음이 덮였다, 잘못된 배관 때문에 곤욕을 치렀다, 유리집 주변의 눈 덮인 풀밭은 집 안의 등불이 반사되어 환하게 빛나고 있었다 등등.

그뿐만이 아니었다. 세탁할 공간도 없고, 더운 여름을 어떻게 보내라는 것인지 에어컨도 없고, 여닫을 수 있는 창문은 단 하나뿐이고 환기구는 두 곳뿐이었으며, 온수식 바닥 난방에 따로 마련한 벽난로는 고기 굽는 석쇠로 보일 정도로 초라했음을 깨닫게 되었다.

판스워스는 다 지어진 집에 옷장 하나만 만들어달라고 미스에게 부탁했다. 자기 옷을 넣을 옷장도 제대로 점검하지 않았던 것 같다. 그러나 미스는 실내에서 바라보는 풍경이 가로막힌다며 반대했다. 새 옷장을 만들면 유리를 통해 보이는 사방의 풍경 중 한쪽이 차단되기 때문이었다. 그리고 이렇게 말했다. "이 집은 주말주택이에요. 그러니 옷 한 벌만 있으면 돼요. 옷은 욕실 뒤에 있는 고리에 거세요."

건축주에게 옷 한 벌만 입고 오라, 욕실에 걸라, 그것도 뒤에 있는 고리에 걸라고 지시를 하다니! 웬만한 건축가들은 상상하기도 어려운 교만한 대답이었다.

이때부터 둘 사이에 소송이 일어났다. 결국 미스는 값비싼 프리마

베라(오크의 일종)로 마감한 기존의 가구들과 다른 싸구려 티크 옷장을 마지못해 만들어주었다. 그러나 이것이 건축가만의 문제인가? 왜 판스워스는 이런 문제를 예상하거나 점검하지 못했을까? 후에 이 주택을 산 영국의 자산가 피터 펄럼보 경(Lord Peter Palumbo)이 그림은 어떻게 거냐고 물으니 미스는 "아마도 이젤이 집에 늘 있어야 할걸요"라고 답했다고 한다. 아예 벽에 그림을 걸지 말라는 말이었다.

가장 큰 문제는 예산을 심하게 초과한 공사비였다. 시공 4년 만에 주택이 완성되자 미스는 그녀에게 계산서를 건네주었다. 원래 33,000달러를 예상했으나 두 배가 넘는 74,000달러가 나왔다. 당시 레빗타운 같은 교외단지 주택 값의 4배나 되었다. 난방비도 어마어마했다. 이렇게 되자 건축주는 설계비를 다 주지 않았고, 들여놓기로 한 미스 디자인의 가구도 들여놓지 않았다. 1951년에 이르자 두 사람은 이야기조차 나누지 않는 사이가 되었다.

급기야 미스는 설계비와 감리비를 마저 내라고 소송을 제기했다. 이에 판스워스도 이런 집에서는 살 수 없다며 견적보다 비싸게 요구한 건설비용을 돌려달라고 맞소송을 했다. 그러나 엄격해 말해서 이는 미스의 책임이 아니었다. 건축비가 오르는 변경사항에 판스워스가 모두 동의했었기 때문이다. 결국 두 개의 소송 모두 미스가 승소했지만, 이 유명한 재판이 끝나자 미스에게는 더 이상 주택 설계 의뢰가 들어오지 않았다. 이로써 판스워스 주택은 미스가 미국으로 건너간 후 지은 유일한 개인주택이 되었다.

격분한 판스워스는 자신의 분노를 법정이 아닌 신문에 대고 풀었다. 유명 건축가가 건축주에게 사기를 쳤다는 기고문을 실은 것이다. 건축잡지 《하우스 뷰티풀(House Beautiful)》과의 인터뷰에서는 이렇게 말했다. "이따위 건축에 대해서는 뭔가 말하고 행동해야 해요. 그렇지 않으면 건축에 미래가 없을 겁니다." 미스가 "적을수록 좋다 (Less is more)"고 말한 데 대해서는 이렇게 반격했다 "우리는 알아요. 적을수록 좋은 게 아녜요. 그건 그저 더 적은 거예요!"

그러자 이것이 건축적 논쟁으로 비화되었다. 당시 《하우스 뷰티 풀》의 편집장 엘리자베스 고든(Elizabeth Gordon)은 미스, 그로피우 스, 르 코르뷔지에 같은 '국제양식(International Style)'의 건축가들을 공격하고 있었다. 국제양식 건축은 새로운 미국에 대한 위협이고, 이 들의 암울한 건축 설계 방식 뒤에는 공산주의의 이상이 숨어 있다고 보았다. 고든은 1953년 4월호에 실은 '다음 세대의 미국에 대한 위 협'이라는 특집 기사에서 "나는 매우 지적인, 그러나 지금은 환멸을 느끼고 있는 한 여성과 이야기를 나누었다. 기둥에 놓인 유리 새장 에 지나지 않는 방 하나짜리 건물에 7만 달러 이상을 허비했다는 것 이다"[*19]라고 비난했다. 이 잡지의 토론에는 국제양식을 족보도 없는 전체주의 건축이라고 비판한 당대 최고 미국 건축가 프랭크 로이드 라이트도 가세했다.

소송이 끝나고 논쟁도 멈춘 후에 판스워스는 자신의 심정을 이렇 게 적었다. "큼지막한 고급 잡지들은 용어와 문장을 애써 다듬어 이 주택을 다루었습니다. 이를 본 사람들은 공기나 물에 계속 떠 있는 빛나는 유리상자가 있으리라 기대하고 이 집을 찾아왔지요. 정말로 '문화란 선언서로 확산되는' 것이랍니다. 만일 이 집이 웅크린 사각형 이 아니라 바나나처럼 자유롭게 생겼더라도 선언서는 반드시 있어야 했지요. …내가 오늘 느낀 소외감은 확실히 그늘이 드리워진 강둑 위 에서 생긴 것이었습니다. 왜가리는 모든 것을 버리고 강을 떠나, 잃어버린 호젓함을 찾아 저 멀리 상류로 날아가버렸어요."[*20]

판스워스는 온통 유리로 덮인 집의 완성된 모습을 보고 나서야 그 안에는 자기 삶이 존재하지 않음을 뒤늦게 깨닫고 실망했다. 신뢰하던 거장 미스는 이제 현란한 궤변론자가 되고 말았다. "나는 이렇게 사전에 정해진 고전적인 형태에 미스가 자신의 존재를 걸고 생명을 불어넣겠지, 라고 생각했습니다. 나는 이 집에서 '의미 있는' 무언가를 하고 싶었어요. 그런데 내가 얻은 것은 당신의 현란하고 거짓된 궤변뿐이었어요."

소송은 과다하게 초과된 공사비 때문에 벌어졌다. 그러나 균열이 생긴 본질적인 이유는 따로 있었다. 인간적인 거주를 바란 건축주와 달리, 미스는 오로지 미학적 공간 구성에만 관심이 있었다는 점이다.

자기의 집에서 소외되는 건축주

강 주변에 생긴 공원이 인기를 끌게 되었다. 새로운 길이 생기고 500미터 떨어진 곳에 다리도 놓였다. 그러자 숲속에 홀로 있던 이 투명한 주택은 어슬렁거리며 나타나는 사람들에게 그대로 노출되었다. 옷을 갈아입으려면 사방에 커튼을 다시 치거나 아니면 화장실에 들어가야 했다. 그녀만의 방은 오직 화장실뿐이었다. 결국 판스워스는 집을 구경하러 오는 사람들의 시선을 피하기 위해서 이 명작에 어울리지 않는 블라인드 커튼을 설치했고, 장미 관목도 심었다.

집에 손님을 데리고 오는 것도 큰 문제였다. 판스워스는 이런 메모를 남겼다. "이 손님에게 욕실은 있는데 침실이 없다. 남자든 여자든 손님이 소파에서 자거나, 내가 트래버틴 바닥에 매트리스를 깔고 자거나 해야 한다. 이렇게 되면 우리는 일종의 3차원적인 동거를 하는 셈이다. 나는 내 잠자리에서, 그는 자기의 잠자리에서."

무엇보다도 이 주택은 독신자 판스워스를 위한 주말주택이다. 그러나 미스의 머릿속에 있는 사람은 지상의 독신자가 아니었다. 건축 역사가 프란츠 슐츠(Franz Schulze)는 "확실히 이 주택은 주거라기보다는 거의 신전이며, 집 안의 필요성을 채워주기 전에 이미 미학적인 사색에 치우쳐 있다"[21]고 평가했다. 주변에 인가가 없었기 때문이기도 하지만, 이 주택에서는 밖에서 안을 들여다보는 문제, 즉 프라이버시는 고려 대상이 아니었다. 판스워스가 거주하는 이 독신자 주택은 손님 말고는 타자를 고려하지 않았다. 심지어 손님이 잘 방 역시 따로 구획되어 있지 않았다. 그저 시각적으로 가구가 모호하게 차단하고 있을 뿐이다.

사실 미스는 독신자를 위한 주택에 관심이 많았다. 판스워스 주택 이전에도 원형이 될 만한 몇 개의 작품을 설계한 적이 있었다. 미스 자신도 독일에서 결혼하여 아이들을 두었지만 가족들과 별거하면서 독신에 가까운 삶을 살았다. 미국에 와서도 시카고의 아파트에서 계속 혼자 생활했다. 본인 스스로가 독신자였던 셈이다. 그래서였을까. 그는 사적으로 닫힌 방을 배열하는 가족의 생활이 아닌, 커다랗게 열린 하나의 방을 좋아했다.

1931년의 베를린 건축전에서 미스는 독신자를 위한 주택의 모델하우스를 전시했다. 침실이 두 개였으니 부부와 아이가 사는 주택이었을 것이다. 그러나 이것은 바르셀로나 파빌리온에서 시도되었던 개념이 주택에 접목된 것이었다. 닫힌 아이 방이 없이 벽의 구성에 의해 실내 전체가 연속하며 유동하고 있고, 실내와 실외가 서로 침투해 있다.

반면 판스워스 주택은 사방이 유리여서, 최소한으로 닫혀 있는 코어 주변으로 영역이 마련되어 있다. 코어의 북쪽에는 부엌이, 동쪽과 서쪽에는 각각 침실 영역과 식당 영역이, 남쪽에는 리빙 존이 있다. 아침에 해가 떠오르는 것을 보며 일어나 낮에는 폭스강에서 반사되는 빛을 보고, 저녁에는 테라스에서 석양을 보며 하루를 지낸다. 이것을 벽으로 둘러싸인 방으로 구획하면 어떤 방에는 내가 있지만,

판스워스 주택에는 방이 따로 구획되어 있지 않다.

나머지는 아무도 없는 방이 되고 만다. 자기가 있는 장소가 전체 중 일부가 된다고 느끼게 하는 공간! 벽으로 구획되지 않고 가구가 사람의 행위를 직접적으로 나타내는 공간! 이러한 공간의 정경은 독신자를 전제로 할 때 분명히 나타난다.

그러나 그 공간에서 실제로 살아야 하는 독신자 판스워스는 미스가 구상한 바대로 이 주택을 받아들일 수 없었다. 그녀는 《하우스 뷰티풀》의 1953년 5월호에서 이렇게 말했다.

"내가 아주 편안해한다고요? …네 벽이 유리인 집 안에서는 늘 정신 차리고 먹이를 찾아 헤매는 느낌이에요. 늘 들떠 있어요. 해질녘에도 밤낮으로 보초를 서는 기분이에요. 좀처럼 쭉 뻗고 쉴 수 없어요. 또 뭐가 있나? 싱크대 밑에는 음식 쓰레기도 둘 수 없어요. 왜냐고요? 여기 이 길에서 부엌 전체가 죄다 들여다보여요. 깡통 하나가 이 집 전체의 외관을 망친다잖아요. 그래서 깡통은 싱크대에서 먼 벽장에 숨겨요. 미스는 이를 '자유로운 공간'이라고 한대요. 그러나 그의 공간은 정말 사람을 옥죄고 있어요. 밖에 보이는 모든 것에 옷걸이가 어떤 영향을 미칠지 생각하지 않으면, 내 집에 옷걸이 하나 둘 수도 없는걸요. 그런데 가구를 방에 배치하기는 더 어려운 문제예요. 집이 엑스레이처럼 투명하니까요."[22]

밤이 되어 조명을 켜면 이 유리 집은 거대한 랜턴이 되어 모기와 나방을 끌어모았다. 집 앞에는 건축하는 사람들이 그렇게 칭찬하는 멋지고 널찍한 테라스가 두 개씩이나 있다. 그러나 그게 대체 무슨 소용일까? 밤에 테라스에 나가 있자니 숲속의 모기 때문에 앉아 있을 수가 없었다. 그래서 시카고의 한 건축가에게 부탁하여 저 아름다운 테라스에 청동으로 만든 방충망 스크린을 쳐야 했다. 주택 입

엑스레이처럼 투명한 공간에서 판스워스는 편히 쉴 수 없었다.

구 앞에 방충망을 쳐놓은 오래된 흑백사진을 보고 있으면 그곳에서 쉬고 있는 건축주의 모습이 애처롭게 느껴진다.

건축하는 사람들이 그렇게도 명작이라며 토론하고 연구하는 판스워스 주택은 건축주에게는 절망의 대상이었다. 건축 전문가들은 화려한 문장과 심오한 용어로 건축을 설명하려 들고 "유리상자가 허공에 떠 있다"거나 "물 위에 떠 있다"는 식의 미학적 관점으로 건축물을 바라본다. 그러나 정작 그 안에서 살아야 하는 건축주는 자기 집에서조차 소외되어, 차라리 그 땅에 집을 짓지 말았어야 했다며 후

회하고 있었다.

그녀는 커다란 판유리에 부딪혀 죽은 새를 보면서 이 주택이 얼마나 허망한 것인가를 '인공물(Artifact)'라는 제목의 시로 표현하기도 했다.

"오늘 아침 눈을 뜨고 보니 새벽이 걷혔네. 침대 곁의 커다란 판유리에 새가 부딪히는 소리를 듣네. 부딪히고 퍼덕대는 소리… 왜 저 새들은 차갑고 매끄러운 인공물을 지나가려 하나? 새는 왜 유리에 충돌하는가?"

건축가와 건축주 사이에 벌어진 소송은 괴로운 결말로 끝났지만 판스워스는 이 주택에서 21년을 보냈다. 그러다가 1972년에 이 집을 경매로 내놓고 이탈리아로 갔다. 구매자는 예술품 수집가인 피터 펄럼보였다. 그는 판스워스가 테라스에 증설한 스크린을 벗겨내고, 공조설비를 도입하고, 부근의 땅을 사서 대지를 넓혔다. 펄럼보는 자신이 사용하고 있지 않을 때는 집을 공개하고 견학 프로그램을 운영했다. 그러다가 2003년에 다시 경매에 내놓았고, 무려 670만 달러를 받고 내셔널트러스트에 되팔았다.

여섯 번이나 침수된 세기의 명작

무엇보다도 놀라운 건 이 세기의 명작이 강의 범람으로 인해 여섯 번이나 침수되었다는 사실이다. 미스는 아름다운 풍경을 위해 침수 경계를 어긴 채 낮은 곳에 집터를 잡고, 대신에 바닥을 지면에서 1.6미터 들어올렸다. 그러나 1956년에는 바닥이 침수되었고, 그 뒤에도

판스워스 주택은 폭스강의 범람으로 인해 여섯 번이나 침수되었다.

두 번의 대홍수에 크게 침수되었다. 1966년에는 강물이 바닥 위 1.5
미터까지 올라왔으니까 주택 높이의 반이 어항처럼 물에 잠긴 셈이
다. 2008년에도 바닥 위 1.1미터까지 침수되어 프리마베라로 짠 가
구를 다시 만들어야 했다. 2013년에도 침수 직전까지 가는 위험을
겪어서, 거금을 들여 침수가 덜한 곳으로의 이전을 모색 중이다.

피터 펄럼보는 판스워스와 달리 계절과 주택의 관계를 시적으로
명상했다. 그는 2003년에 나온 논문의 서문에 이렇게 썼다.

"이 집 안의 삶이란 자연과 균형을 이루는 것이고 자연을 확장하
는 것이다. 계절이 변화하고 풍경이 바뀌니 집 안의 분위기가 크게
바뀐다. 굉장한 뇌우가 밤하늘을 밝히고 집의 기초를 송두리째 흔
들어대도 이 집에서는 비 한 방울 안 맞고 있을 수 있다. 봄에 눈이
녹으면 폭스강은 둑을 터뜨리는 요란한 급류를 일으키고, 집은 주거
용 보트처럼 된다. 때로는 현관 가까이에서 위험할 정도로 물이 높
아진다. 그럴 때는 카누를 타고 집에 접근하고 카누는 위쪽 테라스

계단에 묶어둔다."[*23]

그러나 펄럼보는 이 주택에서 생활하는 거주자는 아니었다. 그에게 이 주택은 단지 걸작 근대건축의 수집품일 뿐이었다.

새집 짓고 잘살아보려 했던 사람은 이 집으로 인해 괴로워하고, 그 다음 사람은 수집품의 하나로 거장의 작품을 샀다. 그러다가 한 보존단체가 거금을 들여서 근대건축의 명작을 매입했고 지금은 빈집을 박물관으로 사용하고 있다. 참 아이러니컬한 현상이다. 그래서 그런가? 미스가 학장으로 재직했던 미국 일리노이 공과대학교 건축대학 학생들은 판스워스(Farnsworth) 주택을 '반스워스(Barnsworth)'라고 부른다. '반(barn)'은 헛간이나 휑뎅그렁한 건물을 뜻하고 '워스(worth)'는 어떤 값어치가 있다는 말이니, 이것은 사람이 살지 못하는 휑한 헛간이 실제와 달리 높은 가치를 인정받고 있음을 비꼰 말이 아니겠는가?

그러나 건축가들 중에는 이런 '세속적' 비판에 동의하지 않는 사람들도 많다. 그들에게는 아주 고차원적인 평가 기준이 따로 있다. 1963년에 건축가 제임스 마스턴 피치(James Marston Fitch)는 이렇게 말했다. "미스의 기념비적인 순수한 형식에는 찬사를 보내면서도 실용적인 관점에서 보면 세부가 작동하지 않는다고 개탄한다. 이것은 바다가 푸르다고 감탄은 하지만 바닷물은 짜서 마시기 어렵다든지, 가죽이 멋진 호랑이를 보고 채식동물이 되라고 독촉하는 것과 같다."[*24]

이런 것이 건축 전문가가 많이 하는 말이다. 하지만 건축주 판스워스의 소외와 절망감은 "실용적인 세부"가 아니다. 건축주는 저 멀리 떨어져서 "바다의 푸르름"을 감상하려고, 또는 "호랑이 가죽"처럼 밖에서만 만져보려고 집을 짓는 게 아니다. 건축주는 그 집 안에서 먹고 마시며 살아야 하는 사람이다. 판스워스 주택이 건축적으로 미스 건축의 정점을 찍은 완벽한 집이라고 해도, 어긋나버린 실제의 생활을 미학적으로 변명할 수는 없다.

건물은 건축가 혼자 짓는 것이 아니다. 건축주는 말 그대로 건물을 세우는 주체이기에 '건축주(主)'라 한다. 따라서 판스워스 주택이 이렇게 된 가장 큰 원인은 건축주 판스워스에게 있다. 뉴욕 현대미술관에 전시되었던 판스워스 주택 모델은 바깥 유리를 불투명하게 표현했으므로 내부가 어떻게 구성되는지 전혀 알 수 없었을 것이다. 그런데도 판스워스는 모델을 처음 봤을 때의 '느낌'이 그대로 자기 집이 되리라고 믿었던 것 같다. 워낙 유명한 건축가니까 당연히 잘해줄 거라고 생각했을 것이다.

그러나 대형 유리보다 더 큰 문제는 엄격하게 구성된 내부였다. 판스워스는 미스와 함께 현장에 자주 갔다. 가끔은 미스의 젊은 직원들과 동행하기도 했으며, 그의 사무실에 들러 직원들과 저녁 식사도 자주 했다. 그래서 판스워스는 미스의 사무소를 "클럽 집회소, 피난처, 키부츠(kibbutz, 이스라엘의 생활공동체)"라고 불렀다. 그런데도 자기가 보았던 평면과 모델이 실제로 어떤 형태와 공간으로 지어질지, 그 안에서 살아가면서 어떤 경험을 하게 될지는 전혀 예상하지 못했다. 40평이 조금 넘는 그다지 크지 않은 주택인 데다, 설계가 시작된 후 완공까지 5~6년이나 걸렸다. 이 긴 시간 동안 자기 집의 사방이 대형 판유리로 덮일 것임을 몰랐던 것도 아닌데, 다 끼워지고 난 후에 놀랐다는 것은 말이 안 된다.

집이 다 지어지고 나서야 판스워스는 그 집이 자기 삶과 무관함을

판스워스는 미스의 사무소에 자주 들렀지만 자기 집이 어떤 공간일지 예상하지 못했다.

깨달았다. 그곳에서 살고 경험하며 간절히 원했던 것은 그저 남의 눈에 보이지 않게 사는 것이었다. 훗날 이탈리아로 거처를 옮긴 후에 판스워스는 이렇게 말했다. "손으로 짠 표백하지 않은 천을 두르고 세상은 어디 있는지도 모르는 구멍 하나로 밖을 내다보는 여자들이 트리폴리의 구(舊) 구역을 다니듯이, 나도 그렇게 돌아다니는 걸 좋아한다."*25

3
라 투레트 수도원의 만들어진 신화

　프랑스 리옹에서 열차로 40분 정도 달리면 에보-쉬르-아브렐 (Éveux-sur-l'Arbresle)이라는 동네가 나온다. 그곳에 생트 마리 드 라 투레트 수도원(Sainte-Marie de La Tourette convent)이 있다. 도미니코회 수도원이다. 사방이 탁 트인 들판이 보이는 비스듬한 언덕 위에 서 있는 이 수도원을 흔히 '라 투레트 수도원'이라 부른다. 20세기 가장 위대한 건축가인 르 코르뷔지에가 1954년에서 1960년 사이에 설계한 말년의 작품이다.

　라 투레트 수도원에 대한 칭찬은 차고 넘친다. 요약하자면, 마리알랭 쿠튀리에(Marie-Alain Couturier) 신부가 이 수도원 설계를 르 코르뷔지에에게 맡겨서 지금의 검박한 공간과 조형이 탄생했고, 이는 진정한 가톨릭교회 건축의 전형이 되었다는 것이다. 르 코르뷔지에가 "내가 죽으면 라 투레트 수도원 경당에 시신을 하룻밤 안치해달라"는 유언을 남겼다는 이야기까지 들으면 그 건축적 감동은 더욱 커진다. 비록 사실로 확인된 바는 없지만 말이다.

그러나 우리는 수도원의 본래 목적이었던 기도와 헌신의 삶을 이 건물이 잘 담고 있는지, 그렇게 지어졌는지, 지어진 후에도 건축적 감동만큼 잘 사용되는지에 관해서는 잘 모르고 있고 관심도 없는 것 같다.

수도원에 감동을 더하는 요인들

20세기에도 유럽과 세계 각지에 많은 성당이 세워졌다. 프랑스에서 제2차 세계대전 이후에 건립된 성당들 중 '방스(Vence) 로사리오 성당', '아씨(Assy) 성당', '롱샹(Ronchamp) 경당'*26은 종교를 떠나 많은 사람들의 사랑을 받고 있다. 그런데 이 성당들을 말할 때마다 등장하는 사람이 있다. 마리알랭 쿠튀리에 신부다. 그는 당시 수많은 반대를 무릅쓰고 마티스, 샤갈, 루오 같은 동시대의 거장들에게 성(聖)미술을 맡겼고, 르 코르뷔지에가 롱샹 경당과 라 투레트 수도원을 설계할 수 있게 적극적으로 나섰다.

르 코르뷔지에는 1948년에 마르세유 근처 라 생트 봄(La Sainte Baume)에 지어질 성녀 막달레나를 위한 대성전(바실리카) 설계를 의뢰받아 동굴 형태의 계획안을 수립한 적이 있었다. 그러나 추기경과 대주교들의 거센 반대로 무산되고 말았다. 그 이유는 쿠튀리에 신부가 교구의 본래 의도를 부분적으로 잘못 읽었고, 르 코르뷔지에가

마리알랭 쿠튀리에 신부와 르 코르뷔지에.

가톨릭 사제단을 경멸함으로써 많은 적을 만들었기 때문이다. 이때 르 코르뷔지에는 쿠튀리에 신부를 처음 만났고, 이 일로 다시는 성당 설계는 하지 않겠다고 결심했다.

  두 해가 지난 1950년 3월, 브장송 성미술위원회는 롱샹 경당 재건 프로젝트에 참여해달라며 사무국장 카농 르되르(Canon Ledeur)를 보냈다. 롱샹 언덕의 순례자 경당은 제2차 세계대전 때 파괴된 채로 방치되어 있었다. 그러나 르 코르뷔지에는 이를 거절했다. 이에 르되르는 "당신에게 드릴 것은 많지 않지만, 경당이 들어설 대단한 환경이 있지 않습니까? 저희가 온 힘을 다해 도와드리겠습니다"[*27]라며

쿠튀리에 신부가 '수도원의 본질'이라 여겼던 르 토로네 수도원의 회랑.

간청했다. 결국 이 말에 설득되어 르 코르뷔지에는 롱샹 경당 설계를
수락했고, 이후 쿠튀리에 신부와 지속적인 대화를 나누었다.

라 투레트 수도원이 '순수한 형태의 수도원'으로 설계되었다는 이
미지를 더욱 강하게 만들어준 사진집이 있다. 뤼시앵 에르베(Lucien
Hervé)가 로마네스크의 명작 르 토로네(Le Thoronet) 수도원을 찍은
매우 강렬한 흑백의 사진집이다. 그 사진집에 르 코르뷔지에는 이러
한 짧은 서문을 썼다.

"이 책의 사진들은 진리를 증언한다. …빛과 그림자는 이러한 진리,

고요, 강함의 건축의 확성기다. 어떤 것도 덧붙일 것이 없다. '노출 콘크리트'로 짓는 오늘날, 우리의 길을 가면서 기뻐하고 축복하여 반기자. 엄청난 만남이 기다리고 있다."

이 짧은 서문 덕분에 뤼시앵 에르베가 포착한 르 토로네 수도원의 순수한 이미지가 라 투레트 수도원 건물에 중첩되어 나타나게 되었다.

헝가리 출신인 뤼시앵 에르베는 제2차 세계대전이 끝난 후부터 쿠튀리에 신부와 친구가 되었다. 신부는 에르베를 마티스에게 소개했고, 르 코르뷔지에의 아파트 건물인 '위니테 다비타시옹(Unité d'Habitation)'을 기록하도록 설득했다. 이것이 계기가 되어 이후 에르베는 르 코르뷔지에의 건축물을 많이 찍었다. 이런 관련을 근거로, 르 코르뷔지에가 쿠튀리에 신부의 말을 듣고 사진작가 뤼시앵 에르베에게 르 토로네 수도원을 촬영하게 했다고 말하는 사람들도 있다. 그러나 이는 사실이 아니다.

뤼시앵 에르베는 라 투레트 수도원 설계가 시작되기 2년 전인 1951년에 이미 르 토로네 수도원을 찍었으며 1956년 1월에 이 사진집의 프랑스어판을 냈다.[*28] 이듬해인 1957년에는 『진리의 건축(Architecture of Truth)』이라고 제목을 달리한 영어판이 나왔다. 르 코르뷔지에가 서문에 "진리를 증언한다"고 쓴 걸 보면, 그의 서문은 1957년 영어판을 위해 쓰인 것이다. 마지막에 "'노출 콘크리트'로 짓는 오늘날"이라고 쓴 것은 것은 르 토로네 수도원과 곧 지어질 자신의 수도원 사이의 관련성을 은근히 암시한 것이었다.

쿠튀리에 신부가 꿈꾸던 이상적 성당

이 수도원은 르 코르뷔지에가 손을 대기 훨씬 전인 1945년부터 모리스 노바리나(Maurice Novarina)가 설계를 이미 진행하고 있었다. 그는 아씨의 '모든 은총의 성모 성당(The church of Notre-Dame de Toute Grâce du Plateau d'Assy)'을 설계한 건축가였다. 더구나 설계도면이 완료되어 관청의 심사도 마친 상태였다.

쿠튀리에 신부는 1937년부터 도미니코 수도회의 진보적인 성직자들을 중심으로 프랑스 '아르 사크레(Art Sacré, 성미술)' 운동에 앞장섰던 인물이다. 1952년 10월, 그는 북유럽에 머물고 있던 중 도미니코 수도회 리옹 관구에서 라 투레트에 수도원을 건립할 것이라는 소식을 들었다. 이 소식을 듣자마자 10월 22일 리옹 관구장 베라드(Belaud) 신부에게 그 건물은 당대의 가장 뛰어난 건축가인 르 코르뷔지에가 설계해야 한다며 강력하게 추천했다. 그렇지만 노바리나의 설계가 이미 많이 진행된 상태여서 그 추천은 반려되었다.

1952년 말에 쿠튀리에 신부는 르 코르뷔지에에게 라 투레트 수도원 설계를 의뢰하는 편지를 썼다. 설계자를 다시 뽑도록 힘을 써보려 하는데 어떻게 생각하느냐며 의사를 타진한 것이다. 상당히 독단적인 행동이었지만, 리옹 관구에서 어찌어찌 신부의 청을 받아들여 1953년 2월 르 코르뷔지에를 건축가로 선임할지를 묻는 투표를 실시했다. 그 결과 찬성 7표, 반대 4표로 설계자가 르 코르뷔지에로 바뀌었다. 설계를 이미 진행하고 있던 노바리나 입장에서 보면 도무지 말도 안 되는 일이 일어난 것이다.

정식 의뢰는 한 달 후인 1953년 3월 14일이었고 계약은 10월 이후에 했다. 1953년 7월 28일에 쿠튀리에 신부는 설계 관련 요청사항과 설명이 적힌 3개의 스케치까지 동봉하며 이런 편지를 보냈다. "이 일에 착수하도록 당신을 설득할 수 있었던 것이 내 인생에 있어서 큰 기쁨 중의 하나입니다. 또한 이 일이 매우 가난한 상태에서 진행되는 우리 시대의 가장 중요한 작업이자 가장 순수한 작업의 하나라고 알고 있습니다."[*29]

또한 쿠튀리에 신부는 르 토로네 수도원이 변치 않는 수도원의 본질을 담고 있는 건물이며 라 투레트 부지와 같은 경사 지형을 훌륭하게 이용하고 있으니, 설계 전에 반드시 찾아가보라고 부탁했다. 수도원의 본질은 수도자의 공동생활이 이루어지는 회랑 공간에 있다는 등의 내용도 써 보냈다. 일종의 설계 지침이었다.

"르 토로네에 가서서 그곳을 사랑하게 되기를 바랍니다. 언제 세워졌는가와 관계없이 그곳에는 수도원의 본질적인 모습이 있습니다. 공동생활을 하면서 침묵과 내성(內省)과 명상에 몸을 바치는 사람은 시간이 지난다고 변하는 게 아닙니다. 전통적인 평면 배치에서는 회랑 주변에 세 개의 커다란 공간이 배치되어야 합니다."[*30]

그러면서 르 토로네 수도원 평면까지 그려주었다.

건축가를 향한 찬미와 종교적 수사 등을 빼면, 편지의 내용 자체는 평범했다. 수도원이 회랑을 중심으로 공동생활을 하면서 침묵과 내성과 명상을 한다는 점은 수도원 건축에서 가장 기본적인 요건이다. 회랑을 영어로 클로이스터(cloister)라고 하는데, 건축 용어로는 '지붕 덮인 통로로 둘러싸인 사각형의 열린 공간'을 뜻하지만 '수도원 생활'이라는 뜻도 함께 있다. 회랑은 수도원의 심장과 같은 곳이므로 회랑 없는 수도원은 있을 수 없다. 따라서 쿠튀리에 신부의 말은 수도원을 지을 때 꼭 알아야 할 상식과 같은 것이지, 그 신부만이 할 수 있는 말은 아니었다.

쿠튀리에는 르 토로네에 가보라는 부탁을 담은 편지를 1953년 7월 28일에 보냈고, 르 코르뷔지에는 그곳에 다녀왔다는 소식을 8월 2일에 전해왔다. 그렇다면 신부의 편지를 받자마자 그곳에 간 것이 되는데, 실제로 그렇게 빨리 갔을지는 의문이다. 신부는 8월 2일에 다시 이런 편지를 보냈다.

"르 토로네에 가셨다니 기쁘게 생각합니다. 그곳은 순수한 상태의 수도원입니다. 이번에는 현대의 수도원이 어떤 것인지 당신에게 설명해도 문제는 없다고 생각합니다. …우리 건물은 사치스러운 요소나 표면적인 장식이 전혀 없고 매우 엄격할 정도로 소박해야 합니다. 다만 침묵, 계속 지적인 활동을 하는 데 충분한 온도, 사람의 왕래를 최소로 하는 것 등 생활하는 데 필요한 요소는 존중되어야 합니다. …우리의 생활양식은 우리 모두에게 공통적이어서, 집단 안에서는 어떠한 개인적 차이도 필요하지 않습니다."[*31]

요점은 회랑 주변에 세 개의 커다란 공간을 배치해달라, 그리고 가난과 절제가 수도회의 정신이므로 건물을 소박하게 지어달라는 것이었다. 예술가이기도 했던 신부가 가장 강조하는 것은 "순수한 상태의 수도원"이었다. 이는 엄격하고 소박하며 장식이 없는 건축적 표현에서 얻어진다. 그런데 역설적이게도 이 "가난과 절제"는 심각한 자금난으로 인한 거친 설계와 시공으로 현실화되었다.

쿠튀리에 신부는 성미술에 대한 입장이 분명했다. "물론 성미술은 천재나 성자를 통해 활기를 되찾는 것이 이상적이겠으나, 그런 사람이 없다면 재능 없는 신자보다는 신앙은 없어도 재능이 있는 천재에게 맡기는 것이 지금 상황에서는 훨씬 더 안전할 것이다."[*32] 요컨대, 쿠튀리에는 르 코르뷔지에가 신앙은 없어도 재능이 있는 천재이므로 진실한 건축물을 지을 수 있다고 생각했다. 이런 방식으로 쿠튀리에 신부는 이미지를 복사만 하는 성미술과 교회 건축을 갱신하고자 했다.

1950년에 쿠튀리에 신부는 자신이 생각하는 근대의 이상적인 성당을 이렇게 표현했다.

"오늘날 성당이 진실한 성당이 되려면 네 개의 벽에 평탄한 지붕으로 이루어져야 한다. 그러나 그 벽과 지붕의 비례, 볼륨, 빛과 그림자의 분포는 순수하고 강렬하여 그 세계에 들어오는 이는 누구나 그 장소의 영적인 위엄과 엄숙함을 느끼게 될 것이다. 하느님께서는 풍부함과 거대함이 아니라 순수한 작품의 완전성으로 영광을 받으신다."[*33]

묘하게도 이것은 르 코르뷔지에의 라 투레트 수도원을 설명할 때 나타나는 개념과 똑같다.

라 투레트 수도원의 구성

우선 건물을 크게 한번 살펴보자. 이 수도원 건물은 숲과 목초지로 둘러싸여 있고, 계곡으로 이어지는 비교적 급한 경사지에 자리 잡고 있다. 중정을 둘러싼 'ㅁ' 자의 강건한 형태의 건물이며 필로티로 경사지를 극복하고 있다. 수도자 방 100개는 맨 위의 두 층에 'ㄷ' 자로 두었다. 식당, 부엌, 강의실, 도서실 등의 공동시설은 아래층에 놓앉다. 나머지 북쪽의 한 변은 땅에서 솟아난 듯이 육중한 경당의 입체가 막고 있다.

이 서로 다른 요소들은 중정에서 십자로 교차하는 복도가 이어주고 있다. 그 주위에는 경당 위를 뒤틀고 올라가는 종탑, 오라토리오 위를 덮은 삼각추의 지붕, 여기저기에 흩뿌린 듯한 각종 입체들이 중정을 채우고 있다. 기존의 수도원과 달리 경당 안에는 놀랄 정도로 조상(彫像)이나 장식이 전혀 없다. 가톨릭교회 건축임을 알려주는 것은 뒤틀고 올라간 종탑의 작은 십자가뿐이다.

수사들의 방은 어떤가? 방은 좁고 길며, 작은 발코니를 통해 들어오는 빛이 벽면을 어슴푸레 비춰준다. 방의 벽은 두 팔을 벌리면 손끝이 닿고, 천장은 팔을 들면 닿을 정도로 낮다. 회반죽 뿜칠로 거칠게 마감한 벽과 천장의 촉감으로 수도자의 고독한 생활을 느낄 수 있다. 이에 비하면 식당 등 공동의 방들은 섬세한 콘크리트와 유리로 활기에 차 있다. 내부 창은 폭이 같은 것이라고는 하나도 없는 듯 다채로이 분할되어 있고, 창을 관통하는 빛은 바닥에 리드미컬한 그림자를 드리운다.

가장 감동적인 공간은 경당이다. 이곳은 기하학적 입체로 정확하게 절단되어 있다. 왼쪽으로는 지하 경당의 파동하는 벽면이 보이는데, '빛의 대포'라 이름 붙인 천창에서 빛을 받고 있다. 제대 뒤 오른쪽 모퉁이의 한 변은 길게 잘라낸 창으로 빛을 받고 있다. 이곳으로 들어온 빛은 경당 내부를 낮게 비추며 생기를 불어넣는다. 낮고 길게 잘라낸 창에서 들어온 빛은 좌우로 배열된 자리에 앉아 성무일도(聖務日禱)*34를 바치는 수사들의 책과 자리를 비춘다.

이런 빛과 그림자 때문에 밝고 어두운 면이 교차하고 있다. 강력한

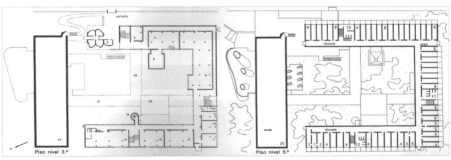

라 투레트 수도원은 계곡으로 이어지는 경사지에 자리 잡고 있다. (위)
라 투레트 수도원 평면도. (아래)

라 투레트 수도원의 경당. (위)
'빛의 대포'라 불리는 천창의 빛. (아래)

입체는 어떻게 보면 공중에 떠 있는 것처럼 보이고, 달리 보면 대지에 힘 있게 뿌리박고 있는 듯이 보이기도 한다. 또한 기하학의 입체에 대립하는 형태로 만들어진 크고 작은 공간이 여기저기에 패여 있다. 그 결과, 한쪽을 응시하면 시선은 또 다른 곳을 향하게 된다. 단순 기하학의 콘크리트 입체와 빛이 이루는 공간은 그래서 전체적으로 불확정적이고 신비한 느낌을 준다.

옥상 회랑과 경사로에 대한 집착

르 코르뷔지에의 롱샹 경당이 크게 성공하자 여러 곳에서 성당 설계 요청이 들어왔다. 그러나 그는 "나는 사람들이 그 안에 살지 않는 성당은 지을 수 없다"[*35]며 거절했다. 이러던 그가 라 투레트 수도원 설계를 맡은 것은 교회 건축의 영성 때문이 아니라 수도자들, 즉 사람들이 사는 공동체 건축이기 때문이다. 그는 젊은 시절 여행 중에 들렀던 토스카나 지방의 엠마 수도원에 크게 감명을 받았다고 여러 번 강조한 바 있다. 그곳에서 보았던 개인과 집단의 사회적 관계를 근대건축과 도시에서 실현하겠다는 게 그의 생각이었던 것이다. 또 하나는, 이 수도원이 들어서는 자연환경에 관한 강렬한 흥미 때문이었다.

"나는 프로그램(의식, 인간적 스케일, 공간, 침묵 등)과 풍경의 빼어난 조건이 좋아서 …라 투레트 수도원을 …지었습니다. 나는 성당 건축가가 아닙니다. …그것은 마음의 본질에 관한 문제인데, 그것이 저에게는 결정적으로 가치가 있습니다."

이런 생각을 잘 알고 있던 쿠튀리에 신부는 라 투레트 수도원이 "100명의 마음과 100명의 신체를 침묵 속에 담는 집"이라며 이 건물을 설계해달라고 설득했다. 이 말을 들은 르 코르뷔지에는 인간공동체에 대한 근대적 이상을 종교건축에 실현할 수 있는 또 다른 기회라고 여겼다. 이렇게 보면 르 코르뷔지에는 설계를 골라가며 맡았다는 얘긴데, 요즈음의 눈으로 보면 참 대단한 일이었다.

1953년 3월 14일에 계약을 맺고 두 달이 지난 5월 4일, 르 코르뷔지에는 앙드레 보장스키(André Wogenscky)를 데리고 처음으로 현장을 찾았다. 쿠튀리에 신부로부터 르 토로네 수도원에 가보라든가 회랑 주변에 공간을 이러저러하게 배열해달라는 편지를 받기 두 달 전이었다. 이때 그는 첫 번째 스케치에서 이미 중요한 개념을 거의 다 확정지었다. 멀리서 보이는 풍경과 남북방향 표시 위 사각형의 블록 모양이었고, 경사지 위에는 필로티가 있었다. 또 경사로로 올라가는 옥상정원을 구상하며 '옥상정원으로 산책로'라고 적었다.

그는 "하늘과 구름의 기쁨이 훨씬 더 쉽다"[36]면서 처음부터 지붕 위에서 전개되는 자연의 놀라운 풍경을 수도자의 생활 목표로 대체하려 했다. 자기의 이런 생각이 적절한지 알아보기 위해, 이 스케치를 보장스키에게 주면서 쿠튀리에 신부에게 수사들의 일상생활을 자세히 물어보라고 부탁했다.

그래서 옥상에 회랑을 구상했다. 그리고 시작을 지붕의 수평선에서 찾았다. "제일 위에 있는 층, 건물 꼭대기의 수평선을 취하자. 그것은 [풍경의] 수평선과 조화를 이룰 것이다. 꼭대기 수평선에서 [회랑을 옥상에 두고 그 밑에 수사의 방들을 배열하는 것으로] 시작해서 [공동 공간 등] 모든 것을 재고 내려가면 땅에 닿을 것이다."[37] 핵심은 경사지를 건드리지 않는 것, 그리고 수평선이 펼쳐지는 지붕 위의 건축적 풍경이었다.

　르 코르뷔지에는 수도회의 계획이 아직 확실히 서지 않아 느리게 진행될 것으로 예상했으므로 설계를 서두르지 않았다. 당시 그는 인도 찬디가르(Chandigarh) 계획에 몰두하고 있었고 그 밖의 대규모 프로젝트를 몇 개나 하고 있었다. 게다가 국제적으로 작품 전시회까지 열면서 몹시 바빠서 사무실에 있는 시간이 아주 적었다. 또 심장 질환으로 인해 쇠약해져 있었다. 그래서 그런지 그가 직접 그린 스케치는 별로 많지 않고, 조그맣고 간단하다. 그나마 그가 그린 몇몇 스케치는 프로젝트 담당자와 대화할 때 그린 것이었다.

　첫 현장 방문으로부터 4개월이 지난 9월 19일에 르 코르뷔지에는 작은 스케치를 하나 그렸다. 여전히 그의 가장 큰 관심은 경사 때문에 지형이 높은 동쪽 입구에서 서쪽 블록의 옥상으로 올라가는 데 있었다. 이때 옥상에는 나무 등이 심겨 있었다.

　이로부터 다시 6개월이 지난 1954년 3월이 되어서야 비로소 설계안을 잡기 시작했다. 수사들의 방을 따라 편복도로 'ㄷ' 자를 만들고, 나머지 한 변에 경당을 두어 전체적으로 'ㅁ' 자가 되게 했다. 이 형태는 최종안까지 유지되었다. 경당 벽에는 경사로를 두었고, 각 층에서 수사들의 방이 복도로 이어진다.

　르 코르뷔지에는 쿠튀리에 신부가 보낸 스케치를 이아니스 크세나키스(Iannis Xenakis)라는 스태프에게 보여주기는 했지만 거기에 큰 비중을 두진 않았다. 오히려 입체에 붙어 옥상으로 올라가는 안을 만들라는 전혀 다른 주문을 했다. 쿠튀리에 신부가 참조하라고 권한 르 토로네는 언급하지도 않았고, 모스크바 근처에서 본 이름 모를

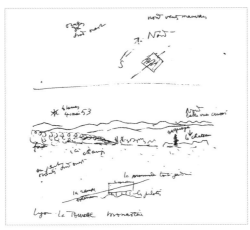

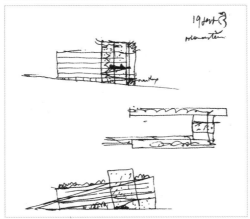

1953년 5월 첫 현장 방문 당시의 스케치. (위)
1953년 9월의 작은 스케치. (아래)

성당을 예로 들며 경당의 남쪽 면을 따라 경사로로 올라가는 스케치
를 크세나키스에게 그려주었다(1954년 3월 23일). 크세나키스는 이때
일을 이렇게 회상했다.

"르 코르뷔지에는 이 새로운 수도원의 발기인인 쿠튀에르 신부가

그린 평면 스케치를 내게 보여주었다. 자기가 모스크바 근처에서 보았던 상자처럼 생긴 어떤 성당이 단순한데도 강력한 조형으로 서 있었는데 거기에는 경사로가 붙어서 한가운데로 들어가게 되어 있다며, 이런 설계의 핵심 아이디어를 준 사람도 다름 아닌 르 코르뷔지에였다. 그러나 [신부가 그려 준 사각형의] 평면을 지키면서 어떻게 그런 걸 할 수 있다는 말인가?"*38

쿠튀리에 신부는 병상에 누워서도 수도원에서는 회랑 공간이 그렇게나 중요하다고 강조했다. 그러나 르 코르뷔지에는 그 편지를 받기 전부터 옥상에 회랑을 두고 그곳으로 올라가는 경사로를 구상하고 있었다. 그가 생각하는 회랑은 지면에 있지 않고 옥상에 있었다. "지붕이 덮인 복도인 회랑은 본래는 수도원 옥상 테라스에 두었다."*39

사람의 몸이 경사로를 타고 이동하면서 위로 올라가 내부를 벗어난다. 그리고 그 옥외의 공기 속으로 해방되어 전체를 내려다본다. 그렇게 펼쳐지는 지중해적 풍경! 그는 이것을 자신의 건축에 담고 싶던 것이다.

크세나키스는 북쪽 경당의 바깥쪽 벽면에 지붕 덮인 경사로가 감돌며 옥상으로 올라가되, 이 경사로를 타고 입구로도 가고 경당으로도 가는 안을 생각했다. 그러나 르 코르뷔지에는 이를 거절했다. 그래서 동쪽의 높은 지면에서 경사로가 시작되고 벽면에 붙어 옥상으로 바로 올라가는 새로운 안을 만들었다. 다시 6개월이 지난 9월 13일, 경당 북쪽 면에 곡면의 지하 경당 볼륨을 그렸다. 그리고 이 경당을 감싸며 올라가는 안을 르 코르뷔지에가 보고 "좋다(Bon)"고 표시했다. 하지만 수사들의 반대로 이와 같은 경사로 아이디어는 무산되

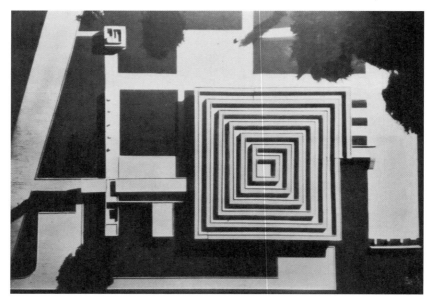

르 코르뷔지에가 구상했던 '무한히 성장하는 미술관'.

었고, 결국 중정의 십자형 복도만이 남았다. 그러니까, 옥상으로 올라가는 경사로에 대한 집착이 1년이나 계속되었던 셈이다.

르 코르뷔지에는 수도자들이 시편을 낭송하면서 행렬을 이루어 옥상으로 올라가는 장면을 떠올리곤 했다. 수도원에서는 정해진 시간이 되면 수도자들은 마주 보는 좌석에 앉아서 좌우 번갈아가며 성무일도를 노래로 부르면서 기도한다. 라 투레트 수도원 경당도 예외가 아니다.

그러나 르 코르뷔지에가 생각한 경사로는 속이 빈 중공(中空)의 터널이다. 단면도 정사각형으로 되어 있다. 물론 수사들은 중정의 회랑에서 이따금 행렬을 한다. 그렇지만 사각의 길고 긴 관을 지나가며 시편을 낭송하는 일은 결코 없다. 1939년에 그는 시간이 흐르며 수

80

장품이 늘어나면 쉽게 증축을 계속할 수 있는 '무한히 성장하는 미술관'을 계획한 바 있다. 여기에서는 중앙의 입구에서 계단으로 올라가 터널로 들어가게 된다. 그러나 라 투레트 수도원의 초기 계획에서는 벽이나 천장이 모두 밀폐된 사각형의 경사로 터널을 만들고자 했다. 만일 그대로 지어졌다면 이 터널을 걸어가는 사람은 어떤 느낌을 받았을까? 불안정하게 경사진 중정을 외부와는 격리된 채 오직 앞으로, 안으로 끌려 들어간다면.

다행히도(!) 이 안은 결국 폐기되었다. 회랑을 명상과 교통의 기능으로 나누어서는 안 되며 옥상으로 그렇게 올라가지 않는다는 수도원 측의 적극적인 반대 덕분이었다.

형언할 수 없는 공간, 혹은 이교도적 공간

설계의 실무를 담당한 이아니스 크세나키스는 아테네에서 건축과 공학을 배웠고, 르 코르뷔지에 밑에서 일하면서 취미로 작곡을 했다. 르 코르뷔지에는 크세나키스가 작곡을 배울 수 있도록 뒷바라지했다. 그가 르 코르뷔지에 사무실에서 처음으로 전담한 프로젝트가 바로 라 투레트 수도원이었는데, 중요한 도면은 거의 다 그가 그리고 정리했다.

그는 그리스정교 신자였다. 그런데도 자신이 어디에서 설계의 본질을 찾아야 할지 몰라 혼란스러웠다며 이렇게 회상했다. "정교회 신자였던 나는 이 프로젝트를 앞에 두고 고대 문명에 뿌리박고 있는 무신앙, 나의 무의식 속에 숨어 있는 이교도의 그림자와 싸워야 했다. 차라리 스스로가 가톨릭 신자인 것처럼 생각하는 게 뭔가를 만들어내는 데 적절하다고 생각했다. 마음속에 있는 고대 종교로부터 도망쳐야 했고 정교회 신앙에서도 도망쳐야 했기 때문이다. 넘어서는 안 되는 선을 지켜야 했다."*40 정교회 신자인데도 자꾸 고대 종교가 머릿속에 나타났다는 것이다.

그런데도 설계 과정에서 종교적인 토론을 벌이지는 않았고, 순수한 입체에 물리적인 요구를 효과적으로 담아내는 것만이 자신의 목표였다고 토로했다. "그렇지만 르 코르뷔지에와 함께 일하는 동안 종교적인 것, 이데올로기적인 것은 그도 나도, 심지어는 수사들도 이야기하지 않았다. 중요한 건 도미니코회 수사들의 신앙을 혁신하거나 그들의 관습을 부수는 게 아니었다. 우리가 해야 하는 것은 그들이 요구하는 물리적인 공간, 동선, 기능을 잘 따라 계획하는 것, 또 엄격하기는 하지만 건축적으로는 공명하는 그릇 속에 그런 것들을 제일 좋은 방식으로 정리하는 것이었다."*41

20세기를 대표하는 가톨릭교회 건축이라고 평가받는 라 투레트 수도원의 수사들이 설계 단계에서 종교적인 요구가 없었다는 것은 좀 의아하다. 당대의 거장 르 코르뷔지에가 설계를 맡았기 때문이었을까?

크세나키스는 그리스도를 디오니소스에 비교한다. 그리고 가톨릭 미사의 희생 제사를 아즈텍(Aztecs) 종교의 그것과 비교하며 수도원 경당의 제대를 설계했다고 털어놓았다. "나는 높은 제단을 디자인했는데, 수사들은 이를 보고 너무나 갑작스럽고 너무 높으며 너무 분리되어 있다고 비판했다. 사실 나는 조금은 소름이 끼치는 희생 제사 장소를 생각하고 있었다. 내가 디자인한 제대는 너무 극적이었고 마치 아즈텍 제대 같았다. 디오니소스가 그러했던 것처럼 그리스도는 자신을 희생했다."[*42] 가톨릭교회가 이 말을 들었더라면 정말로 기겁을 했을 것이다.

도면을 보지 않으면 실감이 나지 않으니 희미하지만 도면을 잠시 살펴보자. 제단은 45도 기울기의 계단을 열두 단 올라간 높이다. 이 높은 곳을 제단 측면을 따라 제대 뒤편으로 올라간다. 회중석에서 제대를 바라보면 기울기가 거의 80도 정도인 벽으로 막혀 있고, 이 높이의 벽이 제단 좌우에서 돌출해 있다. 여기서 3단 더 올라간 곳에 제대가 있으며, 제대는 사람의 키보다도 크다. 흡사 멕시코의 고대유적인 치첸이트사(Chichen Itza)의 신전을 축소하여 옮겨놓은 듯한 모습이다. 이는 그리스도의 희생 제사를 크게 훼손한 것이며, 가톨릭교회에서는 있을 수 없는 제단과 제대였다.

이러한 이교도적 태도는 르 코르뷔지에 또한 다를 바 없었다. 지하경당을 비추는 세 개의 '빛의 대포'는 그리스도교의 삼위일체를 나타

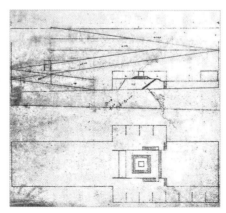

멕시코의 고대 마야 신전을 닮은 크세나키스의 제단 도면.

지하 경당의 '빛의 기관총'.

내는 것이 아니다. 그것은 르 코르뷔지에의 삼위일체인 땅, 바다, 하늘을 나타낸다.

　리처드 무어(Richard Moore)는 르 코르뷔지에의 후기 건축이 연금술과 신화에 바탕을 두고 있음을 여러 근거들을 통해 논증했다.[*43] 그에 의하면 이 수도원의 제대 왼쪽 제의방(祭衣房)을 비추는 일곱 개의 천창, 이른바 '빛의 기관총'은 칠성사(七聖事)[*44]를 나타내는 것이 아니라 연금술에 나오는 마법의 수 7을 상징한다. 또한 롱샹 경당의 남쪽 지붕 모양이 거대한 뱃머리를 닮은 것은 염소자리(Capricon)의 뿔 하나, 곧 풍요의 뿔(cornucopia)을 상징한다. 이야기가 점점 더 복잡해지지만, 요점은 르 코르뷔지에의 또 다른 걸작인 롱샹 경당도 가톨릭의 교의를 따르기는커녕 건축가 개인의 건축적 관념에 따라 구성되었다는 것이다.

거대한 뱃머리를 닮은 롱샹 경당의 남쪽 지붕.

수도원 완공 전날 수도회를 찾아온 르 코르뷔지에.

르 코르뷔지에는 라 투레트 수도원 공사가 완성되기 전날 수도회를 찾아왔다. 그리고 수도자들에게 신비에 가득한 말을 했다. "나는 믿음의 기적을 경험하지 못했습니다. 그러나 형언할 수 없는 공간(ineffable space), 즉 조형적 감정의 신격화가 주는 기적은 가끔 알았습니다."

"형언할 수 없는 공간!" 이렇게 마무리를 지음으로써 그는 이 건물에 대해 나올 수 있는 모든 비판들을 절묘하게 막아놓을 수 있었다.

교황이 지목한 '특정 예술가들'

쿠튀리에 신부는 근무력증으로 입원해 있다가 1954년 2월 9일에 세상을 떠났다. 그는 임종 며칠 전인 1954년 1월 30일 르 코르뷔지에에 대해 '현존하는 가장 위대한 건축가'라며 이런 말을 남겼다. "진실하고 순수한 사물은 언제나 위험하다. 그러나 위험을 무릅써야 한다, 그렇지 않으면 어떤 것도 할 수 없을 것이다. 그러나 바보들은 경고를 받아 마땅하다."[*45] 이때 경고받아야 할 "바보들"은 과연 누구를 두고 한 말이었을까?

당시 자동차 공장 등에서 전업 노동자로 살아가며 자기가 속한 교구의 업무로부터 자유로운 사제들이 있었다. 그들은 겉모습으로는 평범한 노동자와 구분되지 않았다. 이들을 '노동사제(worker-priest)'라고 하는데, 프랑스 도미니코회에서 특히 활발했다. 1953년에 교황청은 이와 같은 프랑스 노동사제의 활동을 금지했고 1954년에는 정식 해산했다.

당시 교황 비오 12세와 성무성성(聖務聖省)[*46]은 도미니코회, 특히 쿠튀리에와 피에-레이몽 레가메(Pie-Raymond Régamey) 신부 등을 위험인물이라고 보고 이들을 감시했다. 쿠튀리에 신부는 1952년 1월 방스 경당을 추진하는 일로 제재를 받았으며, 교회 위계를 비판한 신학자 이브 콩가르(Yves Congar)의 저서도 금지되었다.[*47] 쿠튀리에 신부가 관여하던 《아르 사크라》의 편집장 부아슬로(Boisselot) 등 세 명의 신부가 성무성성으로 불려갔고, 모리스 펠탱(Maurice Feltin), 아실레 리에나르(Achille Liénart), 피에르마리 게를리에(Pierre-Marie Gerlier) 등 3인의 추기경도 교황에게 소환되었다.

1953년 가을에는 노동사제와 성미술 운동의 지도자였던 도미니코회의 수사 다섯 명이 정직(停職, suspensio)되거나 출판 금지 조치를 받았다. 가장 노골적인 이론가였던 쿠튀리에 신부도 그중 한 명이었다. 그는 도미니코회의 잡지 《아르 사크라》의 출판 중단을 알리는 통지가 올 것이라 예측하고, 교황청의 권한이 닿지 않는 '라 투르머부르(La Tour-Maubourg)'라는 출판사로 발행처를 옮겨 공식 폐간을 모면하려고 했다. 그때는 쿠튀리에가 파리의 병원에 입원 중이었으며 르 코르뷔지에가 라 투레트를 계획하던 때였다.

도미니코회는 "자신의 이익과 계급의 편견에 익숙해져버렸다"라며 바티칸의 권위에 노골적인 반기를 들었고 자본주의의 불의를 비난했다. 1954년 2월 4일 그들의 선언문을 받아든 교황청은 불복종에 앞장선 도미니코회에 대해 지도자를 선출할 권리를 폐지하고 신학교를 폐쇄함으로써 교단의 독립을 금한다고 발표했다. 이 시기는 르 코르뷔지에가 롱샹 경당을 설계하던 기간과 정확하게 일치하는데, 공교롭게도 착공했을 때가 가장 심했다.

지금은 거의 잊혔지만 당시 바티칸과 도미니코회 후원자들 사이에는 전례와 건축의 역할에 대해 심각한 의견 불일치가 있었다. 1955년 6월에 완성된 롱샹 경당은 도미니코회 후원자들에게 전후 종교 건축물의 재탄생을 알리는 것이었다. 나아가, 지나치게 권위적인 로마 교황청의 명령에서 벗어나려는 프랑스 가톨릭의 종교적 자유와도 깊은 관계가 있었다.

1955년 7월 10일 롱샹 경당의 축성식에서 조셉 볼(Joseph Ball) 신부는 강론을 통해, 철근콘크리트라는 새로운 기술로 가톨릭 전례와 건축을 완벽하게 일치시킨 이 성당은 가톨릭교회의 갱신을 보여주며 현대 세계를 나타낸다고 말했다. 도미니코회의 로베르마리 카펠라드(Robert-Marie Capellades) 신부도 비슷한 말을 했다. 이것만 보면 르 코르뷔지에가 가톨릭교회 건축의 현대화에 성공한 것처럼 들린다.

그러나 교황청은 롱샹 경당에 공감하는 조셉 볼과 카펠라드 신부, 기타 프랑스 가톨릭 신자들을 감시하기 시작했다. 그리고 같은 해 12월 25일, 교황 비오 12세가 회칙(會則, Encyclical)[*48]에서 이 문제를 직접 언급하기에 이른다.

"최근 몇 년 동안 특정 예술가들이 그리스도교의 경건한 신심을 중대하게 해치면서, 종교적 영감이 송두리째 사라지고 올바른 예술 원칙에 완전히 반대되는 개인적인 성격의 작품을 감히 교회에 도입했다. 그들은 예술 자체의 본질과 성격에서 파생된 것처럼 가장하는 그럴듯한 논쟁을 통해 이러한 통탄할 활동을 정당화하려고 한다. 사실상 그들은 예술의 권위를 크게 훼손하고, 거룩한 영감에 인도된 예술가조차 족쇄를 채우고 속박할 것이다. 그들은 예술가의 영감이 자유로운 것이며, 종교건 도덕이건 그러한 영감을 예술에 이질적인 법과 규범에 종속시킬 수 없다고 말한다. …그러나 '예술을 위한 예술'이라는 그러한 표현은 …하느님에 대한 중대한 잘못을 저지르는 것이다."[*49]

얼마나 이 문제가 위중했으면 교황이 회칙에서 언급했겠는가? 그가 말한 "특정 예술가들"은 누구인가? 의심할 여지없이, 지난 몇 년 동안 도미니코회의 위촉을 받은 롱샹 경당의 건축가 르 코르뷔지에가 거기에 포함된다.

수도자 없는 수도원에 맴도는 신화

이런 사정들을 감안하면 라 투레트 수도원을 두고 가톨릭교회의 거룩함이 구현된 순수한 조형이라고 말하기가 어려워진다. 르 코르뷔지에 건축의 신학적 이해를 다루는 건축가 마틴 퍼디(Martin Purdy)는 이 거장의 교회 건축 작품들이 "사회와 교회의 관계에 관심이 있어서 교회 건축을 공부하는 학생에게는 가르칠 것이 별로 없다"[*50]고 비판한다. 저명한 근대주의 건축가의 교회 건축을 얻은 대신, 가톨릭 예술작품의 근본적인 본질을 희생했다는 말이다.[*51]

라 투레트 수도원이 완공된 후 그곳에서 생활한 수사들은 어떻게 생각했을까? 그들은 온통 벽으로만 둘러싸인 공간에 자신의 신앙과 의심이 투영되고 있음을 느끼며, 건물에게 감시받고 판결을 받는 느낌이었다고 고백했다. "이곳에서는 공간도 벽도 모두 철저한 시선이고 용서해주지 않는 심판이었다."

어떤 수련자들은 주위의 풍경을 향해 열린 로지아(loggia, 지붕 달린 갤러리나 발코니), 파동 리듬, 유리창 같은 수도원의 매력이 의식을 집중할 수 있는지를 시험하는 덫이라고 여겼다. "아침에서 밤까지 아름다움, 위대함, 거푸집이 남긴 흔적 뒤에 새겨진 보이지 않는 고행에 둘러싸여 살도록 우리에게 강요하고 있다. 모두 르 코르뷔지에가 만든 것들이다."[*52] 그들은 프랑스의 사회운동가 앙드레 고댕(Jean-Baptiste André Godin)이 공장을 중심으로 운영했던 이상주의적 공동체 '파밀리스테르(Familistère)'에 빗대어, 자신들의 수도원을 '코르뷔지에르(Corbusiere)'라고 불렀다.

라 투레트 수도원은 제2차 세계대전 이후 쇄신을 모색하던 프랑스 도미니코회가 7년간 수련할 학생 60명, 교수 20명, 수도자 20명 등 100명을 수용할 목적으로 지은 것이었다. 또한 모든 회원들을 위한 수련센터도 겸하고 있었다. 그러나 1960년대의 제2차 바티칸 공의회 및 프랑스 '68 혁명'의 영향으로 지원자가 급감하여, 1969년에는 겨우 5명의 학생과 20명의 수사만 살게 되었다. 이로써 수련원의 기능은 정지되었고 건물은 낡아갔다. 1965년에는 '역사적 기념비의 추가 목록'에 등재되었다.

2013년에 이 수도원은 이런저런 회의나 세미나가 열리는 문화센터로 바뀌었다. 센터 측에서는 이곳이 거장 르 코르뷔지에의 역사적 작품이고 유네스코 세계문화유산이라며 "언덕에서 내려다보이는 계곡과 뛰어난 자연환경의 탁 트인 전망을 제공합니다. 성찰과 혁신을 불러일으킬 공간을 찾는 비즈니스에 적합합니다"라고 홍보하고 있다. 바로 이것이, 수도자와 수도 생활이 사라진 채 '형언할 수 없는 공간'만이 남은 라 투레트 수도원의 현실이다.

라 투레트 수도원을 만든 사람들은 과연 누구였을까? 그들은 어떤 생각으로 이 건물을 지은 것일까? 건축물은 누가 만들며 누구를 위해 만들어지고 남게 되는가? 이 질문들에 대해 분명한 답을 찾는다면, 그다음 질문은 그리 어렵지 않을 것이다. 이 성당이 누려온 신화적 명성은 과연 온당한가? 누군가 만들어낸 그럴싸한 신화에 현혹되어 우리가 또 다른 라 투레트의 신화를 짓고 있는 것은 아닐까?

4
르 코르뷔지에가 오두막을 지은 이유

2017년에 르 코르뷔지에 전시회가 있었다. 부제는 '4평의 기적'이었다. 여기에서 말하는 4평은 1952년에 지어진 카바농(cabanon), 즉 오두막을 말한다. 노년의 거장 르 코르뷔지에가 불과 4평밖에 안 되는 오두막을 짓고 휴가 때면 이곳에 와서 작업했다는 사실에 관람객들은 감동한다. '최소한의 주택'을 몸소 실천해 보인 거장 건축가의 마지막 삶을 4평 안에 대입해본다. 고독한 수도자가 되어 창 너머로 지중해를 바라보며 유럽 문화의 원천을 숙고하고 프로젝트를 구상했을 그의 모습을 상상한다. 바로 이게 그 전시회의 하이라이트였다.

전시회를 본 이들은 르 코르뷔지에가 작은 창으로 내다보았던 지중해가 거대한 프로젝션 영상으로 펼쳐지는 모습에 감동했다. 그 작은 공간에 4평이면 행복하다는 심오한 메시지가 담겼다며 신기해하

1952년에 지어진 4평짜리 카바뇽. (위)
작은 창밖으로 지중해를 내다보는 르 코르뷔지에. (아래)

기도 했다. 평생 건축을 통해 인류에게 헌신했던 그의 삶을 이 공간을 통해서 새삼 확인할 수 있다고도 했다.

"르 코르뷔지에는 노년에 4평짜리 카바농에서 지냈습니다. 부와 명예를 거머쥔 그인데 왜 하필 그런 조그만 별장에서 지냈을까요? …4평 공간 안에 침대, 책상, 옷장 등 생활에 필요한 가구와 집기들이 그의 모듈러(Modulor) 이론을 적용하여 배치되어 있습니다."

과연 이런 설명대로 "4평이면 아주 행복하다"는 그의 말이 이 오두막의 진실일까?

'불가사리 집'과 작은 오두막집

르 코르뷔지에는 64세가 되던 1951년에 아내의 생일 선물로 지중해가 내려다보이는 '최소한의 주택'인 오두막을 짓고자 했다. 이듬해집이 완성되었고, 그때부터 매년 여름이 되면 파리를 떠나 수평선이 바라보이는 이 작은 카바농에 왔다. 그리고 지중해를 바라보며 일했다. 지중해는 그의 건축 작품의 원점이기도 했다.

"나는 그곳에서 행복한 수도자처럼 생활하고 있다"고 편지에서 적고 있으니, 이런 글에 이 오두막이 겹치면 건축가로서 세계를 정신적으로 구제하고자 하는 고독한 수도자의 이미지가 완성된다. 더구나라 투레트의 작고 검박한 방 풍경이 옷을 벗은 채 오두막에서 일에 몰두하는 그의 사진과 겹치면 그 이미지는 더욱 확고해진다. "이 오두막에서 사는 기분은 최고다. 나는 반드시 여기서 생을 마치게 될 것이다." 그럴 정도로 이 오두막은 그의 인생을 요약하고 있다.

한동안 이 오두막을 기억하는 사람이 거의 없었지만, 오늘날 르 코르뷔지에의 카바농은 젊은 날의 동방 여행에 대한 기억, '최소한의 주택'에 관한 고찰, 세련된 계획이나 계획 방식의 사용, 한발 앞선 자력 건설의 시도, 지방의 특수성에 대한 존중, 공간적 모델의 일반화 등 여러 영역에서 재평가를 받고 있다.

이런 상황을 예견했던 것일까. 78세가 되던 1965년 8월 27일, 그는 카바농 바로 밑에 있는 바다에서 늘 좋아하던 수영을 하다가 심장마비로 세상을 떠났다. 그는 이렇게 이상적인 모습으로, 이상적인 장소에서 삶을 마감했다. 그런 까닭에 카바농은 그의 사고를 극적으로 요약하는 기념비적 작품이 되었다.

카바농이 있는 로꿰브륀느-캅-마르땅(Roquebrune-Cap-Martin)은 건축가 르 코르뷔지에의 사적인 생활이나 개인사가 잔뜩 들어 있는 무대였다. 르 코르뷔지에는 자신의 카바농을 짓기 훨씬 전부터 그곳을 잘 알고 있었다. 카바농 밑 해변에 아일랜드의 유명한 가구 디자이너이자 선구적 여성 건축가인 아일린 그레이(Eileen Gray, 1878~1976)의 설계로 지어진 주택 'E.1027'을 종종 방문했기 때문이다. 그 흰색 이층집의 주인은 1923년부터 1933년까지 건축잡지 《아르쉬텍튀르 비방트(L'Architecture vivante)》를 만들었던 장 바도비치(Jean Badovici)였다.

그는 창간호에 르 코르뷔지에의 작품을 게재했고, 르 코르뷔지에가 이른 시기에 집필한 몇몇 저서를 출판해주었다. 1927년부터 르 코르뷔지에의 『작품 전집』을 만든 것도 바도비치였다. 자크 뤼캉이 감수한 『르 코르뷔지에 사전』*53에는 이렇게 적혀 있다. "르 코르뷔지에는 이 작은 집(카바농)을 세우기 이전부터 이곳에 자주 다니고 있었다. 같은 장소에 아일린 그레이가 장 바도비치를 위해 구상하고 'E.1027'이라고 번호를 매긴 별장이 세워져 있다."

이 주택은 도시의 전위 예술가들이 머무는 곳이기도 했다. 르 코르뷔지에는 1930년대 이후부터 이미 아무도 살지 않게 된 'E.1027'에 자주 와서 휴가를 보내거나 일했다. 1949년 8월에는 호세 루이 서트(Josep Lluis Sert) 등 스태프들과 함께 '보고타 도시계획' 설계작을 위한 아틀리에로도 사용했다. 그런데 자동차가 들어오지 못하는 주택에서 20명의 스태프가 먹고 자는 문제를 해결할 수 없었기 때문에, 뭔가 해결책이 필요했다.

니스에서 배관과 지붕공사 사업을 하던 토마스 르뷔타토(Thomas Rebutato)라는 사람이 있었다. 연달아 사업에 실패한 그는 회사를 처분한 돈으로 'E.1027' 바로 뒤에 있는 빈 땅을 샀다. 그곳에 레스토랑과 방갈로 몇 채를 지을 생각이었다. 일단 '불가사리 집'이라는 이름의 레스토랑을 먼저 열었는데, 너무 동떨어진 장소여서 장사가 잘될까 걱정하고 있었다. 그러던 차에 저 밑에 있는 '하얀 집'에서 어떤 남자가 점심 20명분을 주문하러 왔다. 그리고 그 식사가 만족스러우면 하루 세 끼를 부탁하겠다고 말했다. 점심 식사 후 그 사람이 와서, 식사가 만족스러우니 아침에 한 약속대로 세 끼 식사를 모두 부탁한다며 자기를 소개했다. 그 남자는 르 코르뷔지에였다.[54] 그는 '불가사리 집' 주인과 아주 친해졌고 그 뒤로도 깊은 우정을 나누었다.

이후 르 코르뷔지에는 로케브륀느 성벽 밑의 땅 주인에게 휴가용 주택을 짓자고 제안했다. 이것이 '로크(Roq) 계획'이다.

그즈음 바도비치와 르 코르뷔지에는 사이가 틀어지게 되었다. 더

식당 '불가사리 집'을 운영하던 땅 주인 토마스 르뷔타토.

이상 'E.1027'을 사용할 수 없게 된 르 코르뷔지에는 'E.1027' 뒤쪽에 6개의 주택과 12개의 캠프 게스트룸을 짓자고 땅 주인 르뷔타토에게 제안했다. 이것이 '로브(Rob) 계획'인데, 르뷔타토의 별명이 'Roberto'여서 프로젝트 이름을 'Rob'이라 지은 것이다. 르 코르뷔지에는 출자하고 르뷔타토는 경영하자는 일종의 동업 제안이었다.

르뷔타토는 제법 큰 이익을 얻을 것이라고 여기고 그 제안을 받아들였다. 그러나 자금 조달이 여의치 않았고 건설사의 반응도 좋지 않아 지연되고 있었다. 그때 르 코르뷔지에가 레스토랑에 붙여서 작은 오두막을 짓게 해달라고 부탁했다. 르뷔타토는 '로브 계획'이 실현되려면 르 코르뷔지에가 묵을 방이 있어야 할뿐더러, 그 오두막이 '로크 계획'과 '로브 계획'의 모델하우스가 될 것이라 여기고 그의 청을 들어주었다.

이 두 계획은 지리멸렬하다가 결국 백지화되었다. 대신 레스토랑 옆에 '위니테 드 캄핑(Unités de Camping)'을 설계하고 비용을 출자하는 대가로, 르 코르뷔지에는 카바농과 그 주변의 땅을 얻었다.

르 코르뷔지에는 '불가사리 집'에 앉아서 45분 만에 그 레스토랑에 딱 붙은 오두막을 스케치했다. 그 오두막은 신축이 아니고 레스토랑을 증축한 것으로 여겨져 건축 허가도 쉽게 나왔다. 문 하나만 열면 오두막과 '불가사리 집'이 이어지기 때문에 오두막 안에는 식당이 없다. 그런 집이 2016년에 유네스코 세계유산이 됐다.

르 코르뷔지에는 아틀리에로 사용한 카바농 외에도 레스토랑, 숙박 시설, 작업장을 세우고 자주 이곳에서 지냈다. 숙박 시설은 불과 몇 미터 떨어진 곳에, 그것도 'E.1027'의 바로 위에서 마치 그 집에 걸터앉을 것처럼 서 있다. 'E.1027'은 르 코르뷔지에의 또 다른 거실이었고, 덕분에 바로 밑의 해안은 그를 위한 최고의 정원이 되었다.

사람이 충분히 기분 좋게 생활하려면 어느 정도의 공간이 필요할까? 바꾸어 말해, 우리의 생활공간은 어느 정도까지 축소될 수 있을까? '최소한의 주거(Minimum Dwelling)'는 제1차 세계대전 이후 심각해진 주택 문제를 해결하기 위한 중요한 과제였으며, 1929년 제2차 근대건축 국제회의*55의 주제이기도 했다. '최소한의 주택'은 주거를 대규모로 집중적으로 건설하기 위해 규격화·표준화한 단위주택의 프로토타입을 말하는데, 여기서 '최소한'이란 작을수록 좋다는 뜻이

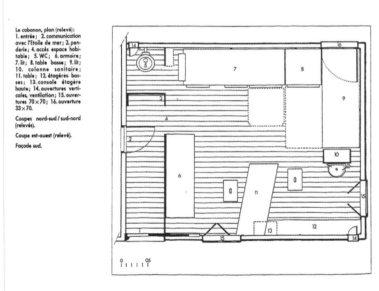

Le cabanon, plan (relevé):
1. entrée ; 2. communication avec l'Étoile de mer ; 3. penderie ; 4. accès espace habitable ; 5. WC ; 6. armoire ; 7. lit ; 8. table basse ; 9. lit ; 10. colonne sanitaire ; 11. table ; 12. étagères basses ; 13. console étagère haute ; 14. ouvertures verticales, ventilation ; 15. ouvertures 70×70 ; 16. ouverture 33×70.

Coupes nord-sud / sud-nord (relevés).

Coupe est-ouest (relevé).

Façade sud.

'E.1027'은 르 코르뷔지에의 또 다른 거실이 되었다. (위)
문 하나만 열면 오두막과 '불가사리 집'이 이어진다. (아래)

카바농은 높이 226센티미터인 원룸이었다.

아니라 단위주택의 적정한 크기를 가리키는 것이다.

　르 코르뷔지에의 카바농은 이와 같은 '최소한의 주택'에 대한 화답
이었다. 외관은 통나무집처럼 보이는데, 통나무는 외벽에 붙인 것이
고 실제로는 프리패브(pre-fabrication, 조립식) 공법으로 만들어졌다.
벽은 합판으로 내장했다. 가로 366센티미터, 세로 366센티미터의
정사각형이고 높이는 226센티미터인 원룸이다.

　이 입체는 르 코르뷔지에가 사람의 신체를 기준으로 선별한 치수
에 맞춰졌다. 침대 두 개, 사이드 테이블, 옷장, 세면기가 붙은 선반,
책장, 테이블, 상자 모양의 의자 두 개, 커튼으로 칸막이 된 화장실이
모두 가구로 되어 있다. 모두 그가 창안한 모뒬로(Modulor)[*56] 치수

를 따른다. 따라서 카바농은 주거에 대한 사고를 가구로 압축한 것이며, 그 자체가 하나의 가구였다.

모더니즘 건축의 진짜 원조, 'E.1027'

르 코르뷔지에가 23년 전인 1929년에 지어진 그레이의 주택 'E.1027' 옆에 작은 오두막을 지은 이유는 무엇일까? 건축사가 베아트리즈 콜로미나(Beatriz Colomina)는 이렇게 해석한다. "이 주택의 가치를 지워버리고자 했던 르 코르뷔지에의 폭력성"이라고. 둘 사이에는 과연 어떤 관계가 있었던 것일까?

'E.1027'은 아일린 그레이가 51살 때 완성한 첫 건축 작품이었다. 그녀는 애인인 장 바도비치와 함께 남프랑스 해변에서 여름을 보내기 위해 이 주택을 지었다. 설계는 1926년에 시작했다. 둘은 아무것도 보이지 않고 오직 바다만 보이는 곳에 살고 싶어서 일부러 사람들이 접근하기 어려운 벼랑 밑의 땅을 골랐다. 'E.1027'의 E는 아일린의 E고 그 뒤의 숫자들은 둘의 이름 이니셜을 알파벳 순서로 나타낸 것이다. 10은 알파벳 10번째 글자 J(Jean), 2는 바도비치의 B, 7은 그레이의 G를 나타낸다. 오직 두 사람을 위한 집이라는 뜻이며 마치 두 사람의 서명과도

아일린 그레이.

모더니즘 건축의 진정한 원조로 여겨지는 'E.1027'.

같은 이름이다.

　'E.1027'은 당시 그 어떤 근대주의 건축가들도 갖고 있지 못했던
새로운 개념의 건축물이었으며, 오늘날의 관점에서 보아도 정말 새
로운 주택이었다. 근대건축을 대표하는 주택들 중 미스 반데어로에
의 판스워스 주택은 1951년, 필립 존슨의 유리 집은 1949년, 프랭크
로이드 라이트의 낙수장은 1939년, 르 코르뷔지에의 사보아 주택은
1931년에 완성됐다. 그리고 누구나 모더니즘 건축의 원조를 르 코르
뷔지에라고 생각한다. 그러나 이 주택들보다 훨씬 빠른 1929년에 지
어졌으며, 오랫동안 알려지지 않았다가 최근에야 진짜 모더니즘 건
축의 원조였다고 평가되는 걸작이 바로 '해변의 집'으로 불리는 이

'E.1027'다.

당시 세간에서는 이 주택의 설계자를 놓고 여러 얘기들이 떠돌았다. 그레이와 바도비치의 공동 작품이라고도 하고, 그냥 '바도비치 주택'이라 불리기도 했다. 사실은 르 코르뷔지에가 설계했다는 말도 있었다. 바도비치는 그런 오해를 바로잡기는커녕, 일부는 자기가 설계했다고 선전하고 다녔다. 그리하여 "이 주택은 르 코르뷔지에가 뒤에서 지도해준 것이다" "아니다, 르 코르뷔지에의 작품이다" 또는 "바도비치의 작품이다" 등등의 이야기가 떠돌게 되었고, 정작 실제 설계자인 그레이의 이름은 어디론가 사라져버렸다.

그렇게 된 더 큰 이유는 르 코르뷔지에가 그레이의 놀라운 재능에 질투를 느끼며 이 주택을 역사에서 지워버리려 했기 때문이다. 그런 탓에 'E.1027'은 오랫동안 르 코르뷔지에의 작품으로 오인되었다. 탁월한 여성 건축가에 대한 거장의 질투, 그녀를 무시하는 계산된 행위, 그리고 고루한 남성우월주의 때문에 'E.1027'이라는 걸작은 결국 건축사에서 지워지고 말았다.

처음부터 그랬던 건 아니다. 이 주택은 완성과 동시에 프랑스 건축계에서 큰 화제가 되었고 그레이는 단숨에 시대의 건축가로 떠올랐다. 바도비치와 친분이 있던 르 코르뷔지에는 1938년에 아내와 함께 며칠간 이 주택에 묵었다. 아마도 바도비치가 한번 들러달라고 했을 것이다. 이때 르 코르뷔지에는 이 주택을 보고 몹시 감탄했다.

르 코르뷔지에는 당시 '근대건축의 5가지 원칙'을 내세우고 있었다. 필로티 구조, 자유로운 평면, 수평으로 긴 창 등등. 그런데 자기가 그런 건축을 세상에 선보이기도 전에 지어진 'E.1027'이 이미 이러한 모더니즘 건축의 특징을 다 보여주고 있는 데 대해 그는 내심 몹시 놀랐던 것 같다.

이 주택에도 필로티가 있다. 그러나 1929년에 착공하여 1931년 봄에 완공된 사보아 주택의 필로티와는 다르다. 1층의 필로티는 한쪽으로는 기둥이 늘어서 있지만 안쪽은 경사지와 맞대고 있고, 사보아 주택처럼 옥상에 올라가지만 옥상정원을 만들지는 않았다. 2층의 창도 옆으로 긴 수평 창이 아니라 가로와 세로로 모두 개방된 전면 창이다. 또한 지형을 바꾸지 않고 고저의 차를 이용하면서 거주 공간을 가볍게 땅 위에 놓음으로써, 해변에 정박해 있는 기선(汽船)과 같은 이미지를 하고 있다.

기선은 르 코르뷔지에가 자신의 기능주의 건축을 설명할 때 등장시킨 모델이기도 했다. 그런데 'E.1027' 테라스의 기다란 난간, 창고의 둥근 창, 거실을 장식하는 해도(海圖) 등은 놀랍게도 르 코르뷔지

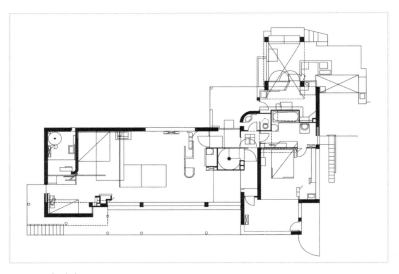

'E.1027'의 평면도.

에의 건축보다 훨씬 기선의 이미지를 잘 나타내고 있다. 당시의 외관 사진을 보면 바퀴 모양의 부대(浮袋)까지 설치되어 있었다.

르 코르뷔지에가 처음 방문했을 때 그레이는 바도비치와 헤어지고 새 애인이 생겨서 이 집을 떠난 상태였다. 르 코르뷔지에는 그녀에게 이렇게 찬사의 편지를 보냈다. "나는 당신의 집에서 보낸 그 며칠 동안 주택 안팎의 모든 조직을 지배하는 보기 힘든 정신의 진가를 알게 되었다는 것을 당신에게 말할 수 있어서 행복합니다. 현대적인 가구와 설비에 품위 있고 매력적이며 재치 있는 형태를 만들어낸 희귀한 정신에 대해서 말입니다."*57

그러나 속으로는 그레이의 재능을 몹시 질투하고 있었다. 당시 르 코르뷔지에는 스스로가 세계적 건축가라고 믿고 있었지만, 세상은 아직 그 정도까지 그를 인정해주지는 않고 있었다. 반면 그레이는 1930년대에 이미 세계적으로 각광을 받는 가구 디자이너였다. 그녀가 디자인한 '드래곤 체어'가 경매에서 당시 사상 최고액인 1950만 달러, 지금 환율로 무려 270억 원에 팔렸을 정도였다.

그렇더라도 가구 디자인과 건축은 전혀 다른 영역인데 여성 가구 디자이너가 처음으로 지은 주택이 그토록 훌륭하게, 그것도 본인이 생각해온 것과 똑같은 방식으로 지어진 것에 대해 그가 얼마나 큰 질투를 느꼈을지 짐작하기란 어렵지 않다. 그러나 질투란 공감하는 바가 있을 때 생겨나는 법! 그의 질투는 단순히 그레이의 조형적 재능에 대한 것이라기보다는, 자신을 뛰어넘는 그레이의 사고에 공감하는 바가 그만큼 컸기 때문일 것이다.

그레이는 건축을 이론에 치우쳐 교조주의적으로 바라보지 않았다. 그녀는 내부에 사는 사람을 희생하면서 눈을 즐겁게 하려고 외관에만 관심을 둔 당시의 근대건축을 부정했다. "이론은 생활에 충분하지 못하다. 그리고 모든 요구에 대응하지도 않는다"라거나 "공식은 무의미하다. 생활이 모든 것이다"라는 말이 그녀의 건축관을 요약해서 보여준다. 그녀는 "주거란 내적인 생활이 요구하는 분위기에 이바지하는 살아 있는 유기체"라고 보았으며 "근대건축의 빈곤은 감성의 위축에서 비롯된다"고 날카롭게 지적했다. 또한 지나치게 위생 문제에 사로잡혀 있던 당시의 아방가르드 건축에 대해 "위생은 사람을 따분하게 만들고 결국 죽음에 이르게 한다"고 비판했다. 어떻게 보면 당시 르 코르뷔지에가 강조하던 것과 정면으로 상충하는 주장이다.

그레이는 다수를 만족시키려면 일단 개인의 만족이 우선시되어야한다고 주장했다. 'E.1027'은 "끝없이 재생산하는 것이 아니라, 같은 정신으로 다른 주택을 지을 때, 사람이 그것으로부터 착상을 얻고, 참고해야 할 모델과 같은 것"이었으며, "일과 스포츠를 좋아하고 친구를 초대하기를 좋아하는" 개인에 대응하여 설계된 주택이었다.

거실에는 시시각각 변화하는 빛이 들어오고, 그 안에 앉아 있으면 풍경화 안에 몸을 두고 있는 듯이 느껴진다. 그레이는 가구만 디자인한 게 아니었다. 램프, 카펫, 벽걸이 등과 같은 간단한 장식에서부터 건축에 이르는 공간을 전체적으로 설계할 수 있었다.[58] 그녀는 생활공간을 섬세하게 구성하며 무려 171점의 가구를 만들었는데, 사는 사람의 감각과 신체의 상호작용을 절묘하게 융합했다. 누워서 일하기를 좋아하는 바도비치를 위해 낮 침대를 만들고 운동 장비를 수납한다거나, 찻잔을 운반하는 바퀴 달린 작은 테이블 표면에 코르크를 붙여서 컵이 안 흔들리게 하는 식으로 생활의 세부를 세심하게 고안했다.

'E.1027'의 거실.

그중에서 가장 독창적인 'E.1027 테이블'은 다른 상에 맞게 높이를 조절했다. 본래는 그레이의 여동생이 침대 시트에 부스러기를 떨어뜨리지 않고 아침식사를 할 수 있게 디자인한 모더니스트 가구의 고전이다. 품위 있는 덱 체어인 트랜샛(Transat), 미쉐린 타이어를 상징하는 캐릭터처럼 생긴 두툼하고 푹신한 튜브 '비벤덤(Bibendum)', 전기 부품과 라디에이터의 통합, 모퉁이에서 열리는 서랍, 머리 뒤를 볼 수 있게 한 거울 등이 세심하게 배치되어 있다.

이런 방식은 건축물에도 확장되어 있다. 누워서도 내다볼 수 있게 작은 창문을 두었고, 그늘과 산들바람을 복합적으로 조절하는 셔터를 만들었으며, 불빛과 자연광을 함께 볼 수 있게 벽난로를 큰 유리문 옆에 배치했다. 소박한 물탱크는 아래에 있는 외부 식사 공간의 셸터 역할을 하게 했다. 이렇게 그녀는 건축과 가구를 등가로 보고, 사는 사람의 신체가 가구와 건축에 융합하는 다양한 공간을 'E.1027'에 만들어냈다.

여성 건축가에 대한 거장의 질투

아일린 그레이의 'E.1027'을 다시 평가하려는 두 편의 영화들 중 하나인 〈욕망의 대가(The Price of Desire)〉(2015)에서 르 코르뷔지에는 그레이의 멘토이자 라이벌로 나타난다(그레이는 르코르뷔지에보다 9살 위다). 이 영화에서 르 코르뷔지에는 "주택은 살기 위한 기계"라는 너무나도 유명한 말로 그녀를 압도하려고 한다. 그러나 그레이는 이에 반박한다. "집은 살기 위한 기계가 아니다. 집은 인간을 위한 껍질이며 연장이고 해방이며 정신적인 발산이다." 그러므로 집은 단순히 외관상 조화를 이루는 것이 아니라, 개별적인 작업들이 하나로 합쳐져서 가장 깊은 인간적 의미를 전달해야 한다고 보았다.

영화에 나오는 대사는 일부러 만든 각본이 아니다. 그레이의 주장은 다음과 같이 분명했고, 수법 또한 독창적이었다.

"마치 엔지니어가 기계를 만들듯이 집을 짓는 것을 가끔 보는데, 그렇게 해야 할까?"

"기술이 전부인 것은 아니다. 수단에 지나지 않는다. 집은 사람을 위해 지어져야 하고, 그곳에 사는 사람의 연장이다. 그 사람을 보완하는 모든 것들이 다 마찬가지다. 사는 사람이 건축의 구축 안에서 스스로를 자각하는 기쁨을 되찾지 않으면 안 된다. 가구조차도 그것의 특유한 개성을 지우고 건축 전체에 융합해야 한다."*59

사람과 가구와 융합이라는 그녀의 주장이 잘 나타나 있다. 그레이의 이러한 사고는 당시의 주류 건축가들보다도 훨씬 더 현대에 가까운 것이었다.

그레이는 르 코르뷔지에보다 먼저 '최소한의 주택'으로 'E.1027'을 발표했다. 이 주택이 1930년에 《오늘의 건축(L'Architecture d'aujourd'hui)》 창간호에 소개되었을 때, 그녀가 쓴 글의 제목은 공교롭게도 '최소한의 주택(La maison minimum)'이었고 부제는 "최소한의 장소에 최대한 쾌적한 생활"이었다.

이것은 미니멀하게 설계했다는 뜻이 아니다. 최소한의 장소에서 생활하면서 다양하고 풍부한 지각 체험을 할 수 있는 장치를 계획하는 것이었다. "최소한의 주택, 최소한의 공간, 편안함, 움직이는 장치와 고정된 장치(the minimum house, a minimum of space, comfort, mobile and fixed units)". 이런 점을 고려하면 르 코르뷔지에의 카바농은 자기보다 먼저 '최소한의 주택'을 발표한 'E.1027'을 크게 의식한 것이다.

이 영화에서 르 코르뷔지에는 이렇게 말한다. "나는 그녀의 작품 바로 뒤에 내 '오두막'을 지었다. 그러자 'E.1027'도 내 작품으로 생각되었다."

무슨 소리일까? 어떻게 그레이의 주택이 자기의 작품으로 여겨진다는 말인가? 이 대사대로라면 오두막은 'E.1027'을 자기 것으로 만들기 위해 지은 것이 된다. 이것이 영화적 과장인지 아닌지 판단하려면

추한 내용을 담은 벽화.

당시 르 코르뷔지에가 실제로 어떤 행동을 했는지 살펴봐야 한다.

아니나 다를까! 그녀에게 칭찬의 편지를 썼던 바로 그해에 그는 그 레이와 바도비치의 양해도 받지 않고 'E.1027'에 몰래 들어가, 흰색의 외벽을 더 멋있게 해주겠노라며 멋대로 낙서를 해댔다. 그것도 무려 8 점이나 되는 벽화를 그려 이 주택을 자기 스타일로 바꾸려고 했다. 그 중 하나에는 서로 뒤엉켜 있는 여자들을 그렸는데, 이는 그레이가 동 성애자라고 야유하기 위해서였다. 이렇게 겉으로는 화려하지만 내용 으로는 추한 벽화로 여성 건축가를 공격했다. 심지어 벽화를 그릴 때 완전히 벌거벗고 그렸다. 한 여성이 자신만의 스타일로 그렇게 뛰어난

벌거벗고 그림을 그리고 있는 르 코르뷔지에.

작품을 만들었다는 사실을 도저히 참을 수 없었던 것이다.

심지어 이 그림은 'E.1027'의 빈 벽에 그리려고 구상한 것도 아니었다. 아주 작게 그린 그림을 프로젝터로 확대하여 비춘 다음, 그 선을 따라 검은색으로 그려 넣은 것이다. 르 코르뷔지에는 자기 친구들에게 그림의 오른쪽은 바도비치, 왼쪽은 애인 아일린 그레이, 가운데는 바라기는 하지만 태어나지 않은 아이라고 해설까지 했다. 그리고 '마르땅 곶의 낙서'라는 제목을 붙였다. 그러니까 그가 그린 벽화는 제목대로 'E.1027'에 대한 "낙서"였다.

그레이가 의도적으로 비워둔 흰 벽에 르코르뷔지에는 벽화를 그렸다. 그레이는 늘 사람은 현실적으로 생활하고 있다고 생각했다. 생활하는 사람이 쾌적하려면 주택의 구조적 기능에 의한 신체적 만족만이 아니라 정신적 만족도 있어야 한다는 게 그녀의 주장이었다. 그런 의미에서, 흰 벽은 보이지 않고 만져지는 않아도 마음으로 분명히 느끼게 해주는 무언가로 남아 있어야 했다. 인간의 신체는 흰 벽에 들어갈 수 없다. 그러나 개념적으로는 들어갈 수 있다고 보았다. 2차원에서 3차원으로, 또 3차원에서 4차원으로. 벽의 저 뒤편은 아직은 공간이다.

낙서 사건으로 그레이는 격노하고 르 코르뷔지에와 절연했다. 자기가 설계한 집에 허락도 없이 멋대로 그림을 그려 놓았는데 고맙다고 할 건축가는 없다. 만일 그 집을 지은 건축가가 남자였다면 어땠을까? 그래도 르 코르뷔지에가 그 집에서 벌거벗고 유유자적하며 벽화를 그릴 수 있었을까? 이것은 그레이가 당연히 화를 낼 것이고 절연할 것임을 계산하고서 저지른 일이다. 그렇다면 르 코르뷔지에는 확신범이다.

베아트리츠 콜로미나는 르 코르뷔지에가 남긴 스케치나 편지를 자세히 조사하면서 'E.1027'에 대한 그의 집착을 낱낱이 밝혔다.[*60] 그녀는 이러한 르 코르뷔지에의 행동이 'E.1027'을 감시하며 대지를 점령하고자 한 것이라고 해석했으며, 그레이의 전기 작가인 피터 아담 (Peter Adam)도 이 불법 벽화는 정신적 강간 행위라고 비난했다. 르 코르뷔지에는 아일린 그레이처럼 탁월하고 재기발랄한 여성, 그러나 자기에게 친근감을 느끼지 않는 여성에게 위압적인 태도를 일삼으며 노골적으로 악의를 드러내는 인물이었다.

그렇게 해석할 만한 증거는 많다. 그레이의 이름을 모를 리 없는 그가 "이 집에 그린 8개의 벽화를 헬렌(Helen) 그레이에게 선물로 거저 그려주었다"라며 교묘하게 아일린을 '헬렌'으로 바꿨다. 그것도 신문 지면에 당당하게! 그레이라는 여성의 이름을 지우고 싶었기 때문이다. 남의 작품에 대한 모독이 어떻게 거저 준 선물이 될 수 있는가? 게다가 르 코르뷔지에 부부는 이 주택의 입구에 그린 벽화 옆에서 찍은 사진을 그의 『작품 전집』(1946)과 잡지 《오늘의 건축》(1948년)에 게재했다. 이때도 그레이의 이름은 전혀 언급하지 않고 '마르땅곶에 있는 집'이라고 적음으로써, 독자들로 하여금 이 주택을 자기 작품으로 오인하게 했다.

아일린 그레이는 그렇게 세상에서 지워졌고, 이제 'E.1027'은 르 코르뷔지에의 작품으로 여겨지게 되었다. 그런데도 그는 그것을 굳이 부정하지 않았다. 이는 그의 협업 파트너였던 여성 가구 디자이너 샬롯 페리앙(Charlotte Perriand)이 만든 유명한 의자를 자기가 디자인했다고 말했던 것과 똑같다. 이에 대해 페리앙은 이렇게 비난했다. "나는 르 코르뷔지에와 같이 산 여자가 지적인 여성이라고 생각하지 않는다."

카바농의 신화와 'E.1027'의 진실

1956년 바도비치가 세상을 떠나자 'E.1027'은 버려진 집이 되었다. 이윽고 이 주택은 경매에 나왔고, 그리스의 해운왕 오나시스가 낙찰에 도전했다. 이 주택을 갖고 싶어 했던 르 코르뷔지에는 스위스인 여성 재력가를 설득하여 집을 사들이게 했고 자기는 관리인을 자처

했다. 그 후 이 여주인은 마약 중독자가 된 주치의에게 집을 팔았다. 훗날 이 의사가 치정 문제에 얽혀 살해되면서 'E.1027'은 또다시 폐허로 남게 되었다.

그 여주인은 이런 글을 남겼다. "르 코르뷔지에는 전쟁의 기억을 남겨두어야 한다고 나를 압박하며 단 한 군데도 고치지 말라고 했다." 그가 말한 전쟁은 제2차 세계대전이다. 당시 'E.1027'의 벽체가 독일군의 조준 사격 목표물이 된 적이 있었기 때문인데, 아무튼 그녀의 말이 사실이라면 정말 심각한 증언이다.

남의 집에 무단 침입하여 여기저기 벽화를 그리고, 그 집 바로 뒤에 오두막을 짓고, 다른 이에게 그 집을 사라고 권하고, 집주인도 아니면서 전쟁 흔적을 보존한다는 명분으로 건물을 방치하게 만들고…. 이 모든 행위들은 오직 하나의 목표로 수렴한다. 아일린 그레이의 걸작 'E.1027'을 지워버리는 것!

바도비치가 죽은 뒤에 르 코르뷔지에는 'E.1027'에 대해 이렇게 말했다. "필로티 위에 지은 그다지 매력적이지 못한 이층집이 되었고… 이 집을 보기 싫은 눈으로 내려다보았다."*61 그의 오두막집 스케치를 보면 서서 망원경으로 창밖을 내다보는 사람이 그려져 있다. 이 창은 바다를 바라볼 뿐만 아니라 아일린 그레이의 집을 감시하는 창이기도 했다. 'E.1027'에 인접한 그의 오두막은 "감시함으로써 대지를 점령하고 관리하는 것이며, 오두막은 감시대, 일종의 파수 보는 개의 집이었다."*62

그에게 회화는 안에 숨어 있는 것이고, 건축은 밖으로 드러나는 것이었다. 그는 세상이 자기를 공적인 인물, 또는 고유한 상품 같은 인물로 인식해주길 원했다. 제 이름에 정관사 'le'를 붙여서 'Le

Corbusier'로 바꾼 것도 그런 이유에서다. 사적인 주장을 공적인 언설로 무장하는 데 능했던 르 코르뷔지에는 자신이 남들에게 어떻게 보일지도 늘 의식하고 있었다. 그러면서도 한편으로는 낭만적이고 눈물도 잘 흘리는 고독한 인물이기도 했다.

내게 호감을 느끼는 사람에게는 나도 호감을 느끼고 반대라면 나 또한 그런 사람을 멀리하는 것. 그게 통상적인 인간이다. 그러나 르 코르뷔지에는 이런 감정이 너무나도 극단적인 사람이었다.

가구 디자이너 샬롯 페리앙은 그를 "단단한 껍질에 갇힌 사람"이라고 평했다. 그녀의 말대로 르 코르뷔지에라는 단단한 껍질의 안과 밖에는 두 개의 분명한 세계가 있었다. 그레이의 집 바로 뒤에 지어진 거장의 오두막은 자신의 작품보다 먼저 '최소한의 주택'으로 등장한 'E.1027'에 대한 영리한 은폐였다. 그것은 이성과 감정, 공과 사, 공격과 내성이라는 양극단의 성격을 드러내는 "단단한 껍질"이었다.

"이 오두막에서 사는 기분은 최고다. 나는 반드시 여기서 생을 마치게 될 것이다."

오두막 하나만 놓고 본다면 이 말에 대해 '4평의 기적'이라는 찬사를 보낼 수 있다. 그러나 이 멋진 말 뒤에는 그의 또 다른 세계가, 작은 창 너머로 지중해를 바라보는 고독한 수도자와는 거리가 먼 기이한 정신상태가 숨어 있다. 어떤 이들은 르 코르뷔지에가 오두막 밑 바다에서 최후를 맞은 것까지도 거장의 신화에 포함시킨다. 하지만 모든 신화는 후대 사람들의 상상과 억측에 의해서 만들어지는 법이다.

제 2 장

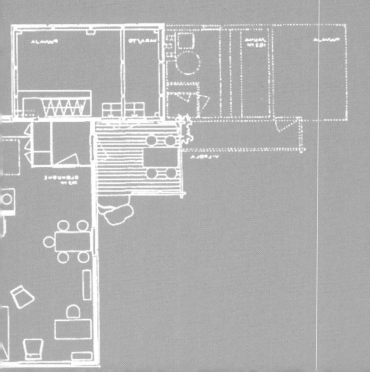

근대주택의 원점을 지은 사람들

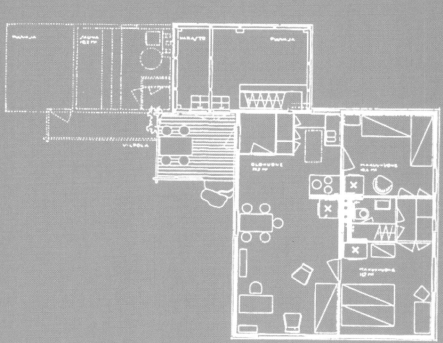

1
기쁨 : 슈뢰더 주택 (헤리트 리트펠트, 1924)

밖에서 보면 흰색과 연한 회색의 카드 보드로 수직과 수평으로 구성한 다음, 붉은 선과 노란 선 등으로 대담하게 강조한 주택이 있다. 내부도 마찬가지. 색을 달리하며 바닥을 구분했고 하얀 천장, 벽과 문 등에 사용된 각재와 판재가 다른 색으로 칠해져 있다. 근대건축사에 반드시 등장하는 몇몇 중요한 주택들 중 하나가 이 주택이다.

지금으로부터 무려 90년 전의 주택이다. 그런데도 수직과 수평면이 3차원적으로 조합된 외관은 오늘날 우리의 눈에도 여전히 신선해 보인다.

하지만 웬만해선 그 명성만큼 이 주택을 자세히 들여다보지 않는다. 당시로서는 최신 디자인이었지만 앉기는 좀 힘들어 보이는 '레드 & 블루 체어'가 놓여 있는 공간. 과연 여기에서 60년 동안 만족하며

정면에서 바라본 슈뢰더 주택.

산다는 게 가능할지 의구심을 갖게 만드는 주택이다. 이런 집을 짓고 살았던 사람은 누구였을까?

이 주택은 네덜란드 위트레흐트(Utrecht)에 있는 '슈뢰더 주택(Schröderhuis, Schröder House)'이다. 규모는 111.5평방미터로 34평이 채 안 된다. 헤리트 리트펠트(Gerrit Rietveld, 1888~1965)가 1924년에 설계하여 같은 해에 완성했다. 리트펠트는 가구 디자이너로 널리 알려져 있었으나, 야학으로 건축을 배운 이후 이 주택을 시작으로 전위적인 건축가의 길을 걷기 시작했다.

주택명에는 대개 의뢰인, 즉 건축주의 이름을 넣는 게 일반적이다. '사보아 주택'도 그렇고 '판스워스 주택'도 그렇다. 그런데 특이하게도 이 주택의 정식 명칭에는 건축주뿐 아니라 건축가의 이름이 함께 들

건축가 리스펠트와 건축주 슈뢰더 부인.

어가 있다. 그것도 건축가 이름을 앞에 붙여서 '리트펠트 슈뢰더 주택(Rietveld Schröder House)'이라고 부른다. 건축주와 건축가의 관계가 그만큼 특별했다는 뜻이다. 2000년에 유네스코는 "서양건축사의 중요하고 흔치 않은 주택이며 인류가 창조한 걸작의 하나"라는 설명과 함께 이 주택을 세계유산으로 지정했다.

이 주택의 건축주는 트루스 슈뢰더 슈래더(Truus Schröder-Schräder, 1889~1985) 부인이다. 그녀는 이 주택을 리트펠트와 함께 설계했고, 1985년 95세의 나이로 세상을 떠날 때까지 61년 동안 이곳에서 살았다. 1982년에는 이 주택에서 보낸 지난 58년에 대해, 그리고 리트펠트와의 관계에 대해 긴 인터뷰를 하기도 했다.[*63]

건축주는 건축가의 협동 설계자

슈뢰더 주택을 말할 때면 으레 따라붙는 얘기가 있다. 건축가가 화가 몬드리안의 작품을 건축에 응용했다는 것이다. 붉은색, 푸른색, 노란색, 흰색 등의 선과 면으로 구성되어 있는 이 주택의 특징 때문이다. 그러나 이는 전혀 사실이 아니다. 리트펠트는 색채를 통한 새로운 공간을 독자적으로 구성하려 했다. 오히려 그는 자신이 과도한 색채 계획으로 건축과 회화의 경계를 지나치게 넘나든 것이 아닌가 자문자답했다고 한다. 슈뢰더 부인도 바닥 재료와 색채가 너무 지배적이라고 생각했다.

내부는 방이나 가구 등의 요소로 분리되어 있고, 원색을 사용하며, 추상적으로 구성되어 있다. 그러면서도 가동식 칸막이를 활용한 융통성 있는 공간이 펼쳐진다. 근대건축사 책에서는 이런 특징을 근거로 이 주택을 '데 스테일(De Stijl)'*64의 이념과 원칙에 따라 지어진 유일한 건물로, 그리고 최초의 성공작으로 평가하고 있다.

그러나 건축가와 건축주는 그런 평가를 극구 부정했다. 슈뢰더 부인은 자신이 리트펠트에 관심이 있었을 뿐 '데 스테일'에는 아무런 흥미를 느끼지 않았다고 말했다. 리트펠트도 자신이 '데 스테일'의 일원이기는 했으나 크게 공감하지는 않았다고 증언했다. 따라서 슈뢰더 주택을 '데 스테일' 운동과 관련지어 설명하는 것은 그다지 의미가 없다.

슈뢰더 부인은 생활에 대한 건축가의 태도가 마음에 들어서 의뢰했고, 이 주택에는 자신이 바라던 것들이 '절실하게' 표현되어 있다고 생각하고 있었다. 또한 자신의 근대적인 사고를 리트펠트가 이상적으로 해석해주었다고 생각했다. 사진만 봐서는 그 안에 들어가서 사는 게 그리 편할 것 같지 않은데, 건축주는 왜 그렇게 생각을 했던 것일까?

이 주택의 핵심은 두 가지다. 첫째, 이 주택은 독립적인 근대 여성이 자신의 삶을 스스로 선택할 수 있다는 선언과도 같은 것이었다. 둘째, 그 여성이 시간의 흐름에 따라 변화하는 가족의 요구에 대응할 수 있는 유연한 집을 원했다는 것이다.

변화하는 요구에 대응하는 유연한 건축! 얼핏 보기엔 당연한 말 같지만 사실은 지금도 실현하기가 매우 어려운 일이다. 지금으로부터 100년 전인 1924년에 건축주가 그런 집을 상상하고 요구한 것도 대단한 일이지만, 더욱 놀라운 것은 그녀가 실제로 건축가와 함께 그것을 실현하고자 했다는 사실이다.

리트펠트가 손수 만든 의자를 보면 알 수 있듯이, 그는 튼튼하고 중후한 것을 좋아하지 않았다. 마찬가지로 주택도 오랫동안 사용해야 하는 것으로 보지 않았다. 내부와 외부의 공간으로 무엇을 할 수 있을지가 그의 최대 관심사였다. 한편, 슈뢰더 부인은 '검박한 사치(the luxury of frugality)'라는 말을 좋아했다. 집이란 오래되면 당연히 용도가 바뀌므로 내구성은 그다지 중요하지 않다고 여겼다.

슈뢰더 부인은 건축가와 '협동 설계자'라는 각별한 관계에 있었다. 그녀는 설계에 적극적으로 참여하면서 여러 아이디어들을 잇달아 내놓았고, 그것이 실현될 수 있도록 도왔다. 이 주택의 큰 특징인 가동 칸막이는 그녀의 아이디어에서 나왔고, 건축가와 함께 가구도 만들었다.

슈뢰더 부인은 건축이나 디자인 교육을 전혀 받은 적이 없었다. 그렇지만 자신이 어떻게 생활해나가야 하는지 정확히 알고 있었고, 주위에 존재하는 것들의 아름다움을 파악하는 능력이 있었다. 협동 설계자로서 그녀의 탁월함은 리트펠트의 다음과 같은 말에서 또렷이 드러난다.

"당신은 아이디어를 세상 여기저기에 퍼뜨리고 있어요. 다들 나를 보고 아이디어가 많다고 하는데, 당신이 나보다 훨씬 많아요. 나는 그저 당신 옆에 놓여 있는 아이디어를 줍는 사람이에요. 그것도 낡은 아이디어가 아니라 방향성이 있는 아이디어를요. 그러나 무엇을 어떻게 달성할까 하는 점에 당신은 전혀 흥미가 없어요. 당신 혼자 하는 게 아닙니다. 우리는 팀이 되어 함께 일해야 해요."[*65]

슈뢰더 부인이 리트펠트에게 어떤 사람이었는지를 짐작하게 해주는 대목이다. 그는 심지어 이런 말도 했다고 한다. "주택을 만드는 건 나예요. 그러니 방관자로 있고 싶지는 않아요."

건축주가 얼마나 열심이었으면 건축가가 이런 말을 했을까?

우연히 찾아낸 불모의 땅

슈뢰더 부인은 22살이던 1911년에 열한 살 많은 변호사 필립 슈뢰더와 결혼했다. 이들은 위트레흐트에 있는 아주 큰 집에 살았는데, 그곳은 남편의 사무실로도 쓰였다. 그러나 두 사람의 결혼생활이 행복하지는 않았던 것 같다. 독립심이 강한 부인에게 남녀의 지위를 심하게 구분하는 남편의 태도가 문제였다. 또한 아이들 교육에 대해서도 생각이 아주 달랐다.

이때부터 부인은 남편 중심의 보수적인 주거환경에서 벗어나 자유로이 머물 수 있는 자기만의 공간을 갖고 싶어 했다. 이에 남편은 아내의 마음을 조금이나마 풀어주려고 그녀의 오래된 방을 고쳐주었다. 당시 그 방을 리모델링해 준 건축가가 바로 리트펠트였다. 리모델링 작업을 하면서 두 사람은 서로의 생각을 잘 나누었고, 이런 소통은 훗날에도 계속되었다.

1923년 남편이 긴 투병 끝에 세상을 떠나자 커다란 주택에서 계속 살기가 힘들었던 슈뢰더 부인은 위트레흐트를 떠나 언니가 있는 암스테르담으로 이사하기로 마음먹었다. 언니는 예술가와 지식인들에 둘러싸여 자유롭게 살고 있었다. 슈뢰더 부인은 19세기의 부르주아적 전통에서 벗어나 자녀를 현대적인 환경에서 양육해야 한다는 생각이 매우 강했다.

일단 막내딸이 초등학교를 졸업할 때까지는 집을 임대해서 지내고, 그 뒤에 리트펠트에게 의뢰하여 그 집을 고치고 살기로 했다. 그렇지만 암스테르담에서는 적당한 집을 찾기가 힘들었다.

리트펠트는 차라리 집을 새로 짓는 게 어떻겠냐고 제안했다. 하지만 슈뢰더 부인은 그렇게 되면 계속 위트레흐트에 살아야 된다는 생각 때문에 머뭇거렸다. 그러자 리트펠트는 이곳을 꼭 떠나야 한다면 집을 팔고 떠나면 되지 않느냐고 했다. 아주 단순한 대안이었다. 이에 부인은 새집을 지을 적당한 땅을 찾아달라고 리트펠트에게 부탁했다.

이때부터 두 사람은 각자 집터를 찾아다녔다. 그런데 참 우연하게도 어느 같은 주말에, 위트레흐트 시의 경계 부근에 있는 땅을 동시에 찾게 되었다.

그곳은 19세기에 지어진 주택들이 나란히 늘어선 채 농촌지역과 맞닿아 있는 '프린스 헨드리클란(Prins Hendriklaan)'이라는 길의 끄트머리였다. 'ㄷ'자로 꺾인 주동(柱棟)에 네 채가 이어진 곳이며 전체적으로 구석진 땅이다. 초원과 운하와 간척지가 멀리 바라보이는, 말그대로 마을의 끝이었다. 이 때문에 대지의 북서쪽은 아파트 주동의 높고 넓은 박공지붕에 면해 있고, 나머지 세 면은 활짝 열려 있었다.

슈뢰더 주택의 대지는 길 끄트머리에 불모지처럼 남겨진 땅이었다.

리트펠트는 당시 인터뷰에서 이렇게 말했다.

"이 집이 세워지기 전에는 누구도 이 작은 골목을 쳐다보지도 않았습니다. 거기에는 무너진 더러운 울타리가 있었고 그 앞에는 잡초가 무성했습니다. 반대쪽엔 작은 농원이 있었지요. 주변은 그런 장소가 어울리는 시골이었습니다. 누구도 그 울타리를 향해 오줌조차 누지 않는 불모의 땅! 정말 무인지대였지요. 그러나 우리는 이렇게 말했습니다. '그래, 여기가 정답이에요. 이곳에 집을 지읍시다.' 이렇게 해서 우리는 이 땅을 샀고 우리의 장소로 바꾸었습니다."*66

자유와 해방을 위한 집

건축주와 건축가 두 사람은 의기투합하여 12살인 큰아들과 11살,

6살이던 두 딸과 함께 살 새집을 설계하기 시작했다. 이전에도 몇 차례 증축 경험은 있었지만, 리트펠트에게 신축 주택 설계는 이번이 처음이었다. 그때 슈뢰더 부인은 35세였고 리트펠트는 36세였다.

리트펠트는 치수가 적힌 스케치를 그렸다. 그리고 "어떻게 살고 싶으세요?"라고 물었다. 주택을 어떻게 설계할 것인지에 대한 그의 첫 질문이었다.

리트펠트는 금세 계획안을 만들었다. 하지만 그것은 슈뢰더 부인의 생각에 바탕을 둔 것이 아니었다. 1층을 계획했을 때 리트펠트는 외관을 디자인했다. 모형에는 천창을 두어 자연광이 측면에서뿐 아니라 위쪽에서도 들어오게 했다. 굴뚝은 아직 없었다. 이것을 모형으로 만들어 부인에게 보여주었더니, 좋다거나 공감한다는 말은 한마디도 없이 자기 의견만 분명하게 전달했다.

부인은 맑은 날이건 비 내리는 날이건 아버지와 함께 산책했던 어린 시절의 기억을 떠올렸다. 그리고 집 안에 있을 때는 가급적 지면에서 떨어진 채 밝은 햇빛과 시원한 바람 그리고 촉촉한 비를 늘 가까이 느끼면서 살고 싶다고 했다. 그러니까, 그녀는 1층에 살 생각이 전혀 없었다.

리트펠트는 부인이 생각하는 새로운 생활에 바탕을 두고 설계를 처음부터 다시 시작했다. 부인의 의견을 듣고 나서 그는 자기가 건축주를 과소평가하고 있음을 깨달았다고 한다. 이후 두 사람은 협력하여 다시 작업을 진행했다.

부인은 예전에 친구 아기가 넓고 텅 빈 다락방에서 지내던 모습을 떠올렸다. 이 인상적인 기억은 이 주택을 구성하는 데 큰 몫을 했다. 텅 빈 방. 그것은 물건을 잔뜩 소유하지도 않고 의미 없는 습관에 휘둘리지도 않는 삶을 뜻했다. 구획된 공간에서 해방되어 가고 싶은 곳에 가고 앉고 싶은 곳에 앉는 그 아기의 자유로움이 부인에게는 그야말로 투명한 삶이자 원초적인 생활로 여겨졌다. 쓸데없는 것을 치워버리고 있는 그대로를 즐기면서 사는 것이야말로 새집에서 얻어야 할 생활의 본질이라고 깨닫게 되었던 것이다.

자유와 해방! 이런 거창한 말들이 이 작은 주택에서 어떻게 실현되었을까? 그것은 오픈 플랜으로 계획된 2층 거실 공간, 그것도 네 면에서 들어오는 자연광으로 가득 찬 공간으로 나타났다. 2층 평면이 배치되었을 때 부인은 리트펠트에게 방을 나누는 벽을 없앨 수 있는지 물었다. 리트펠트는 이렇게 대답한다. "물론이지요! 꼭 해드리겠습니다." 이렇게 해서 2층의 거실과 침실이 하나로 이어진 공간이 되었다. 필요하다면 이 하나의 공간을 별도의 방으로 구분할 수도 있다. 부인의 희망대로 생활공간이 가변성을 갖게 된 것이다.

2층에서 내다보는 전망이 좋았기 때문에 설계할 때도 아이들의 방을 모두 2층에 두는 것에서 출발했다. 부인은 자녀교육에 대한 남편과의 의견 충돌 때문에 아이들과 떨어져서 보낸 시간이 많았다. 그때마다 아이들을 가정부에게 맡겨야 했다. 남편이 세상을 떠나자 부인은 아이들과 어떻게 생활하는 게 좋을지를 곰곰히 생각했다. 우선 가족들이 모두 2층에 자기의 공간을 갖도록 하고, 세면대와 욕실과 화장실을 배치했다. 이때 실내의 모든 부분들이 어떻게 보일지, 어떻게 해야 실용적일지를 최대한 꼼꼼하게 살폈다.

거실에는 외부의 시선이 일체 닿지 않게 했고, 네 개의 방과 욕실과 계단실은 독립적이면서도 여러 방식으로 조합될 수 있도록 가동 칸막이를 설치했다. 칸막이는 바닥의 금속 레일과 천장에 작은 나사

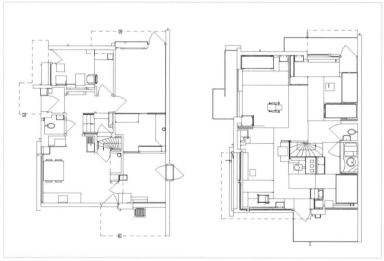

오픈 플랜으로 계획된 2층 거실 공간. (위)
도면을 보면 생활공간의 가변성이 확연하게 드러난다. (아래)

못으로 고정한 T자형 스틸을 따라 미끄러지듯이 움직인다. 열려 있을 때는 가구 뒤에 수납되며, 칸막이 안에 코르크 시트를 붙여 방음 효과를 높였다. 다만 부인의 증언에 따르면, 리트펠트는 가동 칸막이가 최상의 해결책이라고 생각하지는 않았던 것 같다. 그는 칸막이 때문에 2층 공간을 복잡하게 구성한 것을 늘 후회했다고 한다.

가동 칸막이벽은 당시의 법규상 적합하지 않았고 2층도 인정되지 않았으므로 허가 도면에는 2층을 '다락방'이라고 적었다. 건축법규에 필요한 방이 이미 1층에 다 있었기 때문에 2층은 무시되었다. 리트펠트는 기존의 주택 블록에 이 주택이 덧붙여졌음을 강조하는 입면도를 그렸는데, 그러다 보니 이 주택 자체가 경사 지붕을 얹고 있는 것으로 잘못 읽히는 도면이 되었다. 그런데도 아무런 지적 사항 없이 준공 허가를 받을 수 있었다.

거주자를 위한 건축적 배려

슈뢰더 주택의 설계와 시공은 동시에 이루어졌다. 설계의 대부분은 색상과 함께 건설 현장에서 그때그때 결정되었다.

북서쪽은 기존 아파트의 옆벽에 붙이고, 나머지 세 개의 면은 벽돌쌓기 구조벽을 분산하여 배치했다. 내부에서는 가운데 있는 굴뚝으로 목조로 된 2층 바닥과 지붕을 받쳤다. 개구부는 발코니를 향해 내밀었고 그 위를 처마가 덮고 있다. 이 때문에 밤이 되면 창마다 셔터가 필요하다고 느낄 정도로 당시로서는 유리를 많이 사용한 집이었다.

모퉁이에서 두 장의 창이 수직 부재 없이 직교하며 만난다.

거실의 모퉁이에서는 창을 지지하는 수직 부재 없이 두 장의 창이 직교하며 만난다. 이 창들을 열면 동쪽 모퉁이가 완전히 개방된다. 준공 15년 후에 고가순환도로가 만들어지면서 이 주택의 장점이었던 전망은 다 없어지고 말았지만, 이 창 옆에 긴 테이블을 놓고 앉은 부인은 전원 풍경처럼 시원하게 펼쳐지는 숲을 바라보며 일을 할 수 있었다. 완전히 열리는 이 동쪽 모퉁이를 많은 사람들이 슈뢰더 주택의 백미로 꼽는다.

준공 이후 아이들을 데리고 이사했을 때 부인이 예전 집에서 가지고 온 것은 가스히터, 욕조, 롤 모양으로 감은 리놀륨, 그리고 다리가 하나인 의자뿐이었다. 필요한 가구들을 주택 안에 미리 만들어놓았기 때문이다. 1층에는 누가 와도 살 수 있도록 모든 방에 수도, 전기, 조리기구용 급·배수관과 세면대를 두었다. 그리고 모든 방에 외부

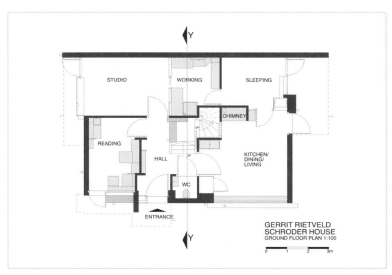

1층의 모든 방에 외부로 나갈 수 있는 문을 달았다.

로 나갈 수 있는 문을 달았다. 전부 부인의 요청에 따른 것이었다.

　부인의 침실과 거실 사이, 거실과 아들의 방 사이, 아들과 딸의 방 사이 등 이동 칸막이를 닫았을 때 생기는 방과 방 사이에는 다양한 장과 선반을 두어 물건들을 최대한 수납할 수 있도록 했다. 거실에는 수납용 캐비닛을 쌓아올렸는데, 그 안에는 가정용 영사기를 보관하고 위에는 축음기를 올려두었다. 또 그 위에는 필기도구나 바느질 도구를 수납하는 작은 장이 놓여 있는데, 필요에 따라 이 작은 장을 들고 다닐 수 있게 했다.

　현관문과 홀은 '프린스 헨드리클란' 길을 향하지 않고 남동쪽을 향해 있다. 당시 도시계획상 그 길 앞에 다른 길이 연장되는 것으로 예정되어 있었기 때문이다. 그러나 그 계획은 실행되지 않았다. 길게 늘어선 기존 주택들의 현관이 다 길을 향해 나 있는데 슈뢰더 주택

칸막이를 이용해서 계단실과 거실을 구분할 수 있다.

의 현관만 다른 쪽으로 틀어져 있는 건 이 때문이다.

　현관홀 오른쪽에 있는 부엌은 2층의 거실과 식당 바로 밑에 배치되었고, 덤웨이터(요리나 식기 운반용 소형 승강기)로 2층에 음식을 올려 보냈다. 생활물품을 배달해주는 상인은 외부에서 부엌으로 직접 출입이 가능했으며, 부엌에는 식품 등을 배달받는 설비도 마련되어 있었다.

　1층에는 북쪽의 긴 벽에 세 개의 방이 면하고 있다. 이 세 개의 방은 본래 주차장으로 생각해둔 공간이었다. 앞으로는 누구나 자동차를 가지게 될 텐데, 도로에는 주차할 수 없으니 집 안에 주차장이 있어야 한다고 생각했던 것이다. 하지만 실제로는 스튜디오 등 작업실

수납공간, 전화기, 의자 등으로 구성한 계단실.

로 쓰였다. 현관홀 왼쪽에는 조용히 격리된 곳에서 공부하기 위한 서재가 마련되어 있다.

계단실의 난간에 들어가 있는 합판 칸막이와 유리창을 빼낸 다음, 직각으로 회전하여 고정하면 계단실과 거실이 구분된다. 계단실로는 자연광이 들어오는데 위쪽에 목제 해치가 있어서, 계단 난간에 묶어둔 로프를 풀면 도르래를 이용하여 천창의 3분의 2 정도까지를 해치로 덮을 수 있다. 중간에 어느 지점에서 로프를 묶어 고정하면 그때그때 날씨에 따라 해치가 덮이는 정도를 조절할 수 있다. 또 이 해치를 절반으로 접으면 사다리를 난간에 고정하여 옥상에 올라갈 수도 있다. 사다리 밑부분에 특수한 까치발이 붙어 있어서 난간

밖에서 작은 구멍에 입을 대고 말하면 2층에서 소리가 흘러나오는 '전성관'.

에 쉽게 고정된다.

슈뢰더 부인은 이렇게 매일 방의 배치와 빛을 조절함으로써 주택의 환경과 분위기를 바꿀 수 있었다. 그녀는 리트펠트가 생각했던 것보다 훨씬 유용하고 능숙하게 가동 칸막이를 활용했다.

계단실 부근이 아주 재미있다. 3단 위로 올라가면 작은 계단참이 있다. 계단참 아래쪽은 수납공간이다. 계단참 앞쪽 벽에는 대리석 판 위에 전기계량기와 퓨즈가 붙어 있다. 그 밑에는 작은 서랍들이 있고 그 위에 전화기를 두었다. 작은 의자가 놓여 있어서 앉은 채로 통화를 할 수 있는데, 등받이가 없는 대신 가죽 띠가 등을 편하게 받쳐준다. 2층으로 올라가려면 노란색 미닫이를 열어야 하는데, 문틀의 수직 홈에 있는 빨간 버튼을 약간 밑으로 내리면 문이 저절로 스르륵 열린다.

슈뢰더 주택을 정면에서 보면 1층 식당 창 왼쪽으로 빨간 수직 기둥이 보인다(119쪽 주택 정면 사진 참조). 이 수직 기둥과 벽 사이에 있는 작은 창은 밖에서도 열 수 있다. 배달 온 사람이 그 창을 열고 안에 있는 주문서를 보기도 하고, 빵이나 우유를 넣어두고 가기도 했다.

창과 빨간 수직 기둥에는 "물건은 여기에" "벨을 눌렀는데 응답이 없으면 전성관(傳聲管)으로 말씀해주세요"라는 말이 지금도 적혀 있다. 전성관은 말 그대로 '소리를 전달하는 관'이다. 창 바로 옆의 흰 벽에 작은 구멍이 있는데, 이 구멍에 입을 가까이 대고 말하면 바로 위 2층에 있는 작은 나팔처럼 생긴 관으로 그 소리가 흘러나왔다고 한다.

일생을 맡긴 집

슈뢰더 부인은 이 주택에서 10여 년간 자녀들과 함께 살았다. 1936년 아이들이 이 집을 떠났을 때는 생활을 더욱 간소하게 하기 위해 부엌을 2층 침실 쪽으로 옮겼다. 전쟁 중에도 그녀는 이 집을 떠나지 않았다. 빈집이 더 쉽게 표적이 된다고 생각했기 때문이다. 군용기가 바로 옆을 폭격했을 때는 모든 창문의 유리가 다 날아가버리기도 했다. 한때 아파트에 거주하면서 친구에게 2층을 임대하기도 했고 몬테소리 유치원에 빌려주기도 했지만, 임종할 때까지 대부분의 시간을 이곳에서 독신으로 지냈다.

리트펠트는 준공 이후 한동안 1층 스튜디오를 건축가 양성을 위한 공간으로 사용하다가 1932년에 다른 곳으로 이사했다. 1957년에 아내가 세상을 떠나자 이듬해인 1958년에 이 주택으로 거처를 옮겼고, 슈뢰더 부인의 연인으로 지내다가 1964년에 사망했다.

짧지 않은 세월 동안 리트펠트는 거주자의 필요에 따라, 또는 건물에 대한 실험적 시도 차원에서 실내를 계속 바꾸어갔다. 생활하는 데 필요하다고 부인이 얘기하면 언제든 그녀의 요청대로 변경해주었다. 가령 침실에 빗을 놓아둘 곳이 필요하다고 하면 문 밑의 일부를 잘라내어 작은 서랍을 만들어주는 식이었다.

리트펠트가 세상을 떠난 후인 1970년에 슈뢰더 부인은 '리트펠트 슈뢰더 주택 재단'을 설립했다. 그녀는 이 기념비적 건축을 외부에 공개할 수 있도록 주택 소유권을 재단에 넘기고 복구공사를 계획하는 등, 리트펠트의 사상과 업적을 세상에 알리는 데 전념하며 여생을 보냈다. 너무 많은 사람들이 찾아오자 옥상에 방문객들을 위한 쉘터를 짓기도 했다. 슈뢰더 주택의 복구공사는 부인이 사망한 지 2년 뒤인 1987년에 끝났으며, 지금은 박물관으로 운영되고 있다.

앞에서 "과연 여기에서 60년 동안 만족하며 산다는 게 가능할지 의구심을 갖게 만드는 주택"이라고 했다. 리트펠트도 부인에게 이렇게 말한 적이 있다고 한다. "당신 말고 진정한 의미에서 이 주택에서 살 수 있는 사람은 없습니다."

슈뢰더 부인은 인터뷰에서 "부인께서 더 이상 이 주택에 살지 않는다면 어떻게 될 것 같습니까?"라는 질문에 이렇게 대답했다. "인생관이 전혀 다른 사람이 들어와 살면서 '이 집을 내 생각대로 바꿔야겠다'라고 생각하는 것은 싫습니다. 그래요, 나는 정말로 그렇게 되는 게 싫습니다."

또 이런 말도 했다. "이 주택에는 즐거움과 진정한 기쁨이 넘쳐나고 있습니다. 집이라는 건 삶의 활기를 북돋아주는 분위기를 갖는 것이 아주 중요한데, 이 주택은 힘이 나게 해주고 '살아 있다는 기쁨'을 줍니다."

아무리 자기가 사는 집이라도 이렇게까지 말하기는 어렵다. 즐거움, 활기, 기쁨. 그것도 '살아 있다는 기쁨'을 늘 간직하며 산다는 것은 얼마나 큰 행복인가. 슈뢰더 부인은 자신의 집에 감사하고 즐기고 계속 새로운 특징과 장점을 발견해가며, 1985년 세상을 떠나기까지 61년 동안 여기에서 살았다. 부인에게 이 집은 자신의 일생을 맡긴 집이었다.

2

내부 : 밀러 주택 (아돌프 로스, 1930)

근대건축을 열어준 건축가 아돌프 로스(Adolf Loos, 1870~1933). 그의 주택은 뚜렷한 사각형 윤곽 안에 방들이 복잡하게 꽉 차 있다. 그런 방과 방 사이를 복잡한 계단이 이어준다. 그래서 평면만으로는 그 주택의 공간들이 서로 어떤 관계에 있는지, 방들이 어떻게 이어지고 있는지 가늠하기가 몹시 어렵다. 그런 까닭에 아돌프 로스의 주택을 설명하는 책에는 평면도와 단면도만이 아니라 내부를 입체적으로 따로 표현한 도면이 함께 실린 경우가 많다. 어떤 책에는 한 층의 평면 위에 각 층으로 이어지는 복잡한 내부 계단을 겹쳐 그린 것도 있다.

그 주택에 직접 가볼 수 없는 독자는 평면도와 단면도를 사진과 함께 보며 공간을 쫓아가야 한다. 현관에 들어와서 계단이 이끄는 방과 방 사이를, 각각의 높이의 차이를 느끼며 눈으로 걸어야 한다. 도면과 사진만으로는 파악이 잘 안되기 때문에 내부를 입체적으로 보여주는 도면을 참조하게 된다.

이렇게 말하면 "아, 이 건축가의 주택은 참 어렵겠구나"라는 생각이 들고 굉장히 따분하게 느껴질 것이다. 그러나 그렇게 도면을 읽다 보면 어떤 방 하나에만 주목하지 않는다. 그 옆의 방, 창문, 뚫린 벽 사이로 바라보이는 또 다른 공간을 의식하게 되고, 그러는 사이에 내 몸이 그대로 주택의 부분과 전체를 이어가고 있음을 깨닫게 된다.

근대건축의 출발, '라움플란'

아돌프 로스는 1층을 먼저 그리고 그다음에 2층을 그리는 식으로 평면을 생각하지 않았다. 그는 방마다 목적과 의미가 다르기 때문에 거기에 맞는 넓이와 높이가 따로 있다고 보았다. 그래서 똑같은 높이로 층을 잘라 방을 배열하지 않고 방마다 레벨을 달리했다. 가령, 화장실이 좁다면 높이를 절반으로 줄이고 그 위에 다른 방을 올려놓을 수 있지 않느냐는 식이다.

그에게 공간이란 관념이나 표상이 아니라 3차원 공간 안의 '관계'였다. 그의 주택에서는 몸을 감싸는 공간, 동시에 위로 확산하는 공간, 그리고 높이를 달리하면서도 연속적으로 연결되는 공간이 전개된다.

아돌프 로스는 근대건축의 유동하는 공간과는 달리 공간의 독립성을 소중하게 생각한 건축가였다. "일반 건축가들은 먼저 각각의 공간을 생각하지 않고 벽으로 평면을 구획하려 하지만" 자신은 "만드는 방의 목적과 의미를 먼저 생각하며, 마음의 눈으로 그 공간을 그려본다"라고 그는 말했다. 그의 공간은 추상적이거나 유동하는 공간이 아니며, 친밀한 내부를 위해 분절된다.

건축의 공간은 눈으로 보고 몸으로 느끼는 것이다. 어떤 건축은 눈으로 바라보는 공간에 더 치중하고, 어떤 건축은 몸으로 느낄 수 있는 공간을 더 중요하게 여긴다. 앞엣것이 '눈으로 바라보기 위한 공간'이라면, 뒤엣것은 '몸으로 사용하기 위한 공간'이다. 이 두 공간은 각각 '몸의 공간'과 '눈의 공간'이라고 줄여서 말할 수 있다. 어떤 공간이 건축에서, 특히 주택에서 더 중요하게 여겨져야 하는가? 건축가마다 이에 대한 태도가 따로 있다. 마찬가지로 사용자, 즉 건축주도 둘 중에서 어느 것을 더 중요하게 여겨야 하는지 나름의 입장이 있어야 한다.

르 코르뷔지에의 사보아 주택의 거실에서는 시선이 테라스나 식당으로 분산된다. 『라움플란 vs 자유로운 평면(Raumplan vs. Plan Libre)』이라는 제목의 책에서 알 수 있듯이, '몸의 공간'과 '눈의 공간'은 각각 아돌프 로스의 '라움플란'과 르 코르뷔지에의 '자유로운 평면'으로 대표된다.

흔히 계단을 중심으로 방들이 복잡하게 연결되는 로스의 '라움플란'을 르 코르뷔지에의 '자유로운 평면'의 원형으로 여기는 경우가 많은데, 이는 잘못이다. 우선 두 공간은 아주 다르다. 로스의 주택에서는 각각의 방들이 철저하게 대칭을 이루며 두꺼운 벽으로 분절되어 있다. 더욱이 방들의 연결 방식도 대비적이다.

하나 더! 로스의 '라움플란'은 내부에서 외부로, 그리고 내부가 나타나면 또다시 외부로 향하는 르 코르뷔지에의 '건축적 산책로(architectural promenade)'를 닮았다고 할지 모르겠다. 아니다. 그 반대다. 르 코르뷔지에의 '건축적 산책로'가 로스의 '라움플란'을 모방한 것이다.

작품집을 열심히 만들고 주장하는 바를 출판하며 가장 열심히 자기를 드러낸 건축가는 단연 르 코르뷔지에였다. 그러나 아돌프 로스는 자기 작품을 출판하기를 거절했다. 자신이 설계한 건물의 공간은 도면이나 사진으로 전달이 안 된다고 여겼기 때문이다.

"[종이라는] 평탄한 표면 위에 이미지를 얹어서는 그 어떤 좋은 건물도 아무런 인상을 전하지 못한다. 내가 만든 내부는 사진을 찍으면 전혀 효과가 안 난다. 그래서 내가 지은 주택에 사는 사람들도 사진을 보고서는 자기 집이라는 걸 알아보지 못한다. 이렇게 된 게 나는 아주 자랑스럽다."[*67]

이렇게 공간을 다루는 계획을 '라움플란(Raumplan)'이라고 불렀다. 번역하면 '공간계획'이다. 아돌프 로스가 20세기 건축을 열어주었다고 말하는 이유는 다름 아닌 이 '라움플란' 때문이다. 다만, 이 용어는 로스가 지은 것이 아니고 훗날 그의 제자 하인리히 쿨카(Heinrich Kulka)가 만든 말이다.

근대주택의 걸작, 뮐러 주택

1930년 하인리히 쿨카가 로스 작품의 정점, 이런 '공간계획'의 정

뮐러 주택의 전경.

점이라고 평한 주택이 있다. 프라하에 세워진 '뮐러 주택(Villa Müller, 1929~1930)'이다. 이 주택은 아돌프 로스가 마지막으로 작업한 중요한 건물이자 근대건축의 걸작의 하나였다. 건축주와 천재 건축가 사이의 보기 드문 합의로 완성된 주택이기도 했다.

뮐러 주택의 건축주는 프란티섹 뮐러(František Müller, 1890~1951)였다. 그는 당시 체코슬로바키아의 대규모 건설회사인 '뮐러와 카스파(Müller & Kapsa)'의 공동 소유주였으며, 근대주택을 지원하던 진보적 산업가였다. 그는 회사 창립 이후 두 차례의 세계대전 시기까지 체코슬로바키아 전역의 중요한 구조물들을 건설했다. 이런 굴지의 건설회사 소유주가 자기 주택을 직접 시공했던 것이다. 그래서였을까. 그는 로스의 '공간계획' 개념을 아주 잘 살렸고, 차별화된 인테리어도 큰 장애 없이 잘 구현할 수 있었다.

뮐러는 부인 밀라다(Milada Müllerová, 1900~1969)와 딸과 6명의

맨 왼쪽이 건축주 프란티섹 뮐러. 중절모를 쓴 사람이 아돌프 로스다.

하인이 함께 살 주택의 설계를 아돌프 로스에게 맡겼다. 계약을 맺은 건 1928년이었다. 집을 지으려면 일단 땅을 먼저 산 다음에 건축가를 찾는 게 상례인데, 뮐러 부부는 자기들이 새 주택을 지으면 로스에게 설계를 부탁하기로 1926년 말부터 마음을 먹었던 것 같다.

그렇지만 뮐러는 로스의 전형적인 건축주는 아니었다. 근대 건설기술을 잘 아는 젊은 건설업자였던 그는 국제주의자 그룹에서 자신의 길을 가고자 애쓰는 사람이기도 했다. 당시 프라하에서는 국제주의 양식의 창시자인 르 코르뷔지에의 순수주의 미학이 특히 기업가들 사이에서 큰 인기를 얻고 있었다.

뮐러는 질서 있고 차분한 것을 좋아하는 사람이었다. 옷도 늘 맞춤양복을 입었고 다양한 미술 컬렉션도 가지고 있었다. 그러나 극도로 내성적인 성격에 말도 더듬었다. 이런 탓에 폭넓은 사회 참여는 잘못했다. 정신으로 보면 근대적이고 진보적인데, 성격으로 보면 보수적이고 실용적인 인물이었다. 이런 그가 자택의 건축가로 아돌프 로스를 생각하고 있었던 것은 어쩌면 아주 자연스러운 일이었다.

아돌프 로스는 1870년 체코슬로바키아 모리비아의 수도 부르노에서 태어났다. 부모는 둘 다 독일인이었다. 그는 1918년에 체코슬로바키아 시민권을 받았으며, 그전에는 1893년부터 1896년까지 미국에서 일했고 1897년 빈에서 건축 실무를 시작했다. 1907년 필센(Pilsen)에서 첫 번째 설계 의뢰를 받은 이후 25년 동안 필센과 브루노 등에서 24개의 프로젝트를 설계했다. 독일어를 구사하는 체코인들은 빈의 언론을 통해 로스의 건축 이론과 통렬한 논쟁을 빠르게 접했고 열렬히 동조했다. 그리고 종종 프라하에 초청하여 강의를 들었다. 로스에게 체코슬로바키아는 고향이나 다름없는 곳이었다.

뮐러는 로스의 이러한 높은 명성과 필센에서의 작업에 매료되어 자택 설계를 로스에게 맡기고 싶어 했다. 로스의 친구와 건축주들을 통해서 로스를 만났고, 건강이 좋지 않다는 것을 알면서도 설계를 부탁했다. 계약할 때는 필센의 건축가 카렐 로타(Karel Lhota)를 지역 건축가로 고용하고 로스 사무소의 수석 건축가가 프로젝트의 모든 단계에 참여한다는 조건을 붙였다.

같은 해에 뮐러는 프라하 성 북서쪽 스트르제쇼비체(Střešovice) 교외에 있는 오각형 모양의 대지를 매입했다. 대지 면적은 1,270평방미터였는데 그중 555평방미터가 건축면적이고 나머지 715평방미터는 정원이었다. 그 대지는 위아래의 높이 차이가 11미터나 되는 30도 경사의 북사면이었다. 가장 높은 지점은 동쪽에 있는 프라하 성보다 높아서 주변이 아주 잘 보였다. 길 한쪽 끝에 있는 대문을 들어서면 정원 아래로 도시가 훤히 내려다보인다. 북쪽으로는 멀리 트로야

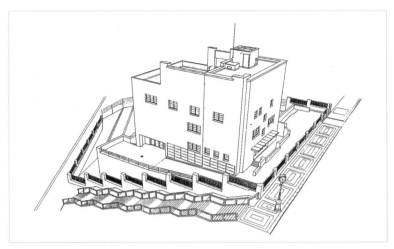

뮐러 주택의 대지는 북향의 경사면이었다.

성(Trója Château)과 성 비투스 대성당과 함께 블타바(Vltava) 강도 잘 보인다. 위와 아래를 지나는 두 도로는 건축주가 일부 부담한 공용 계단으로 이어져 있다.

뮐러가 경영하는 건설회사가 이 주택의 시공을 맡았다. 그런데 지역심의위원회 설계 심의 과정에서 큰 어려움을 겪었다. 표면상의 이유는 주택이 주변 높이를 초과한다는 등의 기술적인 문제들이었지만, 정작 큰 문제는 따로 있었다. 로스가 설계한 원안의 외관이 지나치게 평탄하고 너무 엄격하고 심지어 금욕적이기까지 해서 주변의 주택들과 조화를 이루지 못한다는 것이었다. 이런 이유로 지역심의위원회는 허가를 거부했다.

최종 허가를 받기까지 7개월 동안 11번이나 신청서가 반려되었다. 거장 건축가와 심의기관 사이의 이 기나긴 실랑이는 금세 장안의 화제가 되었고, 결국 알 만한 사람들은 다 아는 유명한 이야기가 되었

밀러가 경영하는 건설회사가 자기 집의 시공을 맡았다.

다. 프라하의 독일어 신문인 〈프라거 타크블라트(Prager Tagblatt)〉에서 '프라하 vs 로스'라는 제목의 기사를 썼을 정도였다. 1929년 6월이 되어서야 겨우 건축허가가 나왔다.

신속한 시공을 위해 정기적인 감리가 필요했지만, 아돌프 로스는 일이 많아서 체코의 건축가 카렐 로타가 로스의 스케치를 실시 도면으로 구체화했다. 1929년 12월부터는 로스의 제자였던 빈의 건축가 하인리히 쿨카가 최종 세부사항을 완성해주었다. 로스는 정기적으로 건축주와 시공에 대해 의논했다. 그러나 건설 과정에서 계획을 자주 수정했고, 건축주가 제안한 변경사항을 완전히 무시하기도 했다.

그런데도 밀러는 건축가의 모든 요청에 동의해주었다. 광택이 나는 트레버틴으로 입구의 벽감을 마감하게 되면 공사비가 훨씬 올라가게 되는데 그런 것도 모두 수락했다. 침실의 소파에 대한 본인의 요구사항을 로스가 거절해도, 본인이 원하는 것과 다른 재료로 옷장을 만들어도 뮐러는 일체 이의를 제기하지 않았다. 그런 점에서 건축주 뮐러는 로스의 이상적인 건축주였다.

시공은 매우 빠르게 진행되었다. 1929년 7월 19일에 뮐러는 로스에게 이런 편지를 보냈다. "얼마 전 제 주택은 지붕을 올렸습니다. 이제 칸막이벽과 설비 배관을 하려고 합니다." 그해 9월에는 주문제작 가구를 계약했다.

1930년 3월에 공사가 완료되어 검사 보고를 요청했다. 뮐러 가족은 검사위원회의 답신을 기다리지 않고 운전사, 관리인, 요리사와 하인 세 명을 더 뽑아서 그들과 함께 5월 12일에 이사했고, 그해 부활대축일을 새집에서 보냈다. 가구는 같은 해 여름에 들어왔다. 그제야 비로소 뮐러 주택 전체가 완성될 수 있었다.

완공 당시 뮐러 주택은 이 주택과 관련된 모든 사람들로부터 호평을 받았다. 건축가와 건축주의 관계가 매우 좋았으며, 게다가 매우 효율적으로 지어졌다는 게 대부분의 평가였다고 한다. 설계에 관한 한 그들이 가장 정확한 비평가였을 것이다.

사실 로스가 설계한 주택은 당대의 진보적인 이념에는 부합하지 않았다. 생산이나 건설의 혁명적인 수단과도 별로 관계가 없었다. 더욱이 그의 주택은 도면이나 흑백사진으로 이해하기도 어려웠다. 다른 지역이 그러했듯이 체코슬로바키아의 모더니즘은 로스의 '공간계획'이 아니라 르 코르뷔지에의 '자유로운 평면'의 형태로 들어왔다. 미묘한 '공간계획'보다는 기능주의의 규칙이 훨씬 이해하기 쉽고 복사하기도 쉬웠기 때문이다.

카렐 타이게(Karel Teige) 같은 급진적 마르크스주의 건축 비평가

들은 르 코르뷔지에와 바우하우스(Bauhaus)가 옹호하는 기능주의
를 공영화(公營化)의 수단으로 받아들였다. 건축주 뮐러와 같은 사회
계급에 속하는 산업가들도 이런 이데올로기에 찬동하며 프라하 언
덕에 개인 별장을 짓고 있었다. 그런데 타이게는 로스가 부르주아 건
축의 관습을 받아들였다고 비판하면서도 그의 미니멀리즘과 엄격함
에는 찬사를 보냈다. 도발적이라 할 정도로 개성적이며 비싸고 정교
해서 복제할 수 없는 뮐러 주택이 호평을 받았다는 것, 특히 로스가
타이게 같은 좌파들에게도 존경을 받았다는 것은 참 특이한 일이다.

밖으로 말하지 않는 내부의 공간

외부에서 보면 뮐러 주택은 하얀색의 강한 육면체가 주위의 공기
를 압도하듯이 당당하고 엄숙하게 서 있다. 평평한 지붕과 테라스,
불규칙한 창문, 깨끗한 흰색 외관을 갖춘 입방체 모양으로 주변과
구별된다. 이는 내부에서 외부로 유연하게 전환하려는 당시 유럽의
근대건축가들 또는 미국의 프랭크 로이드 라이트와는 전혀 다른 방
식이었다. 로스는 공적인 외부와 사적인 내부를 가능한 한 분리하고
자 했다. "건물은 밖으로는 말을 하지 않아야 하고 안으로만 부를 드
러내야 한다."

뮐러 주택의 엄숙한 외관은 로스 건축의 전형적인 방식이다. 그가
생각하기에 주택의 외관은 사적인 안과 공적인 밖을 가르는 스크린
이다. 외관은 아무 말도 하지 않는 껍질이다. 마치 현대인이 옷으로
자신의 내면을 다 보여줄 수 없듯이, 주택도 담고 있는 것을 다 보여

방문객이 앉아서 기다릴 수 있는 벤치를 문 옆에 붙여놓았다.

줄 수 없다는 것이 그의 생각이었다. 그러나 당시 사람들은 이러한
생각을 잘 이해하지 못했다. 뮐러 주택이 그토록 건축허가를 받기 힘
들었던 이유이기도 하다.

　주택에 대한 그의 이런 생각은 규모가 큰 빈의 로스하우스(이 책
246~268쪽 참조)에 관한 다음과 같은 말에서 가장 잘 나타났다. "나
는 결코 파사드를 가지고 이리저리 생각하여 장난치지 않습니다. 내
가 사는 곳이 아니기 때문이지요. 비가 내리는 길 한가운데서 의자
에 앉아 파사드를 보세요. 1층을 멋지게 만들기 위해 외벽에 대리석
을 붙였지만, 그 위로는 꾸미지 않았습니다. 1층은 자주 보는 곳이지
만 그 위는 잘 볼 수 없기 때문입니다."

　뮐러 주택의 초기 스케치는 단 하나뿐이다. 로스는 처음에 그린 그
스케치로 평면과 단면을 모두 계획했으며 이후에도 거의 변경된 것

이 없다. 이러저러한 안을 여러 개 만들어 비교하며 판단하지 않았다는 말이다. 뮐러 주택에는 길에 나란한 담장과 건물 벽 사이에 현관이 있다. 담장을 따라가다가 오른쪽으로 돌면 차고가 나타난다. 늘 그러했듯이 로스의 주택에서는 현관에 입구라는 표시를 별도로 하지 않는다. 그 대신 시골 농가처럼 문을 열어줄 때까지 앉아서 기다릴 수 있도록 문 옆의 벽에 벤치를 붙여놓았다.

　뮐러 주택은 예전의 주택 구성 방식을 따라서 3층으로 구성되어 있다. 2층에 해당하는 레벨에는 거실과 식당이 있는 피아노 노빌레(piano nobile)*68가 있고, 3층에 해당하는 레벨에는 침실 층이 있다. 거실에서는 넓은 테라스로 나갈 수 있게 했다. 이렇게 현관에서 주택의 가장 안쪽에 이르는 공간의 시퀀스는 다른 주택에 비해 단순하다.

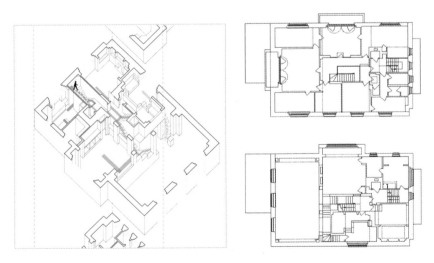

건물 전체는 3층으로 구성되어 있다. (왼쪽)
뮐러 주택의 평면도. (오른쪽)

그런 내부에 가장 아름다운 '공간계획'이 전개된다. 이것을 이해하려면 평면도를 짚어가며 공간을 상상해야 한다. 문을 열고 현관에 들어가면 좁고 낮으며 약간 짙은 녹색/파란색 타일이 깔린, 강하지만 어두운 색의 복도가 이어진다. 빛이 들어오는 유리문을 열면, 여전히 낮지만 평면으로는 넉넉하고 흰 벽과 큰 창문 덕분에 더 밝은 전실이 나온다. 왼쪽으로는 약간 어두운 접객실이 나타난다. 이 방에는 옷을 걸어두는 방과 화장실이 붙어 있다. 앞을 바라보면 큼지막한 틀로 에워싸인 길이가 짧고 얌전한 계단이 있다. 네 단 올라오면 사선으로 왼쪽으로 방향을 바꾸는 두 단이 나타난다. 이 어두운 계단을 올라가면 다시 오른쪽으로 방향이 바뀌면서 거실이 눈앞에 나타난다.

거실은 높고 넓고 당당하다. 길이 11미터, 폭 5미터에 천장은 4.3미터로 거의 두 층 높이다. 거실은 사방의 벽면이 대칭으로 구성되어 있다. 또 조망을 즐기도록 거의 천장 면까지 세 곳에 창이 크게 나 있는데, 녹색 대리석 기둥 사이로 커다란 창문을 만들었다. 가운데는 테라스로 나갈 수 있는 문으로 되어 있다.

거실의 천장을 보면 테두리에 보가 노출되어 있다. 그러나 그중 세 개는 구조와는 상관없이 만들어졌다. 그런데 이 테두리의 보는 거실의 윤곽을 분명히 해주는 데 큰 역할을 한다. 모퉁이에는 이 보를 받치는 이중의 벽기둥이 서 있다. 구조적으로나 시각적으로 무게를 지지한다는 뜻이다. 마호가니로 만든 바닥의 테두리도 검은 오크로 상감했다. 현관에서 계단으로 올라와 거실을 바라보는 곳에도, 거실이 시작하는 문지방에도 검은 오크 선을 상감했다. 거실의 좌우를 보면 구성이 대칭이고 대리석 기둥의 결마저도 대칭을 이루고 있다. 외관에서는 테라스가 대칭으로 붙어 있지는 않지만, 거실에서 테라스로 나가는 문이 가운데 있어 내부에서는 북측 벽이 대칭을 이룬다.

거실 바닥에서 식당에 이르는 일곱 번째 단은 식당이 시작하는 곳에 놓여 있다. 이 한 단이 식당의 문지방 역할을 한다. 거실이 시작하는 지점에서 오른쪽으로 여섯 단의 계단이 나타난다. 이 계단에서 똑바로 올라가면 식당이다. 계단 왼쪽에는 대리석 열주가 있어서 깊이를 주며 다른 공간으로 이어진다. 식당은 거실보다 1미터 정도 높다. 거실과 식당은 징두리 벽으로 구분되어 있으나, 식당 안에서는

밀러 주택의 거실(위)과 식당(아래).

이 벽이 거실 바닥을 가리게 되어 식당이 거실의 창을 향해 연속적으로 펼쳐진다. 마호가니로 마감한 천장은 가로세로 5개씩 25개의 정사각형으로 나뉘어 있으며, 식탁과 원반 모양의 샹들리에가 중심을 이루고 있다. 식당의 네 변은 모두 대칭으로 구성되어 있다. 거실 쪽과 벽이 한 축을, 창문 쪽과 계단 쪽이 다른 한 축을 이룬다.

결국 거실도 독립해 있고 식당도 계단도 모두 독립해 있는데, 공간으로는 모두 하나로 이어져 있다.

공간은 상승하면서 투시도적인 효과를 내며 전개해간다. 식당 레벨에서 다시 계단으로 8단 올라가면 부인의 방과 서재가 나타난다. 부인의 방도 3단의 계단에 의해 바닥이 두 개의 레벨로 나뉜다. 위쪽은 천장 높이가 아주 낮고 좁다. 초대한 부인들과의 수다가 친숙하게

바닥이 두 개의 레벨로 나뉜 부인의 방(왼쪽)과 계단 바로 위의 톱라이트(오른쪽).

느껴지는 공간인데, 창 너머로는 넓고 높은 거실이 보인다. 아래쪽은 밝은 창가에서 일을 할 수 있고 낮잠을 자는 침대도 놓을 수 있는 적당한 크기의 알코브(alcove) 공간이다. 이 방에서도 계단으로 거실에 갈 수 있다. 서재 역시 문을 열면 세 단을 내려가게 되어 있다.

계단 바로 위에는 톱라이트가 있다. 떨어지는 빛에 이끌려 위를 올려다보면 최상층까지 훤히 트인 부분을 끼고 침실이 있는 층으로 이어진다. 더 위로 올라가면 옥상 테라스가 있고, 독립해 서 있는 끝벽에 있는 '창'으로 저 멀리 프라하 대성당을 전망할 수 있다.

공간 속에서의 체스 게임

르 코르뷔지에의 사보아 주택은 1929년에, 미스 반데어로에의 투겐타트 주택은 뮐러 주택과 같은 해인 1930년에 체코의 브르노에 지어졌다. 이 두 개의 주택은 바야흐로 새로운 건축이 시작되었음을 알리는 신호이기도 했는데, 사실 이것은 아돌프 로스로부터 직접적인 영향을 받은 것이었다.

뮐러 주택이 영향을 끼친 것은 이 두 개의 걸작만이 아니었다. 1920년대에 오스트리아와 체코슬로바키아의 하인리히 쿨카(Heinrich Kulka), 파울 엥겔만(Paul Engelmann), 자크 그로아그(Jacques Groag), 심지어는 철학자 루트비히 비트겐슈타인(Ludwig Wittgenstein) 같은 로스의 제자들이 스승의 영향을 받아 다양한 건축물을 설계하고 있었다.

뮐러 주택은 로스 자신의 관점에서 그의 '공간계획'을 가장 잘 적용한 것이었다. 1933년에 그는 뮐러 주택 프로젝트에 참여했던 지역 건축가 카렐 로타와의 인터뷰에서 이렇게 말했다.

"내 건축은 도면으로 만들어진 것이 아니라 공간으로 만들어졌습니다. 나는 평면, 입면, 단면을 그리지 않습니다. 1층 평면, 2층 평면, 3층 평면 같은 것은 없습니다. 단지 서로 연결되는 연속적인 공간, 방, 홀, 테라스만이 있을 뿐입니다. 식당과 식품 저장실 등 각각의 공간마다 높이가 다릅니다. 바닥은 여러 개의 레벨로 이루어지며, 서로 다른 공간을 사람이 잇게 됩니다. 오르내릴 때는 자연스러워서 잘 알 수 없지만, 이것이 가장 실질적입니다."[69]

로스는 본인 건축의 공간적 사고를 '공간의 체스 게임'에 비유했다. 뮐러 주택의 레벨 놀이는 사람이 스스로 규칙을 정해놓고 진행하는 게임을 상상하게 만든다. 평면이 아닌 공간에서의 게임! 뮐러 주택이 완공되기 1년 전인 1929년에 그는 이렇게 썼다.

"…왜냐하면 이것은 건축에 있어 커다란 혁명이다. 평면도를 공간으로 해결하는 것이다! 임마누엘 칸트 이전에는 인간은 아직 공간을 생각할 수 없었고 건축가들은 화장실을 로비와 같은 높이로 만들 수밖에 없었다. 겨우 반으로 나누는 것이 그들이 낮은 방을 얻는 방법이었다. 언젠가 인간이 직육면체에서의 장기 게임에 성공할 수 있듯이, 다른 건축가들도 앞으로는 평면을 공간으로 풀게 될 것이다."[70]

'공간계획'에서 공간은 제각기 별개로 닫혀 있다는 느낌을 준다. 방의 바닥과 단면의 윤곽은 기하학적으로 단순하다. 방을 마감한 재료가 다른 곳과 뚜렷이 구별된다. 방은 대칭이며 고전적 비례를 따르고 있다. 천장 면은 구획이 분명하다. 창은 각 방의 요구에 맞춰져 있고, 출입문 등 들어오는 지점도 분명하다. 가구를 닫혀 있게 배치해서 머무른다는 느낌을 유도해준다. 모든 방은 독립적이다. 그러나 사람은 각 방의 가장자리를 움직인다.

뮐러 주택은 정원이나 자연과 융합하려 하지 않고 수평 방향으로 확장한다. 또 천창을 통해 내려오는 빛에 의해 공간은 수직으로도 확장하고 있다. '공간계획'에 따르면 사람들은 주택의 안팎에서 시선으로 개구부, 통로, 계단, 테라스 등의 공간에 접속하게 된다. 창은 채광을 위한 것이지만, 시선으로 외부와 소통하는 수단이기도 하다. 예를 들면 부인의 방에 뚫린 창으로 거실을 넘어 펼쳐지는 프라하 시가지를 조망할 수 있듯이, 시선은 도시와 주택 그리고 방 안을 자연스럽게 이어주고 있다.

'공간계획'은 재료와 가구로도 구체화된다. 뮐러 주택의 가구는 편안하고 따뜻한 재료와 전통적인 양식을 신중하게 절충한 것이다. 이는 건축주가 사람의 마음을 다 빼앗는 근대적 생활양식을 굳이 따를 필요가 없다고 생각했기 때문이다. 방의 고유한 성격을 정해주는 마감 재료도 전체 공간의 흐름에 알맞게 늦추기도 하고 당기기도 한다. 식당으로 올라가는 단 모양의 난간 벽과 기둥은 기품 있는 녹색의 치폴리노(Cipollino)산 대리석으로 마감했다. 식당과 남편의 방은 마호가니, 부인의 방은 사텐호르츠로 덮어 흰 벽과 대조를 이루고 단으로도 구별되며, 때로는 내부의 창으로도 이어진다. 마요리카를 붙인 서재의 난로, 천장에 노출된 두꺼운 보, 벽면을 두른 책꽂이도 마찬가지로 초기의 앵글로색슨 주택에서 영감을 받은 것이다. 이처럼 이 주택은 당시로서는 혁신적이었지만 유럽 중상류층의 문화도 군데군데 결합되어 있었다.

이러한 '공간계획'은 거주자의 생활과 불가분의 관계에 있다. 뮐러 주택의 외부는 엄격한 대칭이지만 그 안에 담긴 내부는 매우 복잡하고 입체적이다. 낮과 밤에 대응하는 생활을 레벨로 분리하고 있고, 밖에서 안으로의 사람의 움직임을 복잡한 공간적 시퀀스가 분리하기도 하고 연결하기도 한다. 이것은 경직된 기능적 관점에서 만든 게 아니고, 거주자의 욕망을 내부 공간의 형태로 담고자 했기 때문이다. 뮐러 주택의 내부를 두고 혁신적인 동시에 전통적이라고 말하는 것은 구체적인 물질이 담고 있는 오랜 전통, 그리고 그것을 통해 주어지는 생활의 기쁨을 내부가 잘 담고 있기 때문이다.

가장 지적인 건축주

뮐러는 1930년 12월 10일 아돌프 로스의 동료들과 팬들을 새집에 초청하고 로스의 60번째 생일을 축하해주었다. 모두들 이 주택의 완공을 기뻐하며 부러워했다. 체코의 언론은 로스의 대표작이 프라하에 상륙했다는 사실을 대서특필했으며, 로스도 뮐러 주택이 자기의 대표작임을 스스로 인정했다. 당시 작곡가 아르놀트 쇤베르크(Arnold Schönberg)는 이렇게 썼다.

"나는 아돌프 로스가 설계한 어떤 건물을 대하면서 어느 정도는 이해할 수 있다. 그것이 내가 [그의 다른 건물과 뮐러 주택의] 차이를 느끼는 이유다. 이 주택에서는 위대한 조각가의 작품 속에 있는 듯이, 순수하게 아주 가까이에서 느낄 수 있는 3차원의 개념을 본다. 아마도 이 개념은 [건축가와] 같은 능력을 지닌 사람만이 완전히 이해할 수 있을 것이다. 마치 모든 배열이 투명한 듯이, 아니, 공간 안에

밀러 주택을 방문한 당대의 학자들과 예술가들.

서 마음의 눈이 모든 부분과 전체를 동시에 보고 있는 듯이… 이 주택에서는 모든 것들이 공간에 대한 사유와 상상으로 구성되고 형성되어 있다."[*71]

이 책에 실려 있는 흐릿한 흑백사진은 당시 오스트리아의 저명한 작가 칼 크라우스(Karl Kraus), 체코 시인 요셉 스바토플룩 마하르(Josef Svatopluk Machar), 건축 평론가이자 작가인 보후밀 마칼루스(Bohumil Markalous), 미술사학자 안토닌 마테이첵(Antonín Matějček) 등이 함께 찍은 것이다. 그들의 이름이 기록된 방명록은 프라하 장식예술 박물관의 기록 보관소에 보존되어 있다. 아돌프 로스는 그 방명록에 이렇게 썼다.

"나의 가장 아름다운 집! 내 친구 슈바르츠발도바(Schwarzwaldová) 박사의 말에 따르면, 밀러 박사는 제가 이제까지 만났던 건축주 중에

서 가장 지적인 건축주입니다! 이것이
[이 주택] 건축의 모든 비밀입니다."

뮐러의 아내 밀라다.

그러나 뮐러는 이 주택에서 겨우 9년
밖에 살지 못했다. 1939년에 나치가 체
코슬로바키아를 침공했고 1948년에는
공산주의 쿠데타가 일어났다. 체코 공
산당은 이 주택에 국정교과서 회사를
설치했고, 소유자인 뮐러 가족은 도서
실과 부인의 방에서만 살도록 제한되었
다. 뮐러는 3년 뒤인 1951년에 보일러실
에서 질식사했다. 1962년 체코 법원은
몇몇 방을 국립미술관에서 사용하도록 명령했으며 뮐러의 아내 밀라
다는 하인의 숙소만 사용하게 했다. 그녀는 이따금 찾아오는 방문객
들에게 집을 보여주고 안내하면서 혼자서라도 뮐러 주택을 유지하려
고 애썼으나, 짧았던 '프라하의 봄' 직후인 1968년에 사망했다.

이후 뮐러 주택은 마르크스-레닌주의 연구소로 바꾸었고 접근은
완전히 차단되었다. 그렇게 20여 년이 흐르는 동안 거장 아돌프 로
스의 마지막 대표작은 여기저기가 파손되었고 가구들은 흩어졌다.
'벨벳 혁명'으로 체코 공산정권이 무너지던 1989년에야 뮐러의 딸 에
바 마터노바(Eva Maternová, 1926~2004)에게 넘겨졌으나, 1995년에
프라하 시에 매도되었다. 지금은 프라하 시립박물관에서 관리하고
있으며, 체코 정부는 뮐러 주택을 국가유산으로 지정했다.

3
거주 : 마이레아 주택(알바 알토, 1939)

건축가 알바 알토.

　건축은 그것이 세워지는 땅의 기후에 크게 좌우된다. 이걸 모르는 사람은 없다. 그러나 그 땅의 물질과 바람과 빛을 합쳐 실제로 집을 짓기란 쉽지 않다. 그런데 국토의 65퍼센트가 북위 60~70도에 걸쳐 있고, 국토의 3분의 1이 북극권에 속해 있으며, 땅의 65퍼센트가 삼림이고 10퍼센트가 호수와 하천인 땅에서 그곳에 맞는 우리 시대의 건축을 정확하게 구현해낸 건축가가 있다. 20세기를 대표하는 핀란드의 거장 알바 알토(Alvar Aalto, 1898~1976). 그의 건축은 필로티로 건물을 띄우는 지중해식 근대건축과는 전혀 달랐다.

어렸을 때부터 부모에게서 "숲은 사람을 필요로 하지 않지만 사람에게는 숲이 필요하다"라고 배웠던 그는, 숲과 호수의 나라 핀란드의 자연환경 속에서 인간적인 건축의 진수를 끊임없이 추구했다. 그는 "건물과 자연의 관계는 견고하며, 건물은 특정한 땅에 속하는 것이다. 따라서 건물은 그 땅의 특유한 자연조건에 좌우된다"고 말하며 땅에 뿌리를 내린 건축을 강조했다. 그런 알토가 남긴 가장 뛰어난 주택이 바로 '마이레아 주택(Villa Mairea, 1938~1939)이다.

젊고 진보적인 건축주

1937년, 마이레와 하리 굴리크센(Maire & Harry Gullichsen) 부부가 알토에게 새로운 주택 설계를 의뢰했다. 알토로서는 예산에 제약을 거의 받지 않는 첫 번째 작업이었다. 그들은 알토의 아주 친한 친구이자 후원자, 협력자였으므로 여느 건축주들과는 관계가 달랐다. 부부는 알토에게 이렇게 말했다. "이제까지 없던 양산주택을 위한 실험주택이라고 생각하고 최선을 다해주십시오. 만약 잘되지 않더라도 우리는 책임을 묻지 않겠습니다."

이렇게 시작한 주택은 알토가 41세가 되던 1939년에 완성되었고 20세기 주택작품의 걸작이 되었다. 그런데 이 주택은 명료한 질서의 근대주택과는 달리 전형적인 전통건축에 가까워서, 왜 이 주택이 20

건축주 부부. 왼쪽이 마이레, 오른쪽이 하리 굴리크센이다.

세기의 걸작 중 하나인지를 금방 알아차리기 어렵다.

이 주택은 헬싱키에서 북서쪽으로 200킬로미터 떨어진 항구도시 포리(Pori) 근교의 노르마르쿠(Noormarkku)라는 마을에 있다. 이곳은 핀란드의 유명한 목재제지회사인 알스트롬(Ahlström) 사가 있는 곳이며, 마이레 일가가 조부 때부터 살던 곳이다. 이들은 지금까지도 그 일대에 아주 넓은 땅을 소유하고 있다.

알토는 자신이 디자인한 목제가구의 판촉을 맡고 있던 닐스-구스타프 할(Nils-Gustav Hahl)의 소개로 마이레와 하리 굴리크센 부부를 1935년에 처음 만났다. 마이레 굴리크센은 알스트롬 사의 경영자

발터 알스트롬(Walter Ahlström)의 맏딸이었다. '마이레아 주택'이라는 이름은 그녀의 이름 '마이레'와 알스트롬 회사 이름의 첫글자 'A'를 붙여서 만든 것인데, 핀란드어로 사랑스럽다는 뜻이다. 당시 건축 잡지에 발표된 이후 이 주택을 가리키는 고유명사가 되었다.

부부는 19세기 이후의 본거지인 노르마르쿠에서 계급의 차이가 없는 평등사회와 유토피아를 꿈꿨다. 공업화가 주는 사회적 이익을 기대하며, 근대의 건축과 디자인과 예술이 억압받는 이들을 해방해준다고 믿고 민주주의를 신뢰한 사람들이었다. 이러한 생각은 건축주와 건축가에게 똑같이 창조적인 자극이 되었다.

아내인 마이레는 파리에서 페르낭 레제(Fernand Léger)에게 근대회화를 배웠고, 귀국 후에는 헬싱키에서 근대예술 갤러리를 통해 전위예술을 펼치고자 했다. 남편 하리는 알스트롬의 진취적인 3대째 경영자였다. 둘 다 관습에 얽매이지 않는 선진적인 인물이었으며 핀란드의 근대건축과 디자인 발전에 중요한 역할을 했다. 그들은 근대문화의 열렬한 옹호자였고, 빠르게 산업화하는 핀란드 사회의 가치를 건축과 디자인을 통해 형성하는 데 관심이 컸다. 마이레의 꿈은 헬싱키에서 본인 소유의 갤러리를 갖는 것이었다. 덕분에 이 부부의 근대예술 컬렉션은 오늘날에도 핀란드에서 매우 유명하다.

마이레는 알토가 디자인한 나무를 굽혀 만든 가구에 큰 관심을 보였다. 판촉을 맡고 있던 할의 역할이 컸다. 이것이 계기가 되어 마이레, 할, 알토와 그의 아내 아이노(Aino) 등 네 사람의 공동투자로 1935년에 아르텍(Artek)이라는 회사를 만들었다. 알토의 가구나 유리 제품을 제작, 판매하는 회사인데 지금도 동일 제품들을 판매하고 있다.

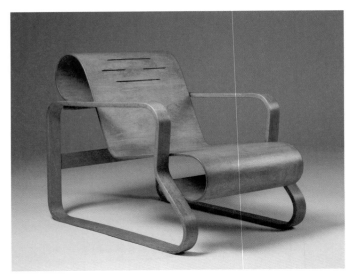

알바 알토가 디자인한 목제 가구.

예술과 사회에 대한 가치관을 공유한 덕분에 이들은 금세 절친이 되었다. 그들이 함께 만든 회사는 가구 판매뿐 아니라 페르낭 레제, 앙리 마티스, 파블로 피카소, 알렉산더 칼더 같은 당대의 예술가들을 소개하는 갤러리 역할도 함께 수행했다. 마이레아 주택 설계를 의뢰할 마이레는 30세, 하리는 35세, 알토는 39세, 알토의 부인 아이노는 43세였다.

이 주택에서 건축주는 또 다른 건축가였다. 특히 예술가인 마이레는 주택 설계에 적극적이어서 이 주택의 "세부 하나하나를 모두 의논했다." 부엌 외벽의 푸른색 타일이나 스튜디오 밑의 기울어진 철제 기둥은 그녀가 요구한 것이었고, 정원 설계에도 깊이 관여했다.

이 주택은 가족이 거주했을 뿐만 아니라 마이레의 아르텍 대표 사무실과 디자인 스튜디오, 마이레의 예술품 수집, 남편 하리의 업무회의 장소로도 쓰였다. 당시 사회를 휩쓸던 대표적인 문화예술의 중심지였던 것이다. 이 주택에 초청받는 것 자체가 하나의 특권으로 여겨졌고, 건축으로서의 가치뿐 아니라 건축주의 자유주의적 이념도 널리 알리는 곳이 되었다.

마이레아 주택의 공간

알토가 처음에 골랐던 부지는 현재 주택이 있는 대지에서 몇 킬로미터 떨어진 강의 중류 근처였다. 그는 프랭크 로이드 라이트의 낙수장(1935)처럼 수평의 캔틸레버 발코니가 있는 주택을 구상했다. 그러나 "집은 걸어서 회사에 갈 수 있는 거리에 있어야 한다"라는 하리의 요청에 따라 현 위치로 변경했고, 아주 넓은 땅 안에서 약간 높은 언덕에 자리를 정했다.

이 주택은 대지가 주변보다 20미터 높고 적송과 자작나무 숲으로 둘러싸인 나지막한 언덕 위에 있다. 그렇지만 처음부터 알토는 자연을 향해 개방적으로 배치하지 않고 중정을 에워싸며 자연과 생활이 어울리는 전통적인 농가를 생각했다. 그리고 이를 낙수장과 같은 캔틸레버 구조로 해결하고자 했다. 그렇다고 'ㅁ'자로 완전히 닫지도 않았다. 오히려 북유럽의 귀족 주택에 자주 사용된 'ㄴ'자형 평면으로 사적인 중정을 느슨하게 에워쌌다.

'ㄴ'자형 평면 계획안은 1938년 2월에 처음으로 그려졌다. 최종안처럼 중정을 향해 남쪽에는 거실을, 동쪽에는 식당과 주방을 두었다. 거실의 바닥은 여러 레벨로 나뉘는데 정원 쪽으로는 넓은 방, 현

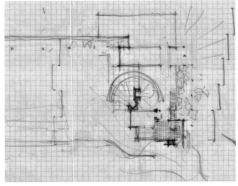

마이레아 주택의 대지는 약간 높은 언덕이었다. (왼쪽)
1938년 2월의 'ㄴ'자형 평면 계획안. (오른쪽)

관 쪽으로는 서재로 양분되어 있다. 거실은 대기업 경영자의 접객
공간으로도 쓰인다. 미술품 수집가이면서 회화 작업을 하던 마이레
를 위해서 거실 위에 곡면 벽으로 된 아틀리에가 놓였다. 중정에는
사우나와 핀란드의 호수를 연상시키는 자유로운 곡선의 수영장이
있다.

1938년 4월에는 '프로토 마이레아(Proto-Mairea)'라 부르는 안이
나왔다. 지금 사우나 자리에 별동의 갤러리가 놓였다. 여름에는 이
안에 따라 시공이 시작되었다. 그런데 기초공사를 시작한 5월에 설
계를 다시 크게 바꾸고 갤러리, 거실, 식당, 홀을 하나의 커다란 다목
적 공간으로 만들었다. 별동의 갤러리는 없어졌다. 현관과 1층의 레
벨을 대략 같게 하고 거실 바닥 레벨도 단순하게 했다. 다만 남편 하
리의 요구에 따라서 닫힌 서재를 만들었다. 그러나 거실 전체를 하나
의 공간으로 만들기 위해서 서재의 벽 위는 움직일 수 있는 난간처럼
만들었다.

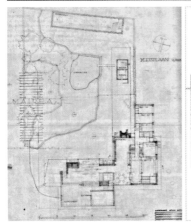

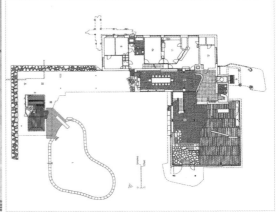

북쪽의 사우나 오두막. (위)
1938년 4월의 설계안 '프로토 마이에라'. (아래 왼쪽)
갤러리를 없애고 커다란 다목적 공간을 만든 새로운 설계안. (아래 오른쪽)

북쪽에는 사우나 오두막을 두었고, 이것을 긴 테라스로 본채에 이었다. 가까이 보면 외부의 디테일은 전통 농가를 닮았다. 흙이 쌓여서 풀이 자라고 있는 지붕, 테라스의 돌을 쌓은 난로와 담장, 거친 통나무로 만든 홈통, 전통적인 벽돌쌓기 벽이나 목제 천장, 그리고 따듯한 벽난로 등은 모두 핀란드의 농가를 구성하는 요소들이다.

이 주택의 설계를 결정하는 중요한 조건은 주어진 땅의 형상을 어떻게 이용하는가, 햇빛을 어떻게 받는가, 주위를 어떻게 바라보는가였다. 그래서 초기 스케치에는 이런 것들을 검토하는 화살표가 많이 보인다. 그중에서 가장 중요한 것은 빛이었다. 북유럽의 집은 긴 겨울 동안 햇빛을 거의 받지 못하기 때문에, 아침부터 해가 질 때까지 다양한 각도에서 빛이 비치도록 하는 다양한 장치들이 고안되어 있다. 알토는 계속해서 변하는 빛을 즐길 수 있도록 'ㄴ'자형 평면으로 서쪽을 터서 오후가 되어도 건물의 그림자가 드리우지 않는 중정을 만들었다. 이 때문에 오후에는 중정과 북쪽의 사우나 오두막에 빛이 강하게 비치며, 마주 보고 있는 거실은 이 빛을 간접적으로 받아들일 수 있다.

온종일 빛이 부족하므로 방은 가장 적절한 시간에 햇빛이 잘 들어오게 배치했다. 1층에는 남동쪽으로 현관홀, 서재, 음악실을 두고 2층에는 침실을 배치하여 아침햇살을 즐길 수 있게 했고, 오전 내내 자연광이 들어오게 했다. 침실에는 동쪽을 향해 비스듬히 네 개의 돌출된 창을 두어 조금이라도 더 많은 빛이 들어오게 했다. 반면 식당은 어슴푸레해질 때까지 석양을 즐기며 식사할 수 있게 남서쪽에 배치했다.

숲을 닮은 집

이 주택은 여러 측면에서 숲을 은유하고 있다. 유기적인 곡선 형
태로 깊숙하게 덮고 있는 현관 포치의 기둥은 숲을 닮았다. 밖을 향
하여 왼쪽은 가늘지만 견고한 수직 기둥으로 루버처럼 늘어세웠고,
오른쪽에는 둥근 나무봉 3개로 엮은 수직 기둥과 비스듬히 세운
나무봉 2개를 묶어놓았다. 현관문을 열고 밖으로 나갈 때, 현관 포
치 주변의 공간은 집 일부이면서도 앞에 펼쳐진 숲의 한 부분처럼
느껴진다.

숲의 일부처럼 느껴지는 현관 포치 주변 공간.

현관홀을 들어서는 순간 주택의 진수가 한눈에 나타난다.

　현관홀에 들어서면 "건축은 안에 몸을 둘 때 비로소 이해된다"라는 알토의 말처럼 주택의 진수가 한눈에 나타난다. 현관홀의 약간 휘어진 벽면을 지나며 거실 한가운데 있는 두 개의 원기둥과 그 사선 방향의 벽난로에 시선을 주는 순간, 비스듬한 시선이 곧장 넓은 거실로 이어진다. 현관홀 벽면의 왼쪽과 그 뒤에 있는 계단의 난간에는 수직의 나무봉을 많이 세워놓아서, 집 안인데도 마치 나무 사이에 있는 듯이 느껴진다.

　현관홀 근처에는 바닥과 천장에 가까운 부분만 남기고 등나무를 감은 검은 원기둥 하나가 서 있다. 또 거실 한가운데에는 아랫부분에 등나무를 감은 두 개의 검은 원기둥이 있다. 이런 기둥들과 나무

등나무를 감은 검은 기둥과 나무 난간들 사이로 중정이 내다보인다.

봉으로 만든 난간 사이로 중정이 내다보이는 마이레아 주택은, 집 전체가 일관되게 숲을 닮았다.

이 주택의 원기둥은 참 다양하다. 거실, 서재, 음악실은 모두 가로와 세로를 셋으로 나누어 9개의 격자를 만들었고, 각 격자의 꼭지점마다 하나씩 모두 16개의 기둥이 있다. 그중 두 개는 벽난로 옆의 벽면 속에 숨어 있고, 다른 두 개는 그 뒤에 있는 겨울정원 옆벽에 있다. 한 개는 서재의 옆벽으로 대체된다. 공간은 하나로 연속해 있으므로 방 안에서 보이는 원기둥은 모두 11개다.

그런데 이 기둥들이 똑같지 않고 모두 다르다. 광택이 나도록 검게 또는 희게 칠한 철제 파이프, 검은색 철제 파이프에 좁게 자른 소나무 판을 붙인 기둥, 위아래를 조금씩 남기고 등나무로 감은 기둥, 아래쪽 3분의 1 지점만 감은 기둥, 또 이런 기둥 두세 개를 다시 등나무로 감은 기둥이 있다. 철제 파이프 기둥에는 콘크리트가 충진되어 있으며, 서재에는 노출 콘크리트 원기둥이 독립해 있다.

왜 그렇게 했을까? 하나로 이어지는 이 공간에 11개의 기둥을 모두 노출 콘크리트 기둥으로 만들었다고 가정해보면 그 이유를 금방 알 수 있다. 그 기둥들은 강한 표정으로 독립해 있고, 공간 내부를 거의 비슷한 분위기로 나누게 될 것이다. 그러나 알토는 노출 콘크리트 기둥을 서재 안에 하나만 세웠고, 나머지 기둥들에는 등나무를 감거나 좁은 소나무 판재를 붙였고 철제 파이프를 검거나 희게 칠했다. 그 결과 시선은 분산한다. 기둥이 서 있는 각각의 공간도 전혀 다르게 지각된다.

그런가 하면 거실 한가운데 있는 기둥은 대각선의 시선을 이끈다. 현관홀에 들어서는 사람의 시선은 이 기둥을 지나 주택 전체의 중심인 난로로, 그리고 줄눈이 뚜렷한 새하얀 벽돌 벽으로, 이어서 벽에 걸린 후안 그리스(Juan Gris)의 기타 그림으로 이어진다. 이 기둥은 또한 식당, 계단, 거실, 음악실을 바라보는 시선을 대각선으로 이어준다.

매끄러운 바닥 타일과 소나무를 좁게 잘라 조밀하게 붙인 1층 천장은 북유럽의 약한 빛을 마지막까지 은은하게 반사하며 방 안을 비춰준다. 그런데 이 천장 면에는 눈에는 잘 보이지 않지만 지름 15밀리미터의 작은 통기구멍이 52,000개나 뚫려 있다. 핀란드의 추운 겨울을 생각하면 250평방미터나 되는 공간을 한 개의 난로로는 감당하기 어렵다. 그래서 난로 옆의 하얗게 칠한 두꺼운 벽 속에, 그리고 서재와 현관홀 사이의 벽 속에 공기조절 및 환기용 덕트를 숨겨두었다. 지하 보일러실에서 따뜻해진 공기와 깨끗해진 공기가 이 설비를 통과한 뒤 천장의 작은 구멍들을 통해 실내에 유입된다.

미술 수집가이기도 했던 건축주 부부는 예술과 생활을 융합하는 새로운 주거 공간을 구상하고자 했다. 처음에는 갤러리를 별동으로 만들거나 집 안에 두려 했으나, 최종적으로는 넓은 1층 전체를 한 공간으로 만들었다. 그리고 현관홀에서부터 거실, 서재, 음악실 전체를 느슨하게 칸막이해서 갤러리로도 사용했다. 칸막이벽 속에 수납 선반을 두어 미술관 수장고처럼 사용했고, 벽에는 계절이나 손님에 맞게 그림을 바꾸어 걸어서 자신의 컬렉션을 즐길 수 있게 했다.

어쩌면 다소 사치스럽게 들릴지도 모르겠다. 그러나 이것은 단순한 부르주아적 호사는 아니었다. 그보다는 예술과 일상이 자연스럽게 이어지는 새로운 주택을 구상하는 데 더 큰 목적이 있었다.

모두를 위한 주택

건축주는 이 주택을 여름 별장으로 사용하면서 근대적 생활에 대한 부부의 비전을 표현하고자 했다. 특히 그들은, 앞에서도 얘기했듯이 마이레아 주택을 양산주택을 위한 실험으로 여겼다. 그들은 왜 개인의 주택을 지으면서 "이제까지 없던 양산주택"의 규격화를 위한 "실험주택"으로 설계해달라고 부탁한 것일까?

근대주의의 '최소한의 주택'이라는 관점에서 보더라도 이 주택은 이례적인 작업이었다. 대규모 저택을 지으면서 양산주택을 생각한다는 것은 알토 자신에게도 윤리적인 딜레마였다. 그래서 처음에 다소 주저했던 것도 사실이다.

건축주 부부는 알토의 초기 안을 보고는 충분히 야심적이지 않다고 느꼈다. 그들은 알토를 이렇게 격려했다. "아니요, 알바, 당신은 더 잘할 수 있어요."*72 이렇듯 이 주택의 건축주는 건축가가 더 넓은 비전을 갖도록 격려해주는 사람들이었다.

알토는 자신이 설계한 건축 작품에 대해 많은 말을 하지 않았다. 그런데 마이레아 주택에 대해서는 1939년 《아르키테흐티》지에 설계 설명문을 예외적으로 길게 게재했다. 알토는 부유한 예술수집가를 위해 새로 지은 이 주택이 당시의 중심적인 건축 과제라고 말했다. 마이레아 주택이 실험적 주택으로서 생활의 모델이 되어 모든 이에게 주어지는 것을 건축주가 바라고 있다는 것이었다.

"규모가 작은 양산주택과 개인이 필요로 하는 바대로 설계된 저택(residence) 사이에는 분명한 차이가 있다고 널리 믿고 있는 것 같다. 특별히 설계된 개인주택은 소형주택 양산을 사회의 중심과제로 보는 흐름의 바깥에 놓여 있었다. 그러나 개인의 생활양식, 직관, 문화 개념에 바탕을 두는 건축과제는 결국에는 지대한 사회적 의미를 가질 수 있다. 그것은 새로운 개인주의를 향한 길을 보여준다. 제조 기계가 계속 발전하고 조직 형태가 개선되면, 개인의 요구를 더 유연하게 고려할 수 있게 해 줄 것이다.

아직까지는 대량생산의 초기 단계에 머물러 있지만, 현재 개발 중인 기계들은 오늘날의 주택에 흔적을 남기고 있다. 개인의 건축적 과제는 실험의 대상이 될 수 있다. 그런 실험으로 오늘날의 대량생산으로는 불가능한 것을 가능하게 할 수 있고, 이런 실험이 널리 확산하

면 결국은 발전된 생산방식이 모든 이에게 주어질 것이다."(강조는 알바 알토)[*73]

이 사고의 논리는 이렇다. 소규모의 노동자 주택이라면 생산, 표준, 생활 등과 관련된 물리적 문제들을 해결해야 한다. 철도역이나 스포츠 센터 같은 대규모 공공건물은 많은 사람의 교통과 위생을 해결하는 기회가 된다. 마찬가지로 부유한 예술수집가의 건물은 건축과 순수예술의 관계, 곧 일상생활에서 형태, 색깔, 예술을 사용하는 일반적인 감수성을 다룬다. 이처럼 모든 건축 작품은 서로 다른 건축적 해결을 요구하며, 그 해결책은 이후 다른 조건에서 다시 사용될 수 있다. 그러니까 마이레아 주택에서 얻은 성과는 아주 한정된 공간, 작은 주택이나 아파트, 어쩌면 한 칸짜리 방, 대량생산될 작은 주택에도 쓰일 수 있다는 것이다. 알토는 이런 해결책을 보여주는 건축이 사회에 책임을 지는 진정한 '건축'이라고 생각했다.

그러므로 건축주 개인의 저택이라 할지라도 그 건축물이 혁신을 이룰 수 있다면 평범한 주택 공급에도 적용될 것이고, 나중에는 규격화된 주택과 공공건물에도 적용될 것이라고 믿었다. 사실 이것은 그리 비현실적인 것도 아니었다. 알토는 가구, 유리 제품, 직물 및 조명기구와 같은 가정용 제품에서 이런 유토피아적인 생각을 이미 1930년대 초부터 실현하고 있었다.

알스트롬 사 또한 평면도 잘 짜이고 건축비도 저렴한 양산주택에 1930년대부터 큰 관심을 보였다. 알토는 뉴욕박람회 핀란드관(설계경기. 1938)을 계기로 MIT의 연구교수가 되어 63종의 목조주택을 연구하고, 이를 바탕으로 69종의 목조주택을 양산할 수 있는 'A·A 시스템'을 알스트롬 사에 제안했다. 알스트롬 사의 A와 알바 알토의 A를

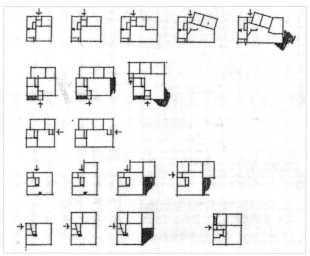

'A·A 시스템'의 <타입 1>. (위)
69종의 목조주택을 양산할 수 있는 'A·A 시스템'. (아래)

합쳐 지은 이름이었다. 이들은 절대적인 신뢰와 협력을 통해 양산주택을 기획했고, 1941년에는 전용 공장을 건설하고 본격적인 생산을 시작했다.

양산주택은 두 차례의 세계대전이 있던 시기에 많은 건축가들의 중요한 주제였다. 오늘날의 관점에서 보면 '양산'이나 '규격'이라는 말이 왠지 개성 없고 경직된 것처럼 들린다. 그렇지만 알토는 그로피우스나 르 코르뷔지에와 달리, 과학기술이 아니라 변화하는 자연에 바탕을 둔 양산주택을 구상하고 있었다. 그는 기술이 발전하면 일반 대중에게 고품질의 대량생산 제품을 얼마든지 제공할 수 있다고 생각했다.

그의 혁신적 태도는 기술에만 의존하는 게 아니었다. 오히려 어린 시절에 체험했던, 여러 가족들의 집합체인 공동체의 모습에서 혁신의 바탕을 발견하고자 했다. 마이레아 주택 1층 평면과 규격화 주택 'A·A 시스템'의 〈타입 1〉을 비교해보면 지붕 형태나 일부 철골을 사용한 구조 등에 차이가 있지만, 주종 관계에 있는 방을 연결한다든지 바닥 재료를 다양하게 사용하는 방식 등은 규격화 실험주택에도 고스란히 이어지고 있었다.

방 한 칸의 힘

알토는 1939년의 설계 설명문에 이렇게 적었다. "가족이 매일 사용하는 하나의 커다란 거실… 칸막이로 자유롭게 나뉠 수 있는 하나의 커다란 연속적인 방을 만들고, 그 안에서 회화와 일상생활이 더 직접적으로 전개될 수 있게 설계하여 건축적으로 하나의 독립체를 이루게 했다."[74]

다양한 기능과 용도가 전개되는 하나의 커다란 방. 서로 다른 성격으로 영역이 분리되는데도 연속하는 공간. 그렇지만 크지도 않은 영역의 구석마다 다른 것을 볼 수 있는 공간. 그래서 실제로는 모호하면서도 아늑한 공간. 거실 공간을 이렇게 만드는 것이 이 주택의 실험이었다.

그것은 핀란드 사람들의 오랜 주거의 모습에서 나왔다. 핀란드 사람들은 넓은 땅에 몇 채의 집이 모여 다른 가족과 동거하는 대가족 공동체를 이루며 살았다. 작은 집합체는 각각의 장(場)을 확보하면서도 대가족이 되어 생활의 장을 공유했다. 공동체가 공유한 공간은 여러 목적에 쓰였다. 알토는 주택이 이런 모습을 갖추어야 한다고 보았다. 그리고 이러한 토착성은 저택에도 규격주택에도 모두 적용되어야 한다고 주장했다.

"'방'이라는 개념은 가난한 형태로 끝까지 남아 있다. 그러나 '방'의 의미는 궁궐에서도 마찬가지다. 거실과 부엌을 겸한 핀란드 전통 농가 '투파(tupa)'는 원시적인 '코타(kota)'라는 쉘터에서 발전했는데, 이 개념이 사라지기까지 우리가 말하는 '방'과는 다른 것이었다."[75]

알토가 '방 한 칸(a single room)'을 말하는 논리는 단순하다.[76] 그러나 지금 들어도 신선하다. 방에는 침대, 옷장, 몇몇 탁자, 책 서너 권이 꽂힌 책장이 있다. 누가 살아도 한 칸의 방은 이렇게 다목적으로 쓰이고 있다. 이것은 전통 농가인 '투파(tupa)'가 거실과 부엌을 겸하는 것과 똑같다. 그런데 이런 한 칸의 방에 있는 침대, 옷장, 탁자, 책, 책장은 모두 누군가의 손으로 만든 소박한 예술품이다. 따라서

'방 한 칸'에도 "예술이 수집되어" 있다.

주택에는 '갤러리'가 따로 있는 게 아니다. 테이블에 책 한 권이 펼쳐져 있는 것이 곧 '갤러리'다. 몇 점의 그림이 벽에 걸려 있더라도 그 그림들보다 테이블에 놓인 책 한 권의 예술적 영향력이 더 클 수 있다. 세상에 하나밖에 없는 진품이라면 벽에 영구히 걸려 있겠지만 그것이 복사된 그림, 인쇄된 그림, 사진 같은 것이라면 날마다 달마다 바뀔 것이다. 그렇다면 이 방에서 몇몇 그림만 특별히 조명할 필요가 없다. 이처럼 '방 한 칸'이라도 그 안에는 색깔, 형태, 예술로 풀어야 할 문제들이 많이 있다는 것이다.

알토가 보기에 대부분의 예술수집가들의 집에는 사적인 공간과 갤러리가 따로 설계되어 있었다. 그러나 그 갤러리는 사람들이 술 마시며 정담을 나누는 데 주로 쓰일 뿐, 예술과 일상생활의 관계라는 측면에서는 별 의미가 없었다. 큰 집일수록 갤러리를 별동으로 만들기 때문에 일상생활 속에서 예술품을 직접 접촉하기가 어렵지만, 이에 비하면 가난한 한 칸짜리 방은 생활과 예술의 관계가 훨씬 가깝고 밀접하다고 보았다.

알토는 또한 이렇게 말했다. "한 번에 책 100권을 읽는 게 아니지 않는가? 그러니 수장한 모든 작품을 한 번에 전시할 필요가 없다. 오늘에는 오늘 보여주고 싶은 그림이 있다. 게다가 예술 작품은 저마다 요구 조건이 다르다."

마이레아 주택을 설계할 때 알토는 방 한 칸에 있는 책 몇 권에서 암시를 받아, 컬렉션을 "예술 도서관(a library of art)"처럼 잘 소장하면서도 그 일부를 '한 칸짜리 방'에 있는 일상의 가구와 물품처럼 전시하도록 연속적인 공간을 만들었다. 이를 위해 아주 큰 방을 만들

생활과 밀착된 예술을 염두에 두고 설계한 이 공간은 최종적으로 서재가 되었다.

고 움직이는 벽을 만들었다(이 벽으로 둘러싸인 방은 최종적으로는 서재로 바뀌었다). 이렇게 하여 마이레아 주택은 작은 주택을 위한 수준 높은 표준이 될 수 있었다.

알토가 핀란드의 공동체와 전통 농가를 염두에 두었듯, 건축주 또한 그런 집을 원했다. 알토가 1937년에 처음으로 만든 계획안의 평면은 사각형에 박공지붕인 오두막집이었다. 이때 마이레는 이 안에 반대하며 알토에게 이렇게 말했다. "그래요, 저희가 당신에게 요구한 것은 무언가 핀란드적인 것, 그러나 오늘날의 정신 안에 있는 것이었어요."[*77]

실험주택과 핀란드적인 것 그리고 오늘날의 정신. 이 세 가지가 마이레아 주택에 대한 건축주의 비전이었다.

약한 사람, 작은 사람

1926년, 알토가 28살이었을 때 쓴 〈문간에서 거실로(From Doorstep to Living Room)〉[*78]라는 글이 있다. 이 문장은 '거주(dwelling)'에 대한 그의 생각을 읽는 데 매우 중요하다. 그는 이 글에서 정신적이고 경험적인 관점에서의 거주와 집(home)을 말한다. 그는 핀란드의 전통적 거주가 북유럽의 기후와 문화에서 비롯한다고 보았다. 유용성이나 미학적 형식주의로 건축을 바라본 당시의 근대건축과는 정반대다.

그런데 핀란드의 집은 기후 때문에 두 얼굴이 있다고 했다.[*79] 하나는 바깥 세계에 면하는 강한 얼굴이고, 다른 하나는 내부를 향한 따뜻하고 부드러운 방의 얼굴이다. 이 두 얼굴을 동시에 지닌 곳은 중앙 홀이다. 홀의 천장은 하늘이고 지붕이 덮인 방은 위로 열리는데 중정, 아트리움, 닫힌 발코니 등이 이에 해당한다.

이 글의 마지막에서 알토는 흥미롭게도 사람의 약함을 언급한다. 사람이 집을 짓는 것은 약한 존재이기 때문인데, 핀란드와 같은 환경에서는 더욱 약해진다.[*80] 이런 의미에서 보면 다른 건축과 달리 주택은 건축가의 권위가 작동하지 못하는 집이다. 알토는 말한다. 사람에게 약함이라는 특성이 없다면 어떤 건축적 창조도 완전하지 않다고. 집이란 사람의 약함을 드러내는 장소라고. 즉, 약한 사람이 사는 집은 긴장되지 않는 편안한 곳이다.

의미를 조금 확대하면, 진정한 집이란 사는 사람의 개성을 표현하는 집이다. 그런데 거주자의 개성은 건축가가 표현할 수 있는 게 아니다. 건축(architecture)은 의도적인 디자인이지만 집(home)은 개인의 생활을 투영한다. 이렇게 알토는 건축과 집을 구분하는데, 이때 '집'이란 거주와 같은 말이다.

알토는 '최소한의 주택'을 당시의 근대주의 건축가들처럼 이해하지 않았다. 최소한의 면적이 중요한 게 아니라 살아가는 사람들의 생활과 행위가 문제다. 그는 〈거주 문제(The Dwelling as a Problem, 1930)〉에서 이렇게 말했다.

"방 하나에서 살 수 있는 가족은 없다. 아이들이 있는 가족은 방이 둘인 집에서도 살 수 없다. 그러나 생활과 각자의 행위라는 관점에서 면적을 나누면 어떤 가족이건 같은 면적에서도 잘 살 수 있다. 집(a home)이란 먹고 자고 일하고 노는, 지붕이 덮인 공간을 형성하는 곳이다. 이런 생체역학적 형태가 주택 내부를 나누는 근간으로 작용해야지, 파사드를 중시하는 건축에서 강조하는 진부한 대칭축이나 표준적인 방이어서는 안 된다. …움직일 수 있는 다목적의 가구는 작은 방도 더 크게 해 준다."[81]

투르크의 '표준 아파트(Standard Apartment Building in Turk, 1927)' 처럼 그가 생각하는 '최소한의 주택'은 심리적인 것, 유기적으로 바라본 '최소한의 주택'이었다. 그가 움직일 수 있는 가구에 집중한 이유도 여기에 있었다. 알토의 이러한 관점은 이후에도 전혀 바뀌지 않았다.

주목해야 할 그의 말이 하나 더 있다. 그것은 '작은 사람(little man)'이다. 이것은 1957년 영국 왕립건축가협회가 수여하는 골드메달 수상 강연을 마무리하며 했던 말이다. "우리는 단순하고 좋고 장식이 없는 사물을 만들고자 해야 한다. 그러나 그 사물은 사람과 조화를 이루고, 길에 있는 작은 사람에게 근본적으로 잘 맞아야 한다."[82]

거리를 걷고 있는 작은 사람! 이때 '작은 사람'은 누구인가?[83] 정말로 키가 작고 힘이 없는 사람인가? 이 '작은 사람'은 집에서 매일을 살아가는 거주자이며 보통 사람이자 모든 사람이다. '작은 사람'은 약하지만 바로 그것 때문에 건축은 보통 사람과 모든 사람에 관해 말할 수 있다. 우리는 습관적으로 "사람, 사람" 하면서 사람을 위한 건축을 강조한다. 그러나 알토는 사람을 막연하게 인식하지 않았다. "건축을 인간화한다"는 그의 말을 달리 표현하면, 건축이란 사람이 차지하고 있는 작고 약한 위치를 인식하고 이렇게 '작은 사람'에게 적합하게 만드는 작업이라는 뜻이다.

'작은 사람'의 경험은 감각적이다. 그래서 알토는 이들을 사용자라 부르지 않고 건축을 수령(受領)하는 사람들이라고 불렀다. 그들은 건축가가 설계한 건물을 드나들며 감각적으로 반응한다. 만일 건축을 감각의 관점에서 생각한다면, 그것은 사람을 '작은 사람'으로 제대로 받아들인 것이다. 알토는 재료의 뛰어난 디테일을 통해 개인의 감각에 호소한다. 가죽으로 감싼 문의 손잡이나 나무로 만든 난간은 개인의 손을 위한 것이고, 벽돌로 마감한 계단은 개인의 발을 위한 것이며, 계단이나 복도의 낮은 빛은 개인의 눈을 위한 것이다.

이렇게 '작은 사람'의 경험에서 시작하여 개인과 시설, 개인과 공동체가 엮여간다. 알토는 평범하고 '작은 사람'들이 편안하고 행복하도록, 더 많은 사람에게 더 좋은 삶의 조건을 만들어주는 데 건축의 목적이 있다고 보았다. 그렇지만 이 '작은 사람'은 인문학적 관념으로는 보호되지 않는다. 결국 그를 보호해주는 것은 기술이며, 바로 이런 이유 때문에, 그다지 높지 못한 기술일지라도 건축은 기술을 종합적으로 구사하지 않으면 안 된다고 단정한다.

건축역사가 지크프리트 기디온(Siegfried Giedeon)은 알토를 이렇게 평가했다. "사람인 알토를 말하지 않고 건축가인 알토를 말할 수 없다. 그에게 사람은 건축만큼이나 중요하다. 알토는 모든 사람, 그들의 특별한 바람과 경험 하나하나에 관심을 둔다. 그가 어디 출신이건, 어떤 사회계급에 속하건 관계가 없다."*84

알토가 말하는 사람은 추상적인 사람이 아니며 집단적인 사람들도 아니다. 저마다의 경험과 희망을 지닌 한 사람 한 사람이며, 그들이 합쳐진 모든 사람이다. 이렇게 알토는 자연과 기후에서 시작한 집이 왜 모든 사람을 향해야 하는가를 일관하고 생각하고 있었다. 그가 말하는 '약한 사람, 작은 사람'은 힘없고 가난한 사람을 말하는 게 아니다. 그리고 그들이야말로 모든 건축의 궁극적인 건축주다. 오늘날의 건축에 그대로 되살려야 할 너무나도 중요한 인식이다.

근대주택의 명작들은 모두 특정한 한 사람, 또는 한 가족을 위해 지어졌다. 그러나 알토의 마이레아 주택은 다르다. 이 주택은 새로운 사회를 향한 유토피아적 이상에서 출발했고, 지역과 전통에 바탕을 둔 가치를 지향했으며, 거주 장소인 숲과 호수의 상징적 풍경과 빛을 담아냈고, 예술과 일상이 결합된 삶이 있는 거주를 추구했다. 이것이 이 주택을 명작이라고 부르는 진정한 이유다.

건축주 또한 알토와 같이 '약한 사람' '모든 사람'의 건축을 꿈꾸었던 제2의 건축가였다.

4
정원 : 바라간 주택(루이스 바라간, 1948)

자카란다 나무에서 시작된 주택

1975년, 투병 생활을 하며 10년 동안 아무 일도 하지 않고 있던 멕시코의 거장 루이스 바라간(Luis Barragán, 1902~1988)에게 전화가 걸려 왔다. 그의 나이 73살 때였다. 발신자는 광고업자이자 예술품 수집가였던 프란체스코 길라르디(Francisco Gilardi)라는 사람이었다. 산 미구엘 차풀테펙(San Miguel Chapultepec)에 그리 크지 않은 땅이 있는데 그곳에 집을 지어줄 수 없겠느냐는 것이었다. 그는 독신자였고, 바라간은 그의 숙부의 친구였다.

일단 현장에 가 보았다.[85] 그러나 겨우 서른 살이 갓 넘은 독신자가 왜 자기에게 설계를 부탁하는지 확신이 서질 않아 선뜻 승낙하지 않았다. 대지는 10미터×35미터로 폭이 좁고 긴 땅이어서 바라간이 설계해오던 정원을 충분히 만들기가 어려운 규모였다. 파티를 열기 위한 집을 짓고 싶다고 했으니, 그저 젊은 친구가 호기심에서 한 말이려니 했다.

3개월 뒤에 다시 전화를 걸어온 길라르디는 집터에 멋있는 자카란다 나무[*86]가 있고 수영장도 있다며 바라간을 설득했다. 아마도 이 말에 마음이 움직였는지, 바라간은 설계를 승낙해주었다. 현장에 갔을 때 아주 크고 잘생긴 한 그루의 나무에 반했던 기억 때문이었다. 그는 "이 나무를 위해 뭔가 해야겠다"라며, 나무를 베지 않고 나무를 둘러싼 중정이 있는 주택을 짓는 것을 조건으로 설계를 승낙했다. 복도의 외벽에는 흰색을 칠했고 중정의 가운데 벽에는 자홍색을, 담장에는 자카란다 나무에 피는 꽃의 색깔에 어울리면서 자홍색의 보색이기도 한 보라색을 칠했다.

이렇게 지어진 '길라르디 주택(Casa Gilardi, 1976~1978)'은 평생 그토록 많은 건물을 설계했던 바라간이 1988년 세상을 떠날 때까지 전체를 다 돌본 마지막 작품이자 걸작이 되었다. .

길라르디는 설계를 부탁하고 나서 3년 동안 매주 토요일 아침 8시부터 11시까지 바라간과 아침 식사를 했다. 주택에 관한 회의가 아니었다. 바라간은 70여 년을

건축가 루이스 바라간.

187

바라간의 마지막 작품이 된 길라르디 주택.

살면서 자기가 만났던 사람들, 건축, 예술, 먹거리에 관한 얘기를 길라르디에게 들려주었다. 그때만 해도 너무 젊었을 때라 거장이 말하는 것을 제대로 이해하지 못했다. 그러나 지나고 보니 그때 바라간이 인생에서 소중한 모든 것을 자기에게 아낌없이 주었다고 길라르디는 회고했다.[*87]

길라르디는 세상을 떠났고, 지금은 파트너였던 루크 가족이 40년째 이 주택에 살고 있다.

공개된 삶과 닫힌 정원

페르시아 사람들은 '담으로 둘러싸여 있고 꽃과 나무를 키우는 마당'을 '파라디소(paradiso)'라고 했다. 이 말이 변해서 영어로 낙원을 뜻하는 '파라다이스(paridise)'가 됐다. 정원을 뜻하는 '가든(garden)'은 라틴어 '호르투스 가르디누스(hortus gardinus)'에서 나왔다. '호르투스'는 정원이고 '가르디누스'는 둘러싸였다는 말이다. 여기에서 '가르디누스'만 남아 '가든'으로 바뀌면서 정원을 뜻하게 됐다. 이처럼 정원은 자연을 에워싸고 천상의 낙원을 미리 맛보는 것이었다.

조선 전기의 문신 양산보(梁山甫, 1503~1557)는 담장으로 자연의 일부를 둘러싸며 지은 전남 담양의 별서정원(別墅庭園)을 '소쇄원(瀟灑園)'이라 이름 지었는데, 이는 '물 맑고 시원하며 깨끗한 원림'이라는 뜻이다. 그 안에 있는 제월당은 비 갠 뒤에 상쾌한 달빛이 비치는 집이고 광풍각은 청량한 바람을 맞이하기 좋은 공간이라는 뜻이니, 소쇄원도 그 자체가 작은 우주다. 정원이 파라다이스인 것은 이렇게 동서가 같다. 자카란다 나무를 중심으로 한 길라르디 주택의 마당도 '파라디소'이고 '파라다이스'였다.

루이스 바라간은 유별나다고 할 만큼 정원을 진지하게 생각한 건축가였다. 그는 "정원은 그 속에 우주 전체를 담고 있다"는 프랑스의 조경가 페르디낭 바크(Ferdinand Bac)의 말을 즐겨 인용했다. 그는 1980년 프리츠커상 수상식에서 이렇게 말했다. "크기야 어떻든 완전한 정원은 다름 아닌 완전한 우주를 에워싸야 한다."

1951년 캘리포니아에서 열린 콘퍼런스에서 〈환경을 위한 정원(Gardens for Environment)〉*88이라는 제목으로 강연을 했을 때, 그는 "회의에 초청받아서 영광인데 '정원'이라는 주제로 요청받아 더 큰 영광"이라는 말로 이야기를 시작했다. 그럴 정도로 정원은 바라간의 건축적 사고의 기본이었다.

그가 보기에 정원은 자연의 위엄과 본성이 깃들어 있는 곳이고, 사람에게 안식처를 되돌려주고 정신적인 평화를 주는 곳이었다. 정원은 1년 내내 거실처럼 앉고 먹고 쉬는 곳이고 서로 사귀는 자리다. 전통적인 집이 그러했듯이 정원은 사적이고 친밀한 소유감을 선사하고, 매일 빵을 먹듯이 늘 아름다움을 느끼게 해 준다. 그는 이렇게 말했다.

"정원을 만들 때 건축가는 자연의 왕국을 협력자로 초대한다. 아름다운 정원에는 언제나 자연의 위엄이 존재하지만, 정원 안에서 자연은 인간의 크기로 축소되고 공격적인 현대생활을 막아주는 가장 효과적인 안식처로 바뀐다."*89

또한 이런 말도 했다. "사람들이 매일 정원에서 잠깐씩 시간을 보내면서 즐길 수 있는 정신적이고 물질적인 평안을 기술하고 싶다."*90

달리 말하면, 사람들이 그런 잠깐의 평안조차도 누리지 못하고 있다는 뜻이 될 것이다. 1951년의 강연에서 바라간은 현대인들의 '공개된 삶'에 대해 이야기했다. 잘 알지 못하는 사람들과 함께 살고 그들과 많은 시간을, 그것도 공개적으로 보낸다는 것! 점심을 먹으면서 업무에 대해 말하고 저녁에는 식사하며 사람들과 사귄다. 클럽과 바에 가고 운동경기를 보러 간다. 이런 여가조차도 모두 공개된 삶의 일부다. 심지어 주말에 여행을 가도 모르는 사람들에게 둘러싸여 있다. 텔레비전과 라디오는 집 안의 침실까지 침투해 들어와 있고, 전화는 업무나 사회생활이라는 이름으로 사람을 집에서 밖으로 끌어낸다. 오늘날 우리의 삶도 그가 말한 바와 똑같다.

그 당시 이른바 '열린 정원'이 많이 생겨났다. 그러나 바라간은 그런 곳들은 자동차 타고 다니며 즐기는 곳일 뿐, 정신이나 육체의 휴식에 도움을 주지 못한다며 비판했다. 공개된 삶을 그만둘 수 없다면, 닫혀 있는 개인의 정원을 통해서 보물과도 같은 사적인 삶을 회복할 수 있어야 한다는 것이다. 개인주택에는 당연히 정원이 필요하다. 공동주택 안에도 개인적인 정원을 만들어야 하는데, 공동으로 사용하는 정원일지라도 부분적으로 분리된 정원을 만들어 '자기만의 정원(his own garden)'에 머물 수 있게 해야 한다고 보았다.

벌써 70년 전의 이야기다. 지금 우리의 삶은 그때와 비교할 수 없을 만큼 공개적이다. 손바닥만 한 스마트폰에서 광속으로 쏟아지는 정보 속에서, 그리고 개인이 다양한 콘텐츠를 직접 생산하고 공유하는 1인 미디어 세상에서 살고 있다. 여러 형태의 미디어를 끊임없이 소비하며, 사적인 삶을 공개적으로 침범하는 것을 오히려 당연하게 여긴다.

건물이 먼저 있고 정원은 그 건물을 아름답게 가꾸려고 덧붙인 것
이라고 흔히들 생각한다. 글로벌 미디어 환경에서 살아가는 현대인
에게 우주 전체를 담은 정원은 단지 꿈같은 이야기일 뿐이다. 작은
집도 사기 어려운데 정원까지 있는 집을 어떻게 사냐는 반론이 나올
법도 하다. 하지만 바라간은 평온한 감정과 안식을 주는 집, 마음이
머무는 집이 되려면 반드시 정원이 있어야 한다고 보았다. 정원이야
말로 공격적인 현대생활에 대항하는 가장 효과적인 정박지(碇泊地)이
기 때문이다.

바라간 주택의 정원

자기 집을 가질 만한 여유가 있건 없건, 모두가 생각해봐야 할 근
본적인 물음이 있다. 그것은 '나만의 집'이다. '내 집'은 내가 소유한 집
을 뜻하지만 '나만의 집'은 세상에 하나밖에 없는, 나 자신을 인식하게
해주는 집이다. '나만의 집'은 내가 살고 싶은 아름다운 집을 말하는
게 아니다. 그것은 한평생 내 몸을 맡길 수 있는, 삶의 원점인 집이다.
이러한 삶의 원점을 가장 잘 보여주는 집이 바로 루이스 바라간의
자택인 '바라간 주택(Casa Luis Barragán, 1948)'이다. 이 주택은 멕시
코시티 교외에 있는 타쿠바야(Tacubaya) 지구의 차풀테펙 공원 남서
쪽, 노동자들의 작은 집이 늘어선 서민 주택가 안에 소박하게 서 있
다. 이 동네 옆에는 부자들이 살고 있는 구역이 있다. 길라르디 주택
도 걸어서 10분 거리다. 그러나 바라간은 그 구역을 마다하고 이 동
네에 자기의 집을 지었다.

바라간 주택은 주택, 스튜디오, 정원 등 세 부분으로 나뉘어 있다. 합쳐서 바닥면적이 1,161평방미터(350평)인 자택과 스튜디오를 붙여서 지었기 때문에 입구가 따로 있다. 회색의 외관에 작은 창이 몇 개나 있을 뿐 아주 소박하고 냉정하기까지 하다. 그런 집이 20세기의 가장 중요한 10개 주택들 중 하나임을 알아차리는 동네 사람은 거의 없을 것이다. 이 주택은 모더니즘에 멕시코 전통 건축을 합친 탁월한 설계로 2004년 유네스코 세계유산으로 등재됐다.

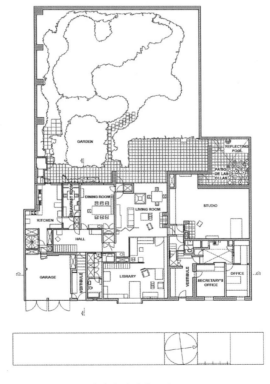

바라간 자택의 도면.

소박하고 냉정해 보이는 바라간 자택의 외관.

건축가는 밖의 길에 대해 무심한 벽을 세웠다. 그리고 그것은 공간의 경계를 분명히 했다. 문을 열고 안에 들어가면 약간 어둡다. 그러나 조금 더 안으로 들어가면 부드러운 햇빛이 사람을 맞아준다. 간소한 외관과는 전혀 다른 모습이다. 벽에는 멕시코의 토착적 색깔인 분홍색이 선명하게 칠해져 있고, 하얀 벽은 위에서 내려오는 빛으로 부드럽게 반사된다. 그리고 분홍색 벽은 다시 빛을 반사하여 하얀 계단을 분홍으로 물들인다. 이 집의 벽은 색을 칠한 것이 아니다. 빛에 색이 들어가 있다.

이런 방을 지나면 천장이 높은 거실이 나타난다. 참 소박하고 정제된 거실이다. 프랭크 로이드 라이트의 '낙수장'은 내부의 움직임을 테라스로 끌고 나간다. 르 코르뷔지에는 끊임없이 내부에 외부가 밀고 들어오게 한다. 그러나 바라간 자택의 거실에서는 건축과 자연의 경계가 명확하다. 자연이란 시간 속에서 변화할 뿐이며, 따라서 자연은 인간의 영역과 구분된다고 보았기 때문이다. 거실의 커다란 창틀은 십자형으로 창을 네 등분하는데, 가느다란 창틀이 벽과 천장과 바닥에 매립되어 있어서 거실의 전면을 채우는 닫힌 창으로 공간이 열린다. 창을 통해 정원 자체를 대면한다.

주택의 중심은 넓은 창 너머로 보이는 커다란 정원이다. 주택의 바닥면적보다 조금 더 넓다. 그가 그전까지 다룬 정원에 비하면 작지만, 이웃집의 정원에 면해 있어서 실제보다는 더 크게 보인다. 처음에는 정원을 단순하게 잔디로 덮으려 했다. 그러나 점점 야생의 느낌이 나도록 멕시코 특유의 식물들을 있는 그대로 방치하여 자유롭게 자라게 했다. 나뭇가지는 이리저리 뒤엉켜 있고 나뭇잎은 있는 그대로의 그림자를 드리운다. 벽으로 닫혀 있을 때 비로소 얻게 되는, 정원과 일체가 된 공간이다.

거실은 정원을 앞에 두고 서향으로 놓였다. 오후의 강렬한 빛이 이리저리 뒤엉켜 있는 나뭇잎 사이로 부드럽게 여과된 빛이 거실을 비춘다. 이 빛은 까칠까칠한 벽과 두툼하고 깨끗한 나무판 바닥을 밝게 비추고, 나뭇잎과 가지는 그림자를 드리운다. 빛은 시간의 흐름에 따라 변하고 거실도 제각기 다른 표정을 나타낸다. 겨울철 오후 3시쯤 빛이 비스듬하게 비추면 하얗던 벽은 빛과 그림자가 물든 벽으로 바뀐다. 온화한 정원의 생명이 이렇게 거실로 전달된다.

아침에 창 앞에 뿌려준 모이를 먹으러 날아오거나 저녁에 밝은 방을 향해 날아오던 새들이 유리에 부딪혀 죽은 것을 보고, 바라간은

바라간 자택의 천장이 높은 거실.

거실 밖에 창 전체를 막는 커다란 커튼을 쳤다. 점심을 먹기 전에 거실 창 가까이 있는 테라스에 먹이를 뿌려놓고, 새들이 식사를 마치면 올이 거친 커튼을 젖혀두었다. 투박하게 짠 천을 덮은 소파에 앉았다가, 벽에 걸린 조세프 알버스(Josef Albers)의 그림 앞에 놓인 사각의 테이블로 자리를 옮겨 턱을 괴고 물끄러미 정원을 바라보다가 일을 하기도 했다.

스튜디오 앞의 작은 중정.

거실 바로 옆에는 스튜디오가 있다. 스튜디오 앞에는 아주 작은 중정이 있는데, 그 안에 있는 아주 작은 소리를 내며 흐르는 작은 수반에 새들이 찾아와 물을 마신다.

정원은 모든 방에 영향을 미치고 있다. 거실의 큰 창만이 아니라 부엌, 식당, 아침식당, 침실, 욕실 등이 모두 나뭇가지와 덩굴과 들풀이 뒤엉켜 있는 정원을 향해 열려 있어서 실내에 있더라도 정원을 경험하게 된다. 정원은 실제로 사용하기보다는 이렇게 어느 정도 거리를 두고 내부에서 바라보기 위한 것이다. 이렇게 하여 정원은 방으로, 방은 정원으로 연장되고 내부와 외부 사이의 고정된 경계는 없어진다. 주택과 정원은 같은 것이며 서로 보완해야 하는 두 요소였다.

정원을 향한 벽면이 단정하지 못한 것은 이전에 있었던 창의 위치가 옮겨져 흔적을 남겼기 때문이다. 식탁에 앉았을 때 보이는 전망을

새들이 유리에 부딪치는 것을 막기 위해 거실 창 밖에 커다란 커튼을 쳤다.

교정하기 위해서 식당과 아침식당의 창턱을 25센티미터 올렸고, 침실의 창문도 처음에는 바닥까지 내려가 있었는데 중간 높이로 올렸다. 정원에서 보면 식당의 아래 창틀이 특히 두껍게 보이고, 그 위층 침실 창의 유리는 안에서 벽으로 막은 것이 보인다. 파사드를 위해 창문을 구성한 것이 아니라 방이 어떻게 정원을 향하고 있어야 하는가에 따라 만들어진 결과였다.

침실 창의 유리는 안에서 벽으로 막아놓았다.

　대부분의 건축가들은 건물을 설계하는 것이 기본적인 책임이라고 여기고, 정원 설계는 나중에 생각한다. 그러나 바라간은 주택을 정원으로 만들고 정원은 주택을 만들어야 한다고 생각했다. "아름다움의 감각과, 순수예술과, 다른 정신적 가치에 대한 취향과 성향을 발전시키기 위해서, 건축가는 자신이 짓는 주택과 마찬가지로 정원을 쓸모 있게 설계해야 한다고 믿는다."*91

바라간 주택의 높은 벽은 주택의 내부 공간을 만든다. 또한 그 벽은 자연을 닮은 무성한 정원이 내부가 되어 있다는 느낌을 더해준다. 내부 벽의 노란색, 분홍색, 금색이 돋보이지만 주택 안에는 녹색이 없다. 정원이 방에 끊임없이 녹색을 더해준다고 보았기 때문이다.

계단 홀에서 2층으로 올라가면 옷방이 나온다. 소박한 방에 낮은 장이 단정하게 놓여 있고, 노르스름한 벽에는 커다란 십자가가 걸려 있다. 바라간은 이 옷방을 '그리스도의 방'(cuarto del Crist)이라고 불

묵상을 위한 장소를 옥상에 마련해두었다.

렀다. 이 방을 거쳐 좁은 계단을 오르면 옥상의 테라스로 갈 수 있다. 옥상으로 올라가는 계단은 폭도 그리 넓지 않다. 방에서는 세 단만 보일 뿐 나머지는 모두 벽 뒤에 가려 있다.

정원으로도 불충분했는지 바라간은 옥상 테라스에 묵상을 위한 공간을 하나 더 만들었다. 이 공간은 4~5미터 정도의 높다란 벽으로 둘러싸여 있어서 주변의 주택가는 보이지 않고 오직 하늘만 보인다. 그만큼 자연과 건축의 대비가 뚜렷한 곳이다. 하늘을 잘라내어 대면하는 이 공간에는 초등학생이나 앉을 만한 작은 의자가 하나 놓여 있다. 키가 192센티미터인 바라간은 테라스 위를 서성거리다가 이 작은 의자에 앉아 벽을 둘러보고, 하늘을 바라보고, 자신을 되돌아보았을 것이다. 높은 하늘과 낮은 의자! 이곳은 집을 짓다 보니 생긴 게 아니고, 한 인간이 하늘과 교감하며 겸손하게 사색하는 장소로 설계되었다. 그리고 몇 번이나 고쳐졌다.

'나'를 발견하는 집

주택은 가족과 함께 사는 곳이고 가까운 사람과 함께 지내기도 하는 곳이다. 그런데 바라간은 평생 독신으로 고요함과 고독을 즐겼다. 그에게 고독이란 겸손하게 사는 방식이었다. 그는 1980년 프리츠커상 수상식에서 이렇게 말했다. "고독과 함께 있을 때만 사람은 자기 자신을 발견할 수 있습니다. 고독이란 좋은 친구입니다. 저의 건축은 고독을 무서워하거나 피하는 사람을 위한 것이 아닙니다."

이 말을 증명이라도 하듯 정사각형의 단순한 식탁이 놓인 좁은 식당에는 두 개의 의자만 놓여 있는데, 장식장에 놓인 접시에는 'soledad(고독)'라고 쓰여 있다.

그는 또한 힘주어 말했다. "전경을 멀리 바라보는 파노라마보다 올바로 틀 지워진 풍경이 아름답습니다. 고요함이야말로 고뇌와 두려움을 해결해줍니다. 호화로운 집이든 소박한 집이든, 평온한 집을 짓는 것이 건축가의 사명입니다. 나는 이제까지 살아오는 동안 평온한 공간을 만들고자 했습니다."

그러니까 고독은 외로움이 아니다. 주택은 고요하고 평온한 안식처이자 피난처임을 강조하고 있는 것이다. '나만의 집'은 자기가 보내고 싶은 시간의 질, 느끼고 싶은 공간의 질이 분명한 집이다. 이러한 집은 자기의 직관에 충실할 때 비로소 얻어질 수 있다.

바라간의 건축은 '정감을 불러일으키는 건축'이라는 말로 요약된다. 그는 "거주하는 사람과의 관계"에서 주택을 만들고자 했다. "내 집은 나의 피난처이며, 차디찬 편리함의 조각이 아니라 감동적인 건축의 일부다. 나는 '정감을 불러일으키는 건축'(emotional architecture)을 믿는다."

그의 건축의 대전제는 'comfort in space'다. 즉, 공간이 주는 편안함이다. 사람을 편안하게 해주는 집은 관대하다. 바라간은 인간적인 삶을 인생의 목적으로 삼았다. 좋은 책을 발견하면 친구들에게 줄 책도 여러 권 같이 샀고, 뭔가를 필요로 하는 사람에게는 늘 가진 것을 나누어주는 관대한 사람이었다. 그처럼 그의 자택도 관대하다.

바라간 주택의 계단 홀 전화대 앞에는 검은 감나무로 만들어진 의자가 하나 있다. 이 의자는 50년 가까이 위치도 방향도 바뀐 적이 없다. 그러나 바라간은 이렇게 말했다. "제가 한 것을 흉내 내지 마십시오, 제가 읽은 것을 읽고 제가 본 것을 보아주십시오." 집의 원상은 내 것을 숙고함으로써 얻어지는 것이지 비슷하게 흉내 낸다고 얻어지는 것이 아니다.

바라간의 자택뿐 아니라 그가 설계해준 다른 주택에서도 그가 처음에 배열했던 가구나 그림, 장식품은 전혀 바뀌지 않았다. 건축가가 바꾸지 말라고 해서 그대로 둔 게 아니다. 건축가는 건축주의 생활

50년간 위치가 바뀌지 않은 의자.

을 깊이 숙고하여 가구와 장식품을 선택했고, 건축주들도 매일의 생활 속에서 그 물건들이 공간에 주는 의미를 깊이 느끼고 있었기 때문이다. 바라간이 세상을 떠났는데도 건축주들은 주택을 의뢰했을 때와 똑같은 신뢰와 존경의 마음으로 그가 설계해준 집에서 계속 살고 있다고 한다. 이유는 단 하나. 그가 설계한 주택들이 그들만의 집의 원상을 깊이 느끼게 해주었기 때문이다.

바라간은 작은 우주를 담은 자기 집에서 40년간 살다가 1988년에 세상을 떠났다. 미국의 거장 루이스 칸(Louis Kahn)은 이 주택을 아주 높게 평가하며, 이 집은 그냥 집이 아니라 '집 그 자체'라고 찬탄했다. 바라간 주택의 정원과 그것에 면한 거실, 그리고 옥상 테라스. 이 두 장소는 '내'가 생활하기 위한 집, '내'가 살고 싶은 집, 이 세상에서 유일무이한 존재인 '나'를 발견하며 살겠다는 거주자의 확고한 의지를 보여준다.

접시에는 'soledad'(고독)라고 쓰여 있다.

5
생활 : 임스 주택 (찰스 & 레이 임스, 1949)

우리가 매일 생활하는 집의 창문, 유리, 바닥, 천장에 쓰이는 재료를 생각해보자. 노출 콘크리트, 철골, 데크 플레이트(deck plate) 등 거의 모든 재료들은 대량생산되고 표준화, 규격화된 공업 재료다. 이런 재료들은 목재와 달리 냉정하고 경직되며 무미건조하다고 여겨진다. 그런데 카탈로그에서 주문한 기성 공업 재료들로만 짓고도 이런 통념을 뛰어넘어 거주자의 생활이란 이래야 한다는 것까지 여실히 보여준 주택이 있다. 20세기 중반 근대건축의 랜드마크로 평가되는 '임스 주택(The Eames House, 1949)'이다.

이 주택은 LA 근교 퍼시픽 팰리세이즈(Pacific Palisades)에서 태평양에 면해 있는 12,000평방미터나 되는 넓은 땅에 건축되었다. 1945년부터 1966년까지 진행된 주택 프로그램인 '케이스 스터디 하

205

임스 주택은 12,000평방미터나 되는 넓은 땅에 지어졌다.

우스(Case Study House, CSH)' 중 하나이며, 정식 이름은 '임스 주택, 케이스 스터디 하우스 8번'이다.

　건축주이자 건축가인 찰스와 레이 임스(Charles & Ray Eames) 부부는 20세기 디자인에 가장 큰 영향을 미친 미국의 산업 디자이너였다. 이 주택은 1945년에 설계를 시작하여 4년 만에 완공되었으나 실제 공사 기간은 1년도 안 된다. 이런 짧은 공기에 공업 재료만으로, 게다가 낮은 비용으로 얼마든지 쾌적하고 아름다운 생활이 이루어

206

지는 주택이 지어질 수 있음을 보여주었다. 그들은 죽을 때까지 그 집에서 살았다.

'모던 리빙'의 모델이 된 케이스 스터디 하우스

제2차 세계대전이 끝나고 수백만 명의 군인들이 귀향하면서 전 세계적으로 주택 붐이 크게 일어났다. 주택 수요가 급증하는 상황에서 해결의 실마리가 된 것은 군수품 조달을 위해 개발된 다양한 기술들이었다. 대량생산이 가능한 공업화 제품과 공업 재료를 사용하여 쾌적하고 실용적인 주택을 짓자는 생각이 싹트기 시작했다. 이에 미국의 잡지 《아츠 & 아키텍처(Arts & Architecture)》가 '케이스 스터디 하우스'라는 주택 보급 프로그램을 기획하게 되었다.

그들은 근대건축의 조형 원리를 적용하면서도 최대한 낮은 비용으로 '모던 리빙(modern living)'이 가능한 주택을 짓고자 했다. 남들이 따라 지을 수 있는 값싸고 좋은 주택을 보급하는 게 목표였다. 당시 캘리포니아에 36개의 실험주택이 지어졌다. 이를 계기로 기성 공업 제품에 대한 인식도 많이 달라졌다.

이 프로그램에는 리처드 노이트라(Richard Neutra), 크레이그 엘우드(Craig Ellwood) 같은 유명 건축가들이 참가했다. 그러나 보편적인 주택의 프로토타입(prototype)을 보급하는 것이 목적이었으므로, 일반적으로 생각하는 건축가의 '작품'과는 달랐다. 건축주와 시공업자, 제조업체가 모두 하나가 되어 새로운 시대의 캘리포니아에 필요한 주택의 모습을 제안했다. 사상 처음으로 건축 업역에 미디어가 결합하여 새로운 건축의 흐름을 만들어낸 것이었다.

　이 주택들은 핵가족을 대상으로 한 단층집으로 지어졌는데, 평면은 오픈 플랜이고 오픈 키친도 갖추었다. 또한 캘리포니아의 풍토에 맞게 테라스에서 식사하고 리플렉팅 풀에서 옥외 생활도 즐길 수 있게 만들었다. 그러다 보니 '모던 리빙'의 보편적인 프로토타입은 부유하고 관능적인 공간 이미지를 담은 주택이 되었다.

　이 프로그램은 간헐적으로 진행되기는 했지만 1945년에 시작하여 1966년까지 계속되었다. 1948년에 처음으로 지어진 6채의 주택은 입주 8주 전에서 6주 전 사이에 일반에게 공개되었다. 무려 35만 명이나 찾아올 정도로 인기가 높았다. 1966년까지 총 36개의 주택을 제안했고 그중 25개가 실제로 지어졌다. 현재는 20개가 남아 있다.

　'케이스 스터디 하우스'는 미국의 건축 역사에 가장 큰 공헌을 한 건설 프로젝트였다. 1970년대 우리나라 건축 책에도 이때 지어진 주택들이 새로운 경향으로 소개되었다.

최소 가격으로 지어 올린 명작

　임스 주택을 찍은 가장 오랜 사진을 보면, 주택이 지어질 자리에 트럭 한 대가 들어가 크레인으로 철골을 조립하고 있다. 사진의 왼쪽에는 경사가 급한 땅이 있고 오른쪽에는 유칼립투스 나무가 열을 이루고 있다. 철골이 다 조립된 다음 부부가 유쾌하게 서로 손을 잡고 철골 보 위에 서 있는 사진도 있다. 얼핏 보면 장난기가 있어 보이지만,

철골 보 위에서 손을 맞잡은 찰스와 레이 임스 부부. (위)
이웃하는 두 주택의 배치도와 입면도. (아래)

설계 초기에 임스 주택은 필로티 위에 다리처럼 길게 얹힐 계획이었다.

아마도 이들은 이 단계부터 자신들의 새로운 생활이 시작되고 있다는 뜻으로 이런 사진을 찍었을 것이다.

최초의 설계안은 전혀 달랐다. 프로그램 시작 후 첫 2년간 찰스는 당대의 유명한 건축가 에로 사리넨(Eero Saarinen, 1910~1961)과 함께, 태평양을 바라보는 조망을 충분히 고려한 주택을 설계했다. 이웃하는 부지에는 《아츠 앤 아키텍처》의 편집장인 존 엔텐자(John Entenza)의 주택 '케이스 스터디 하우스 9번'도 함께 지을 계획이었다.

이때 대지를 공유하는 두 주택 사이에 기다란 둑을 쌓아 서로 프라이버시를 지킬 수 있도록 했다. 엔텐자의 집은 평탄한 땅 위에 짓고, 임스 주택은 높이 매달린 입체를 다리처럼 필로티 위에 얹었다. 그리고 태평양을 바라보도록 대지 한가운데에 동서 방향으로 길게 배치했다. 이 극적인 계획을 그들은 '다리 주택(Bridge House)'이라 불렀다. 마치 미스 반데어로에의 주택 스케치를 보는 듯한 계획이었다.

모형을 실제 대지에 겹치게 놓고 찍은 사진을 보면 '다리 주택'은 전망대처럼 경사지에서 상당히 들어 올려져 있다. 긴 창문에는 매우 긴 거실과 침실 두 개가 배치되었다. 이 정도면 미스의 '판스워스 주택'처럼 실내에 가구가 독립적으로 배열되었을 것이다. 전면이 유리창이어서 내부가 훤히 들여다보이고 햇빛도 거침없이 실내로 쏟아졌을 텐데도, 큰 나무는 거실 끝 바로 앞에 두 그루만 심었다.

본채와 떨어져 작업장으로 쓰이는 다른 한 동은 언덕에 놓았으므로, 본채에서 작업실로 가려면 언덕에 걸쳐진 본채 부엌의 문을 이용한다. 그러나 널찍한 마당에서는 불편한 나선형 계단을 통해서 본채로 가야 했다. 전망을 위해 전면을 유리로 만들었으나 실제로는 대각선 방향으로 빗댄 여러 개의 가새들이 전망을 가로막고 있다.

다행히도(?) 전쟁 직후라 물자가 부족했다. 주문한 재료가 도착하는 데 3년이나 걸렸으므로 설계를 마친 뒤에도 곧바로 시공하지 못하고 재료를 기다리고 있었다.

바로 이때가 사고 전환의 기회였다. 임스 부부는 가끔 풀밭에서 피크닉을 하며 시간을 보냈다. 그러면서 그 넓은 풀밭이 얼마나 큰 기쁨을 주는지 조금씩, 그러나 분명히 깨닫게 됐다. 그러다가 줄지어서 있던 열 그루의 유칼립투스 나무 뒤에 있는 좁고 긴 땅에 주목하게 됐다. 역시 건축의 답은 땅에 있는 법! 그 땅을 거닐며 다시 생각해보니 기존의 '다리 주택'에 큰 문제가 있음을 알게 되었다. 그 설계안대로 지으면 아름답고 넓은 풀밭을 크게 해치고 두세 그루의 큰 나무를 베어야 했다. 또 철골을 그렇게 많이 사용하는데도 주택의 용적은 별로 크지 않았다.

1947년부터 찰스 임스가 이 집을 다시 설계했다. 그는 첫 번째 안을 90도로 돌려서 뒤쪽의 경사면과 나무들 사이의 긴 땅에 집을 앉혔다. 첫 번째 '다리 주택' 안과 비교하면 태평양을 외면하는 배치다. 이 땅은 평평하기는 했어도 집을 짓기에는 좁아서 상당한 높이의 경사면을 쳐내야 했다. 이 때문에 한 층 높이의 옹벽을 50여 미터나 쳐야 했는데, 옹벽 시공비로만 5,000달러가 더 들었다.

그 땅에 긴 건물을 두되, 그 사이에 중정을 두고 거실 동(140평방미터)과 스튜디오 동(93평방미터)으로 나누었다. 뒤늦게 H형강이 현장에 도착했고 이미 구조재도 주문해 둔 상태였으므로, 보 이외의 주문한 재료를 모두 사용했다. 또 최소한의 재료로 최대의 용적(232평방미터, 70평)이 되도록 단순한 이층집을 계획했다. 옹벽을 제외하면 이 주택에서 철골 프레임을 비롯한 모든 부재는 당시 시판되던 건축재료 카

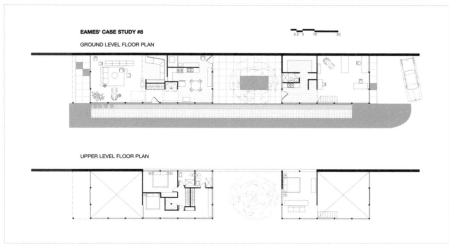

찰스 임스는 '다리 주택' 안을 변경하여 나무들 사이의 긴 땅에 집을 앉혔다. (위)
임스 주택의 평면도. (아래)

탈로그에서 선택한 기성 제품이었다. 일종의 프리패브(조립식) 주택이었던 셈이다.

철골은 운반비 등을 고려할 때 목재보다는 비싸지만 노무비가 목조의 33퍼센트밖에 안 되어 공사비를 줄이는 데 적합했다. 임스 주택에 사용된 철골은 11톤이었다. 그러나 5명의 노동자가 불과 16시간 만에 모두 조립했으며, 지붕 데크도 한 사람이 3일 만에 완성했다. 천장에 노출된 춤이 12인치인 트러스 보도 공장 생산품이며, 나머지 조립과 페인트칠은 임스 사무소의 직원들이 해주었다. 공사비는 1평방피트당 1달러(지금 돈으로는 약 10달러)밖에 안 들었다. 당시 일반 주택 공사비가 평방피트당 11.5달러였던 것에 비교하면 엄청나게 싼 비용이다.

임스 주택의 기둥 간격은 2.3미터이고 높이는 5.2미터, 깊이는 6.1미터다. 그중 한 구획은 실외 공간이다. 주택의 벽면에는 4인치짜리 H형강을 세웠고, 보 방향으로는 12인치 철제 트러스를 걸었다. 남쪽에서 보면 지붕을 받치는 30센티미터의 보가 보이고 실내에서는 노출되어 있다. 지붕이나 2층 바닥은 데크 플레이트로 주문 제작하여 만들었으며, 턴버클(turnbuckle)로 가새를 대어 바람에 견디게 했다. 당시 경량 H형강은 상업건물에는 널리 사용되고 있었지만 주택에 사용된 건 이게 처음이다. 벽은 조립식 패널로 만들었고, 창문은 일반 공장에서 사용하는 것을 썼으며, 계단은 선박용품 카탈로그를 보고 주문했다. 시멘트 보드, 아스베스트, 목제 패널 등 모든 자재들이 규격제품이었다.

판스워스 주택의 중후하고 고전적인 철골 프레임 구성과는 달리, 임스 주택에서는 최소한의 경량 철골 프레임으로 최대한의 공간을 덮었다. 카탈로그에서 고른 기성 제품들을 조합하여 조립했기 때문이다. 지금 이런 설명을 들으면 별로 대단하지 않게 들린다. 그러나 공업제품의 '조합' '조립'으로 주택을 만든다는 것은 이전에는 없던 전혀 새로운 설계 방식이었다.

철골로 단순하게 지어진 네모난 상자만 보면 이 집은 그야말로 무미건조한 집이다. 파사드는 기본적으로 검은색 격자로 되어 있다. 외벽에는 색칠한 패널, 회백색 · 검은색 · 파란색 · 주황색 석고, 알루미늄, 특수 처리된 패널 등이 쓰였다. 빨간색과 파란색을 칠한 벽을 보면 몬드리안의 작품에서 영향을 받은 것처럼 보일 것이다. 그러나 가까이에서 보면 카탈로그에서 사들인 공업화 제품들이 건축가에 의해 전혀 다른 방식으로 쓰였다. 이런 이유에서 건축비평가 레이너 밴험(Reyner Banham, 1922~1988)은 건축자재를 마치 폭주족처럼 사용했다고 유머 섞인 비평을 하기도 했다.

임스 주택의 초점은 외부가 아니라 내부에 있다. 이 주택은 대지에서 언덕으로, 언덕에서 집으로, 집에서 거실로, 그리고 거실은 다시 한 층 높이로 한쪽 구석에 아늑하게 들어가 있는 소파와 테이블로 이어진다.

바깥의 넓은 대지를 생각하면, 인접한 언덕과 줄지어 선 열 그루의 유칼립투스 나무들 사이에 지어진 이 주택은 닫혀 있는 셈이다. 그러나 오히려 이런 자리에 놓였기 때문에, 2층 높이의 거실은 남쪽으로 태평양을 바라보고 동쪽으로는 아름다운 풀밭을 향할 수 있었다. 철과 유리로 단순하게 지은 집인데도 같은 시대에 지어진 다른 근대주택과 달리 친숙한 내부가 그 안에 있다.

생활이 곧 디자인이었던 부부

미스 반데어로에의 주택은 밖으로 내다보는 시야를 바닥과 천장이 규정한다. 그러나 임스 주택에서는 주택의 안팎에서 바닥, 벽, 천장 그리고 기타 사물들이 동등하게 취급되고 있다. 여기에는 그 어떤 서열도 존재하지 않는다. 꽃이나 나무 등 집 주변의 모든 것, 방 안에 놓인 사물, 건축물을 구축하는 세부가 모두 동등하게 나타난다.

주택의 벽면에는 창을 한 층 높이로 크게 만들고 그것을 6개로 나눈 것들이 많다. 창에는 제조회사가 제각기 다른 투명한 유리, 반투명한 유리, 철망이 삽입된 유리 등을 끼웠는데, 두께가 규격화되어 있어서 카탈로그로 주문한 창틀에 모두 정확하게 들어맞았다. 크기가 다른 여러 패널도 모두 일정한 모듈에 잘 맞추어졌다. 이는 저렴한 성형 합판을 디자인해서 고품질의 가구를 만들어낸 임스 부부의 높은 안목에서 나온 것이다.

파사드와 내부를 보면 크고 작은 디테일이 현상하는 순간을 건축가가 매우 중요하게 여긴다는 것을 여기저기서 느끼게 된다. 냉정한 H형강의 철골 구조체에 유리 같은 공업재료로 가볍게 지어진 구조물이지만, 전면을 따라 늘어선 유칼립투스 나무들이 건물 위로 그늘을 내리고 있다. 덕분에 방마다 구조체 사이로 따뜻하고 편안하고 부드러운 빛이 온종일 들어온다. 거실의 흰 벽에 나무 그림자가 드리우는가 하면, 창에 끼워진 서로 다른 유리가 제각기 다른 빛을 비춰주기도 하고 시선을 막아주기도 한다. 레이 임스는 이렇게 말했다. "노출한 철골 프레임과 함께 이 주택에서 13년을 지내다보니 훨씬 예전부터 구조는 없었던 것이 되었습니다. 저는 구조를 의식하지 않

임스 주택에서는 바닥, 벽, 천장과 모든 사물들이 동등하게 취급되었다.

고 있어요."

디자인이란 디자이너 또는 건축가 자신을 표현하는 것이 아니다. 거주자가 자신의 생활로 집을 가꾸고 채우는 것이다. 공간을 차지하는 것은 사물이 아니라 사물과 함께 변화하는 일상이다. 그러므로 디자인이란 거주자의 일상생활이 주택에 흔적을 남기는 행위다.[92] 이렇게 물건과 사물이 주택이라는 구조물을 집으로 바꾸고 있다.

임스 부부는 각각 42세, 37세가 되던 1949년 크리스마스이브에 이사해왔다. 이후 40년간 평생을 이 주택에서 살았다. 그들은 이곳에 살면서 크고 작은 사물과 함께했고, 아주 작은 공예품일지라도 커다란 것과 똑같이 존재감이 나타나도록 배려했다. 부부에게 생활은 곧 디자인 행위였다. 이것이 그들의 생활방식이고 또한 그들이 일하는 방식이었다.

오래전에 이 주택에서 찍은 사진을 보면, 부부가 바닥에 앉아 있고 여러 사물에 둘러싸여 있는 모습을 촬영한 것이 대부분이다. 촬영하는 눈높이도 매우 낮다. 방 안에는 그들이 디자인한 가구, 산업디자인, 책, 직물, 민예품, 조개, 바위, 빨래바구니 등 수많은 물건들이 가득 차 있다. 가구에도 물건이 놓여 있고 바닥도 물건으로 덮여 있다. 친구, 가족, 동료에게 받은 선물로 실내가 꽉 차 있었다. 살아가면서 늘 만지고 사용하는 것들이니, 그 물건이 곧 부부의 생활이다.

그래서 배열은 고정되어 있지 않다. 배열은 계속 다시 만들어지고 변경되며 얼마든지 느긋하게 재조립될 수 있다. 창, 문, 의자, 공간, 계단 등 주택의 모든 스케일에서 여러 사물들이 사람의 삶의 방식을 고스란히 남겨준다. 바로 이런 주택이 거주자의 생활을 받아들이며 같이 변하는 집이다.

이쯤 되면 임스 주택의 가치를 알 수 있다. 주택 안에 물건이 많은 것은 물건으로 말미암아 주택이 변하고 진화한다는 뜻이다. 달리 말하면, 물건 하나하나가 주인공인 게 아니고 사람이 물건을 통해 생활과 밀착하는 것이 중요하다는 뜻이다.

"당연히 그래야 함"을 재료에서 찾은 주택

임스 주택은 끊임없이 변화하는 자연과 영상으로 덮여 있다. 유리는 투명하고 벽은 불투명하며, 블라인드로 가려진 부분은 반투명하다. 그런데 투명한 부분과 반투명한 부분을 통과한 빛이 불투명한 벽을 비춘다. 바깥쪽 아주 가깝게 있는 나무들의 그림자도 비친다. 벽과 창은 원래 안과 밖을 구분하는 것이지만, 이 주택의 벽과 창은 빛과 그림자와 물체가 영상으로 바뀌는 멀티스크린이 된다.

레이 임스는 건물의 입면을 따로 그리지 않고, 주거동과 작업동을 돌아다닐 때 보이는 것처럼 전체를 연결해서 스케치했다. 이 그림은 일반적으로 보는 입면도가 아니다. 일종의 영화적 발상이다. 그것은 내부 공간이 다양한 영상으로 비치는 스크린이다. 이 주택에서 다양한 영상이 비치는 스크린을 가장 잘 나타내는 사진이 있다. 창밖에서 보면 유리에 비친 이미지와 유리를 통해서 보이는 내부의 상이 복잡하게 겹쳐 보인다. 이처럼 이 주택에는 마치 주택이 빛에 용해된 것처럼 느껴지는 장면이 많다.

입면도 없이 전체를 연결한 레이 임스의 스케치.

이 주택은 나뭇잎도, 꽃도, 집의 구조물과 디테일도 모두 빛과 그림자 속에서 하나로 묶여 있다. 공업화 재료로 지어진 집이라는 선입견과는 달리, 거실 안 풍경과 바깥 풀밭은 따로 있지 않다. 나무와 나란히 있는 철골 기둥과 커튼도 전혀 이질적이지 않다. 가느다란 철제 창틀에 끼워진 유리창에 바깥 풍경이 더러는 반사되고 더러는 투과된다. 반투명한 주름 커튼은 여닫은 상태에 따라 밖의 풍경을 비춰주기도 하고, 음영을 드리우며 흐릿하게 만들기도 한다. 이런 방식으로 안팎에 있는 사물들이 서로 이어지는 장면을 곳곳에서 발견할 수 있다.

임스 부부는 완공된 지 5년 후인 1955년에 〈House After 5 Years of Living(살기 시작한 지 5년 된 주택)〉이라는 11분짜리 단편영

벽과 창은 빛과 그림자와 물체가 영상으로 바뀌는 멀티스크린이 된다.

화를 만들었다. 사물을 접사하듯이 찍은 수백 장의 스냅 사진을 빠르게 보여주며 집이 지어지는 과정 등을 소개한 다큐멘터리다. 거주자는 공업화 재료로 지어진 자신들의 주택 안에서 생활과 자연이 얼마나 아름답게 펼쳐지는지를 영상으로 기록했다.[*93]

오늘날 건축을 소개할 때는 대체로 공간을 광각렌즈로 찍어서 넓게 보여준다. 그러나 임스 주택의 기록영화에는 그런 장면이 하나도 없다. 카메라는 근접 촬영을 통해 사물의 표면과 디테일, 그리고 어떤 사물을 대하는 순간을 강조하고 있다. 그것은 주택의 디테일이 아니라, 이 주택이 가능하게 해주는 일상생활의 디테일이다. 그래서 이 영상에는 거주자는 안 나타나고 오직 생활의 흔적만 보여주고 있다.

임스 부부는 최신 기술들을 잘 활용했지만 단지 기술만을 강조하는 사람들은 아니었다. 시대를 앞서나가며 일찌감치 재료의 재생을 실천한 이들이었다. 그들이 보유하고 있던 자동차들 중에서 포드 한 대는 18년이나 사용했다. 이 주택에서 40년을 사는 동안 새로 바꾼 것은 냉장고 한 대뿐이었다. 이런 일화들은 거의 아무것도 버리지 않는다는 그들의 사고방식을 반영하고 있다. 대량생산된 자재를 사용했다는 것만으로 이 주택이 유명해진 게 아니다. 그 재료들을 구성하는 방식도 새로웠지만, 우리가 정말로 배워야 할 것은 늘 옆에 있는 평범한 재료를 새롭게 응용할 줄 아는 재생의 사고다.

이 주택은 자기가 살려고 자기가 설계한 집이다. 그러나 임스 부부는 거기에 머무르지 않았다. 그들은 찾아오는 손님이 무엇을 요구할지, 어떤 의자와 사물로 손님을 즐겁게 대접할 것인지를 미리 예상하려 했다. 찰스 임스는 이렇게 말한다. "좋은 주인은 손님의 요구를 예상하려고 애쓴다. 그렇듯이 좋은 건축가, 좋은 디자이너, 좋은 도시 계획가는 그 건물에 살거나 새롭게 디자인된 물건을 사용할 사람들이 요구하는 바를 예측하려고 애쓴다."

건축은 그곳에서 계속 살아가는 사람의 요구를 예측하고 그것이 실현되도록 해주어야 한다는 말이다. 건축가와 사용자의 관계란 이런 것이다.

찰스 임스는 또한 이렇게 말했다. "목표는 단순하다. 최대한 많은 사람에게 최선의 것을 주는 것이다." 건축은 한두 사람에게만 유익한 예술이 아니며, 건축의 가치는 많은 사람에게 뭔가를 줄 수 있을 때 비로소 실현된다는 것이다.

그들은 이 주택을 가리켜 자기를 의식하지 않은 집이라고 말했다.

물론 자기들이 사는 집이니 자기들이 필요로 하는 바를 충족해야 한다. 그러나 여기에는 단서가 있다. 그 필요는 자기들만의 것이 아니다. 그것은 인간으로서 모두가 공유하는 보편적인 필요다. 그러려면 재료를 정직하게 사용하고 솔직하게 결합한 주택이어야 한다. 임스 주택은 "당연히 그래야 함(way-it-should-be-ness)"[*94]을 재료에서 찾은 최초의 주택이다.

제 3 장

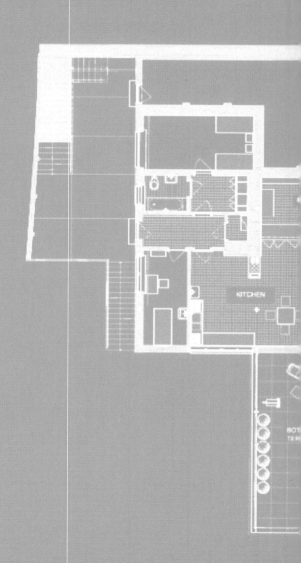

역사에 남은 '제2의 건축가'들

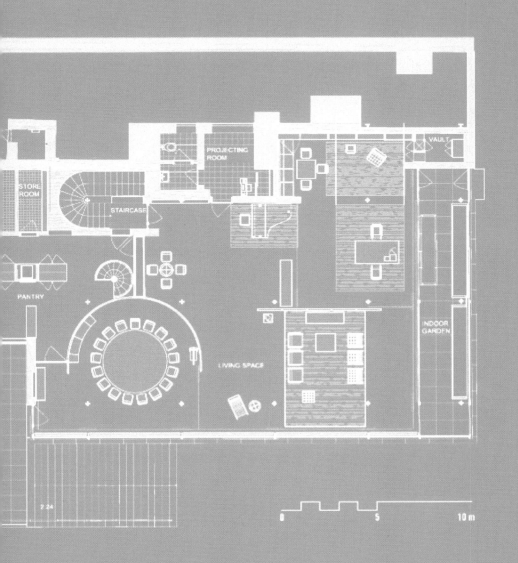

STORE ROOM

STAIRCASE

PROJECTING ROOM

VAULT

PANTRY

LIVING SPACE

INDOOR GARDEN

7.24

0   5   10 m

1

에우세비 구엘 : 구엘 별장에서 구엘 공원까지

에우세비 구엘.

안토니 가우디(Antoni Gaudí, 1852~ 1926)에게는 건축주 에우세비 구엘 (Eusebi Güell, 1846~1918)이 있었다.

구엘만큼 건축가를 모든 면에서 존중한 건축주는 없었을 것이다. 그만큼 구엘은 가우디의 작품에 아낌없이 투자하고 그의 건축 작품에 지대한 영향을 미쳤다. 가우디도 구엘을 진심으로 존중했다. 구엘이 없었다면 가우디라는 존재 또한 없었을 거라고 늘 얘기했을 정도였다.

장갑 진열장 덕분에 만난 건축주

가우디가 활동하던 당시 건축가는 매우 대접받는 전문직이었다. 그러나 건축가 자격을 얻었다고 곧바로 생활이 편해지는 것은 아니었다. 가우디는 대학 졸업 후 스승 마르토렐(Joan Martorell)의 사무소에서 일하면서 폰트세르(Josep Fontserè i Mestre)의 공방에서 시간제로 일했다. 금속 세공 협력업체인 푼티 공방(Eduard Puntí's workshops)에도 자주 다녔다. 월급은 제법 괜찮았다. 조수로 일하면서도 바르셀로나 시의 의뢰를 받아 구엘 저택과 꽤 가까운 곳에 있는 레알 광장(Plaza Real)의 가로등을 만들었는데, 이것이 그의 첫 작품이었다.

여섯 개의 팔로 지지되는 등과 기둥은 그리스 신화에 등장하는 헤르메스를 모티브로 한 것이었다. 마법의 지팡이, 날개 붙은 모자, 날개 달린 샌들 등, 상업과 커뮤니케이션의 신 헤르메스가 지녔던 것들을 가로등에 표현했다. 건물로 둘러싸인 광장을 오가는 사람들이 소통하는 모습을 이렇게 상징하고자 했던 것이다. 기능적이고 도시적이면서도 기술적인 해결도 탁월한데, 게다가 광장에 심은 나무와도 비슷한 느낌을 주는 독특한 가로등이었다.

어느 날 그에게 행운이 찾아왔다. 푼티 공방을 통해 장갑 전문점 주인인 코메야(Esteve Comella)를 알게 된 것이다. 스페인의 가죽제품, 특히 장갑은 품질은 좋았는데 디자인은 프랑스나 이탈리아제보다 못했다. 코메야는 1878년 파리 만국박람회에 출품하여 상품의 이미지를 높이고 싶었는데, 그러려면 방대한 전시장에서 뭔가 눈길을 끌 만한 묘안이 필요했다. 이에 아주 특이한 진열장을 만들어달라

레알 광장의 가로등. (위)
가우디가 만든 장갑 진열장. (아래)

고 가우디에게 요청했다.

　가우디는 장갑이라는 작고 소소한 물건이 눈에 잘 띄도록 목조로 만든 대좌를 빼고는 철제 프레임에 면 전체를 유리로 만들었고, 3각형 지붕 위를 여러 색깔의 가죽 리본으로 장식했다. 한 변이 불과 60센티미터인 정사각형 평면에 높이 2미터밖에 안 되는 작은 진열장이었지만, 건축적으로 훌륭하게 구성된 것이었다.

　이 진열장은 대호평을 받았다. 촌스러운 전시뿐인 스페인관의 한 모퉁이에서 이 진열장은 홀로 빛을 내고 있었다. 당시 스페인의 최대 주간지 《스페인 아메리카 화보》는 이 진열장이 전시된 박람회장의 모습을 게재하고, 저 작은 가우디의 작품에 최고의 찬사를 보내주었다.

　"거대한 전시시설에 가려진 아주 작은 것인데도 정말 아름다운 진열장이 보인다. 바르셀로나에서 유명한 가죽장갑 전문점의 코메야 씨가 전시한 것이다. 가죽장갑의 우수한 품질이 우아한 진열장에 그대로 나타나 있다. 박람회장 전체에서 예술적으로 이 진열장에 필적할 전시 케이스는 찾아볼 수 없다. 이 작은 진열장에 약 10,000페세타나 되는 제작비가 들어간 것도 쉽게 납득할 수 있을 것이다."[95]

　30년 후 '사그라다 파밀리아(Sagrada Familia)' 성당의 부속학교를 지었을 때 8,000페세타가 들었다 하니, 당시 이 진열장이 얼마나 비싼 것이었는지 충분히 짐작할 수 있다.

　에우세비 구엘은 그 진열장을 보는 순간 걸음을 멈추고 꼼짝도 할 수 없었다. 그는 카탈루냐 지역의 섬유업계를 대표하는 인물이었다. 가우디의 진열장은 바르셀로나의 주요 섬유회사 전시장에 있었으므로 구엘의 회사 제품도 같은 구역에서 전시되고 있었을 것이다. 그는 주위에 있는 사람들에게 저 진열장을 누가 디자인했냐고 물었지만 아는 사람은 아무도 없었다. 바르셀로나로 돌아간 구엘은 코메야 장갑 전문점을 찾아 가우디의 연락처를 알아내고는 그가 사는 아파트까지 찾아갔다. 물론 빈손으로 찾아간 건 아니었다.

그는 장인인 코미야스 후작에게 선물할 가구 디자인이 필요한데, 이미 다른 사람에게 부탁한 상태지만 대신 해줄 수 있냐고 물었다. 이에 가우디는 그 사람이 1년 선배인 동료이기도 하거니와, 다른 사람의 일을 뺏어서는 안 된다며 정중히 거절했다. 둘은 그렇게 헤어졌다. 이때 가우디의 나이는 26살이었고 구엘은 32살이었다. 이 첫 대면이 건축가 가우디의 미래를 결정지어주었고, 구엘 또한 가우디를 통해 자신의 이름을 전 세계에 알리게 되었다.

구엘은 카탈루냐의 성공한 실업가 집안에서 태어났으며, 프랑스와 영국에서 공부한 뒤 가업을 이어 뛰어난 사업 수완을 펼치고 있었다. 가우디보다 6살 많은 그는 유럽의 대부호들에게서 흔히 볼 수 있는 한량 스타일이 아니었다. 부친에게서 물려받은 섬유업 외에도 여러 사업체의 중역을 맡았고, 당시 급성장 중이던 카탈루냐 섬유업계를 이끌고 있었다. 그는 또한 카탈루냐에서 1, 2위를 다투는 기업가이자 지중해를 대표하는 자산가였으며 백작이었다.

그는 예술을 좋아하고 학문에도 관심이 많았다. 회화에 남다른 소질이 있어 그의 스케치를 밑바탕으로 한 도판이 잡지에 게재된 적도 있었다. 그는 음악가, 시인, 소설가, 화가, 조각가 등을 회사 직원으로 올려놓고 월급을 주며 창작활동을 지원해주었다. 구엘 저택에는 젊은 예술가들과 건축가들이 하루가 멀다 하고 모여들었다. 비잔틴 예술에서부터 근대 작품들까지 다양한 미술품들이 소장되어 있는 구엘 저택을 세간에서는 미술관이라 부르곤 했다.

가우디에게 맡긴 첫 작품, '구엘 별장(핀카 구엘)'

부유한 건축주가 건축가에게 일을 시킨다기보다는 긴 안목으로 가우디라는 건축가를 길러내야겠다는 게 구엘의 생각이었다. 하지만 가우디에게 금방 일을 주지는 않았다. 그는 일단 사냥용품을 수납할 가구를 부탁했다. 정식 주문이라기엔 좀 약소한 것이었다. 또 회사의 등록상표 디자인도 부탁했다. 그러나 모두 완성되지 못한 채 시간이 흘렀다.

만국박람회 이후 6년이 지난 1884년, 구엘은 레스코르츠(Les Corts)에 있는 가문 소유지에 가우디의 스승 마르토렐이 몇 년 전 설계해둔 건물을 증축하는 일을 가우디에게 맡겼다. 훗날 '구엘 별장' 또는 '핀카 구엘(Els Pavellons de la Finca Güell, Finca Güell)'이라 불리는 이 건물은 1887년까지 지어졌다. 구엘은 이 건물로 자신의 사회적 지위가 세상에 드러나기를 바랐다. 가우디 또한 그러한 구엘의 생각을 알아차리고 본인의 재능을 마음껏 발휘했다.

구엘 별장에는 동서남북 네 방향에 문이 있으며 주 출입구는 큰길로 이어지는 북쪽 문이다. 이 문은 경비실과 마구간 사이에 있는데, 문을 두 쪽으로 만들지 않고 10미터 정도 되는 아주 높은 기둥에 폭이 4.5미터나 되는 문 하나만 달았다. 만들어진 지 130년이 넘었는

구엘 별장(핀카 구엘).

데도 거의 수리를 하지 않았으며, 손가락 하나로도 쉽게 열릴 정도로 문을 여닫는 데 힘이 들지 않는다. 매우 인상적인 '용의 문'이다.

문의 아래쪽 절반은 대각선 단조격자(鍛造格子)에 작은 정사각형 금속판을 붙였고, 그 위에는 여러 개의 곡선으로 만들어진 용이 입을 크게 벌리고 있다. 용의 눈에는 유리를 박았다. 문기둥 위에는 안티몬으로 만든 열매를 맺은 나무가 보인다. 이것은 그리스 신화에서 헤라클레스가 겪은 12개의 곤경 중 하나의 무대인 헤스페리데스 정원과 그곳에서 나는 사과, 그리고 그것을 지키는 '라돈'이라는 용을 묘사한 것이다.

이에 대한 영감은 성직자이자 시인이었던 하신트 베르다게르

구엘 별장의 '용의 문'.

(Jacinto Verdaguer)의 걸작 서사시 〈라 아트란티다(La Atlántida)〉에서 얻었다. 그는 구엘의 장인인 코미야스 후작의 고해 사제이기도 했다. 이 서사시는 그리스 신화에 바르셀로나 건설 신화를 엮어 만든 것으로, 여기에서는 원작에 나오는 사과를 카탈루냐 민족의 재생을 상징하는 황금 오렌지로 바꾸었다.

길에서 봤을 때 왼쪽에 있는 경비실은 8각형 평면의 단층 건물이다. 위에는 환기를 위한 납작한 탑이 올려져 있고 외벽은 벌집 모양으로 장식되어 있다. 오른쪽의 마구간 지붕은 포물선 아치로 지지되는 볼트를 연속시켜 넓은 공간을 만들었는데, 아치와 아치 사이에는 말을 매두었다. 마장의 지붕은 원형의 돔을 겹쳐 올렸다. 지금은 대학 약학부가 사용하고 있다. 처마 밑의 몰딩, 환기탑, 랜턴, 카탈루냐 벽돌을 쌓은 줄눈에는 트렌카디스(trencadis) 수법으로 풍부한 색채의 타일을 깨 붙여서 초기 무데하르 양식(Mudejar style)의 분위기를 나타낸다.

이렇게 완성된 구엘 별장(1886~1890)은 큰 반향을 불러일으켰다. 규모는 작았으나 가우디의 생각이 충분히 반영된 이 건축은 이후 그의 대표작들 중 하나가 되었다. 건축주 에우세비 구엘은 가우디의 기발한 아이디어들을 아무런 불평 없이 그대로 받아주었으며, 젊은 건축가가 자신의 풍부한 재능을 마음껏 발휘할 수 있게 해주었다.

가우디를 스타로 만들어준 '구엘 저택'

가우디의 천재적 재능을 확인한 구엘은 곧바로 다음 작업을 의뢰했다. 가우디 초기의 최고 걸작으로 꼽히는 '구엘 저택(Palau Güell, Güell Palace, 1886~1889)'이었다. 이 저택은 바르셀로나 구 시가지 한복판의 람블라 거리(La Rambla)에 직교하는 좁은 길에 면해 있다. 이곳에 부모로부터 물려받은 구엘 관이 있었는데, 구엘은 그 옆의 땅을 구입해서 별관을 짓고자 했다. 그리고 구관을 본관으로 하며 중정을 사이에 두고 두 건물을 복도로 연결하고자 했다. 그러나 준공 후에는 가우디가 설계한 별관이 '구엘 저택'이라 불리며 본관으로 사용되었다.

대지는 북서향으로 가로 18미터, 세로 22미터인 작은 땅이다. 대지 앞의 길도 좁아서 충분한 거리를 두고 건물을 바라보기가 어렵

가우디의 초기 걸작인 구엘 저택의 정면.

다. 이런 조건에서 설계를 맡게 된 가우디는 구엘의 외조모가 이탈리아 혈통이었다는 사실을 고려하여, 장엄하고 차분한 베네치아식 팔라쪼(palazzo) 형식을 본받고자 했다.

구엘은 좋은 설계에 단초가 될 참고사항들을 제시하며 가우디와 작업을 함께 진행했다. 자신이 바라는 바를 자유롭게 말해주면 가우디가 그 이상의 것을 만들어 주리라는 믿음이 구엘에게는 있었다. 재력가인 건축주가 툭툭 던지는 얘기들이 젊은 건축가에게 명령으로 들렸을 수도 있지만, 가우디는 기꺼이 그것을 받아들이고 구체화했다.

가우디는 팔라쪼 건물의 한가운데 외부 공간을 담는 아트리움처럼 가로세로 각각 9미터인 조용한 중앙 홀을 두는 것을 핵심 개념으로 삼았다. 이 얘기를 들은 구엘은 중앙 홀의 천장 꼭대기에서 희미한 빛이 내려오면 좋겠다고 했고, 가우디는 자기가 살던 레우스(Reus) 근교의 성당에 그와 비슷한 것이 있다고 대답했다. 이에 구엘은 가족과 함께 산책을 겸해서 마차를 타고 레우스에 다녀온 뒤, 내가 원했던 게 바로 그것이라고 확인해주었다.

이런 의논 과정을 거쳐 가우디가 만든 설계안은 파사드가 22개, 평면은 25개나 되었다. 이 설계안들은 최종적으로 두 개로 압축됐다. 하나는 전통적인 사각형의 기둥과 보로 구성된 입구를 둔 것이고, 다른 하나는 포물선 모양의 아치로 된 입구를 둔 것이었다. 이것은 입구의 형태만이 아니라 내부 공간 전체의 특징이기도 했다. 가우디는 그중 하나를 선택해달라고 건축주에게 요청했다. 소심함이었는지 신중함이었는지 모르지만, 아무튼 그 이후의 가우디에게서는 볼 수 없는 태도였다.

구엘은 입구가 포물선 아치로 된 안을 선택했다. 물론 구엘 자신이 좋아했기 때문이기도 하지만, 가우디가 포물선 아치로 된 안을 좋아한다는 것을 알고 있었던 까닭이기도 했다. 건축주와 건축가의 감성은 이렇게 일치하고 있었다.

가우디는 눈부시게 아름답지는 않지만 고전적인, 성숙하면서도 중후한 내부 공간을 구성했다. 중앙 홀에는 20미터 높이의 포물선 큐폴라(cupola)가 다채로운 빛을 비추며 절정을 이루고 있다. 큐폴라 천장은 6각형 타일로 덮여 있다. 밑에서 올려다보면 큐폴라에 뚫린 85개의 크고 작은 창으로 여과된 빛이 점광원이 되어 태양과 그 주위를 도는 별처럼 보인다. 중앙 홀은 종교적인 생활을 위한 고요한 기도의 장이면서, 동시에 구엘 가족의 중요한 사교 생활과 음악회 등

구엘 저택의 중후한 내부 공간(왼쪽)과 구엘 저택 단면도(오른쪽).

구엘 저택의 옥상.

에 사용되었다. 3층의 회랑은 악단석으로도 이용되며, 4층에는 스테인드글라스 채광창이 있고 파이프오르간도 설치되어 있다.

옥상의 크고 작은 19개의 탑은 건물 옥상을 새로운 조형 세계로 탈바꿈시켰다. 그러나 그것은 단순한 장식이 아니고 매우 기능적인 것이었다. 중앙의 둥근 큐폴라에는 채광창이 있으며 벽돌을 깨서 마감했다. 다른 18개의 작은 탑들은 굴뚝과 환기탑인데, 깨진 타일과 돌로 덮었다. 좁은 대지의 지하에 설치된 마구간에서 발생하는 악취를 내보내고 환기를 시켜야 했기 때문이다. 마구간으로 가는 통로는 벽돌 구조의 카탈루냐식 박판 볼트로 경사로를 만들었다. 이렇듯 구

구엘 저택 입구의 아치문과 철 세공 장식.

엘 저택은 모든 공간과 구조가 훌륭하게 통일되어 있었다.

　1889년에 완성된 구엘 저택은 구엘과 가우디 두 사람이 쌓아 올린 예술론의 결정체였다. 정면 파라펫 중앙에는 '1888'년이라고 새겨져 있는데, 이는 같은 해에 열렸던 바르셀로나 만국박람회에 맞춘 상징적인 연도다. 정면의 두 개의 아치문 사이에는 커다란 카탈루냐 문장(紋章)을 연철로 입체화한 철 세공 장식이 붙어 있다. 노란색 바탕에 네 개의 빨간 선이 있는 카탈루냐 국기를 주제로 한 디자인이다.

　당시 구엘과 가우디는 이 오브제를 붙이는 작업을 서서 지켜보고 있었다. 이때 지나가던 두 사람이 "뭐야, 이상한 장식이네"라는 험담을 퍼부었다. 가우디는 건축주의 반응이 걱정되어 구엘의 얼굴을 힐 끗 쳐다보았다. 그러나 구엘은 "지금 이 말을 들으니 점점 더 마음에 드는데?"라며 몹시 기쁜 표정을 지었다고 한다.

한정된 면적의 대지에서 가우디의 탁월한 능력을 발휘한 이 저택에는 거액의 건축비가 소요되었다. 저택이 한창 지어지던 시기에 구엘은 바르셀로나를 떠나 있었다. 중간에 잠깐 돌아와서 현장에 들렀을 때 집사가 돈이 너무 많이 든다고 푸념하자 구엘은 "가우디가 썼다는 돈이 이게 다인가?"라고 물었다고 한다. 이 대답에 안심이 된 집사는 "제가 나리의 지갑을 채우고 나면 가우디가 그것을 싹 비워 놓습니다"라고 말했다.

가우디는 이 작품을 계기로 당대의 일류 건축가로 떠올랐다. 1890년 8월 3일 〈방가르디아〉 지의 기사에는 이렇게 쓰여 있다.

"최근 바르셀로나 건축물은 어느 것이나 비슷하고 단조롭다는 것을 부정할 수 없다. …주로 건축주가 건축가의 독창성을 눌러버리기 때문이다. …그런데 언젠가부터 젊은 세대가 두각을 나타내며 거리 여기저기에 확고한 개성을 보이는 건물을 지어 단조로움을 깨는 활약을 보여주기 시작했다. …특히 가우디는 정말 천재다. …그의 건축은 누구라도 좋아할 건물은 아니지만, 그것이 이제까지 노예의 지위에 만족해온 건축이라는 예술에 독립 정신을 가져다준 것은 누구도 부정할 수 없다."[*96]

그리고 이렇게 끝을 맺는다.

"구엘 저택을 방문한 사람은 뭐라 정확하게 말할 수 없는 자부심을 느끼면서 돌아가게 된다. 저택 안에서 보고 경탄한 것은 모두 카탈루냐의 건축가와 장인들의 작품이다. 재료도 모두 우리의 땅에서 가져온 것이다. 이 건물에 쓰인 모든 제품은 우리 민족의 근면함에 대한 선물이다."[*97]

그때 가우디의 나이는 38살이었다.

'콜로니아 구엘'과 '구엘 공원'

저택 완공 이후 구엘은 가우디를 집으로 초대하여 유명 인사들을 많이 소개해주었다. 덕분에 가우디는 사회적으로 막강한 영향력을 가진 인물들과 친분을 쌓는 기회를 얻었다. 구엘의 새로운 작업 의뢰도 계속되었다. 구엘은 집이 완공되자마자 콜로니아 구엘(Colònia Güell, 1890~1914), 가라프의 구엘 와인 양조장(1895~1901), 구엘 공원(1900~1914)을 가우디에게 잇달아 맡겼다.

당시 바르셀로나에서는 정치적, 사회적 분쟁이 끊이지 않았다. 이에 구엘은 노동자를 분쟁으로부터 보호하기 위해 아버지에게서 물려받은 공장을 옮기고 노동자를 위한 콜로니(colony, 집단 거주지역)를 설립했다. 바로 이것이 산타 코로마 다 세르베료 소유의 저택을 중심으로 30헥타르나 되는 광대한 대지 위에 건설된 '콜로니아 구엘'이다. 이 콜로니에는 가족용 주택만이 아니라 문화시설, 학교, 의료기관, 성당, 협동조합, 극장, 여관, 상점 등 생활에 필요한 모든 것이 갖춰져 있고 극장이나 운동장도 완비되어 있었다. 구엘에게 고용된 노동자의 절반 정도가 사는 소규모의 전원공업도시다. 기본계획은 당연히 가우디가 했으나, 당시 가우디는 사그라다 파밀리아 성당에 전념할 때여서 학교나 주택 설계는 조수들에게 맡겼다.

미완성으로 남아 있는 콜로니아 구엘 성당.

　1898년에 구엘은 가우디에게 '콜로니아 구엘' 안에 지을 성당 설계를 부탁했다. 가우디는 구엘 저택과 마찬가지로 포물선형 구조를 채용하고 싶었다. 1908년, 대강의 실험에서 얻은 결과를 바탕으로 콜로니아 구엘 성당이 착공되었다. 설계에서 착공까지 10년이라는 시간이 걸린 것이다. 가우디는 1914년까지 이 성당 건축을 계속했는데, 구엘가에서 자금 제공을 중단하여 여태 미완성인 채로 남아 있다.

　1900년, 구엘은 바르셀로나 교외 몬타나 펠라다(Montana Pelada)에 있는 언덕에 자신이 그동안 구상해온 도시계획을 실행하려 했다. '구엘 공원(Parc Güell)'이라 부르는 정원 도시다. 풍부한 자연 속에 약 60동의 분양주택을 짓고 성당과 시장도 함께 건설한다는 거대한 구상이었다. 가우디는 그때까지 개인의 저택이나 종교건축을 여러 번 맡아봤지만, 이렇게 넓은 땅에 다양한 시설들을 만들어본 적은 없었

시민들을 위해 헌납된 구엘 공원.

다. 당연히 그때까지의 방식은 통용되지 않았다. 구엘은 가우디가 도중에 몇 번이고 계획을 변경할 수 있도록 양해해주었다. 처음 몇 년 동안 가우디는 파사드를 비롯한 주요 부분들을 전부 마무리했다.

그러나 교외에 위치한 땅이고 교통이 나빴으며 가까운 곳에 상점가도 없었다. 마차가 없이는 이곳에 거주하기가 어려웠다. 게다가 토질도 나빴다. 도시를 만들기에는 조건이 너무나 열악해서 결국 분양 계획은 실패로 끝났다. 60개 분양지 중 팔린 것은 단 두 개뿐. 그중 하나는 가우디가 산 것이었다. 여기에서 사람이 실제로 거주한 주택은 건축주 구엘, 건축가 가우디, 그리고 외부에서 온 의사의 집까지 총 세 채뿐이었다.

이 계획은 결국 실패로 끝났다. 구엘은 이곳을 시민들을 위한 공원으로 헌납했다.

구엘과 가우디의 특별한 우정

건축가로서의 삶을 말할 때 자신의 재능을 감싸준 특별한 건축주의 존재를 절대 빼놓을 수 없는 건축가들이 여럿 있다. 코시모 디 메디치가 없었다면 필리포 브루넬레스키(Filippo Brunelleschi, 1377~1446)의 산 로렌초 성당과 여러 경당은 없었을 것이고, IBM이 없었다면 미스 반데어로에의 마지막 걸작도 태어나지 못했을 것이다.

구엘은 미지의 청년 건축가를 발견하고 그의 잠재력을 이끌어내면서 당대의 거장으로 성장시켜준 희대의 건축주였다. 바르셀로나 건축계의 중심에 있지 못하고 독자의 길을 걷고 있던 가우디를 누구보다도 유명한 건축가로 길러낸 장본인이 바로 그였다. 다른 예술 분야와 달리 건축에는 많은 자금이 필요하다. 구엘처럼 특정 건축가가 거대한 건축물들을 일생의 대부분에 걸쳐 계속 지을 수 있도록 지원해준 건축주는 역사에서 찾아볼 수 없다. 구엘이 없었다면 건축가 가우디의 탄생은 애초에 가능하지 않았을 것이다.

두 사람의 교류는 40년 남짓 계속되었다. 구엘은 젊은 건축가가 노동계급에 대한 사회적 책무를 느끼고 있다는 점에서, 그리고 카탈루냐인의 정체성이 확고하다는 점에서 가우디에게 끌렸다. 가우디 또한 구엘이 남부럽지 않은 귀족이자 재력가인데도 하층 계급에 대한 책무를 저버리지 않는다는 데 마음이 끌렸다. 언젠가 가우디가 구엘에게 이렇게 말했다. "이런 건축을 좋아하는 사람은 우리 둘뿐이라고 생각할 때가 가끔 있습니다." 그러자 구엘은 이렇게 답했다. "나는 당신의 건축을 좋아하는 게 아니에요. 나는 당신의 건축을 존경합니다."

가우디는 최고의 후원자였던 구엘을 이렇게 평했다. "그는 세뇨르다. 피렌체의 명문 메디치 가나 제노바의 명문 도리아 가의 인간들과 마찬가지로 군주의 마음을 가지고 있다."

만년에는 또 이렇게 말했다. "돈 에우세비는 말로 표현할 수 있는 모든 의미에서 세뇨르다. …세뇨르란 훌륭한 감수성, 훌륭한 교양, 훌륭한 사회적 지위를 가진 사람을 말한다. 모든 면에서 탁월하므로 남을 질투할 일이 없고 다른 사람을 방해할 필요도 없다. 오히려 주변 사람들을 돌보이게 해주려고 한다."

구엘은 자신의 저택에서 20년을 살았다. 1909년 비극의 주간 (Semana Trágica)[*98]이 발발하자 몇 달 뒤에 저택을 떠나 도심에서 수 킬로미터 떨어진 한적한 구엘 공원으로 이사했다. 이후 1945년까지는 자식들만 구엘 저택에서 살았고, 구엘이 세상을 떠난 뒤에는 딸들의 소유가 되었다. 시간이 지나면서 관리가 어려워져 막내딸 메르세(Mercè Güell)가 임대를 결정했으나 여의치 않았다. 1936년 스페인 내전이 터지면서 메르세는 망명했고, 저택은 파시스트 권력에 몰수당해 경찰서로 쓰였다. 1944년에는 어느 미국인 백만장자가 미국으로 이축할 목적으로 매각 요청을 했으나 거부당했다.

내전이 끝난 뒤인 1945년, 메르세는 평생 연금을 받는 대신 이 저택을 부수거나 개조하지 않고 문화적 목적으로만 사용한다는 조건을 붙여 바르셀로나 시에 기증했다.

2
레오폴트 골트만 : 로스하우스

　19세기 빈(Wien)에는 화려한 바로크 건물들이 잇달아 세워졌다. 이 도시는 17세기 초중반의 '30년 전쟁'과 17세기 후반의 오스만 제국 침공 등 많은 전쟁을 겪어왔는데, 19세기 들어 새로운 무기들이 등장하고 전투의 양상이 바뀌자 기존의 도시 성벽은 별 의미가 없어졌다. 이에 합스부르크 왕조는 빈을 새롭게 개조한다며 기존의 도시 성벽과 해자를 철거하고 그 자리에 링슈트라세(Ringstraße)라는 순환 대로를 만들었다. 그 대로 주변에는 많은 공공건축물들, 그리고 빈의 귀족층과 신흥 중산층 계급의 건물들이 세워졌다.

　오페라 극장도 링슈트라세에 세워졌다. 이 극장은 지금도 잘 쓰이고 있다. 그러나 당시의 신문은 이 건물에 장식이 부족하다는 이유로 비난을 쏟아냈다. 급기야 황제가 이 건물이 도로보다 1미터 내려간

빈의 오페라 극장.

것을 보고 "물에 잠긴 상자" 같다며 한마디 거들었다. 신문은 황제의
이 말을 전하며 시민을 선동했다. 이렇듯 당시 빈의 귀족과 시민들은
새로 지어지는 건축에 대해 이런저런 말들이 많았다. 조금만 이상해
도 비아냥거렸다. 결국 이를 못 이긴 설계자가 준공을 앞두고 자살
했다. 1868년의 일이다. 그와 함께 설계를 맡았던 건축가도 두 달 후
에 병으로 세상을 뜨고 말았다.

허영과 장식의 도시

당시 빈 사람들은 화려한 장식을 두른 건축을 좋아했다. 장식이

없는 근대건축은 냉소의 대상이었다. 건축뿐만이 아니었다. 구스타프 클림트(Gustav Klimt)의 빈 대학 대강당 벽화에 대해서도 비난을 퍼부어댔고, 에곤 실레(Egon Schiele)의 그림은 포르노일 뿐이라고 일방적으로 단정해버렸다. 아르놀트 쇤베르크(Arnold Schönberg)의 콘서트에서도 그게 음악이냐고 항의하는 청중 난동 사건이 일어났다. 근대를 향한 예술가들의 진보적 사고에는 끊임없이 이런 비난이 뒤따르곤 했다.

오토 바그너(Otto Wagner)는 오스트리아의 근대건축을 일궈낸 최고의 건축가였다. 그가 설계한 성 레오폴트 성당이 1907년에 준공되었다. '슈타인호프의 성당(Kirche am Steinhof)'으로 더 잘 알려진 성당이다. 그런데 봉헌식 전 연설이 끝날 무렵 황태자가 이런 말로 이 건물을 비웃었다. "누가 뭐래도 마리아 테레지아 양식(Maria-Theresian style)이 가장 아름다운 양식이다." 이에 오토 바그너는 이렇게 응수했다. "마리아 테레지아 시대에는 대포와 같은 병기에도 장식을 했지만, 오늘날에는 누구나 그런 장식은 바보 같은 짓이라고 생각합니다."

건축가는 그때 일을 이렇게 적었다. "그랬더니 황태자는 잔뜩 화가 나서 시선을 다른 곳으로 돌린 채 무시하는 태도로 나가버렸다. … 그러나 황태자가 죽음으로써, 앞으로 발전해나갈 오스트리아 근대건축의 최대 장애물이 제거되었다고 할 수 있다." 이 황태자는 1914년 사라예보에서 저격당한 프란츠 페르디난트 대공(Archduke Franz Ferdinand)이었다.

이 일이 있고 나서 바그너에게는 아무 일도 주어지지 않았다. 대포의 장식과 탄환 발포력은 전혀 무관하다는 바그너의 생각에 오늘날의 우리는 당연히 동의할 것이다. 그러나 황태자가 말한 것은 대포의 장식이 아니라 건축물의 장식이었다. 대포는 장식으로 아무런 의미를 전달하지 않는다. 그러나 건축물은 장식으로 의미를 나타낸다. 황태자는 장식을 말하고 있었고 바그너는 추상을 말하고 있었던 것이다. 당시 건축의 장식은 이렇듯 큰 논쟁거리였다.

19세기 말의 유럽에서는 산업이 크게 발전했고 시민계급은 이 발전이 가져다준 경제적 부를 누리게 되었다. 그들은 이전의 귀족사회를 동경하며 화려한 생활을 바라고 꿈꿨다. 새로 짓는 건물들은 허식으로 가득했고, 방은 과거의 양식을 모방한 가구들로 가득 차 있었다. 빈 출신의 작가이자 문화비평가인 에곤 프리델(Egon Friedell)은 당시 사람들의 허영을 이렇게 비판했다. "그들의 가정은 거실이 아니라 전당포나 골동품 가게였다. 여기에서 볼 수 있는 것은 전혀 무의미한 장식품에 대한 열광뿐."

세기말 건축의 장식은 부분이 과대해져 안과 밖이 바뀌는 일종의 도착적 문화현상이었다.

'로스하우스'를 둘러싼 건축 스캔들

그 무렵 빈의 중심에 세워진 한 건물이 엄청난 스캔들을 불러일으켰다. 그것은 '미햐엘 광장에 선 건물'이었다. 지금은 이 건물을 '로스하우스(Looshaus)'라고 부른다. 당시 사람들이 아돌프 로스(Adolf Loos, 1890~1933)가 설계한 건물이라고 비아냥거리며 부른 데서 시작된 일종의 멸칭인데, 하도 말이 많던 건물이라 그때의 그 이름이

건축가 아돌프 로스.

그대로 남게 되었다.

이 건물은 역사적 건축물들이 즐비한 거리에 있으며, 광장을 사이에 두고 장엄한 합스부르크 왕궁이 마주하고 있다. '로스하우스'는 그런 대단한 자리에 아무런 장식도 없이, 하얀 벽면에 네모난 창문이 뚫려 있는 무미건조한 모습으로 나타났다. 이런 황당한 건물을 당시 빈의 신문과 시민들이 가만 놔뒀을 리 없다. 심지어 시의회까지 나서서 저 한심한 외관을 고치라며 공사 중지 명령을 내렸다. 말 그대로 '공공의 적'인 셈이었다.

이 건물에 대한 시민들의 반응은 혐오와 조소였다. 당시 한 언론은 이렇게 썼다. "빈의 오페라 극장이 아름다운가 아름답지 않은가는 논의의 대상이 될 수 있다. 그러나 미햐엘 광장에 건축 중인 건물에 대해서는 더 이상 논의할 여지가 없다. 이런 건물이 현대의 건축적 사고를 대표하는 것이라면, 후세에 어떠한 건축적 사고도 전해주지 않는 편이 나을 것이다."

이 정도는 비교적 점잖은 비방이다. 욕설에 가까운 이런 글도 있었다. "미햐엘 광장에 세워지고 있는 더러운 쓰레기통 같은 건물. 독자 여러분! 여러분 가운데 빈의 치부를 보고 싶은 사람이 있으면 미하엘 광장에 한번 가보시라. 현대적인 형태로 비뚤어질 대로 비뚤어진 자의 정신이 거기에 있음을 알게 될 테니까."

빗발치는 비난에 시달리던 로스는 시민들을 직접 설득하기로 마

로스하우스. (위)
미하엘 광장을 사이에 두고 합스부르크 왕궁이 마주하고 있다. (아래)

아돌프 로스의 '미하엘 광장에 선 나의 집' 강연회 포스터
(1911. 12. 11, 조피엔잘). ⓒWien Museum

음먹었다. 우여곡절 끝에 건물 사용 허가를 받고 난 직후인 1911년
12월, 그는 홀을 꽉 채운 수많은 청중 앞에서 강연을 하게 된다. 강
연 제목은 '미햐엘 광장에 선 나의 집(Mein Haus am Michaelerplatz,
My house at Michaelerplatz)'이었다. 다음은 그날의 강연 중 한 대목
이다.

  "현대의 인간은 바빠서 길을 걸을 때 자기 눈높이에 있는 것 이외
에는 관심을 두지 않습니다. 오늘날 지붕 위 높다랗게 늘어서 있는
조각상들을 자세히 바라볼 여유를 가진 사람은 없습니다. …저널리
스트인 A씨는 이 건물에 대해 이렇게 쓰고 있습니다. '아무리 보아

도 이 집은 우울하고 웃음을 잃은, 게다가 수염을 깨끗이 깎은 창백한 남자의 얼굴을 하고 있는 것 같다. 그렇다. 웃음이 사라진 건물이다. 왜냐하면 웃음도 장식의 하나이므로.' …그러나 나는 우스꽝스러운 수염을 기른 채 예술가협회를 드나드는 얼굴보다는, 깨끗이 수염을 깎은 베토벤의 웃음기 사라진 얼굴이 훨씬 아름답다고 생각합니다. …옛날에는 길거리에 유달리 모뉴멘탈한 건물이 있으면 주변의 건물들은 가급적 눈에 띄지 않도록 점잖게 뒤로 물러서 있었습니다. 장식이 없는 일반 시민의 건물이 그러했습니다. 어느 한 건물이 웅변을 토해내면 주위의 다른 건물은 침묵을 지켰습니다. 그런데 오늘날에는 어떠합니까? 어떤 건물이건 죄다 큰 소리를 지르고 있습니다. 그러니 시끄러워서 그 목소리가 잘 들리지 않는 것 아닙니까?"

건축주 골트만과 로스의 인연

이 건물을 둘러싼 희대의 스캔들과 아돌프 로스의 시련에 관해서는 많이 알려져 있다. 그러나 건축물은 건축가 혼자 짓는 것이 아니고 반드시 건축주가 있는 법. 당시로서는 상당히 큰 규모였던 이 건물의 건축주는 누구이며, '장식'으로 요란한 풍토 속에서 건축주는 왜 이런 건물을 짓게 했을까? 그리고 그는 이런 스캔들에 건축주로

건축주 레오폴트 골트만.

253

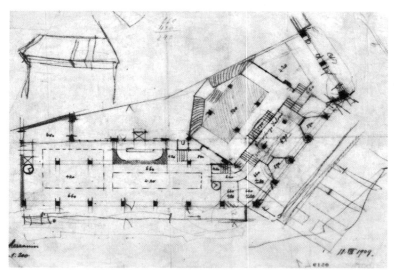

로스하우스 1층 스케치.

서 과연 어떤 태도를 보였으며, 어려움에 부닥친 건축가 아돌프 로스를 어떻게 대했을까? 그러나 우리는 아돌프 로스의 주장은 많이 보고 듣고 인용해왔어도 건축주의 태도에 대해서는 전혀 묻지 않았다.

강연회에서 로스는 건축주 레오폴트 골트만(Leopold Goldman, 1875~?)이 이 건물의 완공에 얼마나 중요한 역할을 했는지를 힘주어 강조했다.

"여기에서 나는 건축주의 한 분이신 레오폴트 골트만의 위대한 공헌을 인정하지 않을 수 없습니다. 그는 1층 평면을 잘 풀 수 있게 해주었습니다. 1층 평면이 이렇게 혁신적으로 발전된 것은 그의 협력 덕분이고, 그의 훌륭한 아이디어 덕분이며, 그의 사업적 지식 덕분입니다. 그러나 제가 건축주에게 감사드려야 할 이유가 하나 더 있습니다. '빈에 사는 사람들은 모두 좋은 취향을 가지고 있다. 저 로스 한 명만 빼놓고'라고 사람들이 비아냥거릴 때, 나의 건축주는 흔들리지 않고 제 옆에 서 있었습니다."[*99]

바로 이런 사람이 진정한 건축주다.

이 건물의 건축주는 신사복점 '골트만 운트 잘라치(Goldman & Salatsch)'의 공동 소유자였던 골트만(Goldman)과 아우프리히트(Aufricht)였다. 이 신사복점의 주요 고객은 귀족과 부르주아 엘리트들이었다. 점포 이름은 골트만의 아버지인 유대인 양복 재단사 미햐엘 골트만이 요제프 잘라치와 동업을 한 데서 비롯되었다. 1896년 잘라치가 사업에서 손을 뗀 후 미햐엘 골트만은 빈의 중심가인 그라벤(Graben)에 새로 점포를 냈다. 이때 이 점포의 파사드와 인테리어를 설계한 건축가가 아돌프 로스였다. 로스의 아버지는 체코 모라비아(Moravia)에서 온 이민자였으며 로스가 태어난 곳도 모라비아였다.

잡지에 실렸던 '골트만 운트 잘라치' 광고.

아돌프 로스는 1903년에 《타자(他者, Das Andere)》라는 잡지의 편집자로 일하면서 당시의 건축, 패션, 디자인 등에 관한 자기 생각을 잡지에 실었다. 특히 생활을 피상적인 미학으로 포장하는 '빈 분리파(Wiener Secession)'나 '빈 공방(Wiener Werkstatte)'의 문화를 신랄하게 비판했고, 그 대신 영국과 미국의 패션과 문화를 높이 평가했다. 잡지에는 그 달의 주제와 관련된 광고를 실었는데, 그때 큰 광고를 실어준 두 회사 중의 하나가 '골트만 운트 잘라치'였다. 이 잡지는 겨우 2호를 끝으로 문을 닫았다.

이후 미햐엘 골트만의 아들 레오폴트와 사위인 아우프리히트가 사업을 이어받았다. 1910년 미하엘이 세상을 떠났을 때 묘비는 로스가 디자인해준 것으로 보인다. 이처럼 로스는 문제의 '로스하우스'를 짓기 이전부터 골트만 가(家)와 깊은 관계를 맺고 있었다.

로스를 염두에 둔 가짜 현상설계

이 건물이 들어선 미햐엘 광장은 본래 지금과 같은 모양이 아니었다. 합스부르크 왕가는 그 일대를 빈의 중심지로 다시 개조하기 위해 1893년 왕궁의 세 건물을 부수고 크게 원호를 그리는 정면을 만들면서 지금과 같은 모습으로 광장을 넓혔다. 1909년 6월, 골트만과 아우프리히트는 광장 주변의 100년쯤 된 건물 두 개와 땅을 사들였다. 두 건축주는 자기들이 지으려는 건물이 도시 재생에 큰 역할을 하리라고 믿고 있었다.

이들은 새 건물을 위한 현상설계를 진행했다. 대지의 민감한 성격

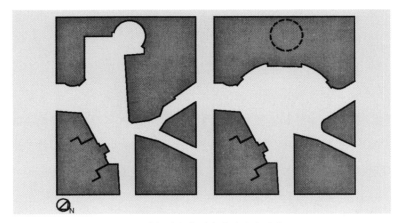

1893년을 전후한 미하엘 광장의 변화.

상 그게 안전할 것으로 판단했기 때문이다. 그런데 이상하게도 신문에 현상설계 공고를 내지 않았고 외부 심사위원도 두지 않았다. 건축가연맹의 협조를 요청하지도 않았다. 모든 과정을 건축주가 알아서 처리했다.

현상설계는 8명의 건축가를 지명해서 초청하는 방식으로 진행되었다. 아돌프 로스도 그중 한 명이었지만, 그는 현상설계가 당시의 건축적 관점에서 볼 때 암적 존재라고 여겼기 때문에 초청을 거절했다고 했다. 8명의 건축가 중 5명은 누군지 모르고, 이름이 남아 있는 사람은 3명뿐이다. 한 사람은 꽤 경험이 많았으나 딱히 좋은 건물을 남기지는 못한 건축가였고, 또 다른 한 사람도 그다지 특징이 없는 건축가였다. 나머지 한 사람은 에른스트 엡스타인(Ernst Epstein, 1881~1938)이라는 건축가인데 당시 나이가 겨우 27살이었다. 이 현상설계는 결국 '당선작 없음'으로 끝났다.

중요한 프로젝트였던 이 건물의 현상설계에 건축주들은 왜 유명 건축가를 초청하지 않았으며 왜 공개적으로 실행하지 않았을까? 그것은 당국이나 시민들의 비판을 막으면서 아돌프 로스에게 일을 맡기기 위한 일종의 각본이었다. 그렇지 않고서야 고만고만한 건축가나 프로젝트에 어울리지 않는 젊은 건축가를 초청할 리 없었다. 당시 엡스타인은 이 현상설계가 가짜라는 것을 처음부터 알고 있었을 것으로 추측된다. 주목할 것은, 엡스타인이 골트만과 같은 유대인이었다는 사실이다.

아돌프 로스는 현상설계가 여성의 머리 스타일이나 모자를 고르는 것과 같아서, 일시적인 유행에 가장 근접한 것이 당선작으로 뽑힌다고 보았다. 따라서 절대로 최고의 건축가가 1등을 하지 못한다고 호언장담했다.[*100]

그렇다고 해서 로스 자신이 '최고의 건축가' 축에 들 수는 없었다. 당시 그의 나이는 불과 38세였고, 카페 2개와 인테리어 작업 3개 정도를 완성했을 뿐이었다. 그런데도 이렇게 호언을 한 것은 건축주와의 깊은 관계를 믿고 있었기 때문이다. 당시 로스는 골트만 자택의 외관을 고치는 작업을 하고 있었다. 이런 정황들로 볼 때, 골트만은 현상설계라는 형식을 취하면서도 내심으로는 로스에게 설계를 맡기려는 심산이었던 게 분명하다.

실제로 로스는 건축주가 1910년에 자기를 찾아와 일을 맡기려 했다고 회상했다. 그 글을 보면 로스가 이미 그 일을 진행하고 있었음을 알 수 있다.[*101]

요약하면 이렇다. 어느 날 "어떤 불쌍한 남자 둘"이 와서 자기네 집 도면을 그려달라고 했는데, 자주 다니던 양복점의 주인이었다는 것이다. 해마다 양복을 맞추면서도 옷값을 내지 못해 매년 1월 1일에 보내는 청구서 비용이 한 번도 줄어들지 않았던 자기에게 "이 영광스러운 임무로 청구서 금액을 줄이려는 것 아니냐"고 물었더니 절대 그렇지 않다고 했다는 것이었다. 그래서 로스가 "나는 법적으로 건축가 칭호를 쓸 수 없는데 나 때문에 경찰서로 불려가도 괜찮겠느냐"고 했더니 잡혀가도 좋다고 했다는 것이다. 건축주가 자기를 절대적으로 신뢰하고 있었음을 로스는 이렇게 냉소적으로 표현했다. 이후 로스가 1층 평면도를 작성해서 보냈더니 건축주는 매우 만족스러워했고, 그래서 계약을 맺었다는 것이다.

로스는 스스로 계약의 세 가지 사항을 밝혔다. 첫째는 자기가 설계를 의뢰받았다는 것, 둘째는 1층 평면을 자기보다 더 잘 만든 사람이 나타나면 자기는 설계를 포기한다는 것, 셋째는 관심은 오직 1층 평면이며 파사드에 대해서는 양측이 아무 말을 하지 않는다는 것이었다. 그 정도로 건축주가 자기를 신뢰했다는 뜻이다.

계약서에 "외관은 건축가에게 일임한다"는 조항을 특별히 넣은 것을 보면, 당시 물의를 일으킨 그 '밋밋한 외관'을 만드는 작업을 건축가에게 일임했음을 알 수 있다. 계약치고는 좀 이상한 계약이다. 물론 속사정은 알 수 없다. 로스가 구상하는 외관에 건축주가 동의했을 수도 있고, 아니면 반대로 건축주가 장식이 없는 근대건축을 건축가에게 강하게 요구했을 수도 있다. 아무튼 로스는 1층 평면도를 만들어서 보냈고, 계약을 맺었다.

당시 로스는 건축가 면허가 없었다. 시청 건축과에 제출한 허가 도면에는 현상설계에서 떨어졌던 엡스타인(Epstein)과 건축주 두 사람의 이름은 있어도 로스의 이름은 없다. 엡스타인의 이름을 넣은 것은 그가 건축가 면허를 갖고 있고, 상업 건물과 아파트 시공 경험이 많으며, 이미 현상설계안을 제출한 적이 있어서 로스를 돕기에 적당하다고 보았기 때문이다. 두 사람은 이미 골트만 주택의 설계와 시공을 함께 진행하고 있었다. 건축주는 로스의 새로운 건축을 기대하며 그의 약점을 이렇게 보완해주었다. 같은 유대인이었던 엡스타인의 이름을 빌리고 로스를 돕게 함으로써.

험난했던 건축 허가 과정

'로스하우스'는 지금 용어로 말하자면 주상복합건물이었다. 대리석으로 마감한 1층에서 3층까지의 저층부는 회사가 사용하고, 아무런 장식 없이 외관이 평탄한 4층에서 8층까지의 상층부는 주택이었다. 그런데 이상하게도 지금과는 다른 외관 도면을 허가 도면으로 제출했다. 4층의 창에는 삼각형의 페디먼트를 얹었고, 그 위쪽 3개 층의 창에는 띠를 둘렀다. 원안을 냈다가는 처음부터 허가가 안 날 것이 뻔했으므로, 일단 허가를 받은 다음 시공 중에 설계 변경안을 넣겠다는 계산이었다.

4개월 뒤 로스는 다시 두 개의 수정안을 냈다. 하나는 지금처럼 윤곽 장식을 모두 없앤 안이고, 또 하나는 상층부 전체에 같은 간격으로 수평 띠를 배열한 안이었다. 이 역시 자신의 원안을 관철하기 위한 전략이었다. 당연히 허가 과정에서 상층부에 더 많은 장식이 강력히 요구됐고, 대응이 늦어지자 건축주는 4만 크로네씩 두 번에 걸쳐 8만 크로네의 공탁금을 내고 제출 기한을 계속 연장했다.

이 무렵 공사는 이미 많이 진행되어 상층부의 마감이 도시에 드러

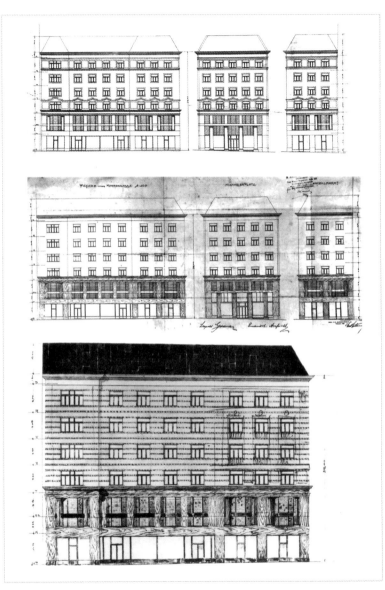

로스하우스의 첫 허가 도면. (맨 위)
4개월 뒤에 낸 두 개의 수정안. (중간, 아래)

나게 되었다. 로스는 대리석 판을 붙일지 말지를 결정하기 전의 하지(下地, 외장재를 고정하거나 지탱하기 위한 구조틀)라고 변명했지만, 도시는 이미 시끄러워지기 시작했다. 빈의 비평가와 신문들은 로스의 이름을 비꼬아 "Los von der Architectur(건축에서 멀어진)"라는 말을 만들어냈고, 그 밖에도 수많은 조롱 섞인 표현들이 등장했다. 건물 바로 앞에 있는 맨홀 뚜껑 보고 지은 집, 곡물창고, 똥차, 눈썹 없는 집, 공장, 감옥, 성냥갑, 잘게 썬 상자, 옷장…. 그중 하나가 바로 지금까지도 사용되고 있는 '로스하우스(Looshaus)'다. 이에 건축주 레오폴트 골트만은 이 건물의 정면은 바로 앞 도로의 연장일 뿐 왕궁과 직접 마주하는 것이 아니라며 처음으로 로스를 방어하기 위해 나섰다.

온갖 비난이 난무하는 가운데 5개월이 지났다. 건축주는 로스가 외국에 간 사이에 "파사드의 축조적 효과가 주변에 어우러지면서"

신문에 실렸던 '맨홀 뚜껑 보고 지은 집' 만평.

이미 시공된 상층부를 장식할 방법을 한 달 안에 찾아달라는 두 번째 현상설계를 냈다. '오스트리아 엔지니어와 건축가협회'가 심사를 주관하게 했고, 5명 중 4명의 심사위원 명단과 상금도 공고했다. 그러나 이 모든 것들은 건축가 로스의 동의 없이는 가능하지 않은 일이었다. 건축주가 선임하기로 되어 있는 마지막 한 명의 심사위원은 아마도 로스였을 것이다.

건축가협회는 당시 오스트리아 건축계의 좌장이었던 오토 바그너에게 심사를 요청했으나 결국 심사위원에는 포함되지 않았다. 오히려 바그너는 멀쩡하게 살아 있는 건축가가 설계한 건물 일부를 다른 사람이 다룰 권리가 없다며 로스를 지지하는 발언을 했다. 심사위원 몇 명은 이에 동의하며 사퇴했다. 그들은 아예 한발 더 나아가, 이 현상설계는 로스가 자기 생각을 안 바꾼다는 전제하에 이루어진 것이니 모든 건축가는 심사를 거부하라고 요청했다. 결과적으로 이 두 번째 현상설계는 매우 효과적인 전술이었던 셈이다.

아돌프 로스도 직접 도면을 제출하며 선처를 부탁했고, 건축주도 당국이 다른 해법을 찾게 도와달라고 시의회에 요청했다. 이후 복잡한 과정이 한동안 이어지던 중, 로스가 1911년 10월 24일 5층 창 밑에 구리로 만든 화분 상자 5개를 설치한 것이 결정적인 해법이 되었다. 부시장은 이를 상층부 파사드에 장식을 배열한 것으로 간주한다며 1911년 11월 13일에 드디어 전층 사용 허가를 내주었다.

결국 건축가와 건축주가 사회를 이겨냈다. 건축주 레오폴트 골트만은 공공연하게 말하지는 않았으나 그 무렵 외관이 '미하엘 광장에 선 건물'과 쏙 닮은 자택을 로스에게 맡기고 있었다. 그는 시련을 극복한 축하의 마음을 담아 로스에게 인테리어까지 부탁했다.

건축 허가의 결정적 해법이 되었던 화분 상자들.

신사복점에서 배운 탈유대주의 건축

로스보다 5살 아래인 레오폴트 골트만은 설계를 의뢰할 때 겨우 33세였으나 매우 침착하고 단호하며 야심적인 사람이었다. 그는 자기가 남성복점의 권위를 주장하는 빈의 신사라고 분명히 말한 바 있으며, 다른 이들도 그렇게 생각하고 있었다.

사람에게 맞는 건축이 새로운 건축이라고 생각하고 있던 아돌프 로스는 개인에게 꼭 맞는 옷을 만드는 남성복점을 관찰하면서 새로운 건축설계 방식을 모색하고 있었다. 새로운 방식으로 패션 디자인에 전문적으로 접근하는 미햐엘 골트만은 로스에게는 본받고 싶은 인물이었다. 로스는 미햐엘이 재단한 옷이 근대미학을 결정하는 데 중요한 역할을 한다고 믿었다.

양복점의 재단사는 먼저 고객의 몸을 정확하게 잰다. 그리고 재단사와 고객 사이에는 목적이 분명한 대화가 이루어진다. 양복을 짓는 재단사의 실천은 고객과의 친근함에서 나온다. 대화를 주고받는 동안 고객의 개인적인 습관을 알 수 있는 답이 하나둘 나오기 시작한다. 주머니는 몇 개 필요한지, 셔츠에 안경을 넣는 주머니가 필요한지 묻고 고객에게 필요한 깊이로 바느질한다. 열쇠는 보통 어디에 넣어두는지도 물으면서 '이 고객에게는 이중 안감의 주머니가 필요하겠구나'라는 생각을 하게 된다는 것이다.

실증주의적 이상(理想)과 원리로 인간의 삶을 개선할 수 있다고 믿는 것이 과학이다. 로스는 신사복점의 재단사도 수학적으로 계산하여 고객에게 딱 맞는 옷을 만든다고 보았다. 재단사는 옷으로 완전하지 못한 인체를 고칠 수 있는 사람이다. 따라서 재단사도 실증주의적 세계관을 가진 사람이며, 재단사의 이상은 곧 근대문화의 이상이다. 로스가 보기에 이러한 신사복점은 단순한 소매상이 아니라 새로운 문화의 생산자였다. 그가 의복에 관한 에세이를 유독 많이 발표한 것은 그 때문이다.

당시 빈의 유대인들은 세상에 완전히 동화하지 못한 채 도시 안에 살고 있었다. 그러면서도 근대주의자들에게 호의를 보이고 확고하게 지지해주었다. 그들은 빈의 근대주의가 유대문화의 새로운 가능성을 열어준다고 믿었다.[102]

그들은 모더니즘이 반(反)유대주의에 대항하면서도 한편으로는 낡은 유대 전통에서 벗어나 자신들의 정체성을 주장할 수 있는 새로운 언어라고 생각했다. 유대인 건축주들에게 근대주의 건축은 반유대주의에 맞서 자신들을 표상해주는 동시에, 유대인의 전통에 매여 있던 자신들을 해방시켜줄 탈(脫)유대주의의 단초였다. 그래서 유대인 건축주는 비(非)유대인 건축가들과 창조적인 관계를 맺는 것을 좋아했다. '로스하우스' 논란이 한창이던 때 이미 빈에는 근대주의에서 새로운 가능성을 찾는 젊은 유대인 건축가들이 등장하기 시작했으며, 친근한 눈으로 로스를 바라보고 있었다.

미햐엘 골트만은 유대인들이 전통적으로 입었던 카프탄(caftan)을 절대로 입지 않고 신사복 정장인 프록코트(frock coat)만을 입었다. 이는 카프탄으로 상징되는 유대인의 역사적 기억을 벗어버리고 새로운 사회의 일원이 되어야 한다는 그의 근대주의적 신념을 보여준다.[103]

빈에서는 1890년대 말부터 반유대주의가 확산되고 있었다. 미햐엘 골트만은 이에 대항하여 빈의 문화적 분위기에 나름의 영향을 미치고 싶어 했다. 그는 젊고 경험이 부족하지만 남다른 잠재력을 지닌 로스를 좋은 조언자로 여겼고, 자신의 양복점도 로스가 발행하던 잡지 《타자》처럼 선구적인 문화 캠페인의 능동적 참여자라고 생각했다.

그의 아들인 레오폴트 골트만도 로스가 주장하는 문화개혁 프로그램을 지지했다. 그렇게 함으로써 스스로가 문화의 생산자가 된다고 믿었기 때문이다. 왕궁을 마주보는 전위적인 근대 건물을 짓겠다는 그의 야심찬 계획은 유대인과 빈의 전통을 문화적으로 재생하기 위한 거대한 투자였다. 이 건물을 통해 드러난 골트만과 로스의 동반자 관계는, 유대인이 유럽의 이방인과 동등한 자격이 있음을 빈 사람들과 유럽공동체에 보여주는 용감한 선언 같은 것이었다.

로스도 자신의 건물로 빈에 동화(同化)된 유대인의 자리를 만들고 싶다는 건축주의 생각을 존중했다. 빈의 젊은 이스라엘 학자 엘라나 샤피라(Elana Shapira)의 말에 따르면 '미햐엘 광장에 선 건물'은 "진보적인 유대인의 동화를 표상하는 새로 배양된 옷"이었다.

사용 허가를 받고 약 한 달 후인 1911년 12월 11일, 아돌프 로스는 2,700명이 들어갈 수 있다는 빈 최대 규모의 홀에서 강연회를 했다. 앞서 말한 '미햐엘 광장에 선 나의 집'이라는 제목의 강연회가 바로 그것이다. 마지막 한 자리까지 꽉 채웠다고 하니, 3,000석 규모의 세종문화회관 대극장을 다 채운 것과 비슷한 대단한 강연회였다. 마지막에 그는 이렇게 말했다. "이 건물은 무슨 양식인가? 1910년의 빈 양식이다."

레오폴트 골트만은 그 순간 속으로 이렇게 말했을 것이다. "이 건물은 무슨 양식인가? 1910년의 유대인이 빈이라는 도시에 동화되었음을 보여주는, 유대문화의 새로운 양식이다"라고.

　건축은 사회의 요구를 그대로 받아 적는 물체가 아니다. 로스하우스는 아돌프 로스와 레오폴트 골트만이 서로 다른 방식으로 도시를 말하고, 동화되지 못한 도시 주민의 정체성을 말하고자 했던 근대건축의 위대한 기념비다. 한나 아렌트 식으로 말하자면, 건축주와 건축가의 사상을 물화(物化, materialization)한 것이다. 그러니 한때 한국의 몇몇 건축가들이 지어진 지 110년이 지난 이 건물을 두고 침묵이니 비움의 건축이니 해가며 멋대로 의미를 왜곡한 것은 참 부끄러운 일이다.

　걸작을 만들어낸 유대인 건축주의 삶은 순탄하지 못했다. 레오폴트 골트만은 1931년에 파산 선고를 받았다. 그의 부인 릴리, 장남 프레드, 그리고 그의 파트너 에마뉴엘 아우프리히드는 나치 독일이 저지른 잔인한 홀로코스트의 희생자가 되었다.

3
그레테 투겐타트 : 투겐타트 주택

1932년에 건축가 필립 존슨 (Philip Johnson)과 건축역사가 히치코크(Henry-Russell Hitchcock)가 뉴욕 현대미술관에서 역사적인 모더니즘 건축전을 열었다. 그때 모더니즘 건축을 요약한 매우 중요한 책인 『인터내셔널 스타일』*104이 출간되었는데, 이 책 초판의 표지에는 근대건축의 거장 미스 반데어로에가 설계한 '투겐타트 주택(Tugendhat House, 1930)'이 실렸다.

『인터내셔널 스타일』표지에 실린 투겐타트 주택.

투겐타트 주택은 1930년 체코의 브르노에 지어졌다. 르 코르뷔지에의 사보아 주택(1928~1931)과 같은 해에 설계가 시작되었고 비슷한 시기에 완공되었다. 1928년은 미스가 근대건축 최고의 건물인 바르셀로나 만국박람회 독일관 '바르셀로나 파빌리온'을 완성했던 해다. 그 뒤를 이은 투겐타트 주택은 미스의 대표작일뿐 아니라 유럽 모더니즘의 가장 중요한 건물이기도 하다.

유럽 모더니즘의 가장 중요한 건물

투겐타트 주택은 경사지에 서 있어서 아래에 있는 두 층은 도로에서 보이지 않는다. 도로에서 보이는 3층에는 입구, 부부 침실, 아이들 침실, 차고 등이 있는데, 도로에서 뒤로 물러나 있으며 낮고 길게 폐쇄적으로 보인다. 입구는 조금 안쪽에 있다.

이 입구를 지나면 반원형의 젖빛 유리로 막은 계단과 부부 침실, 아이들 침실이 나타난다. 아이들 침실 앞에는 널찍한 테라스가 있고, 아래의 2층에 있는 거실 공간처럼 외부의 전망을 넓게 바라볼 수 있다. 부부는 각자 자기 침실이 있다. 아이들의 침실로 쓰이는 두 개의 방은 홀과 짧은 복도로 부부 침실과 구분되어 있다. 남편의 사진 스튜디오를 포함한 서비스 대부분은 1층에 배치하여 건축주의 프라이버시를 해결했다.

2층에 도착하면 하나로 연속한 아주 넓은 공간이 펼쳐진다. 바르셀로나 파빌리온과 마찬가지로 철골 구조로 되어 있다. 남쪽은 바닥에서 천장까지 한쪽 면 전체가 유리창이어서 브르노 시의 풍경을 한

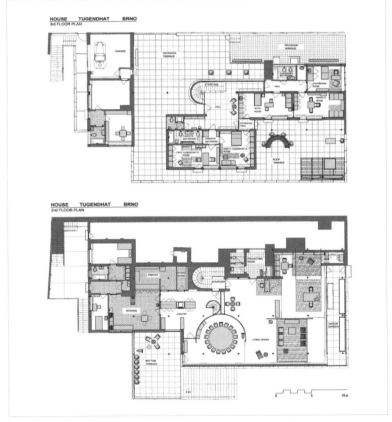

도로에서 바라본 투겐타트 주택(위)과 평면도(아래).

눈에 볼 수 있고 정원도 내려다보인다. 길이가 약 24미터이고 유리창의 높이는 4.6미터인데, 그중 두 개가 전동으로 창틀 밑에 만든 홈을 따라 내려가 활짝 열리며 기단 안의 포켓에 수납된다. 창밖에는 어닝이 설치되어 있어 실내로 들어오는 직사광선을 조절해준다. 동쪽으로는 길이가 17미터인 반(半) 실내 온실을 두었다. 기둥과 벽이 따로 떨어져 있어서 칸막이 벽체가 공간을 자유로이 분할하고 있다. 당시로서는 첨단 냉난방 시스템을 갖춘 이 주택의 건설비는 일반적인 소규모 주택의 30배나 되었다.

2층 거실로 쓰이는 공간에는 천장 높이의 직사각형 오닉스(onyx) 5개를 붙여서 만든 벽면을 두었다. 엄청난 높이와 연속하는 오닉스 결이 압도적이다. 무늬는 좌우 대칭이지만 전체적으로는 약간 중심을 벗어나 있다. 미스가 아틀라스산맥의 채석장에 직접 주문했는데, 제대로 된 돌이 들어오기까지는 상당한 시간이 걸렸다. 절단하고 설치하는 것도 미스가 직접 감독했다. 이 오닉스 벽면은 온종일 빛에 따라 색상이 변하는 일종의 스크린이다.

식당은 갈색의 흑단으로 만든 반원형 벽이 에워싸면서 2층의 또 다른 중심을 이룬다. 반원형 벽면 앞에는 십자 단면의 기둥 두 개가 대략 5미터 간격을 두고 서 있는데, 원형으로 아름답게 감싸인 식당에서 유리벽 밖으로 펼쳐지는 풍경에 시선을 집중하도록 도와준다.

넓은 거실에는 테이블 5개와 의자가 동시에 여러 일을 할 수 있도록 배치되어 있다. 미스는 인테리어 디자이너 릴리 라이히(Lilly Reich, 1885~1947)와 협력하여 가구를 디자인하고 목재, 돌, 벨벳, 실크 및 가죽 등을 상세히 지정했다. 내부에는 1년 전 바르셀로나 파빌

1층 거실의 커다란 창. (위)
외부 정원과 입면. (아래)

온종일 빛에 따라 색깔이 변하는 오닉스 벽면.

리온을 위해 만들었던 '바르셀로나 의자', 이 주택을 위해 미스가 디자인한 '투겐타트 의자', 흰색 양가죽에 평평한 강철 받침대로 제작된 '브르노 의자'가 놓여 있다.

르 코르뷔지에가 그랬듯 미스도 관찰자의 위치가 변함에 따라 대상이 이동하는 것처럼 보이는 효과에 깊이 매료되어 있었다. 내부의 기둥과 벽체를 분리하면 이런 효과가 더욱 커진다. 투겐타트 주택에서도 오닉스 벽, 유리 면, 외부 풍경 같은 서로 다른 요소들이 사람의 움직임에 따라 다양하게 변화하는데, 두 개의 기둥이 그런 느낌을 한층 키워주고 있다.

이 기둥은 바르셀로나 파빌리온처럼 단면이 십자로 되어 있다. 네 개의 앵글을 짜서 크롬 도금한 판으로 덮었는데 미스가 직접 고안한 것이다. 십자 기둥은 원형이나 사각형 기둥보다 작고 가늘게 보이고, 크롬으로 도금되어 있어서 거울처럼 주위의 풍경을 비춘다. 이것이 매우 중요하다. 일반적으로 실내의 기둥은 사람의 움직임, 가구의 배치, 시선을 방해한다. 그런데 크롬으로 덮인 이 십자 기둥은 물질적으로 구축되어 있으면서도 그렇지 않게 보이며, 공간이 주변에 펼쳐져 있다는 것을 분명하게 드러낸다.

이 주택의 건축주는 체코의 젊은 부부였다. 그러나 불행히도 그들은 나치의 침공을 피해 이 주택을 떠나야 했고, 오랫동안 남미와 스위스에서 생활했다. 그러던 중 부인이 1969년에 체코에 돌아왔다. 그리고 브루노에서 열린 미스의 작품 전시회에서 강연했다. 이때 그녀는 건축가 루드비히 힐베르자이머(Ludwig Hilberseimer, 1885~1967)의 말로 강연을 마무리했다.

"루드비히 힐베르자이머는 당시 저에게 아주 진실하고 아름다운 말을 건넸습니다. '사진은 이 집에 대한 어떤 느낌도 전하지 못할 것입니다. 이 공간 속을 움직여야 합니다. 그 리듬은 음악과 같습니다.' 이 말로 강연을 마치고 싶네요"[105]

그녀의 말대로 투겐타트 주택은 사진으로는 충분히 전달되지 않는다. 그럼에도 이 주택 안을 실제로 걷고 움직인다고 상상하며 사진으로나마 배워야 할 것들이 여전히 많다. 한동안 황폐해진 채 방치되었던 이 주택은 두 차례의 복원을 거쳐 시민에게 개방되고 있으며, 2001년 세계문화유산에 등재되었다.

투겐타트 주택은 근대건축의 대표적인 주택이라고 모든 근대건축사 책에 적혀 있다. 그런데 이 주택 사진에는 사람은 전혀 보이지 않는다. 오로지 단순명쾌한 물질과 추상적인 공간만을 보여주고 있다. 그래서 많은 사람들이 이 주택은 20세기 초 메마른 기능주의의 대표작 중 하나겠거니 하고 그냥 지나쳐버린다. 그렇다면 이 주택에서 실제로 살았던 가족은 억제된 공간 안에서 메마른 생활을 한 것일까? 그들은 과연 어떤 생각을 하며 살았을까?

이런 질문에 대답이라도 하듯 1998년에 『투겐타트 주택(The Tugendhat House)』[*106]이라는 책이 출간되었다. 글쓴이는 건축주의 막내딸이면서 빈 응용미술대학의 예술사 교수인 다니엘라 해머 투겐타트(Daniela Hammer-Tugendhat) 교수다. 이 책에는 1969년 자기 집에 다시 돌아온 건축주 그레테 투겐타트의 비교적 긴 강연이 수록되어 있고, 사진 애호가이자 아마추어 영화 제작자였던 건축주 프리츠 투겐타트가 찍은 평온한 일상의 컬러사진들도 함께 실려 있다. 이 주택의 메마르고 정제된 모습만 보여주던 기존의 건축 전문서에서는 볼 수 없는 생생한 기록들이다.

또한 막내딸 다니엘라의 남편이자 보존 전문가인 이보 해머(Ivo Hammer)가 가족이 이주했을 때부터 지금까지의 기록을 따라가며 문화적 문맥에서 이 주택의 물성을 해석했다. 무엇보다도 당시 건축계의 논쟁에 대한 건축주 부부 두 사람의 답변 전문이 실려 있다. 대체 이 주택이 그들에게 무엇이었기에 자기 집을 이토록 상세히 기록하고 싶었을까?

건축주가 건축가를 선택한 이유

투겐타트 주택의 건축주인 젊은 부부는 그레테와 프리츠 투겐타트(Grete & Fritz Tugendhat)였다. 프리츠 투겐타트(1895~1958)과 그의 아내 그레테(결혼 전 이름은 뢰우 베어 Löw-Beer, 1903~1970)는 오래전부터 브르노에서 거주하던 독일계 유대인 가정에서 태어났다. 투겐타트 가는 자기 소유의 회사는 없었지만 양모 공장을 공동으로 소유하고 있었다. 그레테의 친정은 섬유 공장, 설탕 정제소 및 시멘트 공장을 소유하고 있는 매우 부유한 집안이었다.

그레테는 첫 남편과 이혼하고 어린 시절부터 알고 지내던 프리츠와 재혼했다. 그레테의 아버지는 1913년에 넓은 부지가 딸린 별장을 매입했는데, 그중 체코에서 가장 오래된 공원 주변에 있는 2,000 평방미터의 땅을 딸에게 선물했다. 그리고 집을 지을 돈도 지원해주었다. 그 땅이 얼마나 전망이 좋았는지 사람들은 그곳을 '벨베데레(Belvedere, 전망대)'라고 불렀다. 그레테의 아버지는 브르노의 건축가 에른스크 비스너(Ernst Wiesner, 1890~1971)에게 주택 설계를 맡길 생각이었다.

그레테는 첫 결혼 이후 6년간 독일에서 생활했다. 그녀는 근대미술과 건축에 관심이 많았는데, 마침 미스 반데어로에의 건축을 알게 되면서 미술품 수집가이자 역사학자인 에

건축주 투겐타트 부부.

277

투겐타트 주택이 지어진 대지.

두아르트 푹스(Eduard Fuchs, 1870~1940)의 집에 자주 찾아갔다. 이
주택은 미스가 1911년에 미술상 펄스(Perls)를 위해 지은 것으로, 박
공지붕 아래 좌우 대칭 평면으로 구성된 2층 벽돌집이었다. 그러나
식당에 다섯 개의 문을 두어 정원 쪽으로 크게 열려 있었다. 푹스는
이 주택을 사서 1928년에 미스의 설계로 평지붕의 1층 전시장을 증
축했고, 같은 방식으로 정원 쪽으로 문 다섯 개를 내어 내부와 외부
공간을 크게 연결했다. 이렇게 정원을 향해 식당과 전시장이 적극적
으로 이어진 공간 구성은 당시로서는 매우 참신한 것이었다. 이 점에
몹시 마음에 들었던 그레테는 자기 집을 설계해줄 건축가로 미스를
염두에 두었다.

그레테는 미스가 설계한 다른 건물들도 보았다. 1969년의 강연에
서 그녀는 바이센호프 주택단지(Weissenhofsiedlung, 1926)의 아파트

투겐타트 주택의 식당. (위)
벨벳과 실크 카페. (아래)

를 보고 난 뒤에 마음을 굳혔다고 회상했다. 이 아파트의 내부는 매우 단순하고 기능적이었다.

아마도 그녀는 이듬해인 1927년 베를린에서 열린 대규모 여성패션 전시회도 가보았을 것이다. 이 전시회의 중심 공간은 독일 견직제조협회의 요청을 받은 미스가 실내디자이너 릴리 라이히와 함께 설계한 '벨벳과 실크 카페'(Café Samt & Seide)였다. 메인 홀 끝에 있는 100평 넓이의 이 카페는 여러 색깔의 비단과 벨벳(비단은 금색, 은색, 노란색이고 벨벳은 검정, 오렌지색, 붉은색)을 직선과 곡선을 섞어 각각 다른 높이로 늘어뜨림으로써 '연속하는 공간'을 실험한 것이었다. 공간 안에는 켄틸레버로 처리한 미스의 'MR 의자'가 놓여 있었다. '벨벳과 실크 카페'의 아이디어는 훗날 투겐타트 주택의 오닉스 벽과 식당의 반원형 벽면으로 응용되었다.

그레테는 1928년 여름부터 미스와 새로 지을 주택 설계에 대한 논의를 시작했다. 미스는 자신이 초기에 베를린에서 설계한 몇몇 집을 보라고 권했는데, 그중 하나가 구벤(Guben, 오늘날 폴란드 Gubin)에 있는 '볼프 주택(Wolf House, 1925~1927)'이다. 볼프 주택은 몇 개의 블록이 연결된 벽돌 구조 건물로서 내부가 개방적이고 공간이 흐르는 듯이 구성되어 있는, 당시로서는 새로운 개념의 주택이었다. 그레테는 이 주택이 "매우 널찍한 벽돌 구조 건물(a very spacious brick building)"이었다며, 처음에는 이 집과 같은 벽돌 주택을 지으려 했다고 회고했다. 당시 그녀의 관심은 "널찍한 공간"이었다. 그러나 브루노에는 아름다운 벽돌도 없고 숙련된 벽돌공도 없어서 금세 생각이 바뀌었다.

당시 미스는 크레펠트(Krefeld)에 지을 '헤르만 랑게와 요세프 에스터스 주택(Hermann Lange House & Josef Esters House, 1927~1930)' 두 채를 설계하고 있었는데 구성이 볼프 주택과 비슷하다. 이 두 건축주도 볼프 주택 건축주처럼 섬유 제조업체를 경영하는 사람들이었다. 미스는 이 주택 현장에서 투겐타트 부부를 처음 만났다.

미스는 1928년 9월 브르노에 도착했고, 브르노 시가지의 장대한 중세 풍경이 내려다보이는 언덕 위의 대지에 주택을 설계하기로 했다. 부부는 예산에 구애받지 말고 소신껏 집을 지어달라고 미스에게 부탁했다. 계약일은 1928년 11월 12일이었다. 미스는 무제한의 예산과 자유로운 손과 완전한 신뢰에 힘입어 단 3개월 만에 장대한 주택을 설계했다.

1928년의 마지막 날, 투겐타트 부부는 원래 있었던 약속을 취소하고 오후에 프리츠의 스튜디오에서 미스를 만나 프로젝트에 대한 완성된 계획안을 받았다. 그리고 이튿날 밤 1시까지 그걸 펼쳐놓고 의논을 이어갔다고 한다. 새해 첫날을 설계 이야기로 시작한 셈이다.

"평면에서 우리 관심을 끈 것은 둥근 벽 하나와 직사각형의 벽을 포함한 아주 넓은 공간이었다. …그다음은 도면에 그려진 5미터 간격의 작은 십자 모양이었다. 이게 뭐냐고 물었더니 미스는 기다렸다는 듯 '건물을 받쳐주는 철골 기둥입니다'라고 대답했다." 미스가 설계안을 보여준 1928년 12월 말에 이미 중요한 설계 요소가 결정되어 있었다는 것이다.

이 문답만 봐도 그 설계안은 바르셀로나 파빌리온을 닮았음을 금방 알 수 있다. 파빌리온처럼 한정된 공간에 세워진 철골 구조의 질서 안에서, 벽에 의한 가로막힘 없이 거주자들의 생활이 펼쳐지게 해주겠다는 뜻이다. 1969년 강연에서 그레테는 이렇게 말했다. "의견을 나누는 첫 순간부터 우리 집을 미스에게 맡기겠다고 마음먹었다. 차분한 자신감을 가진 진정한 예술가여서 그를 건축가로 선택했다."*107

그레테는 1929년 4월에 건축허가 신청을 냈고 10월에 건축허가를 받았다. 미스는 브루노 지역의 건축기술 수준이 상당히 높다는 것을 확인하고 현지 건설회사에 시공을 맡겼다. 완공까지는 14개월이 걸렸고, 투겐타트 가족은 1930년 12월에 새 집으로 이사할 수 있었다. 이 집이 구조적으로, 공간적으로, 기술적으로 얼마나 탁월한 주택인지 고려한다면 매우 짧은 기간이었다. 그럼에도 이 주택은 20세기 주거의 새로운 모델이 되었다.

바탕을 이루는 유리와 철골 구조가 추상적이고 엄격한 공간을 만드는 반면, 아름다운 주변 자연과 화려한 인테리어는 다양한 공간적 변화를 만들어낸다. 그러나 투겐타트 주택은 이런 측면에서 근대적인 호화로움의 템플릿(template)과도 같은 것이었다. 사람들은 유리와 철골 구조에 대해서는 사람이 살 수 없는 전시장 같다고 비난하고, 아름다운 주변 자연과 화려한 인테리어를 두고는 현실을 무시한 사치스러운 주택이라고 비난했다.

"투겐타트 주택에서 사람이 살 수 있을까?"

비난은 '호화주택'이라는 데서 시작했다. 건축주가 설계를 의뢰할 때는 5개의 침실, 식당, 더 큰 거실만 있는 작은 주택을 상상했지만, 실제 공사비는 약 5백만 체코 크로넨이 소요되었다. 건축역사가 렌카 쿠델코바(Lenka Kudelkova)와 오타카르 마르셀(Otakar Macel)에 따르면 그 당시에 작은 주택 30채를 지을 수 있는 금액이었다. 당시 체코에서 단독주택 한 채 값이 8,000~25,000 마르크였는데, 미스가 거실에 사용한 오닉스 벽 하나를 만드는 데만 6만 마르크가 쓰였다. 정원 면적이 5,650평방미터(1,700평)나 되었고, 건물 바닥면적 907평방미터(280평) 중 주요 거주 부분의 면적만 237평방미터(72평)였다.

체코 건축계는 이 주택을 독일 건축가가 설계했다는 것에 적잖이 실망했다. 그중에서도 맹비난을 쏟아낸 사람은 체코의 대표적 근대주의 예술비평가 카렐 타이게(Karel Teige, 1900~1951)였다. 그는 일찍이 르 코르뷔지에에게 "당신은 근대주의자가 아니라 고전주의자"라고 정면으로 비판했던 비평계의 거물로서 당시 노동자 주택 문제에 골몰하고 있었다. 그는 투겐타트 주택이 모더니즘 속물주의의 정점, 화려한 바로크 궁전의 새로운 버전, 새로운 부자 귀족을 위한 자리라고 비난했다. 그의 친구이자 기능주의 건축가였던 야로미르 크레이카르(Jaromir Krejcar, 1895~1950) 역시 "근대건축의 진정한 문제에 공헌하는 바가 전혀 없는 특권층의 비싼 장난감"이라고 비난했다. 새로운 시대에 주는 메시지는 하나도 없이 그저 사치스럽기만 한 주택이라는 것이었다.

프랑스 건축가이자 공산당원인 피에르 비용(Pierre Villon, 1901~1980)의 비난은 훨씬 더 신랄했다. "오닉스 벽과 값비싼 목제 칸막이벽을 멍하니 쳐다보는 것보다 더 중요한 것은 생활이다." 그가 보기에 2층의 넓은 거실은 호젓한 느낌이 전혀 없고 가족 간의 프라이버시도 지켜지지 않는 괴상한 공간이었다. 그림 한 장 걸 벽도 없는 이런 주택은 주택이 아니라 가구 전시장일 뿐이었다.

당시 세계경제는 대공황의 격랑에 휩쓸리고 있었다. 1929년 9월의 런던 증권거래소 대폭락과 10월의 월스트리트 대폭락(Wall Street Crash of 1929)으로 인해 모든 나라에서 산업생산이 급감하고 실업률이 급증했으며 노동자들의 임금이 급격히 하락했다. 브르노의 섬유 제조업체들도 생산량을 대폭 줄이고 직원들을 해고했으며, 수백만 명이 식량을 구걸하던 때였다. 투겐타트 주택이 건설되는 동안 건축업계의 실업률은 52.18퍼센트 상승했고, 가격은 20퍼센트 이상 하락했다. 피에르 비용은 이런 상황에서 부를 과시하는 사치품 같은 주택이야말로 절도 행위와 같다고 비난을 퍼부었다.[*108]

투겐타트 주택을 둘러싼 논쟁에 본격적으로 불을 붙인 것은 1931년 독일공작연맹의 기관지 〈디 포름 Die Form〉에 실린 독일 예술사가 유스투스 비에르(Justus Bier, 1899~1990)의 비평이었다. "투겐타트 주택에서 사람이 살 수 있을까?(Kann man im Haus Tugendhat wohnen?)"[*109] 이 도발적 질문은 1920년대 근대건축 운동을 둘러싼 가장 유명하고 가장 치열한 토론의 서막이었다.

비평의 요지는 이런 것이었다. 이 주택은 만국박람회의 독일관이라는 추상적인 건물인 바르셀로나 파빌리온을 닮았다, 바르셀로나 파빌리온이라는 표상적 건물에서는 건축적인 특질이 칭찬을 받을 수도 있겠다, 그렇지만 그것이 살림집에 적용된 투겐타트 주택은 단지 전시품에 지나지 않는다…. 요컨대, 사생활을 압박하는 이런 '무기능'의 공간은 근대적인 저택에는 타당하지 않다는 것이었다. 또한 식당, 서재, 도서관, 거실 같은 상이한 기능들이 한 공간 속에 들어

있는 것도 편치 않다는 것이었다.[*110]

비에르의 질문을 짧게 요약하면 이렇다. 서로 방해하지 않는 다른 기능의 방을 사용할 수 없는 "그런 집에서 과연 살 수 있겠는가? 또 그런 집에 사는 것이 도덕적으로도 정당한가?"

건축주 투겐타트 부부의 반론

비에르와 달리 〈디 포름〉지의 편집장 발터 리츨러(Walter Riezler)는 미스의 투겐타트 주택이 새로운 정신과 새로운 인간성의 시작이라고 보았다. 그래서 비에르의 주장에 반론을 제기할 다른 사람을 찾았다.

이런 경우 대개는 건축가에게 글을 부탁하지만, 비에르의 글 제목이 "투겐타트 주택에서 사람이 살 수 있을까?"였으므로 이 주택에 실제로 사는 사람만이 대답을 할 수 있었다. 리츨러는 투겐타트 주택의 건축주 부부를 이 토론에 초대했고 부부는 적극적으로 초대에 응했다. 참 드문 경우다. 근대의 개인주택에 대한 논쟁에 건축주, 그것도 부부가 직접 기고문을 통해 자신의 의견을 피력한 유일한 사례일 것이다.

투겐타트 부부는 "사치품과 같은 주택"에 막대한 돈을 낭비했다는 비난에는 답하지 않았다. 다만, 자신들의 주택은 극장 같은 생활공간이 아니라고 반박했다. 또한 주택이 엄격한 전시물처럼 보인다고 해서 그 안에 사는 자신들이 전시용 삶을 사는 건 아니라고 주장했다. 그레테는 이렇게 썼다. "나는 언제나 형태가 명확하고 단순하며 공간이 널찍한(spacious) 근대적인 주택을 원했습니다. 남편은 어렸을 때 살았던 방처럼 값싸고 자질구레한 장신구나 레이스로 꽉 찬 방을 정말 싫어했습니다."[*111]

여기서 "싫어했다"에 해당하는 단어는 "horrified"다. 그냥 싫어한 것이 아니라 소름이 끼치도록 싫어했다는 뜻이다. 그레테는 이런 주택을 "언제나 원하고 있었다"고 했는데, 이는 훗날 지을지도 모르는 자기 집의 모습을 계속 염두에 두고 있었다는 뜻이었다.

제3자들은 이 주택을 인상으로만 보고 금욕적이고 엄숙하다고 생각할 수도 있다. 그러나 그레테는 정반대였다. 그 주택 안에서는 오히려 위축되지 않고 자유로움을 느낀다고 했다. 가족과 함께 그 집에서 사는 것의 즐거움을 그레테는 이렇게 표현했다. "우리는 이 집에서 사는 게 아주 즐겁습니다. 그래서 어디 멀리 떠나기가 어려워요. [집을 떠났을 때 다른 곳에서 묵었던] 좁은 방을 뒤로 하고 마음을 누그러뜨릴 수 있는 우리의 넓은 공간에 다시 돌아온다는 것을 행복으로 여기고 있습니다."[*112]

자유로운 삶의 의미가 이런 주택 공간 덕분에 새로이 표현되었다는 것이다. 자유롭다는 것은 공간이 구분 없이 연속해 있다는 것이고, 자리를 달리할 때마다 새로운 생각이 들고 새로운 감정을 느끼는 것을 말한다. 떠 있는 듯한 바닥과 천장은 나의 자리와 역할을 규정짓지 않고 오히려 다른 것을 하고 싶다고 생각하게 만들며, 그 안에서 편안한 마음으로 지낼 수 있다는 것이다. 바로 이것이 근대사회를 살아가는 근대인이 바라는 주택이 아니냐고 그레테는 반문한다.[*113]

남편 프리츠도 논쟁에 참여했다. 그는 이 주택이 그동안 부부가 바라던 바를 '완벽하게' 구현해주었다고 말한다. 짐작건대 비에르 씨가 사진만 보고 충분한 인상을 받지 못한 것 같다며, 그래서 그렇게 말했을 거라고 꼬집는다. 실제로 사는 사람만이 이 주택의 본모습을 정확히 알 수 있다는 뜻이다. 비평가들이 2층의 크고 넓은 공간만 언급하는 것도 그곳이 주택 전체 구성의 한 부분이라는 것을 염두에 두지 않았기 때문이라는 것이다.

닫힌 방이 부족하고 오히려 큰 유리창이 외부를 향해 지나치게 열려 있으며 이것은 결국 가진 자의 과시욕에서 비롯되었다는 비판도 정면으로 반박했다. 큰 방은 두꺼운 커튼을 이용해서 충분히 '닫힌 방'으로 나눌 수 있고, 같은 방식으로 외부에 대해서도 시선을 차단할 수 있다. 살아가면서 그때그때 필요에 따라 커튼으로 시야를 조절하면 된다는 것이다.

열린 공간이 장점이 될 수 있는 건 자기가 "뭔가에 집중할 때는 벽이 가까이 있어 비좁은 느낌을 받는 것보다 넓은 수평선을 더 좋아하기" 때문이라고 말한다. 방들이 서로 떨어져 있는 예전 집보다 이 새집이 오히려 가족들끼리 방해가 되지 않는다는 경험담도 곁들였다. 그리고 이렇게도 말했다. "[이 주택에서 살아보니] 이런 '가정(home)'에 서재가 없다는 게 중요하지 않다는 것을 알았다. 나는 밖에 있는 내 일터와 전문적인 생활을 더 좋아한다."

유리벽으로 둘러싸인 추상적인 공간에는 사람이 살 수 없다고 사람들은 비판했다. 그러나 그레테는 이 주택의 안과 밖이 서로 연결된 것도 중요하지만, 그럼에도 공간이 닫혀 있고 특정한 장소에서 안정되어 있다고 강조한다. 이때 유리벽은 정확하게 경계를 설정해주고 있으며, 만일 이 유리벽이 없었더라면 오히려 가족들은 불안함을 느

끼고 프라이버시도 없었으리라는 것이다.[*114]

그레테의 말을 조금 바꾸면 '밖'은 광활하게 펼쳐진 경관과 하늘이고, '안'은 내가 안정된 작은 우주다. 이 두 영역을 이어주는 것은 유리벽이다. 유리벽은 완전히 개방된 것도 아니고 폐쇄된 것도 아닌 경계로서의 "얇은 막"[*115]이다. 한편으로는 이 "얇은 막"을 통해 광활한 자연으로 확장하는 듯이 보이지만, 동시에 "닫혀 있고 특정한 장소에서 안정되어" 있음으로써 마음을 가라앉혀주는 넓은 내부를 만든다. 이것을 가스통 바슐라르가 『공간의 시학』에서 말한 바대로 표현하자면 이렇게 된다.

"어디에서나 산다. 그러나 그 어디에도 갇혀 있지 않다. 이것이 거주를 꿈꾸는 이의 표어다."[*116]

현대를 사는 우리 역시 도시의 어디에서나 살고 있지만 그 어디에도 갇히고 싶지 않은 삶을 살아간다는 점에서, 투겐타트 주택의 주거 감정은 오늘날의 주거 감정을 100년이나 앞서서 미리 보여준 것이 아니겠는가?

투겐타트 부부는 1930년 12월 초에 이사했다. 남편은 온실에 여러 식물을 키웠는데, 이 온실 유리를 통해 밖에 눈이 내리는 모습을 보면 정말 좋았다고 회상했다. 부부는 평소에는 주로 서재에 있었고, 친구들이 놀러 오면 유리벽 앞에서 저녁을 보내는 걸 좋아했다. 뒤쪽에서 온화한 빛이 그 유리벽을 아름답게 비춰주었다. 그 옆에는 식당의 원형 벽이 이어졌다. 특히 봄과 여름에는 이 집에 사는 것이 더욱 즐거웠다고 한다. 집이 이러한 생활의 즐거움을 줄 때 건축적으로 "내부와 외부가 상호 연결되어 있다"고 말한다.

유리벽 너머로 보이는 풍경.

　새집에서 1년을 보낸 건축주 부부는 이 주택이 기술적으로 현대인
이 원하는 모든 것을 가지고 있음을 확신하게 되었다. 여름에는 빛
가림막을 내리고 에어컨으로 온도를 맞춘다. 식당과 거실 등이 이어
져 있어서 음식 냄새가 불편할 것 같지만 해법은 쉽다. 전동으로 몇
초 만에 내려가는 창을 열어서 환기하면 된다. 유리벽을 크게 둘러서
추울 거라는 지적도 있다. 그러나 바닥에서 천장까지 빛을 받을 뿐
아니라 대지가 높아서 햇볕이 깊이 들어오기 때문에, 벽이 두껍고 창
이 작은 집보다 겨울에 실내를 덥히기가 더 쉽다고 한다. 서리가 내
린 맑은 날에도 창을 열 수 있다. 프리츠는 햇볕이 쬐는 방에 앉아
"[스위스의] 다보스(Davos)에 있는 것처럼 눈 덮인 풍경을 즐길 수 있
다"[117]고 말했다. 근대건축의 기술이 사람에게 어떤 유용함을 주는
지를 건축가의 주장이 아닌 거주자의 생생한 체험을 통해서 설명하
고 있는 것이다. 다음과 같은 그레테의 결론은 건축가에 대한 옹호인
동시에, "투겐타트 주택에서 사람이 살 수 있을까?"라는 질문에 대

한 명쾌한 답변이기도 하다.

"단순히 살고 잠자고 먹기 위해 지어진 주택은 사는 사람의 감정이나 의견을 드러내지 못하는 집이고, 안이한 말로 설명해야 하는 집입니다. 그러나 미스는 그런 주택이 아니라 정신(the spirit, Geist)을 위한 주택을 지었어요. …정신을 위한 집이 여기에만 지어진 건 아니겠지만, 이런 집이 어디까지 옳으며 어디까지 가능한지는 미스 씨가 해결할 수 없는 사회적 질문입니다."[118]

"정말 처음부터 이 집을 사랑했습니다"

그레테는 이 주택을 지은 과정, 그곳에서 보냈던 시절의 정경, 가구의 모양과 부재, 각종 재료, 설비 시스템 등을 40년 뒤인 1969년에도 정확하게 기억하고 있었다. 그렇게 큰 유리창을 두면 겨울에 얼어 죽을 거라고들 했지만 10밀리미터 판유리를 써서 햇볕이 좋은 겨울날은 오히려 따뜻하다든지, 평지붕은 브루노의 기후에 안 맞는다고 했지만 납과 동판을 이어 붙여서 해결했다든지, 지하에 있는 암실의 단열과 결로가 우려되었지만 방열기를 사용하니까 괜찮았다든지 등등.

오닉스 돌을 구했던 산지가 어디였는지도 기억했고, 미스가 식당 반원형 패널 재료인 마카사르 합판을 사러 파리까지 갔던 것, 식당은 6명이 앉게 되어 있었으나 테이블을 확대하면 24명까지 앉을 수 있으므로 '브루노 의자' 24개가 필요했다는 것 등 주택 건설의 구체적인 사실들을 세세히 열거했다. 커튼의 재질과 색깔, 카펫의 종류도 자세히 설명해주었다. 언제 몇 종류의 가구 도면을 받았는지, 그 가구를 만든 재료와 부재의 모양이 어땠는지, 심지어 미스와 릴리 라이히가 현장에서 가구를 만들고 있던 모습까지도 정확하게 기억했다.

그녀는 미스가 손잡이까지 디자인할 정도로 모든 디테일을 설계해줬지만, 대부분이 처음 만들어진 것이라서 미스의 의도를 충분히 실현해주지 못했을 거라고 말했다. 그리고 미스의 공간적 아이디어를 실현하는 데 개인주택이 최선의 장소는 아니었을 거라고 했다. 미스가 하나의 연속적인 표면을 원해서 바닥에 하얀 리놀륨을 깔았는데 쉽게 더러워져서 청소하는 데 애를 먹었다고, 혹시 리모델링을 한다면 입구에 쓰였던 트레버틴으로 바닥을 바꾸면 어떨지 미스에게 물어보면 좋겠다고 했다. 자기가 스위스 생갈렌(St.Gallen)에 살고 있는데, 트레버틴으로 바닥을 갈았더니 아주 아름답고 실용적이라는 것이다.

설계 당시 미스는 생활공간에 놓아둘 예술작품은 독일 예술가 빌헬름 렘브루크(Wilhelm Lehmbruck, 1881~1919)가 1913년에 만든 토르소(torso, 머리와 팔다리 없이 몸통만 있는 조각상) 하나만 있어야 한다며, 그것이 놓일 자리를 염두에 두고 거실을 스케치했다. 건축가가 사는 사람의 취향을 무시하고 자기 생각을 강요했다고 볼 수도 있지만, 건축주의 말을 들어보면 그렇지도 않다. 그레테는 렘브루크 작품 중 자기가 아주 좋아하는 것 하나를 선택했는데, 나치 점령기에 흔적도 없이 사라져서 아주 슬프다고 말했다.[119] 프리츠 역시 비에르의 비평에 대해 이렇게 대답했다. "방에 그림을 걸 수 없다고 해서 개인 생활이 억눌린 것은 아니며, 아름다운 대리석 패턴과 자연스러운 나뭇결이 예술을 대신하지는 못하지만 적절한 예술 작품으로 방의 일부가 되어 있다."[120]

건축주가 주택 구성의 원칙을 물으면 미스는 말을 돌리지 않고 왜 그래야만 하는지를 열심히 설명해주었다. 다만 남편 프리츠는 미스의 설계를 무조건 수용하지는 않았던 것 같다. 프리츠는 모든 방문을 바닥에서 천장까지의 높이로 만들면 문이 뒤틀린다는 몇몇 '전문가'들의 말을 듣고, 미스의 설계에 반대 의견을 제시했다. 그랬더니 미스가 설계를 맡지 않겠다고 했다는 것이다. 애초부터 방을 칸막이로 구분할 생각이 없었기 때문이다. 그래서 부엌이나 욕실의 타일도 바닥에서 천장까지 붙였다. 물론 그 높은 문들은 아직도 뒤틀리지 않았다.

미스는 이 주택의 가구를 들어놓게 된 경위를 1959년 런던의 건축협회 총회에서 이렇게 말한 바 있다.

"투겐타트 씨는 …나에게 '좋아요, 모든 것을 받아들이겠습니다. 그러나 가구는 아닙니다'라고 했다. 나도 '이건 너무 지나치십니다'라고 응수했다. 나는 가구를 베를린에서 브루노로 보내기로 마음먹었다. 현장 감독에게 이렇게 말했다. '가구를 지키고 있다가, 점심 식사하기 조금 전에 그를 밖으로 불러내요. 그리고 지금 가구를 집에 다 들여놓았다고 말해요. 건축주는 몹시 화를 내겠지만, 꼭 그렇게 하십시오.' 투겐타트 씨는 가구를 보기도 전에 '갖고 나가시오'라고 했다. 그러나 점심 식사 후 [가져간 식탁과 의자에 앉아보고는] 그 가구를 좋아했다. 우리 건축주를 대할 때는 건축가로서가 아니라 어린아이로 대해야 한다고 생각한다."[121]

이런저런 일들에도 불구하고 이 주택에 대한 건축주 부부의 애정은 전혀 흔들리지 않았던 것 같다. 훗날 그들은 이렇게 말했다.

"우리는 정말 처음부터 이 집을 사랑했습니다."[122]

무용학교로 쓰이던 시절의 투겐타트 주택. (위)
인터뷰 중인 그레테 투겐타트. (아래)

가장 건축주다웠던 건축주

투겐타트 가족은 1938년 5월까지 맏딸 한나(그레테의 첫 결혼에서 태어난 딸), 맏아들 에른스트, 작은아들 헤르베르트와 함께 8년 동안 이 집에서 살았다. 그러다가 나치의 침공 1년 전 그레테와 두 아들이 스위스로 이민했다. 부부는 1941년 1월 베네수엘라로 이주하여 카라카스에 작은 직물공장을 세웠다. 1950년에 스위스로 돌아왔으나, 프리츠는 브르노의 자기 집을 다시 보지 못하고 8년 후에 암으로 사망했다.

투겐타트 주택은 제2차 세계대전 중에 독일군에 의해 약탈당했다. 1944년에는 소련 기병연대의 마구간으로 쓰였다. 병사들이 트레버틴을 깐 정원 계단을 오르내렸으며, 오닉스 벽 앞에서 꼬챙이에 고기를 꽂아 구워먹었다. 마카사르 돌도 없어지고 렘브루크의 토르소도 없어졌다. 미스와 라이히가 세심하게 설계한 방은 폐허가 되었고 가구는 장작으로 쓰였다. 종전 이후 1980년대에 리모델링을 하기 전까지 이 집은 무용학교와 인근 어린이 병원의 재활센터로 사용되었다.

그레테는 1967년에 자기 집에 30여 년 만에 돌아왔고, 2년 후 막내딸 다니엘라와 함께 다시 왔다. 1969년 1월 '예술의 집'에서 체코어로 한 강연에서 그녀는 건축가 미스와의 협업 과정을 청중들에게 상세히 들려주었다. 강연록을 읽어보면 이 주택은 미스 혼자서 지은 게 아니라 투겐타트 부부라는 또 다른 건축가와 함께 지은 것임을 알게 된다.

그레테가 1934년 브르노 건축가협회지에 기고한 '건축가와 건축주'라는 글에는 이런 내용이 담겨 있다. 건축가는 건축주의 옹졸함

으로 인해 자기가 설계한 것이 무너질 거라고 처음부터 두려워하면
안 된다. 건축주 또한 건축가가 자기만의 세계에 집착할 거라고 지레
짐작하고 자신의 의지를 드러내지 않는다면 그보다 형편없는 일은
없다. 건축주에게 가장 중요한 것은 건축물에 맞는 건축가를 선택하
는 일이며, 건축주와 건축가가 존재의 감각을 함께 나누어야 한다.
결국 건축가와 건축주는 인간적으로, 또한 근본적으로 일치해야 한
다는 것이다.[123]

  이것은 유명한 거장 건축가의 말이 아니다. 100년 전에 지어진 어
떤 주택의 건축주가 했던 말이다. 건축가와 건축주의 관계가 어떠해
야 하는지를 너무나 분명하게 제시하고 있다. 과연 오늘날의 건축주
들은 이렇게 말할 수 있을까? 그레테 투겐타트는 판스워스 주택의
건축주와는 전혀 다른, 가장 건축주다운 건축주였다.

4
카우프만 가(家) : 낙수장

20세기를 연 최고의 주택 '낙수장(落水莊)'은 피츠버그의 백화점 경영자 에드가 카우프만(Edgar Jonas Kaufmann, 1885~1955)의 여름 별장이다. 프랭크 로이드 라이트(Frank Lloyd Wright, 1867~1959)가 1936년에 완성했고, 12년 후에는 이 건물 위로 게스트하우스가 증축되었다.

낙수장은 애팔래치아 산맥을 흐르는 펜실베니아주(州) 베어런(Bear Run)에 세워졌다. 피츠버그 중심에

건축주 에드가 카우프만.

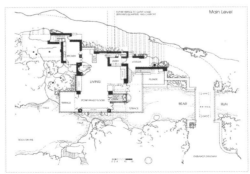

낙수장 전경(위)과 평면도(아래).

서 남동쪽으로 80킬로미터 떨어진 산속이다. 대지는 폭포 꼭대기의 바위 골짜기에 있으며, 계류가 폭포가 되어 떨어지는 거대한 바위 위로 건물이 길게 뻗어 있다. 건물 주위는 울창한 숲이 에워싸고 있다.

프랭크 로이드 라이트는 92세까지 장수한 건축가였다. 이 주택은 69세에 시작하여 72세 때 완성했다. 그는 무려 800개의 건물을 설계했고 그중 400개가 지어졌다. 1년에 10개꼴이고 거의 한 달에 하나씩 지은 셈이니, 한 사람이 어떻게 그 많은 건물을 설계했을까 놀라울 따름이다. 그렇다고 그의 작품이 모두 걸작인 건 아니었다. 워낙 많이 설계했기 때문에 다른 건축가에 비해 걸작이 많았던 것 같다. 그중에서도 최고의 걸작이자 20세기 최고의 주택으로 손꼽히는 게 바로 이 낙수장이다.

자연과 하나되는 집

낙수장은 한자로 '落水莊'이다. '떨어지는 물이 있는 집'이라는 뜻이다. 이 이름은 라이트가 스케치를 하고 나서 그 옆에 'Fallingwater'라 적은 것에서 비롯되었다. 'waterfall(폭포)'를 뒤집어서 만든 이름이다. 폭포 위에 지어져 이름 그대로 자연과 흠뻑 어우러져 있다.

거실 바닥은 과감하게도 폭포 위에 외팔보(캔틸레버) 구조를 걸쳐놓았다. 외팔보란 한쪽은 튼튼하게 고정되고 다른 한쪽은 하중이 받쳐지지 않은 구조를 말한다. 거실에는 유리 해치웨이(갑판의 개구부)가 있고 이를 통해 개울로 곧장 내려갈 수 있는 계단이 있다. 계단은 원래 철재로 매달았으나 나중에는 계류 밑에 철골로 고정했다. 이런 방

개울로 직접 내려가는 계단.

난로 앞의 울퉁불퉁한 바위.

식으로 자연과 일체가 된 건축을 만들고자 했다.

낙수장은 자연 그대로의 바위 위에 얹혀 있어서 여느 건물들과 달리 '기초'가 없다. 좁고 어두운 현관문을 지나 안으로 들어서면 사방으로 '숲'이 나타난다. 벽과 바닥을 숲처럼 느끼게 하려고 그 지역의 사암을 거칠게 쌓은 것이다. 바위 위를 거실로 만들어서 난로 앞에는 바위가 울퉁불퉁하게 돌출해 있다. 집을 둘러싸고 있는 자연과 최대한 일체감을 주기 위해서 개울 쪽으로는 수평으로 연속하는 창을 두었다.

안팎으로 열리는 창.

창문은 벽에 직선으로 붙지 않고 한 번 직각으로 꺾인 다음, 섀시 없이 다른 쪽 벽에 틈을 내어 유리를 직접 끼웠다. 이렇게 하니 바깥을 마감하는 거친 석재가 안까지 연장되어 내장 재료가 된다. 직각으로 꺾이는 부분에는 두 쌍의 작은 창이 안으로도 열리고 밖으로도 열린다. 창을 다 열면 방의 모서리는 시선이 막히지 않고 자연을 향해 활짝 개방되어 언제나 자연에 둘러싸여 있다는 느낌이 가득하다. 땅이 워낙 넓어서 남들의 시선이 닿지 않기 때문에 낙수장의 창에는 커튼이 없다.

건축주 카우프만과 그의 아들

낙수장을 말할 때 자칫 놓치기 쉬운 것은 건축주 카우프만과 그의 아들 에드가 카우프만 주니어(Edgar Jonas Kaufmann jr., 1910~1989)의 건축에 대한 남다른 태도다. 카우프만은 피츠버그의 대표적 쇼핑몰인 '카우프만 백화점'의 소유주이자 경영자였다. 그가 70세로 세상을 떠났을 때 피츠버그의 신문들은 '상인의 왕자'를 잃었다는 애도 기사를 1면에 실었다. 그 정도로 시민들에게 존경받은 인물이었으며, 라이트도 건축주이자 오랜 친구였던 그를 깊이 애도했다.

카우프만은 폭포가 있는 곳을 포함한 넓은 산림을 소유하고 있었다. 피츠버그에서 베어런 역까지 기차로 두 시간을 달려온 다음 걸어서 올라가야 하는 곳이었다. 1916년에 그는 지역 건축가에게 의뢰하여 베어런에 백화점 여직원들의 휴양지인 '카우프만의 여름 클럽'(Kaufmann's Summer Club)을 짓고 테니스, 수영, 하이킹, 배구, 일광욕, 영화, 독서를 할 수 있는 장소를 만들었다. 그러나 대공황이 닥쳐 직원들이 여행할 여유가 없어지자 그곳을 휴양지로 바꾸기로 했다. 낙수장을 짓기 전에

에드카 카우프만 주니어(가운데).

는 베어런에 오두막집 하나를 짓고 주말을 보내곤 했다.

카우프만은 맑은 계류가 큰 바위 사이로 용솟음치며 2단, 3단의 폭포가 되어 떨어지는 베어런의 풍경에 크게 매료되었다. 그는 일 년 내내 폭포를 감상할 수 있고 낮은 여울에서 헤엄도 칠 수 있는 별장을 짓고 싶어 했다. 폭포를 바라보고 그 소리를 들으며 손을 적시는 것! 그것은 복잡한 도시 생활로부터의 탈출과 휴식을 의미했고,

1912년 이전의 폭포.

근대사회가 낳은 또 다른 생활 형태였다. 베어런의 폭포는 당시 모든 미국인들이 꿈꾸던 거주의 표상 같은 것이었다.

라이트에게 낙수장 설계의 계기를 만들어준 것은 카우프만의 외아들 에드가 카우프만 주니어였다. 1934년 당시 24살이었던 카우프만 주니어는 오랫동안 머무르던 유럽을 떠나 미국으로 돌아왔다. 그때 뉴욕의 화랑에서 일하던 여자 친구가 한 번 읽어보라며 책 한 권을 건넸다. 프랭크 로이드 라이트의 『자서전(An Autobiography)』[124]이었다.

그 책을 읽고 크게 감동한 카우프만 주니어는 건축가가 될 마음이 전혀 없는데도 탤리에신(Taliesin)에서 아틀리에를 운영하던 라이트를 찾아가 면접을 보고 사무소에 취직했다. 당시 일이 별로 없던 라

이트는 그곳에서 젊은이들과 함께 아틀리에 겸 건축학교를 운영하고 있었다. 그러나 카우프만 주니어를 채용한 것이 계기가 되어 피츠버그에서 큰일을 할 수 있게 되었고, 같은 해에 낙수장 설계도 의뢰받았다.[*125]

그런데 이상하게도 우리나라 인터넷에는 건축주 카우프만이 폭포의 물소리 때문에 시끄러워서 잠을 못 자다가 결국 본래 살던 집으로 돌아갔다느니, 무작정 예술성만을 강조한 이 집을 건축주가 기부해버렸다느니 하는 얘기들이 많이 나돈다. 죄다 터무니없는 낭설이다. 카우프만 가족은 1941년 태평양전쟁으로 난방 연료가 부족해지자 처음엔 집을 떠나 호텔에서 살다가, 토탄(土炭)을 얻기 쉬운 낙수장으로 거처를 옮겼다. 낙수장은 단순한 별장이 아니었으며, 그들은 아주 오랫동안 이 주택에서 살았다.

두 시간 만에 그려낸 도면

라이트는 현장에 다녀오자마자 돌 하나하나, 지름 15센티미터 이상인 나무들까지 모두 표시한 등고선 측량도를 마련해달라고 요청했다. 건축주는 이듬해인 1935년 3월에 측량도를 보냈고, 두 달 후에는 따로 부탁한 백화점 계획안과 함께 별장의 계획안도 보내달라고 말했다. 그러나 라이트는 6개월 동안 아무것도 그리지 않고 측량도만 바라보고 있었다.

무작정 기다릴 수가 없었던 카우프만은 밀워키를 여행하던 중 라이트에게 전화를 걸었다. 설계도를 보고 싶다며 9월 22일 탤리에신에 들르겠다는 것이었다. 그러자 뜻밖에도 라이트는 도면이 다 준비되어 있으니 어서 오시라고 했다.

라이트의 제자인 에드가 타펠(Edgar Tafel, 1912~2001)에 의하면, 카우프만과 통화할 때까지만 해도 라이트는 계획안에 손도 대지 않은 상태였다. 그런데 카우프만이 오기로 한 날 아침에 제도판 앞에 앉자마자 무서운 속도로 세 개의 스케치를 그리기 시작했다고 한다. 단 2시간

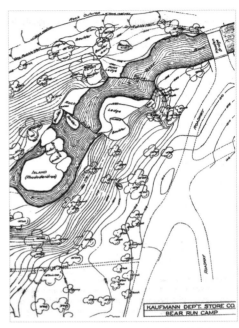

낙수장 대지의 측량도.

만에, 그리하여 카우프만이 도착하기 몇 시간 전에 도면을 완성했다는 것이다. 그때 그렸던 평면도 세 개, 단면도, 입면도의 선과 축척은 매우 정확했고, 어떤 집이 지어질지를 완벽하게 보여주었다.

라이트는 아침 6시 반에 아침 식사를 마치고 처음으로 별장 스케치를 그리기 시작했다. 그는 "부인과 카우프만 씨는 이 발코니에서 차를 마시겠지? …다리를 건너 숲을 이렇게 빠져나온단 말이야"라고 중얼거리며 1층 평면도, 2층 평면도, 단면도, 입면도를 쓱쓱 그려냈다. 그리고 "집에는 이름이 있어야지"라며 제일 먼저 그린 도면 위에 'Fallingwater'라고 적었다.

낮이 되어 카우프만이 도착했다. 라이트는 계단에서 그를 반갑게

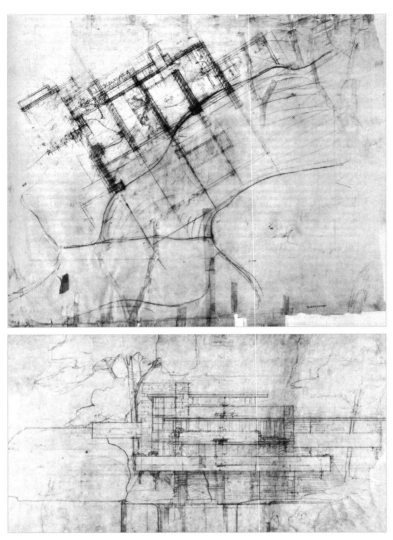

낙수장 1층 평면도(위)와 입면도의 첫 스케치(아래. 1935년 9월. Donald Hoffmann,
Frank Lloyd Wright's Fallingwater: The House and Its History, Dover Publicationsm
1993, pp.18~19)

맞았다. "우리는 당신이 오시기를 기다리고 있었습니다." 그리고 낙수
장 도면을 보여주며 자신의 계획을 설명했다. 라이트와 카우프만이
점심 식사를 하는 동안 두 명의 제자가 나머지 입면도 두 장을 완성
했다. 식사를 마치고 돌아와서 라이트는 그 두 장의 입면도로 설명을
계속 이어갔다. "이게 서측 입면도이고… 이건 북측 입면도입니다."

이렇게 말하면 라이트가 아무 일도 안 하고 벼락치기로 재능을 발
휘한 것처럼 들린다. 하지만 그렇지 않다. 설계란 일단 마음속에서
철저하게 그린 다음 종이 위에 그리기 시작해야 한다는 그의 생각을
보여주는 사례일 뿐이다. 라이트는 낙수장을 설계하기 몇 년 전인
1928년에 이렇게 말했다.

"따라서 이제까지보다 더 신중하게 건물을 상상의 세계에서 마음
에 그리는 것이다. 제일 먼저 종이 위가 아니라 마음속에서, 종이를
만지기 전에 전체를 철저하게. 건물을 상상 속에서 살려보자. 그리고
제도판을 향하기 전에 서서히 더욱 확실한 형태를 발전시켜가자. 그
러고 나서 당신들에게 사물이 살아난다면, 그때 도구로 설계 작업을
시작하는 것이 좋다. 결코 그 전에 시작하면 안 된다."[126]

카우프만은 라이트가 처음으로 보여준 도면을 보고 상당히 놀랐
다. "나는 이 집이 폭포 위가 아니라, 폭포 옆에 놓일 걸로 생각했는
데요." 그러자 라이트가 곧바로 대답했다. "카우프만 씨, 저는 당신
이 폭포를 단지 바라만 보는 게 아니라 폭포와 함께 생활하기를 원
해요. 그러려면 폭포가 당신의 생활에 필수적인 부분이 되어야 합니
다." 카우프만은 아무 말도 하지 않고 묵묵히 도면을 응시했다.

카우프만은 다시 베어런으로 가서 그곳에 새로 지어질 집을 상상해
보았다. 그리고 9월 27일 라이트에게 이렇게 편지를 썼다. "초기 스케

치, 평면도와 입면도를 가능한 한 빨리 받을 수 있게 작업을 계속해 주시고, 일을 마치면 도면을 들고 피츠버그로 와주시기 바랍니다.”

이렇게 해서 라이트는 별장을 폭포 '근처'가 아니라 폭포 '위'에 세운다는 꿈을 건축주에게 심어 주었다. 그러나 라이트의 동료 중 한 사람은 이미 몇 달 전에 라이트와 카우프만이 별장은 폭포 위에 지어질 거라고 이야기했던 것을 기억하고 있었다. 그때만 해도 카우프만은 그냥 흘려들었던 것 같다. 정말로 그렇게 될 거라고는 생각하지 못했던 것이다.

그렇게 보면 카우프만은 정말 남다른 사람이었다. 대부분의 건축주들은 그런 이야기를 듣는 순간 곧바로 건축가의 설계를 거부했을 것이다. 무슨 소리냐, 그건 당신 생각이고 내가 원하는 것은 그게 아니다, 그러니 내가 원하는 대로 고쳐달라고 했을 것이다. 그러나 카우프만은 라이트의 설계안을 있는 그대로 받아들였다. 그것은 라이트에 대한 존중과 그의 모더니즘에 대한 애정 때문이었지만, 무엇보다도 폭포 위의 집이라는 독특한 구상에 매력을 느꼈기 때문일 것이다.

라이트와 함께 집터를 찾아간 카우프만은 냇물에서 수영을 하고, 물과 비바람에 씻겨 반들반들해진 커다란 바위 위에 배를 깔고 엎드려 일광욕을 했다. 그런 바위를 '볼더(boulder)'라고 하는데, 따로 떨어져 있는 큰 바위라는 뜻이다.

라이트는 그 바위를 거실 벽난로의 바닥으로 정했고, 그로부터 25센티미터 내려간 지점을 거실 바닥으로 삼았다. 태곳적부터 그곳에 있었던 바위가 인간이 지은 건축과 직접 이어지게 된 것이다. 폭이 7미터인 2층 테라스를 받치는 외팔보의 길이는 1층 주심(柱心)에서 한계치인 6.4미터나 되었는데, 이 바위는 거실 바닥을 받치는 네 개의

낙수장의 투시도.

외팔보 중 한 개의 기초이기도 했다. 이렇게 해서 수평선이 크게 강
조되어 건축의 존재감이 뚜렷해졌고 강과 바위, 폭포와 숲은 하나가
되었다.

문제의 외팔보

낙수장은 라이트가 처음으로 철근콘크리트로 지은 주택이었던 것
같다. 그러니 저 거대한 외팔보로 지지되는 거대한 발코니가 건축주
에게는 얼마나 위태롭게 보였을까? 그런데도 카우프만은 이를 받아
들였다. 그가 반대했다면 낙수장이라는 걸작은 태어나지 못했을 것
이다. 방과 욕실에 문이 있기는 했지만 생활은 입체적으로 하나의
자유로운 평면 속에서 이루어지게 했다. 이 또한 그런 주택에 살고자
하는 건축주 가족의 적극적인 욕구가 있었기에 가능한 것이었다.

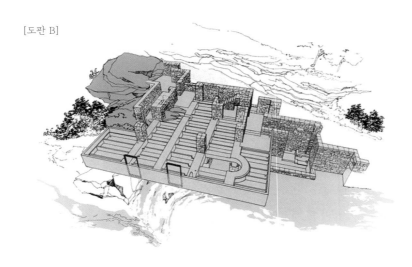

카우프만 주니어가 직접 쓴 『낙수장』에 실린 도판. 네 열의 두꺼운 벽기둥. (위)
그 위에 거실, 식당, 현관이 있는 주층의 철근콘크리트 구조 바닥을 얹는다. (아래)

낙수장은 철근콘크리트 구조에 외팔보로 크게 튀어나와 있고, 층마다 널찍한 테라스가 위아래로 겹쳐 있다. 이 때문에 층마다 평면 모양도 다르고 그것을 지지하는 구조도 꽤 복잡하다. 먼저 커다란 바위가 폭포 바로 앞의 개울이 흐르는 방향으로 놓여 있다. 그 바위를 걸터타며 개울의 흐름에 직교하는 두꺼운 벽기둥 네 열을 평행으로 배치한다(도판 A). 그 위에 거실, 식당, 현관이 있는 주층의 철근콘크리트 구조 바닥을 얹는다(도판 B). 춤이 높은 보와 그것에 직교하는 작은 보를 많이 두고 그 위에 바닥 슬래브를 두었다. 이렇게 지지되는 바닥 슬래브를 폭포 쪽으로 길게 내어 붙였다. 그러나 보의 위아래에 슬래브가 놓여 있어서 밖에서는 그 안에 보가 있는지 알 수 없게 만들었다.

아들 카우프만 주니어는 1963년 밀라노에서 출간된 건축 잡지에 「폭포 위에 지은 집에서 25년」[127]이라는 논문을 썼는데, 이 글에는 낙수장을 완성하고자 하는 건축주의 25년간의 노력이 담겨 있다. 낙수장을 건설하는 동안 건축가와 건축주 사이에는 상당한 논쟁이 있었다고 한다. 실시 도면이 완성되자 카우프만은 이 파격적인 구조가 정말로 안전한지 크게 걱정이 되어 평소 잘 알고 지내던 구조기술자들에게 의견을 구했다. 도면을 본 구조기술자는 8개의 문제점을 지적했다. 홍수 때 폭포의 위험성, 바위가 물에 침식되고 깎여나갈 우려, 철근콘크리트의 배근 등에 관한 것이었다. 카우프만은 이 보고서를 라이트에게 보냈다.

라이트는 격노했다. 당신은 집을 지을 의지가 없으니 도면을 당장 돌려달라고 카우프만에게 편지를 썼다. 그러자 카우프만은 미안하다고 정중히 사과하고 실시 도면을 빨리 완성해달라고 답장을 썼다.

이렇게 답장을 보낸 그날, 카우프만은 베어런을 방문한 구조기술자들에게 기초 선과 바위의 침식을 자세히 살펴보고 라이트가 설계의 기초로 사용하는 바위를 점검해달라고 부탁했다. 이틀 후 그들이 답변을 보내왔다. 건축의 구조적 측면을 볼 때 기술자로서 이 장소를 절대 추천할 수 없다는 것이었다. 카우프만은 이 보고서를 식탁이 있는 벽 속에 넣어두었다.

본격적인 공사가 시작되었다. 그러나 순조롭게 진행되지는 못했다. 현장이 공사하기에 매우 어려운 장소였고 구조형식도 심상치 않았기 때문이다. 시공업자조차 이 건물을 잘 이해하지 못했고, 구조에 대해서는 구조기술자와 라이트의 견해가 전혀 달랐다. 그러나 라이트는 이런 문제들을 그다지 심각하게 보지 않았던 것 같다. 그는 피츠버그에 열한 번이나 가면서도 베어런에는 한두 달에 한 번만 들렀을 정도로 현장 방문이 뜸했다. 이런 라이트와는 달리 건축주 카우프만은 매주 금요일 밤마다 현장에 직접 나가보았다.

1층의 거실 바닥을 받치는 외팔보의 형틀을 다 짜고 나니 그 길이가 대단했다. 카우프만은 또다시 걱정이 되기 시작했다. 그는 자재 공급회사에 있던 기술자들에게 검토를 맡기고 구조 도면을 그리게 했다. 그리고 라이트에게는 알리지 않고 외팔보의 철근 양을 두 배로 늘렸다. 그런 다음 탤리에신에서 현장 감리로 파견한 모셔(Mosher)가 보는 앞에서 배근하고 콘크리트를 타설했다. 그러나 문제가 생겼다. 외팔보를 칠 때 처짐을 고려하여 약간 올려 쳐야 하는데 그냥 수평으로 콘크리트를 타설했고, 추가한 철근 때문에 외팔보가 밑으로 처지고 말았다. 이 소식을 들은 라이트는 격노하여 이런 편지를 썼다.

"친애하는 카우프만 씨. 만일 이 주택에서 일어난 콘크리트 기술의 대가를 당신이 내신다면 여기에서 제가 하는 일은 쓸모가 없겠군요. 그 일을 당신이 넘겨받아 처리하신다니 고마운 일이지만, 저는 모욕 당하고 싶지 않습니다. …어떤 건축가와 친하신지 모르겠지만 제가 생각하는 부류의 사람은 분명히 아닙니다. 그러나 당신은 수준이 괜 찮은 사람을 대할 줄 모르시는 것 같군요. 저는 이 집에 기대를 걸 권리를 가진 당신이나 다른 건축주보다 더 많은 것을 이 집에 쏟고 있습니다. 그런데도 당신의 신용을 얻지 못한다면 모든 게 끝입니다."

이에 카우프만은 라이트가 쓴 문장을 그대로 반복하면서 이렇게 점잖은 사과 편지를 보냈다.

"친애하는 라이트 씨. 만일 이 주택에서 일어난 콘크리트 기술의 대가를 당신이 받으셨다면 여기에서 제가 비판하는 일은 쓸모가 없 겠군요. 당신이 넌지시 말하듯 그 일을 당신이 넘겨받아 처리하신다 니 고마운 일이 아니며, 저도 모욕당하고 싶지는 않습니다. … 어떤 건축주와 친하신지 모르겠지만, 제가 생각하기에 그들은 저 같은 사 람은 분명히 아닙니다. 그러나 당신은 수준이 괜찮은 사람을 대할 줄 모르시는 것 같군요. 제한적인 방법으로 당신의 계획이 실천되도록 이 프로젝트 뒤에서 최대한의 열의를 쏟았습니다. 그런데도 당신의 신용을 얻지 못한다니 모든 게 끝입니다."

이 일이 있고 나서 라이트는 현장 감리를 에드가 타펠로 교체했다.

그 뒤에도 카우프만은 백화점의 건설 담당자를 보내 콘크리트 균 열 문제를 점검했고 결과를 라이트에게 알렸다. 그러자 라이트는 어 떤 콘크리트 구조든 균열이 가게 되어 있고, 시간이 지나면 서서히 없어진다고 했다. 그런데도 카우프만은 이 균열이 걱정되어 세 번씩 이나 다른 곳에 검사를 의뢰했다.

외팔보 발코니를 받치고 있던 동바리.

콘크리트 공사가 끝나고 거푸집을 떼는 순간이 왔다. 시공업자는 겁에 질려서 외팔보 발코니를 받치고 있는 마지막 동바리(거푸집을 받쳐주는 목재나 금속 파이프)를 걷어내는 것을 거부하고 있었다. 라이트는 성큼성큼 걸어가서 그 동바리를 발로 걷어찼다. 집은 무너지지 않고 단단히 서 있었다.

"그-안에-사람이-살게-된-공간"

라이트는 르 코르뷔지에의 건축을 싫어했다. 르 코르뷔지에는 "주택은 살기 위한 기계"라는 말로 유명해졌지만, 라이트는 바로 그 말 때문에 르 코르뷔지에의 주택에는 생활의 감정이 없다고 대놓고 비난했다. 그것은 모형을 입체로 만든 카드보드 건축, 생활이 느껴지지 않는 2차원의 건축에 지나지 않는다는 것이다. 1952년 5월 《Architectural Record》라는 건축 잡지에 라이트는 「유기적 건축은 근대건축을 이렇게 본다(Organic Architecture looks at Modern Architecture)」라는 제목의 글을 발표했다.

"근대건축은 유기적 건축의 자손이다. 너무 뒤늦게 피어나 상업화하고 양식화할 우려가 있다. …유기적 건축이란 본래 인간미 있는 생활을 위한 새로운 감각을 지닌 쉘터를 말하는 것이기도 하다. …근대건축은 3차원의 유기적 건축에서 발생한 것이지만 이제는 2차원이 되어 …모든 장식을 벗겨낸 높고 네모난 상자가 되어 …바지를 벗고 공중에 서 있다."

그런데도 르 코르뷔지에의 사보아 주택과 라이트의 낙수장은 종종 비교의 대상이 된다. 둘 다 당대 거장의 대표작이었기 때문이다.

일단 지어진 땅이 전혀 다르다. 사보아 주택은 평평한 넓은 땅에 지어졌고 집 위에서는 멀리 센 강이 바라다보였다. 그러나 낙수장은 작은 개울의 폭포 위, 바위가 많고 나무가 빽빽하게 우거진 숲속에 지어졌다. 당연히 낙수장의 땅이 설계하기가 훨씬 어렵다. 그런데도 라이트는 여러 장애물을 능숙하게 통합하여 자연과 주택이 전혀 충돌하지 않게 설계했다.

건축주인 사보아와 카우프만은 둘 다 부유한 사람들이었다. 도시에서 떨어진 한적한 곳에 주말 주택을 원했다는 점, 유명한 건축가에게 관습에 얽매이지 않는 설계를 부탁한 점, 심지어는 새집에서 누수 같은 심각한 결함으로 고심했다는 점에서도 비슷했다. 그러나 앞에서 보았듯 사보아 주택의 건축주는 불행했고, 낙수장의 건축주는 자연 속에서 자신의 생활을 행복하게 일구어냈다.

아들 카우프만 주니어는 자신의 책*128에서 외팔보의 처짐, 난간의 금, 누수 등 주택과 관련된 여러 문제들을 적었다. 이 글은 건축주라는 존재가 그저 좋은 집에 대한 희망만 품고 있는 사람이 아니라 자기가 살고 싶은 집, 살기 쉬운 집을 짓기 위해 스스로 제안하는 사람임을(또는 그런 사람이어야 함을) 잘 보여준다. 카우프만 가(家)의 사람들은 가만있다가 집이 다 지어진 다음에야 심각한 허점을 알게 된 사보아나 판스워스와는 달랐다. 처음부터 건축가와 세심하게 하나하나 의논해가며 본인들이 살기에 좋은 주택을 짓고자 했다.

이들은 가구나 조명기구 샘플을 직접 살펴보고 마음에 드는 제품을 골라서 라이트의 동의를 얻었다. 지금도 사용하고 있는 카펫은 라이트가 디자인한 것을 받아들이지 않고 건축주 스스로 선택한 다음 건축가를 설득해서 결정한 것이다. 아들은 비슷한 시기에 지어진 월터 그로피우스의 자택에 달린 손잡이와 경첩이 라이트가 설계한 것보다 더 좋다고 생각했고, 그 제품을 만든 회사에 직접 주문을 넣었다. 부인 릴리언(Liliane, 1889~1952)은 게스트하우스 현관 옆에 작은 수영장을 제안했다. 카우프만은 유리창이 직각으로 만나는 곳에 창틀을 없애고 양쪽으로 열리게 해달라고 건축가에게 요청했다. 유리창의 창틀을 없애고 유리와 돌벽이 직접 만나게 해달라고 주문하기도 했다.

입주 후에 이런저런 문제들이 드러났지만 그들은 조바심을 내지 않았다. 오히려 아들 카우프만 주니어는 건물이라는 게 원래 시간이 지나면서 늘어나거나 줄어드는 법이라고 이해하고 있었다. 한때 창의 유리가 얼어서 금이 갔지만, 창이 구조에 적응을 했는지 시간이 지나자 그런 걱정이 없어졌다고 했다. 1950년에는 비가 심하게 새서 양동이 17개로 빗물을 받아냈는데, 건축가를 원망하지 않고 시공상의 잘못을 밝혀내어 고치기도 했다.

준공 무렵 기술자들이 발코니에 돌을 붙인 후에 평형을 확인해보니 서쪽이 57밀리미터 쳐졌는데, 이는 이전보다 25밀리미터 늘어난 수치였다. 계산상으로는 한도를 넘지 않았지만 안전하지는 않다는 판정이 내려졌다. 카우프만은 혹시 자기가 구조 도면을 바꾸어 시공했기 때문인지 걱정이 되어 매년 처지는 곳을 측정하고 그래프용지에 기록했는데, 나중에는 측정 위치가 14곳에서 35곳으로 늘어났다. 이런 측정은 그가 세상을 떠날 때까지 계속되었다.

라이트는 "그-안에-사람이-살게-된-공간"(the-space-within-to-be-lived-in)이라는 말로 자신의 주택을 요약했다(이 말이 어렵게 들리면 한 번 더 천천히 소리 내어 읽어 보라). 낙수장의 핵심은 그 주택 안에 실제로 사람이 살면서 만들어진, 밀도와 깊이를 가진 공간에 있다. 그런데 이 밀도와 깊이는 성실하고 통찰력 있는 건축주에게서 비롯되었고, 그들에 의해 완성되었다. 아들 카우프만 주니어는 이렇게 썼다.

"그러면 이 결함은 라이트의 능력이 부족해서일까? 아니다. 건축가와 건축주는 이제까지 할 수 있었던 실무의 한계를 넘어서 탐구하며 낙수장을 설계했다. 이 점을 염두에 둔다면 비슷한 상황에서도 답을 찾을 수 있다. 낙수장에서 위아래로 작은 처짐이 생기리라고는 예상하지 못했다. 초기에 지어진 마천루에서도 좌우의 흔들림을 예상하지 못했다. 이제는 그런 현상이 오히려 정상적으로 받아들여지고 있다.

위대한 기념비적 건축물 중 몇몇은 구조적 문제를 겪었다. 그러나 정확하게 말하자면 그것은 어떤 한계를 넘어 그 건축물을 세우고자 애썼기 때문이다. 콘스탄티노폴리스의 아야 소피아의 돔, 로마의 성 베드로 대성전의 종탑, 파리의 팡테옹의 중심부는 모두 구조적 안정성이 불안하여 크게 고쳐야 했다. 이런 건축물들은 여전히 서 있고, 그 나라의 예술에 명예를 더해주고 있다.

내 아버지는 군주도 아니었고 그의 주택은 공공 기념물로 여겨지지도 않았다. 그런데도 라이트의 천재성은 이러한 사실이 옳았음을 보여준다. 그러니 낙수장에서 일어난 몇몇 결함들에 대해 일일이 변명할 필요는 없을 것이다."[129]

아들 카우프만 주니어는 오랫동안 혼자서 낙수장을 보호하고 관리했다. 상속받은 낙수장을 1963년 '서(西) 펜실베이니아 환경보존협회'에 기부하며 그는 이렇게 말했다.

"어머니 릴리언과 아버지 에드가 카우프만을 기념하는 이유는 무엇일까요? 이 땅과 집은 그들이 가꾸고 지은 것입니다. 집을 짓기 몇 년 전부터 두 분은 이곳에서 살면서 행복을 느꼈고 그것으로 활력을 얻었습니다. 이 집이 새로운 존재에 적합하다면, 그건 그들이 이 집을 잘 만들었기 때문입니다. 이 집이 이렇게 서 있듯이 이 집은 그들의 장소입니다. …자연과 하나가 되어 자연과 평등하게 결합하고자 하는 인간의 욕망이 있는데, 집과 대지가 그 이미지를 함께 만들었습니다. …그런 장소는 소유할 수 있는 게 아닙니다. 그 장소는 어떤 한 사람을 위해 어떤 한 사람이 지은 작품이 아닙니다. 그것은 인간을 위해 인간이 지은 작품입니다."

낙수장은 건축주 카우프만의 집인 동시에 건축가인 라이트의 집이었다. 그는 이렇게 썼다.

"이 집은 라이트의 건물이면서 우리 일가의 것이다. 그러나 모순은 없다. …나에게는 이 집이 저 먼 곳을 향해 자라는 건축이었던 것처럼 생각된다."

건축에 대해 반드시 알아야 할 것이 있다. 건축은 우리가 사는 방식과 깊은 관계가 있다는 사실이다. 건축은 크기와 면적을 가진 물질적 구조물이지만 그 안에는 공간의 밀도, 무게, 색깔을 만들어내는 '생활'이 있다. 그러므로 건물은 건축가 혼자서 짓는 것이 아니다. 건축주도 함께 짓는 것이다. 그런데도 우리는 건축주가 뭘 하는 사람인지, 무엇을 소중하게 여겨야 하는지 잘 모르고 있는 것 같다.

건축이 내부에 담고 있는 것들

1946년 카우프만은 리차드 노이트라(Richard Neutra, 1892~1970)에게 설계를 맡겨 캘리포니아 팜스프링스에 '카우프만 사막의 집(Kaufmann Desert House)'이라는 별장을 지었다. 이 주택은 미국의 국제양식건축에 속하는 중요한 건물이며 프랭크 로이드 라이트의 낙수장, 미스 반데어로에의 판스워스 주택과 함께 20세기를 대표하는 주택이 되었다. 노이트라는 유대계 오스트리아인으로서 아돌프

카우프만의 별장 '카우프만 사막의 집'.

로스의 건축학교에 다닌 적이 있으며, 미국으로 이주한 후 라이트의
탤리에신에서 일한 바 있다. 아들 카우프만 주니어는 이 주택이 완성
되기 전에 뒤늦게 도면을 보고 크게 화를 냈다고 한다.

　카우프만은 여러모로 인품이 좋은 사람이었으나 못 말리는 바람
둥이였다. 그는 낙수장에서 수시로 파티를 열며 화려한 생활을 즐겼
지만 부인 릴리언은 남편과의 불화 때문에 행복한 만년을 보내지 못
했다. 그녀는 종종 게스트하우스에서 홀로 지내곤 했다. 어느 날 야
간 경비원이 순찰을 도는데, 부인이 하얀 잠옷을 입은 채 슬픈 눈빛
으로 폭포를 바라보고 있었다고 한다. 그런데도 카우프만은 1951년

에 젊은 간호사와 사랑에 빠져 노이트라가 설계한 새집에서 밀회를 즐겼다.

릴리언은 손님을 맞을 때를 제외하고는 남편과 집을 같이 사용한 적이 없다고 라이트에게 털어놓았다. 그리고 남편이 노이트라의 설계로 지은 새집 옆에 자기만의 개인 휴양지를 설계해달라고 부탁했다. 부인은 우울증에 시달리다가 결국 1952년 약물 과다복용으로 사망했는데, 아들은 어머니가 자살했다고 믿고 있었다.

부인이 세상을 떠나자 카우프만은 애인과 결혼하여 새집에서 살았다. 그러나 7개월 후 그도 '사막의 집'에서 세상을 떠나고 말았다. 아들 카우프만 주니어는 낙수장의 대지에 영묘를 짓고 각기 다른 곳에 묻혔던 부모의 시신을 함께 모셨다. 그는 1989년에 사망했고, 시신은 화장한 뒤 낙수장이 있는 땅에 뿌려졌다.

이런 뒷얘기들은 낙수장과는 별로 관계가 없어 보인다. 오로지 건축적 이유만으로 사람이 행복해지거나 불행해지는 건 아닐 것이다. 그런데 이상하게도 이런 이야기가 '명작' 낙수장을 달리 바라보게 만든다. 항상 감탄의 대상으로만 여겨지던 낙수장의 공간과 그곳에 사는 사람의 개인사가 얽히는 순간, 그들의 삶이 주택에 투영되고, 건축물은 그들의 애절한 사연들을 고스란히 간직하고 있음을 알게 된다. 이를 어떻게 이해해야 할까? "그-안에-사람이-살게-된-공간"이라는 라이트의 말은 건축이, 주택이 이런 것까지도 담고 있다는 뜻이 아니겠는가?

제 4 장

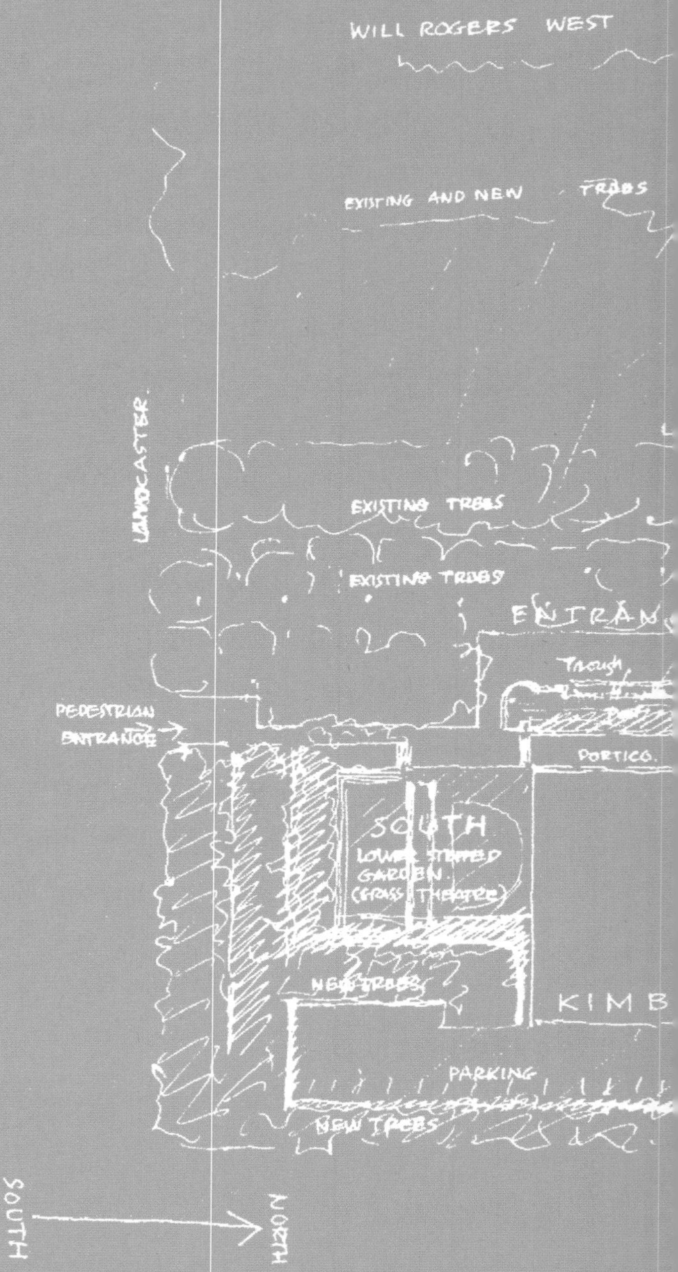

WILL ROGERS WEST

EXISTING AND NEW TREES

LANCASTER.

EXISTING TREES

EXISTING TREES

ENTRAN

Trough

PEDESTRIAN
ENTRANCE

PORTICO.

SOUTH
LOWER STEPPED
GARDEN.
(GRASS THEATRE)

NEW TREES

KIMB

PARKING

NEW TREES

SOUTH

NORTH

루이스 칸의 건축주와 사용자들

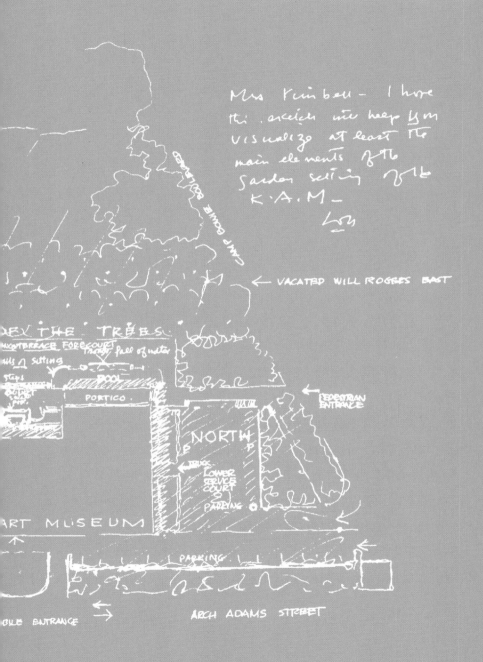

1

피셔 주택 : 노먼 피셔 & 도리스 피셔

아파트 한 채만한 주택을 설계하는 데 4년 걸리고 짓는 데 3년이 걸렸다면 그것을 이해하고 받아들여줄 건축주가 과연 있을까? 그 긴 시간이 건축가와 함께 건축을 배웠던 더없이 귀중한 시간이었다고 말할 수 있는 건축주는 또 얼마나 될까? 집을 짓고 나서 건축가와 즐겁게 식사하며 그를 자신의 귀중한 친구라고 생각해주는 건축주는 얼마나 행복한 사람일까?

7년간 건축가와 함께 보낸 시간을 "훌륭한 건축 교육을 받은 시간"이었다고 고백한 부부 건축주가 있다. 건축가 루이스 칸(Louis Kahn, 1901~1974)에게 부탁하여 펜실베이니아 북쪽 하트보로 (Hatboro)에 주택을 지은 노먼 피셔(Norman Fisher, 1925~2007)와 부인 도리스(Doris Fisher, 1926~)였다. 의사인 건축주 부부는 어린 두

피셔 주택 내부의 건축주 부부.

딸과 함께 살 새집을 짓고자 했다.

　도로에서 깊이 들어온 6,000평방미터 땅에 지어진 '피셔 주택
(Fisher House, 1960~1967)'은 수령 100년이 넘는 큰 나무들 사이에
서 있다. 그러나 거주하는 면적만 따지면 180평방미터(54평) 정도인
의외로 작은 집이었다.

7년 동안 지은 집

처음에 피셔 부부는 어떻게 집을 지어야겠다는 뚜렷한 생각 없이 지역의 건축가 몇 명을 만나보았다. 그러나 사무소 경영상 작은 주택은 설계하지 않는다는 말만 들었다. 그 건축가들은 자기들의 스승 격인 루이스 칸이 여전히 주택을 설계하고 계시니 그분에게 부탁해보라고 권했다. 피셔 부부는 루이스 칸이 어떤 건축가인지 전혀 몰랐고 이름도 처음 들었다. 부부는 전화번호부에서 번호를 찾아 전화를 건 다음 작은 주택 한 채의 설계를 부탁한다고 말했다. 건축가는 한번 만나서 대지에 함께 가보자고 대답했다. 그가 바로 20세기의 거장 루이스 칸이었다.

1주일 후, 운전을 할 줄 몰라 열차를 타고 온 루이스 칸을 가까운 역에서 만났다. 작은 키에 허름한 양복을 입고 나타난 그의 첫인상은 썩 좋은 편은 아니었다. 그러나 잠깐 이야기를 나누어본 피셔 부부는 이 건축가가 "지성과 열정 그리고 유머와 따뜻함으로 가득한" 인물임을 금방 알 수 있었다.

칸이 던진 첫 질문은 "어떤 방이 필요하십니까?"였다. 이 말을 듣는 순간 부부는 자기들이 마침내 진짜 건축가를 만났다고 느꼈다. 건축주의 요구사항을 다 듣고 난 뒤에 칸은 예산이 어느 정도냐고 물었고, 부부는 설계비 외에 건설비 45,000달러라고 대답했다. 유명 건축가가 설계해주는 주택치고는 아주 작은 집이었다. 예산을 확인한 칸은 부부가 원했던 음악실, 아트리움, 선룸에 빨간 줄을 그으며 리스트에서 제외했다. 그때까지도 피셔 부부는 지금 자기들과 이야기를 나누고 있는 상대가 세계적인 건축가라는 사실을 몰랐다.

부부는 집터에서 세 블록 떨어진 곳에 살고 있었고 그 주택에서 의원도 운영하고 있었으므로 집을 빨리 지으려고 서두르지 않았다. 건축주는 낮에 의원 일로 바빴고 루이스 칸도 방글라데시 국회의사당 등을 설계하느라 밤늦게까지 일하던 때였다. 그래서 주로 밤에 칸의 사무실에서 만나곤 했다. 건축주 부부가 칸의 사무소로 가서 초인종을 누르면 3층이나 4층 창에서 칸이 얼굴을 내밀고 묵직한 정문 열쇠 꾸러미를 던져주었다. 밤 10시에 느지막이 들러도 칸은 늘 건축주를 반갑게 맞아주었다고 한다. 이들은 7년간 집을 지으면서 두 달에 한 번꼴로 만났다. 그 7년은 건축가와 건축주가 서로 바라는 바를 아주 치밀하게 통합해간 시간이기도 했다.

주택 하나를 짓는데 무려 9개의 안이 만들어졌다. 처음에는 이 주택에 의원을 함께 두려고 했으나 도중에 취소했다. 계획안을 받으면 부인은 꼭 뭔가를 바꾸고 싶어 했다. 그러나 소용없는 일이었다. 칸 본인이 계획안을 계속 바꾸었기 때문이다. 한번은 가운데 뚫린 부분을 사이에 두고 침실 두 개를 브리지로 잇는 안을 제안한 적이 있었는데, 건축주 부부가 주저하고 있었다. 이를 알아챈 칸은 브리지를 없애거나 고치는 대신 곧바로 전혀 다른 안을 구상했다. 건축주가 이렇게 저렇게 고쳐달라고 부탁하면 아예 전혀 새로운 안을 만들기 시작했다. 훗날 건축주는 완성된 주택에 대해 이렇게 말했다.

"만일 우리가 이 계획에 만족하지 않았더라면, 그는 그 안을 수정하지 않고 계속 처음부터 다시 시작하려고 했을 겁니다."

피셔 부부의 요구는 거장의 설계에 영향을 주었다. 수직의 외장용 목재와 내부 벽의 거친 회반죽은 미국 농가와 곳간을 좋아했던 부부의 취향에서 비롯된 것이다. 식당에 있는 커다란 유리창도 부부가

피셔 주택 뒤쪽의 완만한 언덕과 개울(왼쪽)과 식당에 만든 유리창(오른쪽).

주장해서 고친 것이다. 피셔 부부는 이 집이 맏딸 니나(Nina)가 자라는 데 편하고 완벽한 장소이기를 바랐다. 설계를 시작할 때는 두 아이가 걸음마를 배우고 있었는데, 완공했을 때는 큰딸이 훌쩍 자라 10살이 되어 있었다.

집의 뒤편 북쪽으로는 완만한 경사에 작은 개울이 흐르고 있었고 습지와 숲도 넓었다. 칸은 식당이 이런 풍경에 노출되기보다는 벽으로 닫힌 침착한 공간이 되어야 한다고 생각하여 창을 내지 않았다. 그러나 건축주는 이렇게 아름다운 풍경을 앞에 두고 닫혀 있다는 것이 마음에 들지 않았다. 이사하고 반년이 지난 뒤에 그들은 식당에 창을 크게 내달라고 부탁했다. 이에 칸은 그 벽을 다시 설계하고 가로세로 2.5미터인 유리창과 두 장의 판벽 창을 붙여주었다. 부부는 매일 이 커다란 창을 통해 바깥 풍경을 감상하며 식사하는 기쁨을 누릴 수 있었다.

'방'의 본질을 보여준 공간들

이 주택은 기하학적으로 단순한 두 동으로 이루어져 있다. 한 동에는 거실과 식당이 있고 다른 한 동은 현관홀과 침실로 쓰인다. 석조 기초 위에 놓인 5.5미터 높이의 목조 입체에 사이프러스 판재를 덮었으며 창도 흔히 보는 창이 아니다. 그러나 이것만 보고서 참 무덤덤하고 재미없는 집이라고 여기면 큰 오산이다. 밖에서 보면 단순해 보여도, 두 입체의 면들은 각각 집으로 들어오는 느낌, 작은 마당, 냇가로 향하는 방향 등을 절묘하게 조절해준다. 면의 방향이 모두 다르니 방에 비치는 빛과 내다보는 조망도 모두 다르다. 또 비스듬하게 방을 바라보므로 공간이 훨씬 깊게 느껴진다.

두 동은 45도 틀어지며 꼭짓점에서 이어져 있다. 그 덕분에 침실은 동에서 남동쪽을 향하고 있어 아침 햇빛을 잘 받고, 거실은 작은 개울과 숲을 향해 북쪽으로 큰 창을 두어 침착한 빛이 온종일 방에 가득 찬다. 거실의 큰 창은 있는 그대로 내다보게 하려고 여닫이로 하지 않았고, 창가에는 이 주택의 중심인 붙박이 나무 벤치를 두었다. 그 대신 측면에 환기를 위한 창을 따로 만들어서 아침에는 해가 난로를 강하게 비춰주었다.

이 창을 열고 벤치에 앉아 있으면 벤치 자체가 '방 속의 방'이다. 따

숲 쪽에서 바라본 전경. (위)
피셔 주택의 마당. (가운데)
피셔 주택 평면도. (아래)

뜻한 햇볕과 솔솔 들어오는 바람을 맞으며 이 자리에 앉아 조용히 책을 읽기도 하고, 뜨개질도 하며, 물끄러미 밖을 내다볼 수도 있다. 그리고 벽에 붙어 있는 소파와 함께 난로를 에워싸고 대화를 나눌 수도 있다. 이렇듯 이 작은 벤치는 루이스 칸 후기 건축의 핵심인 '방(room)'이라는 개념을 가장 잘 집약해 보여주고 있다.

붙박이 나무 벤치에 대응하고 있는 또 다른 중심은 반(半) 원통형의 육중한 벽난로다. 거실과 식당 사이에 놓여 있는데 벽에서 20도 틀어져 있다. 마치 유적지 폐허에서 본 돌기둥처럼 원초적인 이미지인데, 식당에서 보면 정말로 돌기둥이다. 이 지역에서 나는 여러 색깔의 돌을 섞어 묵직하게 쌓았다. 칸은 "난로는 인간 존재를 표상하는 것이며, 따라서 집 그 자체를 표상한다"고 했다. 그의 말대로, 장작을 들고 난로 앞에 서 있는 남편과 나무 벤치에 앉아 있는 아내를 찍은 사진(325쪽)이 수많은 사진들 중에서도 가장 피셔 주택답게 보인다.

이 주택에는 중심이 하나 더 있다. 식당을 돌아 부엌을 비추는 창가다. 직사각형의 유리창이 상, 중, 하 3단으로 구분되어 있는데 제일 위는 채광용, 가운데는 환기용이고 제일 아래는 창밖을 조망하기 위한 것이다. 하단 유리창 앞에는 작은 목재 테이블이 선반처럼 설치되어 있고, 부부가 같이 앉도록

창가의 나무 벤치.

331

부엌의 유리창은 3단이며 각각 채광, 환기, 조망을 위한 것이다.

둥근 의자 두 개를 두었다. 음식을 만드는 동안 잠깐 앉아 밖을 내다
볼 수 있고, 부부가 커피를 마시며 다정하게 이야기를 나눌 수도 있
는 정감 어린 창가의 '방'이다.

칸은 주택이 완공된 후에도 이 집을 찾아와 함께 식사하고, 건축
주의 친구들과도 사귀고, 그들과 건축에 관한 짧은 토론도 하면서
집이란 무엇이고 어떤 건축이 진실한지를 들려주었다. 한번은 부인이
이 집을 찾아온 손님들 앞에서 루이스 칸과 인터뷰를 했다. 그때 칸

은 건축을 전공하지 않은 사람들에게 이렇게 말했다. "빛이 없으면 공간이… 아니, 방이라고 해야겠지요. 빛이 없으면 방이 될 수 없습니다. 그래서 방은 빛의 특성으로 만들어집니다."

강의실에서 칠판을 앞에 두고 이 말을 들었더라면 이게 무슨 말인가 했을 것이다. 그러나 붙박이 나무 벤치가 있는 거실, 밖을 내다보는 부엌의 작은 창을 보았다면 그가 말하는 '방'이 어떤 것인지를 모두 알아들었을 것이다.

1970년 피셔 부부와 대화하던 중에 칸은 이렇게 말했다. "주택이란 어떤 특정한 사람을 위해 설계하는 것이 아닙니다. 집주인이 바뀌어 다른 사람이 살게 되었을 때도 그들에게 잘 어울리고 차분함을 느끼도록 설계해야 합니다. …어떤 가족을 위해 지어진 집이 다른 가족에게도 좋은 특질을 가지고 있어야 합니다."

이것은 누구에게나 똑같이 맞는 집을 지어야 한다는 뜻이 아니다. 그 집에 살지 않는 사람도 한번 살아보고 싶어지는, 또한 잘 살 수 있겠다고 느껴지는 보편적 가치가 있어야 한다는 말이다.

칸은 일생을 통해서 도시계획, 연구소, 미술관, 학교, 종교시설 등 많은 건물을 설계했다. 그러나 근본이 되는 건 언제나 주택이었다. "그것이 의사당이건 개인이 사는 곳이건, 모든 건물은 주택이다." 아무리 큰 건물도 공간의 시작은 인간이 살고 모이는 방이며, 주택이 기점이 된다. 방글라데시 국회의사당, 소크 생물학연구소, 킴벨 미술관 같은 대규모 프로젝트를 진행하고 있을 때도 그는 언제나 주택을 계획하고 디테일을 그리고 있었다. 그에게 주택이란 여러 건물 유형들 중 하나가 아니었다. 주택은 모든 건축의 근원이었고, 언제나 주택의 디테일 속에 건축의 원점이 있었다.

사는 법을 가르쳐준 집

맏딸 니나의 말대로 그녀의 부모와 건축가 루이스 칸은 한 팀이었다. 건축주 부부가 요청하면 칸은 언제나 흔쾌히 들어주었다. 혹시 요구에 응해주지 못할 때는 왜 그럴 수밖에 없는지 상세하게 설명해주었다. 한번은 이런 일이 있었다. 어느 날 전력회사 직원이 와서 미터기를 집의 정면에 붙이려 하자 피셔가 건축가에게 전화를 걸어서 집 뒤편에 달게 하면 안 되겠냐고 물었다. 그때 칸은 "이 집에는요, 뒤편이라는 게 없어요"라고 했다. 결국 벽 뒤에 미터기를 감추고 숫자만 보이게 작고 둥근 유리창을 두는 것으로 해결했다.

부모가 칸을 처음 만났을 때 세 살이었던 니나는 자라면서 관심사가 계속 변하고 있었는데, 시시각각 변화하며 거실을 비추는 빛, 높은 천장, 자기 방을 비추는 빛, 따뜻하고 안온한 느낌, 이리저리 바꾸어 쓸 수 있는 융통성이 이런 변화를 잘 받아주었다고 기억했다.[*130] 새 주택은 자기만의 놀이 공간이 되었고, 나무와 자연에 매료되는 상상력을 심어주었다. 자기 방에 따로 만든 동굴 같은 독서 공간, 60개 이상의 식물로 가득 채웠던 온실 같은 방 등을 오래 기억하게 해주었다며, 커서 다른 집으로 옮기고 나서도 부모님 집과 같은 집을 가지면 좋겠다고 생각하게 되었다는 것이다.

이들은 40년 동안 이 집에 살면서 판재 마감에 얼룩이 제대로 생기도록 직접 자기 손으로 유지하느라 애썼고, 제대로 된 가구를 들여올 때까지 임시로 사용할 가구조차도 꼼꼼하게 선별하여 사용했다. 방문하는 학자나 건축가들을 박물관의 안내원처럼 기쁘게 받아들였고, 큐레이터처럼 충실하게 집을 돌보았다.

남편 노먼이 세상을 떠나기 4년 전인 2003년, 피셔 부부는 '루이스 칸과 7년'이라는 제목의 글에서 이렇게 말했다.

"루이스 칸과 보낸 7년간 우리는 참으로 훌륭한 건축 교육을 받았습니다. 이제 남은 것은 정말 살기 편하고 이 세상에 둘도 없는 집, 그리고 애정으로 가득 찬 각별한 친구와 함께 보낸 추억입니다. 처음에 우리가 기대했던 건 미술관이나 기념관이 아니었고 단지 우리 가족에게만 특별한 집을 짓고자 했습니다만, 루이스 칸이 지어준 집에서 살고 있었으니 달리 선택할 것이 없습니다. 미래의 건축을 공부하는 학생, 건축가, 역사가의 연구를 위해 앞으로 이 집이 그대로 잘 보존됐으면 좋겠습니다. 그래서 역사적 건조물을 보존, 관리하는 내셔널 트러스트에 이 집을 기증하기로 했습니다."

그들은 또한 이렇게 썼다.

"이 주택은 우리 부부의 삶과 따로 떼어서 말할 수 없습니다. 저희는 몇 십 년이 지났는데도 이 집의 아름다운 공간에 계속 놀라고 있습니다. 이 집에 가득한 '발견'을 다른 분들도 우리와 함께 공유할 수 있으면 좋겠습니다."

건축가도 작품도 훌륭하지만 건축주도 아주 훌륭한 인품을 지녔다. 작은 주택을 지으며 함께 건축을 배워간 피셔 부부와 칸은 사보아 주택의 건축주나 건축가와는 판이하게 다른 사람들이었다. 피셔 주택이 보편적 가치를 지닌 집이 된 건 바로 그런 이유에서다.

부모와 함께 지낸 이 주택에서 딸 니나도 빛을 존중하는 집을 배웠고 사람이 살아가는 법을 배웠다. 니나에게 이 집은 정직한 건물이었고 사는 사람의 바람을 만족시켜주는 집이었다. 또한 미래에 이 집에 살게 될 또 다른 사람이 필요로 하는 바를 미리 생각하는 집이었다.

"만일 집이 뭔가를 가르쳐줄 수 있다면, 제 어린 시절의 이 집은 이렇게 나를 가르쳐주었습니다. 루이스 칸이라는 천재를 통해서."

참 간단한 말이지만, 도대체 집이라는 것이 인간에게 무엇인지 몇 번이고 되씹어야 할 말이 아닌가? 집은, 건축은 인간에게 살아가는 법을 가르친다.

루이스 칸이 짓지 못한 집

루이스 칸에게는 어머니가 서로 다른 두 딸과 아들 하나가 있었다. 에스터의 딸 수 앤, 앤 팅의 딸 알렉스 그리고 해리에트의 아들 나타니엘. 영화감독인 나타니엘 칸(Nathaniel Kahn, 1962~)은 2003년 아카데미상 다큐멘터리 부문 후보작 〈나의 건축가(My Architect: A Son's Journey)〉를 만들었다. 아버지에 대한 애증을 품은 채 칸의 건축을 찾아가는 여정을 찍은 기록영화다.

영화 중간쯤에 '가족사(family matters)'라는 소제목이 나오고, 세 자녀가 피셔 주택 거실에 있는 거대한 돌 벽난로 옆 나무 벤치에 앉아 아버지에 대한 이야기를 나누는 장면이 나온다. 피셔 주택을 내셔널 트러스트를 통해 다른 이에게 매각한 것이 2012년이고 영화가 만들어진 것은 2002년 이전일 터이니, 이 장면은 피셔 부부의 양해 아래 일부러 피셔 주택에 찾아가서 찍은 것이다.

세 자녀는 서로 위로하는 말은 조금도 나누지 않고 각자 자기 말만 하고 있다. 마지막으로 세 번째 부인의 아들 나타니엘이 묻는다. "우리는 가족인가?" 그러자 수 앤이 말한다. "가족이란 게 뭐지? 아버지

336

가 같다는 것만으로 가족이라 말할 수는 없어. 우리는 선택에 의해 만들어진 가족이야. 우리가 관련을 맺게 된 것은 우리를 갖게 된 한 아버지의 요행 때문인 거야." 나타니엘은 이렇게 말한다. "마지막에 는 아버지가 나와 어머니를 선택할 거라고 믿었어. 그러나 결국 아무 도 선택하지 않았지."

루이스 칸은 자기 집을 설계하지 못했다. 전혀 가정적이지 않았던 칸의 배다른 세 자녀와 가정의 따뜻함이 가장 잘 나타나는 칸의 피셔 주택이 묘하게 대비된다. 칸은 "집이란 집주인이 바뀌어 다른 사람이 살게 되었을 때도 그들에게 잘 어울리고 차분함을 느끼도록 설계해야 합니다. …어떤 가족을 위해 지어진 집이 다른 가족에게도 좋은 특질을 가지고 있어야 합니다"라고 했는데, 스크린에 비친 피셔 주택 거실의 세 자녀는 너무나도 어색해 보인다. 큰딸 수 앤의 말처럼 셋은 가족이 아니기 때문이다.

그래서 다시 묻게 된다. 집은, 주택은 무엇이고 가족이란 무엇인가? 왜 하필이면 피셔 주택이고, 왜 세 사람은 하필 창가의 나무 벤치에 앉아서 이 장면을 찍었을까?

2
소크 생물학연구소 : 조너스 소크

건축주 조너스 소크.

미국 샌디에이고(San Diego) 라 호야(La Jolla)에 있는 '소크 생물학연구소(Salk Institute for Biological Studies, 1959~1965)' 는 소아마비 백신을 개발 한 조너스 소크(Jonas Salk, 1914~1995)가 루이스 칸에게 설계를 부탁해서 지은 건물이 다. 워낙 유명해서 많은 사람 들이 이 건물을 알고 있으며, 서부 여행의 필수 코스이기도

소크 생물학연구소의 광장 풍경.

하다.

광장 좌우에서 펼쳐지는 명쾌한 건축 조형, 톱니 모양의 노출콘크리트 건물 사이로 보이는 태평양과 푸른 하늘, 땅과 하늘 사이에 초연히 솟은 건축물의 모습을 보면 연구소라는 용도와 무관하게 누구나 감동을 느낀다. 건물 사이로 펼쳐진 근엄한 광장 끝에서는 태평양과 하늘이 서로의 경계를 무너뜨리며 하나로 용해된다. 마치 에게해를 마주하는 고대 그리스의 신전이 미국 땅에 세워진 것 같다.

이 건물은 현대의 그리스 신전이다.

두 개의 문화가 만나는 공간

연구소의 대지는 해발 100미터 높이에 있다. 기후가 온화하고 일년 내내 햇볕이 잘 드는 땅이다. 소아마비를 앓았던 정치가 찰스 데일(Charles Dail, 1909~1968)이 시장이었을 때 이곳에 캘리포니아 주립대학을 유치하려 하면서 그 옆 27에이커의 땅을 연구소 건설 대지로 기증했다. 연구소는 예정대로 들어섰지만 대학교 유치는 실패했고, 그 땅은 지금 골프장이 되어 있다.

건축주 조너스 소크는 과학이 인문학이나 예술과 협력해야 한다고 생각한 과학자였다. 그는 특히 영국 화학자 찰스 스노(C.P. Snow)의 『두 문화와 과학혁명(The Two Cultures and the Scientific Revolution, 1959)』[131]로부터 큰 영향을 받았다. 여기서 두 문화란 인문학적 문화와 과학적 문화를 가리킨다. 동시대를 살아가는 지식인들이 두 개의 문화로 갈라져 있다는 것이다.

이를테면 굴절은 '파동이 서로 다른 매질의 경계면을 지나면서 진행 방향이 바뀌는 현상'을 뜻하는 과학적 개념이고, 편광은 '진행 방향에 수직인 임의의 평면에서 전기장 방향이 일정한 빛'을 뜻하는 과학적 개념이다. 그런데 시인들은 이 단어들을 뭔가 신비한 모습, 특별히 감탄할 만한 빛의 일종인 것처럼 사용한다. 이렇듯 두 문화는 동일한 언어를 다른 의미로 사용하고, 동일한 현상을 다른 방식으로 해석하며, 철저히 단절된 별개의 영역으로 존재하고 있다.

소크는 예술가나 인문주의자들이 과학자들에게 영향을 미치고 영감을 줄 수 있는 장소가 필요하다고 생각했다. 또한 같은 지붕 밑에서 일하는 연구자들이 비록 분야나 견해는 다르더라도 서로 교류

340

하고 상호 보완해주는 특유의 연구소를 설립하고자 했다.*132 "이 연구소에 피카소를 초대할 수 있게 하고 싶다"는 소크의 유명한 말은 바로 이런 태도에서 나온 것이었다.

스노가 말한 '두 문화'의 만남을 소크는 장소와 지붕과 연구자, 곧 건축물을 통해 실현하고자 했다. 과학자인 건축주답게 그는 집을 짓기 전부터 자신이 지어야 할 집의 공간적 조건을 머리에 미리 담고 있었다. 아들 조나단에 의하면 소크는 칸을 만나기 전에 이미 과학과 예술, 지성과 정신이 모두 연결되는 새로운 시설을 담을 건물을 구상하고 있었으며, 이러한 자신의 비전을 함께 나눌 건축가를 찾고 있었다.

이 무렵 루이스 칸은 카네기 멜런 대학 200주년을 기념하여 '과학과 예술의 질서'라는 제목의 강연을 했다. 1959년 9월의 그 강연은 당시 건설 중이던 펜실베이니아 대학의 '리처드 의학ㆍ생물학 연구동'에 관한 것이었다. 마침 소크의 동료들이 이 강연을 들었고, 연구소 건축에 대해 루이스 칸과 의논해보라고 소크에게 조언했다. 소크는 칸이 설계한 '리처드 의학ㆍ생물학 연구동'의 공사 현장에 직접 가보았다. 그리고 필라델피아에서 칸을 만났다.

소크는 '리처드 의학ㆍ생물학 연구동'에 흥미를 느끼긴 했지만 그렇다고 크게 감동한 건 아니었다. 그에게 인상적이었던 것은 인간에게 유익한 연구 장소를 짓고자 하는 건축가 루이스 칸의 남다른 철학이었다. 칸을 만났을 때 그는 1만 평방미터의 건물을 짓고 연구자 10명에게 각각 1,000평방미터씩 주고 싶다고 말했다. 그리고 요구 조건이 한 가지 더 있다며, 이 연구소에 피카소를 초대할 수 있게 하고 싶다고 말했다. 훗날 칸은 "그 말에 정말 흥분하고 말았다(That really electrified)"고 회상하며 "그다음 만남에서 1만 평방미터의 실험동 계획안을 보여주었고, 이때 1만 평방미터의 집회동을 추가해서 보여주었다"[*133]고 말했다.

소크의 요구에서 중요한 건 10×1,000이라는 면적 계산이 아니었다. 그것은 연구자 개개인의 독립성과 고유성에서 출발하는 건물, 언제 어디서 어떻게 나올지 모르는 창의적 아이디어를 아무런 방해 없이 받아들이는 건물, 함께 일하는 동시에 혼자 일하는 공간이라는 소크의 지론이 담긴 것이었다. 그리고 "이 연구소에 피카소를 초대할 수 있게 하고 싶다"는 말은 카네기 멜런 대학 강연에서 칸이 했던 말을 차용한 것이었다.

피카소가 실제로 초청되지는 않았다. 그러나 그런 획기적 구상이 말로만 그친 건 아니었다. 연구소에는 여러 인문학자가 초청되었는데, 그 리스트의 제일 앞에는 20세기의 진정한 지식인이자 수학자이며 『인간 등정의 발자취(The Ascent of Man)』[*134]로 유명한 제이콥 브로노우스키(Jacob Bronowski)가 있었다. 그는 연구소 개소 때부터 1974년 세상을 떠날 때까지 10여 년간 상임 연구위원으로 활동했다.

이런 시도는 학제 사이를 횡단하며 연구에 영감을 주는 건축을 만들고 싶다는 바람에서 나온 것이다. '연구소'라고 하면 대개 기능적으로 잘 분류되어 있고 효율과 정확함을 최우선으로 여기는 엄격한 건물을 떠올린다. 그러나 소크의 생각은 달랐다. 그는 식사 중의 대화에서 튀어나오는 생각의 씨앗을 소중하게 여기도록 배려하는 건축, 효율과 정확함의 틈새에서 우연한 발상을 찾게 해주는 연구소를 만들고자 했다. 이에 대해 칸은 훗날 이렇게 회고했다.

"샌디에이고에 있는 생물학연구소의 설계를 부탁받았을 때, 프로그램이라는 건 전혀 없었습니다. …건물이 어떠해야 한다고 생각하느냐고 묻기에 저는 이렇게 말했습니다. …목적에 따라 붙이는 이름이 전혀 필요 없는 멋지고 너그러운 공간이 있을 것입니다. 그로부터 정말 훌륭한 공간이 생겨날 겁니다. 아마도 만남의 장소들이 있겠지요. 식사하는 장소, 밤새 머물 수 있는 장소, 체육관, 수영장, 아케이드, 세미나실 등이요. 그러면 혹자는 실험동은 어디에 있냐고 묻겠지요? 저는 이렇게 말하고 있습니다. '본질상 연구소는 실험동 건물이지만, 만남의 장소가 가장 중요하다는 사실을 잊어서는 안 됩니다'라고요."*135

이것은 단순히 기억을 더듬는 이야기가 아니다. 건축 설계가 무엇인지를 보여주는 아주 중요한 말이다. "프로그램이라는 건 전혀 없었다"는 것은 이러저러한 크기와 용도의 방들이 필요하다며 건축주가 건네는 리스트 따위로 건물의 목적을 말하지 않았다는 뜻이다. 식당, 밤새워 일하는 실험실, 체육관, 수영장 등 모든 방에서 '누군가를 만난다'는 감각을 주는 장소를 어떻게 발견해 나가느냐에 건축의 본질이 있다는 것이다.

칸의 애초 계획에는 집회동과 기혼 연구자 등을 위한 주거동이 포함되어 있었다. 집회동은 바다에 가까운 대지의 서쪽에 배치하고, 실험동 북쪽에서 시작하는 좁고 긴 가로수 길을 따라 들어가게 했다. 누구나 이곳에서 자유로운 시간을 보낼 수 있고 누군가를 만나 아이디어를 교환할 수도 있다. 전시도 하고 식당으로도 사용하는 중정 같은 홀이 있고, 이곳을 중심으로 독신자와 방문자를 위한 숙소, 도서실과 식당 등 독립된 여러 방들이 배치되어 있다.

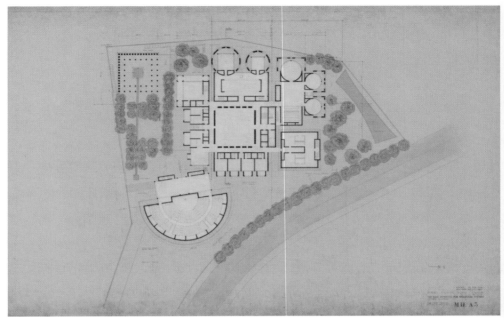

루이스 칸이 프로젝트의 핵심으로 여겼던 집회동의 평면도.

  1965년에 예산 문제가 심각해지면서 집회동은 결국 계획에서 삭제되었다. 함께 일했던 사람들은 물론이고 칸 자신에게도 이것은 심각한 손실이었다. 집회동은 이 프로젝트의 핵심 개념으로서 예술가, 인문학자, 과학자들이 닫힌 세계를 뛰어넘어 새로운 생각을 만나는 장소였으며, 칸이 가장 심취했던 설계의 영역이기도 했다.

  집회동에는 아주 당연하지만 잊어버리기 쉬운 중요한 계획이 담겨 있었다. 도서실 안에 세미나실을 두고, 책을 보다가 토론이 필요하면 곧장 그리로 들어가게 하였다. 책을 읽다가 토론하러 멀리 이동하는 사이에 불꽃처럼 나타났던 생각이 사라질지도 모르기 때문이다. 식당에도 세미나실처럼 따로 독립된 방이 마련되었다. 식사하다가 좋은 생각이 나면 곧바로 이 방으로 이동하여 토론을 계속하라는 뜻이다.

집회동은 소크와 칸이 구상한 새로운 시설 속에서 과학적인 것이 시적인 것, 철학적인 것, 예술적인 것과 만나 하나가 되는 융합의 장소였다. 칸은 "실험동은 잴 수 있는 것(the measurable)이지만 집회동은 시설의 심장(the heart of the institution)이며 잴 수 없는 것(the immeasurable)"이라고 표현했다.

'따로 또 같이' 일하는 공간

소크가 좋은 건축주라고 해서 건축가의 설계를 그대로 수용했다는 것은 아니다. 소크는 연구소라는 시설(institution)에 대해 자신이 생각하고 있던 이상적인 공간 형식을 칸에게 제안했다. 그 모델은 1954년 이탈리아를 여행하면서 보았던 아시시(Assisi)의 '성 프란치스코 수도원'이었다. 생명의 본원적 의미를 다루는 과학자인 그가 자연과 생명을 찬미한 프란치스코 성인에게서 최종적인 의미를 찾았기 때문일 것이다. 그런데 칸의 설계안에서는 집회동이 실험동보다 수도원의 원형에 훨씬 가까웠다. 높고 흐릿한 콘크리트 벽으로 둘러싸인 커다란 창을 통해 반사된 빛이 모든 각도에서 내부로 들어온다. 이것은 훗날 방글라데시 국회의사당의 모스크에서 매우 아름답게 구현되었다.[136]

소크는 이 수도원 중정의 내밀한 회랑(cloister)에 주목했다. 회랑 주변에는 수도자실, 담화실, 공동 침실, 식당 등의 방이 이어져 있고, 수도자는 땅과 하늘과 바람이 머무는 회랑에서 생명에 대해 묵상한다. 연구소의 과학자들이 연구와 생활, 토론과 묵상을 일상적으로 행하고 때로 서성거리며 새로운 발견을 기다리는 공간의 원형 또한 수도원의 회랑이었다. 최고의 건축가라도 이런 생각을 미처 못 하는 경우가 많은데, 소크는 건축가도 아니면서 자신의 비전을 과거의 선례에서 찾아내는 탁월한 식견을 가지고 있었다.

소크와 칸이 수도원을 새로운 연구소의 모델로 삼는 데 동의한 것은, 홀로 고요히 사유하고자 하는 연구자 개개인의 요구를 만족시키는 것에서 건축을 시작한다는 뜻이었다. 이렇게 되면 연구소의 공간에 관한 생각의 골격이 어렴풋이나마 나타나기 시작한다. 바로 이것이 칸이 말하는 '폼(Form)'이다. 이것은 '형태'라고 번역할 수 없으며 첫 글자를 대문자 'F'로 쓴다. '폼'은 사물이 모양이나 크기 등을 구체적으로 갖추기 이전에, 그것의 근원이 되는 본질이 지닌 어떤 모습을 말한다. 이는 '리처드 의학 · 생물학 연구동'이 갖지 못한 것이었다. 그 건물로 칸이 세계적인 명성을 얻기는 했지만 직사광선이 그대로 들어오고 연구자들의 프라이버시가 보장되어 있지 않아서, 서로 만나 아이디어를 나누기는커녕 각자가 머무는 장소를 로커로 에워싸고 사용하는 등의 실수가 있었다.

이번에는 좀 달랐다. 칸은 과학자들의 실험실이 어떤 공간인지 파악하는 데서 출발했다.

"나는 과학자들이 요구하는 바를 따르지 않았습니다. 과학자들은 자기들 일에 너무 몰두해서 점심시간이 돼도 벤치에 놓인 시험관을 치우고 그 벤치에서 점심을 먹는 게 고작이었습니다. 그래서 그들에게 실험실에서 나는 소음이 부담스럽지 않냐고 물었지요. 그들은 냉장고, 원심분리기, 물 흘러내리는 소리, 에어컨 소리 때문에 기분이 안 좋다고 대답했습니다. 이 대답을 듣고서 나는 그들이 뭔가를 해달라고 해도 그 의견을 듣지 않으려 했습니다. 이때 내가 깨달은 것이 있는데 그것은 청정한 공기와 스테인리스 스틸로 이루어진 영역, 카펫 깔개 위에 참나무로 만든 식탁이 놓인 영역이 필요하다는 것이었습니다. 이런 깨달음에서 '폼(Form)'이 생겨났습니다.

나는 실험실에서 연구실을 분리하고 정원 위에 연구실을 두었습니다. 정원은 서로 이야기를 주고받는 옥외 공간이 되었습니다. 이제는 실험실에서 모든 시간을 보낼 필요가 없습니다. 무엇을 해야 할지 모를 때는 시간이 오래 걸려도, 무엇을 해야 할지 안다면 시간이 많이 소요되지 않습니다. 무엇을 해야 할지 아는 것! 그것이 모든 작업의 비밀입니다."*137

"그들이 뭔가를 해달라고 해도 그 의견은 듣지 않으려 했다"고 하니 건축가가 사용자의 말을 무시한 것처럼 들리겠지만 그렇지 않다. 그들의 말 속에 이미 해결책이 다 들어 있었고, 그 속에 숨어 있는 더 깊은 의미를 찾으려 했다는 뜻이다. 칸은 실험실에서 소음에 시달리며 대충 점심을 먹지 않도록 실험동("청정한 공기와 스테인리스 스틸로 이루어진 영역")과 연구실("카펫 깔개 위에 참나무로 만든 식탁이 놓인 영역")을 분리하는 것이 정답이라고 생각했다. 과학자들은 과학 설비로부터 숨을 곳이 있어야 하고, 홀로 고요히 숙고할 수 있는 환경이 제공되어야 하기 때문이다. 그래서 편안한 이야기가 오가는 정원 가까운 곳에 연구실을 두기로 했다. 다만, 이때 말한 정원은 이후의 계획에서 광장으로 바뀌었다.

또한 새로운 연구소의 실험동에 설비 층을 따로 만들었다. 그러면 연구에 필요한 기계적 환경이 달라지더라도 기존의 연구 작업을 중

347

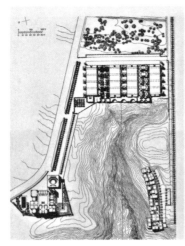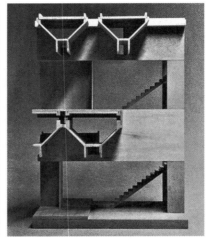

네 개의 건물이 병렬로 배치된 실험동(왼쪽)과 V자로 접은 설비 공간(오른쪽).

단시키지 않고 얼마든지 설비 부분을 변경할 수 있고, 실험실 내부도 소음에 시달리지 않고 조용해질 수 있다. 칸은 이전부터 사람들이 직접 사용하는 영역을 '봉사받는 공간(served space)'이라 부르고 설비 층은 '봉사하는 공간(servant space)'이라 불렀는데, 이렇게 구분된 공간은 소크 생물학연구소에서 본격적으로 시도되었다. 실험동은 크게는 3층이지만 오직 설비만을 위한 층들이 각기 마련되어 있어서 전체는 6층이다.

실험동은 네 개의 건물을 병렬로 배치하고, 설비를 위한 '봉사하는 공간(servant space)'을 V자로 접은 두 번째 안을 1년 이상 걸려 만들었다. 그러나 소크는 그것만으로는 설비 시설의 변화를 감당할 수 없을 것이라고 예리하게 비평했다.

칸이 이 건물 설계를 어떻게 했는지 학생들에게 직접 들려준 강의 테이프를 얻어서 들어본 적이 있다. 정확한 번역은 아니지만 대체

실험동과 분리된 연구실.

로 이런 내용이 매우 인상적이었다. "내가 이 건물 설계를 의뢰받았을 때 연구소의 과학자들을 잘 살펴보니 한 가지 특징이 있었습니다. 그게 뭔지 아십니까? 과학자들이 서로에게 질투심이 많다는 것이었습니다."

처음에는 좀 의아했다. 연구소라면 복잡한 기능들을 질서정연하게 합리적으로 설계했다고 설명해야 할 터인데, 느닷없이 과학자들의 '질투심'으로 건축을 풀어나갔다고 하니까 말이다.*138 그러나 그가 학생들에게 말하고자 했던 건 연구자라는 독립된 개체를 존중해야 한다는 것이었다. 소크의 생각도 비슷했다. 성 프란치스코 수도원의 중정을 염두에 둔 것도 수도원의 방처럼 실험실에서 떨어진 독립된 연구실을 원했기 때문이다.

실험동과 떨어진 사적인 연구실은 연구자에게 일종의 피난처인데, 한 층에 8개씩 모두 32개를 광장에 면하여 배치했다. 연구실을 "카

바다를 향해 열린 연구실 창문.

펫 깔개 위에 참나무로 만든 식탁이 놓인 영역"이라고 표현한 것도 마치 자기 집에 있는 방처럼 만들겠다는 뜻이었다. 개인 연구실의 외벽도 따뜻한 주택처럼 티크로 마감했으며, 모두 바다 쪽을 항해 창이 나 있다.

몇몇 연구자들은 이런 생각에 크게 흥미를 갖지 못했다. 여전히 연구동 안의 벤치에서 하루를 보내거나, 비커와 튜브가 있는 실험실에서 점심을 먹는 것이 더 행복하다는 사람들도 있었다. 하지만 건축가 칸과 건축주 소크 박사는 그들이 새로운 연구실을 최대한 활용하도록 지속적으로 설득했다.

연구소 한가운데는 아무것도 없는 넓은 광장을 두었다. 광장에서 보면 연구동은 4층으로 되어 있는데, 1층은 아케이드여서 햇빛을 피할 수 있고 비가 내릴 때 걸어 다니며 배회할 수 있다. 그 위로 2층과 4층에 연구자의 방이 있고, 비어 있는 3층은 테라스로 이용된다. 3층에는 원래 세미나실을 배치하려 했으나 최종적으로는 테라스로 만들어졌다. 이곳에서는 마음에 맞는 연구자들끼리 샌드위치를 먹으며 잡담을 나누기도 하고 혼자서 바람을 쐬기도 한다. 단면을 보면 실험동과 개인 연구실은 서로 떨어져 있는데, 두 영역을 잇는 다리가 3층으로 이어져 있어서 이곳을 통해 개별 연구실로 내려가거나 올라간다.

하늘의 파사드와 태평양의 모자이크

가장 큰 문제는 중정에 관한 것이었다. 지금처럼 광장을 한가운데

두게 한 것은 소크였다. 어느 날 건설 팀을 선정하는 회합을 마친 후 대지를 거닐며 그는 이런 생각을 했다고 한다. "땅거미가 지던 때였다. 건물이 어떻게 보일지 상상해보려고 했다. 그랬더니 갑자기 몹시 행복하지 않다는 생각이 들었다. 이런 것을 꼭 말해야겠다."

칸에게 그 얘기를 한 건 바로 다음 날이었다. "계획이 정말 마음에 들지 않았다. 그래서 그다음 날 아침 비행기 안에서 다시 시작해야 하지 않겠냐고 칸에게 말했다. …그리고 내가 별로라고 생각한 것, 필요로 하는 것을 스케치해서 칸에게 주었다."

소크는 특히 실험동의 폭이 너무 넓고 두 개의 정원이 너무 좁다며 반대 의사를 분명히 했다. "정원이 아니라 골목이 두 개"라는 신랄한 표현을 썼을 정도였다.[*139] 그는 진실한 장소인 하나의 정원에 집중해 달라고 칸에게 강력히 촉구했다고 한다.[*140] 두 개의 중정이 생기면 연구소가 두 개의 다른 문화로 나뉘고 시설 자체의 통합성이 깨질 수 있다고 우려했기 때문이다.

칸은 소크의 말 속에 진실이 있음을 느꼈다. 그는 더 좋은 길이 보인다면 거의 완성된 프로젝트에서조차 기꺼이 방침을 바꾸는 건축가였는데, 이는 칸의 가장 특징적인 면모들 중 하나였다. 그의 이런 태도는 사무소 스태프들 사이에서 종종 불만으로 드러나곤 했다.

칸은 소크의 생각을 곧바로 이해하고 주말까지 안을 결정하겠다고 말했다. 그리고 필라델피아 사무소로 돌아가서 기존의 안을 폐기하겠다고 선언했다. 스태프들이 펄펄 뛰며 "선생님, 정신 차리세요. 그건 불가능해요"라고 하자 칸은 "우리가 더 좋은 건물을 만들 수 있는 기회"라고 대답했다. 원래 만들고자 했던 두 개의 정원은 단지 편리함(a convenience)에 머물러 있을 뿐이며, 정원을 한 개로 바꾸어

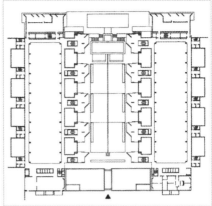

두 개의 연구동 모델(왼쪽)과 도면(오른쪽).

서 하나의 '장소(a place)'를 만들겠다는 것이었다.*141 칸의 이런 탐구
성에 대해 소크는 "그는 이런 상황들을 더 훌륭한 건축의 기회로 여
겼으며 언제나 품위를 지켰다"라고 회상했다.

그렇게 해서 두 개의 연구동과 하나의 중정 계획안이 만들어졌다.
중정은 연구자들의 휴식과 산책을 위한 공간인 만큼, 나무를 심고
그 밑에서 조용히 묵상도 할 수 있는 정원으로 만들 생각이었다.

처음에는 조경가 로렌스 할프린(Lawrence Halprin, 1916~2009)에
게 정원 설계를 부탁했다. 할프린은 건물의 콘크리트 벽체에까지 올
라오는 관목과 나무를 심자고 했으나 누구도 이 제안에 찬성하지 않
았다. 그다음에 칸이 떠올린 사람은 멕시코의 건축가 루이스 바라간
이었다. 근대미술관에서 발행한 책자에 칸이 이사무 노구치(Isamu
Noguchi, 1904~1988)와 함께 작업한 어린이 놀이터 계획안이 실려
있었는데, 거기에 바라간의 작품도 함께 실려 있었다. 칸은 이 책을
통해 바라간을 처음 알게 되었다.

353

일단 바라간과 통화를 하고 싶었지만 칸은 스페인어를 할 줄 몰랐다. 마침 사무소에 푸에르토리코 출신 직원이 있어서 그에게 먼저 전화를 걸게 했다. 그 직원이 "지금 루이스 칸 사무소에서 전화를 드리고 있습니다"라고 했더니 바라간이 "루이스 칸이 누구죠?"라고 해서, 바로 옆에 있던 칸에게 "당신이 누구냐고 묻는데요?"라고 전해주었다. 칸은 의연하게 "그분이 잘 아시는 몇몇 건축가 친구에게 물어보라고 말씀드려"라고 대답했다.

1주일 뒤인 1965년 1월 20일, 칸은 멕시코시티에 있는 바라간에게 편지를 보냈다. 시간을 내주셔서 감사하고, 소크 프로젝트를 지도해주시기를 간곡히 부탁드리며, 바라간의 작품에서 땅과 식물을 대하는 에너지를 느낀다는 내용이었다. 그리고 몇 달 후 멕시코에 가서 바라간을 만났다. 둘은 금세 서로 농담을 주고받는 편한 사이가 되었다. 콘크리트에 색을 칠하는 문제를 놓고 잠시 논쟁을 벌이기도 했지만, 바라간은 "좋아요, 당신이 이겼어요. 그래도 나는 벽에다 계속 색깔을 칠할 거예요"라고 말했다 한다.

1966년 2월 24일에는 완공을 앞둔 소크 연구소에서 바라간, 칸, 소크 세 사람이 만났다. 칸이 정원 예정지를 보여주기 위해 바라간을 초청한 것이었는데, 바라간은 그 공간을 실제로 보고 난 뒤에 "나라면 이 공간에 단 하나의 나무나 풀도 심지 않겠어요. 이곳은 정원이 아니라 돌로 만든 광장(plaza)이어야 해요"라고 말했다. 이때 칸은 소크를 쳐다보았고 소크는 칸을 쳐다보았다. 둘 다 바라간의 말에 깊이 공감했던 것이다. 바라간도 그걸 느꼈는지 기쁜 표정을 지으며 이렇게 덧붙였다. "이걸 광장으로 만들면 하늘에 파사드를 얻게 될 겁니다."[*142]

이 한마디에 칸은 생각이 완전히 바뀌었다. 훗날 그는 이렇게 말했다. "그때 내가 할 수 있는 말은 '맞아, 그러면 당연히 아무것도 없는 태평양에 온통 파란 모자이크를 얻게 될 거야'라는 것뿐이었다."[143] 그날 그들은 광장에 깔 돌을 이것저것 고르다가 결국 트래버틴으로 결정했다.

그밖에도 소크는 설계 과정에서 제안되는 모든 계획안을 자세히 검토했다. 칸 사무소의 직원들은 프로젝트의 거의 모든 단계에 끼어드는 소크의 태도를 몹시 불편해했다. 소크가 젊은 건축가들에게 "왜 그렇게 결정했는지 설명해주기 바랍니다"라고 계속 요구하는 바람에, 쓰레기통에 버렸던 안까지 찾아가며 그 자료를 소크에게 보내야 했다. 하지만 소크가 그런 행동을 했던 건 결과보다 과정에 더 큰 관심이 있었기 때문이다. 그렇게 해서 매번 결과가 좋아졌기 때문에, 칸 역시 이런 탐색의 과정을 좋아했다.

소크의 장남 피터는 아버지가 연구소 건축의 모든 과정을 이렇게 감독한 것은 전혀 놀랄 일이 아니라고 했다. 한번은 어머니가 난로를 청소해달라고 했는데, 아버지가 벽에서 난로를 떼어내서 뒤쪽에 있는 나사 주변까지 깨끗이 닦았다고 한다. 그럴 정도로 "아버지는 디테일에 꽂혀 있었다."[144]

소크 생물학연구소 사람들은 건물의 콘크리트를 '소크리트(Salkrete)'라고 부른다. 소크와 칸이 거푸집에서 나온 시험용 콘크리트를 뚫어져라 관찰하며 최종적인 색깔과 질감을 논의하는 걸 보고 연구원들이 지어낸 말이다.[145]

또 한 명의 설계자였던 건축주

소크와 칸은 한두 개의 건물을 계획한 것이 아니라 '시설'을 계획하고 있었다(They were planning an institution). 물리적 공간만이 아니라 그 공간을 사용할 사람들의 행위, 사고, 경험, 창의성이 어떻게 전개될 것인가를 예측하고 계획하며 건물을 설계한 것이다. 달리 말하면, 그곳에서 살고 일하고 먹고 생각하는 '사람에 관한 것(It was about people)'에서 출발하여 모든 디자인을 결정해나갔다는 뜻이다.

건물은 사람들이 그곳에 담고자 하는 '시설'의 본성을 반영하고, 또한 창조하며, 그것은 다시 사람들에게 영향을 미친다는 것을 두 사람은 잘 알고 있었다. 소크의 장남 피터는 "루이스 칸은 시설을 설계함으로써 사람들의 생활에 영향을 미칠 수 있다는 것을 아는 건축가였다. 아버지는 그것을 직관적으로 알았다"고 말했다.

칸 역시 소크에 대해 똑같은 얘기를 했다. "만들고자 하는 시설(institution)을 철학적으로 이해할 수 있는 건축주는 별로 없다. 그러나 소크 박사는 예외다."

그는 또한 말년에 이렇게 말했다.

"가장 좋아하는 건축주가 누구냐고 묻는다면 이름 하나가 선명하게 떠오른다. 다름 아닌 조나스 소크 박사다. 그는 내 추측을 경청해주었고, 내가 어떻게 건물에 접근하는지 신중하게 관찰했다. 그는 나보다도 더 주의 깊게 내 말을 들어주었고 그것을 마음에 기록해주었다. 연구를 계속하는 중에도 그는 아직 수행하지 못한 전제를 늘 일깨워주었다. 그는 그 전제를 매우 중요하게 생각했는데, 그것은 그의 사고방식이며 모든 질문의 바탕이기도 했다. 그렇게 그는 나만큼이나 이 건물의 설계자였다."[*146]

칸은 소크가 자기와 같은 또 다른 설계자였다고 말했다. 도대체 어느 정도로 생각을 함께하고 건물을 같이 지었기에 자신의 건축주를 이렇게 말할 수 있었을까?

"아버지는 건축가 칸을 존경한다고 분명하게 말했고, 칸도 가장 신뢰하는 건축주가 아버지라고 말했다." 장남 피터의 말이다. "두 사람은 마치 한 가족인 것처럼 똑같은 정신을 가지고 있었다. 두 사람은 같은 언어로 말했다."[*147]

소크도 마찬가지였다. 칸이 자기보다 열세 살이나 위였지만 "칸과 함께 있으면 매우 따뜻하고 자극이 되는 경험을 할 수 있었다. …그는 시적이면서도 신비한 타입이며 언제나 내 마음을 따뜻하게 해준다"고 말했다. 또한 "내가 칸을 존경하는 것만큼이나 칸은 나를 존경해주었다"고 했다. 프로젝트가 끝날 무렵 소크는 이렇게 말했다. "그래서 우리 둘은 뭔가 어려움이 닥치면 싸울 수 있었다."

프로젝트가 시작되었을 때 소크는 여느 건축주처럼 이런저런 요구 사항을 늘어놓지 않았다. 아들의 말에 따르면 소크가 그때를 회상하면서 "우린 단지 놀기 시작했지"라고 말했다고 한다. 이렇게 건축주와 건축가가 같은 철학을 가지고 있는 것은 그들의 개인적인 배경과 관련이 있다. 소크의 부모는 동유럽에서 온 유대인 이민자였다. 소크도 유대인 이민자였던 칸처럼 미국 동해안의 가난한 지역에서 자랐다. 그러나 이보다 더 중요한 것은 두 사람이 모두 열정적인 이상주의자였다는 점이다.

연구소 광장 입구의 돌에는 조나스 소크의 말이 새겨져 있다. "희망은 꿈을 현실로 만들고자 하는 사람의 상상력과 용기에 있다."[*148]

석양의 광장에 앉아 있는 소크.

과학자의 연구가 무엇을 향한 것인가를 보여주는 글귀로, 1975년 네루 상을 받았을 때 강연에서 했던 말이다.

소크가 세상을 떠난 뒤 연구소에서는 그를 어떻게 기념할지 논의했다. 칸의 설계를 도왔던 데이비드 라인하트(David Rinehart)가 실험동의 모퉁이를 잇는 대각선의 교차점에 뭔가를 만들자고 소크의 아들 조나단에게 제안했다. 조나단은 광장 입구에 설치하기로 예정되어 있던 돌을 그 교차점에 놓으면 좋겠다는 생각이 들었다. 이렇게 하면 아버지는 건물의 일부가 될 것이고, 연구소 전체가 아버지를 위

358

한 기념비가 될 것 같았다. 조나단과 데이비드는 두 장소를 여러 차례 오가며 생각에 잠겼다. 그러다가 데이비드가 말했다.

"이미 정해진 자리가 조나스의 자리야."

결국 연구소 공식기구의 결정에 따라 돌의 위치가 지금의 광장 입구로 정해졌지만, 데이비드가 했던 그 말이 흥미롭다. 조나스의 자리! 어떤 곳이든, 이 연구소의 모든 장소가 조나스 소크의 자리였다.

칸이 가장 좋아하는 건축주였던 소크는 1974년 4월 2일 칸을 추모하는 자리에서 자신의 소회를 담은 시 한 편을 큰 소리로 읽었다. 그의 시는 이렇게 시작된다.[149]

"우연히 나타난 어떤 사람 / 아주 작고 기발한 그의 마음에서 / 위대한 형태가 나와 / 작동하는 위대한 구조물, 그리고 위대한 공간"

그리고 이렇게 이어진다. 나이 오십이 되어서야 비로소 거장으로 인정받았던 칸의 생애와 그의 업적에 대한 존경심이 짧은 시어 속에 담겨 있다.

"그는 50년을 준비했고, / 다른 이는 50년 했어야 할 것을 / 그는 20년 만에 이루어냈다."

건축가와 건축주. 이 둘의 관계는 어떠해야 하는가? 건축은 누가 설계하는가? 건축주는 짓고자 하는 건물 앞에서 무슨 생각을 해야 하는가? 거장 루이스 칸과 뛰어난 과학자 조나스 소크에게서 그 해답을 찾는다.

3
킴벨 미술관 : 리처드 브라운

반원형의 완만한 볼트 구조체들이 병렬로 이어지는 미술관. 루이스 칸이 설계한 미국 텍사스 포트워스(Fort Worth)의 '킴벨 미술관(Kimbell Art Museum, 1966~1972)'이다.

밖에서 보면 구조의 제약을 받아 내부가 협소할 것처럼 보인다. 그러나 이런 추측은 내부에서 완전히 반전된다. 30미터나 되는 긴 볼트를 기둥 네 개가 끝에서 받치고 있어서 그 안에는 기둥이 전혀 없다. 게다가 콘크리트 볼트의 곡면 천장은 위에서 들어온 빛이 반사판에 반사되어 마치 투명한 은색으로 가볍게 떠 있는 듯하다.

그 안에 전시된 작품은 어떤가? 작품들은 모두 자기만의 독자적인 방에 놓여 있다. 그리고 관람자의 눈높이에서 그들과 조용히 대화한다. 그러면 보는 이의 마음이 "따뜻해지고 그윽해지며 우아해지기까

킴벨 미술관 내부.

지" 한다.

아무리 미술관이라도 작품을 이처럼 아름답게 전시하는 건 결코 쉬운 일이 아니다. 킴벨 미술관은 루이스 칸 사무소에서 일했던 렌초 피아노(Renzo Piano)의 설계로 2013년에 서쪽 별동을 증축했다. 칸의 건물과는 달리 시각적으로 매우 경쾌하고 뛰어난 건물이다. 그러나 예술작품들은 왠지 조금은 허전한 공간에 놓여 있고, 곧 이동될 것처럼 보인다.

동쪽으로 이웃하는 땅에 안도 다다오(安藤忠雄)가 물 위에 떠 있는 듯한 '포트워스 현대미술관(Modern Art Museum of Fort Worth)'을 설계했지만, 예술작품이 전시된 내부 공간 사진은 찾아보기 힘들다. 안도의 이 미술관은 미스 반데어로에(Mies van der Rohe)의 '신국립미술

렌초 피아노가 설계한 서쪽의 별동. (위)
안도 다다오가 설계한 포트워스 현대미술관. (아래)

미스 반데어로에가 설계한 신국립미술관.

관(Neue Nationalgalerie, 1968)'을 연상케 한다. 신국립미술관은 건축
적으로는 명작이지만 1층은 긴 너비의 로비로 지면 위에 있고, 예술
작품들은 지하층에 추방되어 있다.

　바로 이런 차이가 빛과 구조와 공간과 작품이 하나로 통합된 킴벨
미술관의 진가를 보여준다. 어떻게 이런 아름다운 미술관이 지어질
수 있었을까?

건축주 킴벨 부부

　케이 킴벨(Kay Kimbell, 1886~1964)은 텍사스에서 기름, 식품가공,
정곡업(精穀業)을 하는 사업가였다. 1931년에 그는 부인 벨마(Velma

케이 킴벨(왼쪽)과 벨마 킴벨(오른쪽).

Fuller Kimbell, 1887~1982)의 권유로 18세기 영국 회화 한 점을 사들였고, 이를 계기로 열성적인 아마추어 수집가가 되었다. 그리고 5년 후인 1936년에는 부인과 누이 부부와 함께 '킴벨 미술재단'을 설립했다. 이 재단은 공공도서관, 교회, 가까운 대학이나 지역 미술관에 소장품을 대여해주었다. 킴벨의 집은 많은 사람들이 작품을 보러 찾아오는 주택 미술관 역할을 했다.

　케이 킴벨은 18~19세기의 영국과 프랑스 미술품 360여 점을 재단에 기부하고, 재산의 절반을 새로운 미술관 건립을 위해 내놓았다. "포트워스와 텍사스의 예술을 장려하는 것"이 기부의 목적이었다. 그러나 꿈이 성사되기도 전인 1964년에 세상을 떠나고 말았다.

　그가 사망하고 1주일도 안 되었을 때 부인 벨마는 남편이 열망하던 "최고 수준(of the first class)"[*150]의 미술관을 짓기로 결심하고 자

아몬 카터 스퀘어 파크와 필립 존슨이 설계한 아몬 카터 미술관.

기 소유의 재산을 재단에 기증했다. 이에 발맞춰 포트워스 시(市)에서도 미술관을 짓는 조건으로 아몬 카터 스퀘어 파크(Amon Carter Square Park)의 땅 19.5에이커를 재단에 기부했다. 직각삼각형으로 생긴 땅의 서쪽 끝에는 필립 존슨(Philip Johnson, 1906~2005)이 설계하여 1960년에 개관한 아몬 카터 미술관(Amon Carter Museum of American Art)이 있었다.

새로운 미술관 설계를 맡은 루이스 칸이 도면과 모형을 완성했을 때, 재단 관계자들 눈에는 그 건물이 마치 넘어져 있는 콘크리트 사일로처럼 보였다. 케이 킴벨이 한창 사업을 할 때 그 지역에 사일로가 많이 있었는데, 아마도 그것을 연상했던 것 같다. 그중 누군가가 벨마에게 "이 미술관은 아주 못생긴 건물이 되겠어요. 당신은 왜 이러고 계십니까?"라고 물었다.[*151]

킴벨 미술관 기공식에 참여한 벨마 킴벨.

그러나 설계에 참여했던 마셜 마이어스(Marchall Meyers, 1931~2001)에 의하면, 칸과 그의 스태프는 이 건물이 남들이 말하는 그런 건물이 아니라고 벨마를 설득할 필요가 없었다고 한다. 이유는 간단했다. 그녀는 좋은 것을 판별하는 남다른 눈을 가지고 있었기 때문이다. 훌륭한 건축주였던 벨마의 면모를 엿볼 수 있는 작은 에피소드다.

오히려 처음에 험담을 했던 포트워스의 친구들이 나중엔 예찬론자로 바뀌었다. 콘크리트 구조체가 다 섰을 무렵 그들이 실물을 보러 현장에 왔다. 도면으로는 이해할 수 없었던 공간의 넓이와 높이를 몸으로 체험할 수 있게 되자, 그들은 골조 속을 걷는 것만으로 이 건물이 가진 당당한 힘을 느꼈다. 그리고 생각이 완전히 달라졌다. 몇몇은 벨마에게 전화를 걸어 이제까지 험담한 것을 정중히 사과했다.

기공식은 1969년 6월 27일에 했다. 이날 칸은 행사에 참석하지 못했고, 그 대신 정원을 어떻게 구성할지 설명하는 편지와 함께 나무, 잔디, 중정 등을 그린 매력적인 스케치를 벨마에게 보냈다. "이 스케치가 킴벨 미술관의 정원을 구성하는 주요 요소들을 시각적으로 보여드리는 데 조금이나마 도움이 되었으면 합니다"라고 쓰고, 차량 및 보행자 동선과 함께 건물과 정원이 어떻게 통합되는지를 쉽게 알아볼 수 있게 그렸다. 스케치가 단정하고 분명하다. 지금 그 정원은

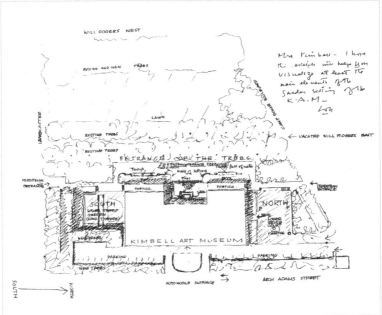

건축과 닿을 듯 가까이 있는 정원. (위)
루이스 칸이 벨마에게 보낸 스케치. (아래)

건축과 닿을 듯 가까이 있다.

실질적인 건축주 리처드 브라운

1965년 말, 킴벨 미술재단은 미술관 프로그램에 정통한 리처드 파르고 브라운(Richard Fargo Brown, 1916~1979)을 관장으로 영입했다. 그는 유명 미술관 관장을 여러 번 역임한 유명한 인물이었다. 킴벨 미술재단으로 옮기기 직전에 근무했던 로스앤젤레스 미술관에서 미스 반데어로에의 안을 추천했다가 좌절을 겪기도 했지만, 킴벨 미술관에서는 그가 모든 프로젝트의 원동력이었다. 물론 벨마도 1982년 세상을 떠날 때까지 미술관 발전에 온 힘을 기울였지만, 이 미술관의 역사를 기술하는 책에는 그리 많이 등장하지 않는다. 킴벨 미술관 건설에서 실질적인 건축주는 재단 이사회와 브라운 관장이었다.

리처드 브라운.

당시 킴벨 미술재단의 소장품은 양이 적고 성격이 분명하지 못했으며, 작품 대부분이 이젤 크기의 옛 거장들의 회화였다. 대형 작품으로 소장품을 확장할 계획도 딱히 없었다. 이런 이유에서 신축 미술관은 상대적으로 스케일이 작아야 했다.[*152] 더구나 시(市)가 땅을 기증할 때 인근 아몬 카터 미술관의 조망에 방해가 되지 않도록 새

미술관의 높이를 12미터로 제한했기 때문에, 지붕도 세심하게 처리해야 했다. 이렇듯 킴벨 미술관 설계의 첫째 조건은 내부적으로는 작은 소장품, 외부적으로는 물리적 환경이 요구하는 '스케일'에 관한 것이었다.

브라운은 이런 점을 고려하여 〈기본 방침(Policy Statement)〉이라는 제목의 문서로 미술관의 미래 방향을 정리했다. 이 문서는 1966년 6월에 이사회의 승인을 받았으며 그 방향은 지금도 지켜지고 있다. 이 문서에서 그는 새로 짓는 미술관 건물의 방향을 이렇게 규정했다.

"미술관 건물은 예술작품 그 자체이며, 소장품에 적용되는 높은 미적 기준과 동일한 개념에 따라 설계되고 시공되고 유지되어야 한다. 이 건물은 다른 예술을 돌보고 연구하고 전시하기 위한 기능적 매개체일 뿐 아니라 미래의 건축예술 역사에 창의적으로 공헌해야 한다"[*153]

어찌 보면 당연한 말이라 그냥 지나치기 쉽다. 그러나 이 글을 다시 읽어보라. 미술관은 예술작품을 소장하고 있다. 따라서 그것을 수장하고 전시하는 미술관 건물은 "그 자체가 예술작품이 되어야 한다." 더욱이 이 건물은 건축사에 창의적인 영향을 미쳐야 한다. 지금 짓는 건물의 성격과 역할을 너무나도 정확하게 간파하고 있다. 훗날 루이스 칸의 킴벨 미술관은 브라운이 희망한 대로 "그 자체가 예술작품"이며 "건축사에 창의적인 영향을 미친" 건축물이 되었다. 바로 이런 것이 건축주가 갖추어야 할 올바른 자세다.

또한 그가 작성한 〈건축 기획 프로그램(Pre-Architectural Program)〉[*154]은 대부분이 소요 면적 등에 관한 것이지만, 60년 전에 쓰인 것인데도 미술관 건물이 어떠해야 하는지를 분명히 밝히고 있다. 새 미술관은 "그 자체가 예술 작품"이어야 하지만 그렇다고 "자신만을 위한 건축적 체조(architectural gymnastics)"가 되어서는 안 된다. 효율과 기교만을 앞세운 건축물이어서는 안 된다는 뜻이다.

미술관은 누구에게 이바지하는 건물일까? 뛰어난 건축물로 지어졌다고 해서 학식 있고 교양 있는 사람들만을 위한 것은 아니다. 미술관은 "건축 형태를 수준 높게 볼 줄 아는 지식을 가진 미술사가, 건축가, 예술가들에게 주로 이바지해서는 안 된다." 방문자의 대부분은 예술작품과 대면하고 감상하고 싶어서 찾아오는 평범한 사람들이다.

그는 미술관 일반 방문자의 키가 평균 170센티미터라고 말하며, 따라서 무작정 확장하는 공간이 아닌 편안하고 친밀한 건축이어야 한다고 강조했다. "(텍사스의 도시) 애빌린에서 온 키 작은 할머니가 (15세기 이탈리아 화가) 조반니 디 파올로가 그린 40센티미터 크기의 소장품을 편안하게 바라볼 수 있게 해야 한다." 바로 이것이 새 미술관에 적용되고 유지되어야 할 사람, 건물, 작품 사이의 관계다. 브라운은 이것을 "인간적인 비례(human proportion)"라고 불렀다.[155]

평범한 방문자들에게 미술관은 무엇을 줄 것인가? 브라운은 그들이 미술관을 모두 경험하고 나면 "마음이 따뜻하고(warmth) 그윽하며(mellowness) 우아해지기까지(even elegance) 해야 한다"고 말한다. 방문자는 뭔가 배우기도 하고 느끼기도 하면서 개인적으로 다양한 경험을 하겠지만, 이런 경험은 결국 "기뻐하는(charmed) 것"으로 수렴한다. 여기서 'charmed'는 그저 기쁜 게 아니라 매혹되어 기쁘다는 뜻이다.

그의 말대로라면 미술관 건축의 최고 가치는 예술작품으로 인해 마음이 따뜻해지고 그윽해지며 우아해져서 결국은 매혹되는 기쁨을 얻게 해주는 것이다. 즉, 미술관은 예술작품이 보여주는 세계에 몰입하고 묵상하게 북돋아주는 장소다. "각각의 예술작품은 하나의 전체적인 세계를 가져야 한다. 그래야 관람자가 완전히 몰입하여 그 세계를 묵상할 수 있다."

또한 새 미술관은 용도를 건축적으로 분명히 해야 한다. 그리고 용도에 접근하는 방식도 명료해야 한다. "그러한 건물의 창조적인 힘을 가지려면 미술관이라는 용도에 직접, 그리고 단순하게 다가갈 수 있어야 한다." 그러려면 "배열이 명료하여 채광이 잘 되는 공간"이 있어야 한다. 그래야 "일반 관람자가 가는 길을 쉽게 찾고, 어디로 가서 무엇을 볼지 자신이 직접 선택한다는 느낌을 받게 된다." 이때 대칭 구성이 도움이 될 수도 있다. 이렇게 해야 하는 이유는 분명하다. "예술에 잠재된 메시지가 더 많은 사람에게 더 많이 전해지기" 위해서다.

소장 작품들과 더불어 그 자체가 예술인 미술관이 되려면, 또 관람자가 예술작품 감상에 몰두할 수 있는 미술관이 되려면 건물의 공간과 형태와 질감이 단순해야 한다. 공간과 물질의 관계는 '분명'하고 '정직'하고 '자제'하는 가운데 '기품'이 있어야 한다. "건물을 이루는 부분들이 분명하게 배치되어야 하고, 눈에 보이는 형태와 구축하는 수단이 정직한 관계에 있어야 한다. 이것은 형태 사이의 비례, 물성, 재료를 결합하는 장인의 솜씨와 취향을 통해 나타난다." 이때 분명하고 정직하고 자제해야 하는 이유는 방문객들이 건물에 압도되지 않고 올바로 예술작품과 대면할 수 있도록 하기 위함이다. 브라운은 이것을 "조화로운 단순함(a harmonious simplicity)"이라고 불렀다.

단순함의 원칙은 미래의 증축에도 적용된다. "그렇게 유기적으로 통합된 건물은 미래의 분동, 확장, 층의 확대를 허용하거나 조정할 목적으로 여러 단계로 지어서는 안 된다. 건물의 형태는 아름다움이라는 관점에서 완벽해야 하는데, 확장으로 인해 그 형태가 훼손될 수 있다."

형태만이 아니다. "필요한 기능이 모두 처음부터 완벽하고 활력 있는 시설로 작동해야 한다." 그래서 브라운은 바닥 베이스, 받침대, 유리 전시장, 테이블 케이스, 벽 선반까지도 기성 제품을 사용해서는 안 되며 건축가가 직접 설계해야 한다고 요구했다.

자연광은 미술관에 생명을 불어넣는 필수적 요건이다. 브라운은 특히 이런 자연광을 강조했다. "자연광이 부족할 때는 인공광이 충분해야 하지만, 자연광이 전혀 없다면 예술도 방문자도 결국에는 깡통 속에 밀폐된 진공처럼 보인다." 미술관의 자연광은 단순히 채광에만 그치는 게 아니며 자연을 느끼게 해준다는 점에서도 중요하다. "방문자는 잠깐씩이라도 자연과 관계를 맺을 수 있어야 한다. 적어도 잎사귀 하나, 하늘, 태양, 물을 볼 수 있어야 한다."

빛은 또한 변화하는 공간 안에서 작품과 사람을 하나로 묶어준다. "날씨, 해의 위치, 계절에 따라 변화하는 여러 효과들은 건물을 관통할 뿐 아니라 예술작품과 관찰자를 비춰준다." 그리하여 "방문자는 자신과 예술작품이 순환하고 변화하는 현실세계의 일부임을 느끼게 된다." 인공 조명으로는 자연의 빛을 절대로 흉내 낼 수 없다.

킴벨 미술관은 건축가 루이스 칸과 동료들, 그리고 건설업자가 지은 것이다. 그러나 건축가를 선택하고 그가 예술과 공간의 관계에 관한 영감을 떠올리도록 해준 힘은 미술관을 짓고자 하는 이들의 마음에서 먼저 피어올랐다. 브라운이 작성한 프로그램에는 많은 의견이 적혀 있지만, 자세히 읽어보면 대부분이 건축가인 칸의 인식과 일치하고 있다. 마치 미술관이 완공된 후에 루이스 칸이 직접 그 건물을 설명해주는 것처럼 보일 정도다.

"또 다른 손이 그림을 그리고 있다"

처음에 브라운은 막스 에이브러모위츠(Max Abramowitz), 마르셀 브로이어(Marcel Breuer), 피에르 루이지 네르비(Pier Luigi Nervi), 미스 반데어로에 등 10명의 작품을 검토하면서 그중 한 명의 건축가를 선정하고자 했다. 그런데 도중에 생각이 바뀌었다. 샌디에이고 라 호야 미술관의 자문위원이었던 브라운은 루이스 칸의 설계로 그곳에 지어진 소크 생물학연구소를 잘 알고 있었으며, 크게 감동하고 있었다. 브라운은 그해 6월 6일 미스에 대해 강의하면서, 미스는 "20세기 전반의 가장 위대한 건축가"라고 말한 적이 있다. 그 이후 칸을 만난 브라운은 칸이 "20세기 후반의 가장 위대한 건축가"라며 킴벨 미술관 이사회에 칸을 강력히 추천했다.

이와 관련하여 브라운은 예일미술관 관장이었던 찰스 소여(Charles Sawyer)의 의견을 들었다. 소여는 루이스 칸이 매우 창의적인 인물이고 자기가 본 사람들 중에서 제일 친절하고 관대한 사람이라며 주저 없이 그를 추천했다. 하지만 칸과 함께 일하려면 조심할 것이 하나 있다며 이렇게 말했다. "그러나 경고해둘 것이 있는데요. 그와 함께 일하려면 똑바로 앉아 그 옆에서 밤새울 각오를 해야 할 겁니다. 그렇지 않으면 그 사람, 당신이 졸고 있는 사이에 마음이 바뀌어 다른 안을 그리고 있을 겁니다."[*156]

1966년 10월 5일 루이스 칸은 킴벨 미술관 설계를 정식으로 위촉

받았다. 그는 15년 전에 뉴헤이븐에 있는 예일대학 미술관을 설계한 바 있었다. 처음엔 미술관 전체를 융통성이 풍부하고 층고가 높은 공간으로 만들었으나, 미술관 측에서 고정 칸막이로 바꾸어버렸다. 이에 칸은 몹시 못마땅해하며 이렇게 말했다.

"내가 다시 미술관을 짓게 된다면 관장이 공간을 원하는 대로 자유롭게 쓰지 못하게 하고 싶다. 그 대신 작품이 그곳에 놓여 있다는 내적인 특성이 확실한 공간을 만들어주겠다. …위에서, 아래에서, 작은 틈새로, 아니면 관장이 원하는 곳 등등, 다양한 방식으로 빛을 주겠다. 그렇게 하면 사물을 다양한 방식으로 보여줄 수 있는 공간 영역이 실제로 있다고 느끼게 될 것이다."

평면을 칸막이하여 여러 용도로 사용하는 건 진정한 '다양성'이 아니며, 사물이 빛 아래에서 다양하게 나타나는 공간을 만들어야 한다는 말이다.

킴벨 미술관 설계를 맡은 뒤에도 칸은 한동안 아무런 스케치도 하지 않고 있었다. 그러다가 1967년 봄에 자연광을 강조한 브라운의 요청에 따라, 긴 볼트 14개를 동서 방향으로 늘어놓은 1층 건물을 첫 번째 안으로 제시했다. 이는 19세기 유럽 미술관에 전통적으로 사용되던 채광 방식이며, 인공광을 두루 사용하는 국제주의 양식의 건축을 거부한 것이기도 했다.

단면은 특정한 평면이 없이 검토되었다. 접힌 볼트 위에 좁고 긴 틈을 내고 그리로 빛이 들어오게 했다. 천장의 틈 밑에 반사판을 매달아 빛을 분산하고 빛의 방향을 바꾸게 했다. 그리고 단면으로 조명, 에어컨, 전기설비를 한곳에 통합하여 완결된 단면을 만들고자 했다. 이런 단면은 미술관 전체를 결정하는 것으로서 최종안까지 계속

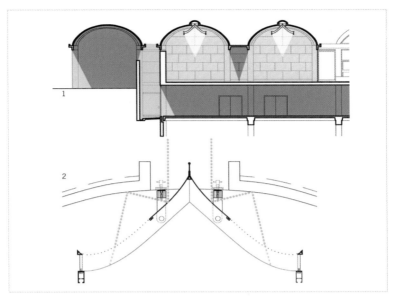

천장에 매달려 빛을 분산시키는 반사판.

되었다. 브라운은 이 단면의 이점을 즉시 알아차렸고, 이후 예산 규모가 축소되었을 때도 이 단면의 기본 개념은 그대로 유지되었다.

그러나 한 변이 120미터인 정사각형 평면의 첫 번째 안은 주변 도시나 시설과 비교해 너무 컸다. 이때 칸은 둥그스름한 천장의 높이를 9미터로 스케치했는데, 브라운은 공간이 너무 높아질 것을 우려하며 새 미술관은 루브르 박물관이나 궁전이 아니라 주택이나 빌라의 감각을 가져야 한다고 요구했다. 그의 '스케일'의 관점은 이런 것을 뜻하고 있었다.

1967년 8월에 마셜 마이어스가 프로젝트 건축가로 가담했다. 그의 회상에 의하면, 그해 봄에 보냈던 첫 번째 안이 5개월 동안 아무런 변화가 없어서 칸과 브라운의 관계가 아주 나빴다고 한다.[157] 브라운은 별로 간섭을 안 하면 칸이 멋대로 일을 진행할 것 같아서 계속 전화를 걸어 채근하기로 마음먹었다.

첫 단계에서 두 사람의 관심은 조금 달랐다. 칸은 계획에 맞는 모듈이나 기하학적 체계에 더 많은 관심을 두었고, 브라운은 공간들 사이의 관계에 특별한 감각이 있었다. 칸이 그린 그림들이 브라운의 눈에는 전혀 작동되지 않는 안으로 보였다. 그래서 나름대로 그것을 해석하고 비평하는 스케치를 건네주었는데, 이 때문에 칸의 스태프들은 아주 많이 괴로워했다. 그러나 이렇게 줄다리기를 하는 동안 브라운은 어느덧 칸의 제자가 되어갔다고 마셜 마이어스는 회고했다. 브라운은 칸이 좋아하는 평면의 미묘한 뉘앙스를 차츰 알아채기 시작했고, 심지어 '칸이라면 이렇게 하고 싶을 것'이라고 예상할 수 있는 정도가 되었다.

1967년 10월에 마셜 마이어스는 편평한 아치 형태의 사이클로이드(cycloid) 지붕으로 설계를 변형했다. 사이클로이드는 직선 위로 원을 굴렸을 때 원 위의 한 점이 그리는 곡선이다. 이 지붕은 정확하게는 콘크리트 셸이며 구조적으로 매우 복잡하다. 이것을 네 개의 콘크리트 기둥이 모퉁이에서 받치는 높이 6미터의 전시실을 제안했다.

두 번째 안은 1967년 11월에 만들어졌다. 일단 크기를 많이 줄였다. 6개의 볼트로 구성된 전시동을 동쪽에, 강당과 기획전시실이 있는 3개의 볼트를 서쪽에 두고 양쪽을 연결한 H자 형태의 평면을 제시했다. 남북 쪽에 있던 아케이드를 떼고 커다란 정원이 공원에 직접 면하는 안이었다.

브라운은 칸과 함께 열심히 일했다. 그러나 설계가 최종 단계에 가까워질 무렵, 브라운은 무려 1년 반이나 도면을 보고 있었는데도 자

첫 번째 안의 모형(위)과 두 번째 안의 모형(아래).

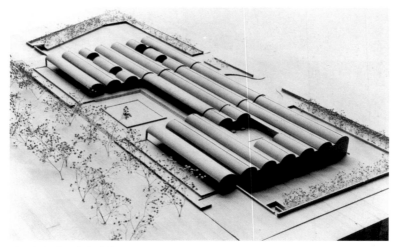
최종안이 된 C자형 평면.

신이 상설전시실과 기획전시실의 관계를 잘못 다뤄왔고 기획전시실의 위치가 몹시 나쁜 곳에 놓여 있음을 깨달았다. 기획전시가 없을 때는 주 출입구의 인상을 저해한다는 결함이 있었다. 그는 이 문제를 해결하기 위해 칸의 사무소로 와서 온종일 칸과 함께 일했다.

1968년 9월, 이전과는 완전히 다르게 서쪽 공원 방면으로 중앙부를 움푹 들어가게 해서 주 출입구를 만든 C자형 평면이 최종안으로 제시되었다. 안쪽 치수로 길이 30미터에 폭 6미터인 기다란 직사각형 셸 16개로 구성된 안이었다. 양쪽으로 각각 6개의 셸이 놓이고, 입구 중정이 들어와 있는 중앙에는 4개가 놓였다. 결국 이 최종안이 현재의 모습이 되었다. 킴벨 미술관에는 콘크리트와 트래버틴, 하얀 오크라는 제한된 자재들만 사용되었다.

칸의 긴 설계 과정에는 브라운 관장이 늘 들어가 있었다. 건축가는 자신의 고유한 사고로 미술관을 설계하였지만, 브라운은 자신만의 철학으로 미술관의 고유한 성격을 사전에 규정해주었다. 킴벨 미술관을 완성한 사람은 루이스 칸이지만, 미술관의 본질을 먼저 제시한 사람은 브라운이었다. 그 점을 의식했던 것일까? 칸은 자기가 이 건물을 설계할 때 "또 다른 손이 그림을 그리고 있다"는 느낌을 받았다고 했다.

훗날 브라운은 킴벨 미술관에 대해 이렇게 말했다. "미술관이 존재한 이래 인간이 모든 미술관에서 찾고 있었던 것, 기둥이나 창으로 방해받지 않는 바닥, 완벽한 채광, 원하는 대로 정확하게 공간을 사용하고 작품을 설치하는 전적인 자유와 융통성을 보여주었다."*158

"빛이 주제다"

포트워스의 햇빛은 정말 강렬하다. 볼트라는 둥근 지붕은 노출콘크리트로 만들어졌으나, 빛을 들여보내기 위해 볼트의 맨 위를 찢어내고 그곳으로 자연광이 들어오게 하였다. 바로 밑에는 양극산화 처리를 하고 광을 낸 알루미늄 곡면에 작은 구멍들이 무수히 뚫린 반사판을 달았다. 정확한 각도를 확인하기 위한 엄청난 계산 끝에 설치한 것이었다.

강렬한 빛이 구멍을 통과하여 반사판의 본체에 닿고 콘크리트 천장에서 비단같이 반사된다. 그렇게 걸러진 적은 양의 빛이 전시장으로 들어온다. 이 반사판을 본 칸은 빛이 작품에 직접 닿지 않고 공간 전체에 은빛을 줄 것으로 예측했다. 그는 브라운에게 이렇게 말했다. "공학과 설계는 별개가 아닙니다. 그 둘은 하나이고 같은 것입니다."

그 결과 콘크리트 지붕 안쪽은 마치 비단결같이 부드러운 빛을 머금는다. 밝을 때와 어두울 때 그리고 비가 올 때, 매번 달라지는 바깥의 빛이 내부로 전달되고, 그 안의 미술작품은 시시각각 변화하는 빛 아래 놓인다. 이유는 간단하다. "왜냐하면 자연광은 화가가 그림을 그릴 때 사용한 빛이기 때문이다."[*159] 미술관에 전시된 그림을 그린 옛 화가들은 자연광 밑에서 그것을 그렸으며, 그의 작품은 밝은 빛과 어두운 빛이 교차되는 오랜 시간 속에서 비로소 완성되어간다. 칸은 이렇게 말했다.

"이 미술관은 언제나 놀라움으로 가득 차게 될 것임을 우리는 알았습니다. 똑같은 푸른색이라도 빛의 특성에 따라 어떤 날은 이렇게, 또 어떤 날은 다른 색이 되지요. 세상에 전구만큼 고정된 것은 없습니다. 전구는 빛의 특성을 아주 조금만 갖고 있을 뿐입니다. 이 미술관에는 시간 속의 순간들만큼이나 많은 분위기가 있습니다. 미술관이 하나의 건물로 남아 있는 한, 어떤 하루도 다른 날과 똑같지 않을 겁니다. …나는 내 작품을 곧 다가올 것의 감각(a sense of what is forthcoming)으로 바라보고 있습니다. 아직 말해지지 않은 것, 아직 만들어지지 않은 것이 생명에 다시 불을 붙여줍니다."[*160]

칸이 세상을 떠난 이듬해에 킴벨 미술관은 『빛이 주제다』[*161]라는 책을 발간했다. 왜 빛이 주제인가? 브라운이 말한 바와 같이 날씨, 해의 위치, 계절에 따라 변화하는 여러 효과들은 건물을 관통할 뿐 아니라 예술작품과 관찰자를 비춰주지만 그게 이유의 전부는 아니다. 밖에서 들어온 빛이 안쪽의 곡면 천장을 은빛으로 물들이는 광경을 떠올려보라. 그것은 물리적인 현실 세계와 비물리적인 상상의 세계가 한 공간에서 동시에 펼쳐지는 순간이기도 하다. 사이클로이드 볼트는 땅에 박힌 고전적 존재감과 방의 아늑함을 느끼게 하고,

천장의 은빛 표면은 하늘의 조화를 반영하면서 공간을 장엄하게 만들어준다.

공간은 완전하고 지속적이다. 그러나 그 공간이 담고 있는 빛은 매 순간 달라진다. 건물 구성은 대칭이지만 볼트 천장이 여러 느낌으로 바뀌면서 대칭 형태가 분산된다. 그림은 빛 아래에서 그려졌다. 그렇게 그려진 그림이 다시 미술관의 빛에 비치고, 보는 이로 하여금 고요히 예술에 대해 묵상하게 만든다.

미술관의 벽은 그냥 서 있는 것이 아니다. 벽은 예술작품과의 만남을 기다리고 있는 것이고, 작품은 벽에 걸리거나 벽 앞에 서게 될 순간을 기다리는 것이다. 바로 이것이 칸이 말한 "곧 다가올 것의 감각 (a sense of what is forthcoming)"이다.

자연광이 비치는 미술관의 그림들.

4
필립스 엑서터 아카데미 도서관 : 로드니 암스트롱

19세기 중반 유럽의 대도시에는 대영박물관 부속도서관 원형열람실(1857)이나 파리국립도서관(1875) 같은 근대의 '지식 장치'가 출현했다. 지식과 정보를 분류·보존·유통하는 시설이라는 점에서는 이전의 도서관들과 다를 바가 없지만, 아주 결정적인 차이가 하나 있었다. 이 근대적 공간들은 사람이 현실 세계에서 벗어나 무수한 책으로 둘러싸인 엄청난 공간에 들어와 있다는 '감각'을 극단적으로 보여주었다.

대영박물관 부속도서관 원형열람실로 대표되는 '지식 장치'에 발을 들여놓는 순간, 세상의 모든 책들이 눈앞에 나타난다. 자기 책이 아닌데도 마치 이곳에 집적된 지식 전체를 내가 다 소유한 것 같은 착각에 빠지게 된다. 벽 전체가 책으로 이루어진 그 공간은 외부의

대영박물관 부속도서관 원형열람실.

현실과 완벽히 차단되어 있었다. 말 그대로 지식의 소우주였다.

이 '지식 장치'는 또 다른 감정도 불러일으켰다. 책을 모아둔 장소이고 책을 읽는 장소임에도 불구하고 인간은 저 많은 책들을 절대로 다 읽을 수 없다는, 책과 지식에 대한 숭고한 감정이 그것이었다.

수량 못지않게 중요한 건 책을 수납하는 방식이었다. 중세까지만 해도 도서관에서는 책 표지를 위쪽으로 하여 테이블 위에 쌓아두었는데, 이후 책을 서가에 꽂으면서 세로로 세우게 되었다. 지금처럼 책등이 보이게 꽂는 게 아니고 반대로 배가 보이게 꽂았다. 도난을 방지하려고 표지 하단에 고리를 끼우고 쇠줄로 묶어 책과 책을 연결했기 때문이다. 책등이 보이게 꽂는 방식은 프랑스의 역사가 쟈크 오귀스테 드 타우(Jacques Auguste de Thou, 1553~1617)의 서재에서 처음으로 나타났다고 한다. 벽에 서가를 세워놓고 책등이 보이게 꽂아서 제목을 한눈에 볼 수 있게 한 것은 도서관 공간을 혁명적으로 변화시켰다.

1856년에 대영박물관 부속도서관의 관장이었던 앤서니 파니치(Anthony Panizzi, 1797~1879)는 도서관 공간을 서고(소장 공간)와 열람실(비치 공간)로 나누자고 제안했다. 계속 쏟아져 나오는 책들을 한 방에 두고 관리할 수가 없었기 때문이다. 이 방식을 최초로 채택해서 만들어진 것이 바로 원형열람실이다. 전체 소장 도서에 비하면 열람실의 도서는 극히 일부에 지나지 않을 정도로 서고에는 많은 책들이 소장되어 있었다.

이렇게 해서 책들은 서고로 들어가고, 그 대신 책을 '표상'하는 장서 목록 상자가 도서관 로비에 나타났다. 원형열람실의 책들은 3층으로 나뉜 벽면 서가에 꽂혀 있고, 이용자들은 필요한 책을 찾아서 각층을 오르내릴 수 있다. 서가는 이용자 스스로 책을 꺼낼 수 있게 6단으로 만들었다. 평균 신장 정도의 어른이 서가 앞에 서서 팔을 뻗으면 맨 윗단까지 손이 닿는다.

"도서관은 이렇게 시작한다"

"한 권의 책. 엄청나게 중요하다. 한 권의 책값을 제대로 낸 사람은 아무도 없다. 그저 책을 인쇄한 값만 냈을 뿐이다."

도서관의 책에 대해 이렇게 말한 사람은 건축가 루이스 칸이었다. 그는 필립스 엑서터 아카데미(Phillips Exeter Academy)라는 명문 고

필립스 엑서터 아카데미 도서관.

등학교의 도서관을 설계했다. 푸른 잔디가 깔리고 나무들이 무성한 넓은 캠퍼스에 세워졌으며, 냉정하리만큼 단정하게 벽돌로 마감한 고전적 분위기의 건물이다.

칸은 서고와 열람실을 따로 떼어놓고 책을 서고에 숨기고 로비에 놓인 장서 목록을 찾게 하는 도서관에 대해 매우 비판적이었다. 그런 도서관은 "파일이나 목록을 급히 훑어보고 책을 찾는 곳이며, 책을 훑어볼 수는 있으나 그 책을 가지고 나올 수는 없는 곳"이라고 생각했다. 이와는 달리 도서관에서는 책과 열람자가 더욱 동적으로 연결되어야 한다고 생각했다. 그는 서고를 빛으로부터 보호하기 위해 안쪽에 철근콘크리트로 지은 공간을 두고, 바깥쪽 창가에는 밝고 아늑한 개인용 독서 공간인 '캐럴(carrel)'을 두었다. 이렇게 구조가 다른 두 개의 공간을 각각 '바깥 도넛', '안쪽 도넛'이라고 불렀다.

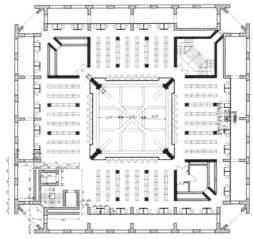

개인용 독서 공간 '캐럴'. (위)
필립스 엑서터 아카데미 도서관의 평면도. (아래)

도서관에 가는 사람은 책을 통해 지식을 얻고자 하는 사람이다. 칸은 "어떤 사람이 책을 들고 빛이 있는 곳으로 간다. 도서관은 이렇게 시작한다"고 말했다. 책을 읽으려는 사람은 빛이 필요하므로, 공간은 빛에 대해 배려해야 한다는 것이다. 너무나도 당연한 말이다. 그런데도 세상에는 이런 배려가 전혀 없이 지어진 도서관이 너무나도 많다. 혹시 요즘은 노트북을 들고 다니는 시대이므로 옛날처럼 책 들고 빛이 있는 곳으로 가지 않는다고 반론할지도 모르겠다. 그러나 도서관은 노트북을 모아놓고 빌려주는 곳이 아니다.

칸은 서고에서 찾은 책을 개인 공간에서 읽을 수 있어야 한다고 생각했다. 이는 수도자들이 책이 가득한 책장을 앞에 둔 테이블에 앉아 바로 옆의 창으로 들어오는 빛을 받으며 공부하던 중세 수도원의 도서관에서 얻은 이미지였다. 그래서 학생들이 서로 마주 보고 앉아도 시선은 교차하지 않는 캐럴을 두었다. 학생은 창가에 앉아 책을 읽다가 옆에 있는 목제 패널을 여닫으며 빛과 캠퍼스의 풍경을 조절한다. 공부하다가 딴생각이 들면 밖을 한번 내다보고 패널을 닫으며 마음을 다잡는다. 그는 이 캐럴을 '방 속의 방'이라고 불렀다.

중앙홀에 들어서면 거대한 원형 개구부를 통해 4개 층의 서고와 그곳에서 오가는 학생들의 모습이 한눈에 보인다. 입구 홀의 계단을 지나 아트리움 공간에 들어서는 순간 두 눈으로 밀려들어오는 이 압도적인 풍경은, 책이 인간에게 얼마나 가치가 있으며 인간의 지식은 어떻게 전수되는 것인지를 가르쳐준다. 또한 내가 원하는 책을 찾으려면 어디로 가야 하는지도 알게 해준다. 이 아트리움 공간을 칸은 "책이 초대하는 장소"라고 불렀다.

아트리움에서는 콘서트가 곧잘 열리는데, 연주 소리가 울려 퍼지

필립스 엑서터 아카데미 도서관의 중앙홀.

면 도서관 전체가 하나의 커다란 방처럼 느껴진다. 그 정도로 이 도서관은 공간과 행위와 소리가 빛 속에서 하나로 통합되어 있다.

빛은 캐럴에만 비치는 게 아니다. 네 방향의 벽에서도, 아트리움 위의 천창에서도 쏟아져 들어온다. 그리하여 제일 위층의 열람실부터 1층의 정기간행물실까지 모든 공간을 환하게 밝혀준다. 빛이 있어 책을 들고 갈 수 있는 곳들이 도서관 전체에 산재해 있다. 칸이 "어떤 사람이 책을 들고 빛이 있는 곳으로 간다. 도서관은 이렇게 시작한다"고 말한 것은 이처럼 밝은 빛과 옅은 빛이 두루 비치는 상태에서 저마다 자유로이 갈 곳을 선택하는 도서관의 풍경을 두고 한 말이었다. 이 도서관에서 10년 동안 일했던 한 사서는 어느 날 3층 서가에서 즐겁고 행복한 빛을 경험했다면서 이렇게 회고했다.

"이 건물의 전체적인 느낌은 마치 크루즈처럼 공기 위에, 물 위에 떠 있는 것 같아요. 일하기에도 만족스럽고, 뭔가를 읽거나 그저 앉아 생각하기에도 정말 만족스러운 장소였어요. 중력의 중심이 밑이 아니라 위에 있어서 내가 늘 바닥에 매달려 있는 것 같았어요."[162]

도서관은 책을 읽는 곳, 수많은 책들로 둘러싸인 곳, 원하는 책을 찾으러 다니는 곳, 책을 통해 상상하고 아이디어를 떠올리게 되는 곳이다. 그뿐인가? 책을 찾다가 누군가를 만나는 곳, 전혀 모르는 사람들이 빌렸던 책을 통해 간접적으로 그들과 만나게 되는 곳이다.

도서관에서 책 찾기는 효율적이어야 하지만 지식과 정보는 효율적으로만 찾아지지 않는다. 마치 숲속을 산책하며 길을 찾듯이 이리저리 다니다가 찾게 되는 게 지식이고 정보다. 칸은 "도서관에서 테이블은 중정이다"라고 말했는데, 이는 중정에서 자유로이 행동하듯 서고와 열람실의 구분 없이 누구나 책 읽을 자리를 자유로이 고를 수 있어야 한다는 뜻이다. 짧은 문장이지만 21세기 지식과 정보에 대응하는 도서관의 모습이 잘 나타나 있다.

도서관 사서의 신뢰와 헌신

루이스 칸의 건축을 소개하는 책들을 보면 대부분 "칸이 설계했다"는 측면에만 초점을 두고 이 도서관을 설명하는 것이 전부다. 건축주인 학교가 무엇을 부탁했고 설계 과정에서 무엇을 원했는지에 대해서는 전혀 언급하지 않는다. 필립스 엑서터 아카데미가 도서관을 새로 지은 이유는 무엇이고 건축 과정에서는 어떤 일들이 있었을까?

이 학교의 첫 번째 도서관은 1883년에 지어졌다. 큰 방 하나만 있었던 이 도서관의 이름은 '데이비스 도서관(Davis Library)'이었다. 1905년에 지어진 두 번째 도서관은 방이 두 개였고 2천여 권의 책을 소장하고 있었다. 1950년대에 들어서면서 이사회와 교사위원회는 새로운 도서관을 짓기로 결정했다. 그들은 새 도서관을 'Class of 1945 Library'라고 불렀다. 1960년대 중반까지 건축을 마칠 예정이었고, 15년 동안 적어도 세 가지의 계획안이 마련되었다. 앞선 두 계획들은 마음에 들지 않아 유보된 상태였다.

1964년에 리처드 W. 데이(Richard W. Day, 1916~1978)가 제10대 교장으로 임명되었다. 이때 새 도서관 설계 도면이 마무리 단계에 있었으나, 데이 교장은 그 계획안에 크게 실망하여 건축가와 해약하고 일을 다시 추진하기 시작했다. 이사회는 20년간 이 학교의 도서관 사서로 근무해온 로드니 암스트롱(Rodney Armstrong, 1923~2021)을 교

루이스 칸과 모든 과정을 함께했던 로드니 암스트롱.

사위원회 위원장으로 임명하고 신축 프로그램을 진행했다. 암스트롱은 이전 교장에 의해 사서로 임용될 때 새 도서관의 공사 감독을 맡아달라는 부탁을 받은 사람이기도 했다.

이사회는 1964년과 1965년에 건축위원회를 만들고 여러 결정을 위임했다. 도서관에 대한 그들의 희망사항은 간결했다. 외관은 조지안 양식(Georgian style)의 기존 건물들과 어울리는 벽돌 건물이되, 내부는 이상적인 공부 환경을 갖추는 것이었다. 건축위원회의 임무는 "향후 25년 동안의 학교의 요구사항을 미리 예측하고 '우리의 아름다운 조지안 양식의 건물에 어울리는' 외관을 만드는 것"으로 요약되었다.

이를 위해 '세계에서 가장 뛰어난 건축가'를 모셔오게 했다. 건축위원회에서는 처음부터 루이스 칸을 염두에 두고 있었지만 유력한 이사들이 다른 건축가를 여럿 추천해서, 1년여 동안 국내외 유명 건축가들을 접촉하고 그들의 작품을 검토했다. 아이 엠 페이(I. M. Pei), 폴

루돌프(Paul Rudolph), 필립 존슨(Philip Johnson) 등 당대의 저명한 건축가들과도 인터뷰했다.

　루이스 칸은 설계 과정이 지나치게 지적이어서 '마술 모자'에서 꺼내야 하는 도서관에는 어울리지 않는다는 평도 있었지만, 결국 건축위원회는 1965년에 만장일치로 칸을 건축가로 추천했다. 칸이 벽돌을 사용하는 방식과 자연 채광에 기울인 관심을 높이 평가했기 때문이었다. 당시 건축위원회 내부에는 다소 어수선하지만 인간미와 에너지가 넘치는 젊은 직원들이 새 도서관을 새로운 '시설(institution)'로 만들어보겠다는 열망을 품고 있었는데, 루이스 칸이 자신들의 열망에 공감하고 있다는 점을 아주 좋게 보았다고 한다. 이사회는 건축위원회의 추천을 받아들여 1965년 11월에 칸에게 설계를 의뢰했고, 1969년 4월에 착공하여 1971년 11월에 완공하였다.

　새 도서관 설계를 칸에게 맡겨야 한다고 강력히 추천한 사람들 중에는 조너스 소크 박사도 있었다. 암스트롱은 훗날 이렇게 말했다.

　"엑서터 기숙사에 그분의 아들이 있었어요. 엑서터가 당대 최고의 건축가를 찾고 있다는 소식을 들은 소크 박사가 제게 전화를 걸어 생물학연구소에 한번 들러달라고 하더군요. 그는 이렇게 말했습니다. 로드니, 세상의 다른 어떤 건축가도 이 건물(소크 생물학연구소)을 지을 수 없었을 겁니다."[163]

　건축위원회는 6개월에 걸쳐 50번의 수정을 거듭한 끝에 설계를 위한 최종 문서를 만들어 1966년 6월에 발간했다. 제목은 〈필립 엑서터 아카데미 도서관에 대한 제안(Proposals for the Library at Phillips Exeter Academy)〉[164]이었고 부제는 '교사 건축위원회에서 권장하는 새 도서관 요구사항 프로그램'이었다. 이 문서는 도서관 신축의 기본 정신에서부터 실용적인 세부사항에 이르기까지 건축의 모든 측면을 다루고 있다. 특히 새 도서관은 "멋지고 매력적인 현대적 스타일일지라도 검소해야 한다"라고 명시하는 등, 건물 내부와 외부에 대해 학교 측에서 원하는 사항들이 강조되어 있었다.

도서관에 대한 기능적 요구사항과 대지, 외부 디자인, 디자인 세부사항, 직원 시설, 공간적 관계 및 에어컨, 조명, 전기 및 기계장비, 보안, 화재 및 수해 예방 같은 항목들도 명시되어 있다. 학생과 교사들을 위한 단단한 의자와 부드러운 의자가 창문 근처나 건물 내부 여러 곳에 놓여야 한다거나, 레벨이 다른 곳에 정원이나 그늘진 테라스가 마련되어야 한다는 식이다.

이 문서에서는 도서관 안에서 학생들을 감시하거나 배타적으로 장서를 관리하는 것을 중요하게 다루지 않았다. 학생들의 기본 소양과 책임감을 믿었기 때문이다. 도서관에서는 서비스가 감독보다 우선한다고 보았으므로, 다른 도서관들처럼 정문 바로 안쪽 1층에 대출 데스크를 두지 않고 2층에 위치하게 하여 도서관 활동의 중심에 더 가깝게 배치했다. 덕분에 주 출입구를 통해 들어와서 1층으로 올라가는 계단을 오르면 자료실과 동선, 책상, 책꽂이의 관계를 단번에 인지할 수 있다.

그런데 이 문서는 건축위원회가 작성하여 건축가에게 요구한 게 아니었다. 반대로 건축가인 루이스 칸이 교육 전문가들과 함께 만든 것이었다. 문서를 읽다보면 칸이 평소에 하던 말과 매우 유사한 내용들이 발견된다. 가장 특징적인 문장은 이런 것이다.

"책을 수장하는 것이 아니라 책 읽는 사람을 받아들이는 것을 강조해야 하며, 따라서 독서와 학습의 즐거움을 장려하고 보장할 수 있는 환경을 찾는 것이 바람직하다."

큰 방에 책을 만 권, 2만 권 수장하는 창고가 도서관이 아니다. 책 읽으러 오는 사람을 맞이하고 머물게 하는 곳이 도서관이다. 문서의 끝에는 도서관이 갖춰야 할 공간적 관계가 강조되어 있다. "내부에 들어가는 순간 건물의 평면을 즉시 감지할 수 있어야 한다." 이 또한 루이스 칸이 한 말과 뉘앙스가 비슷하다.

칸이 설계한 다른 대표작들과는 달리 이 도서관에서는 도면을 그릴 때나 시공하는 과정에서 건축주가 무엇을 요구했고 그것이 어떤 역할을 했는지에 대한 기록이 눈에 띄지 않는다. 그러다 보니 루이스 칸의 말과 설계가 이 도서관 전부를 설명하고 있다. 그러나 눈여겨 살펴보면, 이 도서관의 빛나는 성공 뒤에는 칸과 긴밀히 협력하며 모든 과정을 함께했던 로드니 암스트롱의 헌신이 있었다. 그는 "학생들이 연구하고 실험할 것들을 사전에 경험하는 곳, 연구하고 독서하고 성찰하기 위해 조용히 머무르는 곳, 공동체의 지적인 중심지"[165]라는 자신의 비전을 실현해줄 수 있는 유일한 사람이 루이스 칸이라며 처음부터 칸을 변호해 주었다.

이 도서관은 원래 대학 도서관처럼 한 변이 12미터인 커다란 정사각형 개방공간에 중앙열람실을 두는 것으로 계획되었다. 그러나 로드니는 새 도서관에는 기존의 열람실과 달리 개인 연구공간이 있어야 한다고 주장했다.[166] 또한 그의 의견대로 중심 공간에 열람용 책상을 두지 않고 비어 있게 함으로써 학습 활동이 그 주위에서 일어나는 일종의 '마을 중심'이 생겨났다. 바깥쪽 창가를 따라 마련된 캐럴을 두고 칸은 "학생이 정박하는 곳"이라고 특별한 의미를 부여했는데, 이렇게 캐럴을 배열해달라고 요청한 사람도 암스트롱이었다고

한다.[*167]

1968년 3월 공사비 문제로 진행이 주춤했을 때 로드니 암스트롱은 칸에게 이런 편지를 썼다. "지금 계획안에 대해 우리 위원회가 만족하는 바를 일일이 다 기록할 수는 없습니다. 그러나 건축가에 대한 우리의 커다란 존경과 애정, 이 도서관이 우리가 마음에 품고 있는 이상에 다가가도록 그가 건물을 통하여 변화시켜줄 것이라는 믿음은 확언할 수 있습니다."[*168]

이 얼마나 정중한 신뢰인가? 그저 집이 잘 지어질 것이라는 믿음이 아니다. 학교의 이상이 새롭게 실현될 것이라는 확고한 믿음을 건축가에게 전하고 있다. 칸에 대한 로드니의 신뢰는 다음과 같은 회상에서도 여실히 드러난다.

"결론적으로 저는 루이스 칸이 도서관 설계와 건설 과정에서 저에게 아낌없이 가르쳐준 것, 엑스터의 학생과 교사들을 위해 그가 해준 것에 대해 감사를 표하고 싶습니다. 그의 도서관은 우리의 꿈과 희망을 채워주었습니다. 실제로 이 도서관은 우리 학교를 세계의 중심으로 옮겨주었습니다. 감히 말하자면 이 도서관은 우리나라와 세계 최고의 중등학교 도서관이라는 말씀을 덧붙입니다." [*169]

'무슨 무슨 숲'인 도서관

요즈음 도서관에서는 정사각형 칸막이로 짠 서가를 높은 천장까지 쌓아 올린 모습을 많이 보게 된다. 이런 대형 서가는 최근 신축되거나 개축되는 도서관은 물론이고, 아파트 광고 영상에서도 품위 있

파주출판도시 '지혜의 숲'.

는 커뮤니티 도서관의 아이콘처럼 나타나고 있다. 파주출판도시 '지혜의 숲'에 가보면, 어른이 손을 뻗어도 대여섯 번째 칸까지만 닿을 뿐인데 천장까지 무려 열여섯 칸이나 되는 서가를 모든 벽에 둘렀다. 덕분에 '지혜의 숲'은 장대한 책의 숲이 되었지만, 애석하게도 이렇게 꽂힌 책들은 숲을 이루는 나무의 잎사귀처럼 보인다.

스타필드 코엑스몰의 '별마당 도서관' 서가는 '지혜의 숲'보다 훨씬 더 높다. 높이가 13미터로 무려 3층 높이나 된다. 낮은 곳에 꽂혀 있는 책들은 쉽게 꺼내고 자주 읽히겠지만, 천장과 맞닿은 곳에 꽂힌 책들은 무슨 죄를 지어서 아무도 올라갈 수 없는 저곳에 유배를 가 있는지 불쌍하기만 하다.

멀리서 보이는 책들은 벽을 장식하는 모자이크의 한 덩어리일 뿐이다. 저것은 도서관인가, 진열장인가? 그럴 리는 없겠으나 혹시 저 높은 곳에 내 책이 꽂혀 있는 건 아닐까? 에스컬레이터를 타고 올라갈 때 스쳐 지나가는 무수한 책들은 마치 차창에 스쳐 지나가는 길섶의 들풀처럼 느껴진다. 보이기는 하지만 만질 수 없고 향기를 맡을 수도 없다.

높은 서가에 책을 잔뜩 꽂아서 벽에 두르는 요즈음의 도서관 풍경은 19세기 이후의 도서관 방식을 그대로 이어받은 것이다. 수많은 책에 언제나 친숙하게 다가갈 수 있을 것처럼 '무슨 무슨 숲'이라고 부르지만, 절반 이상의 책은 손이 닿지도 못하는 곳에서 먼지를 뒤집어쓰고 있다. '무슨 무슨 숲'은 지식의 소우주를 번안한 것이고, 접근 불가능한 저 책들은 수장된 책을 다 읽는 것의 불가능성을 느끼게 했던 19세기의 '지식 장치'를 본뜬 것이다. 그나마 숭고하게 보이기라도 했던 두 세기 전의 원형열람실 벽면에 비하면, 최근에 나타난 우리 도서관은 차라리 책으로 수놓은 속된 광고판이다.

서점은 책을 서가에 꽂거나 테이블 위에 올려놓고 전시하는 듯이 보여도 결국은 책을 파는 곳이다. 얼마 전 어떤 서점이 5만 년 된 나무로 100명이 책을 읽을 수 있는 독서 테이블을 만들어놓았다. 이처럼 서점이 도서관을 닮아가고 있다. 도서관 역시 책을 서가에 꽂거나 테이블 위에 올려놓으면서 서점을 닮아가고 있다. 그러나 도서관에 모인 책은 수많은 책더미 속의 한 권이 아니다. 그래서 도서관의 책은 서점에 꽂힌 책과 다르다. 도서관은 책의 진정한 값을 매길 수 없다고 생각하는 사람들이 책을 모으고 읽고 생각하는 곳이다. 도서관은 책의 정신, 작가의 정신을 담고 있는 집이다.

칸은 "이전에 어떤 도서관도 없었다고 생각하고 도서관을 설계한다"고 말했다. 그럼으로써 제도와 관행에 속박된 채 지어졌던 도서관이 아닌 '도서관 이전의 도서관'을 근본에서 다시 물었다. 다시 읽어보라. 이 말이 어려운 말이 아니다. 우리 동네 도서관의 아쉬운 점들을 떠올리며 "본래 도서관은 이랬어야 해"하고 말할 수 있다면, 우리도 얼마든지 도서관 이전의 도서관을 지을 수 있다. 칸은 도서관이 "책 사이로 세계가 우리 앞에 놓인 곳"이라고 했는데, 우리도 "우리 아이들이 책을 보며 이러이러한 생각을 펼칠 수 있어야 해"라고 말할 수 있다면 도서관 이전의 도서관을 지을 수 있다.

이 말에 머리를 끄덕이고 계시는가? 그렇다면 필립스 엑서터 아카데미 도서관이 주는 교훈을 분명하게 터득하신 것이다.

5
방글라데시 국회의사당 : 마자룰 이슬람

　방글라데시는 경제적으로 낙후되어 있고 관광자원도 많지 않으며 항공편도 불편해서 외국인들이 그리 많이 찾는 나라는 아니다. 작은 땅에 1억 8천만 명이 살고 있어서 인구밀도가 엄청나게 높다. 벵골어를 쓰는 단일민족 국가이고 인구의 90퍼센트 이상이 무슬림이다. 자욱한 매연, '릭샤'들이 질주하는 혼잡한 도로, 여기저기서 야윈 손을 내미는 눈이 움푹 들어간 여인과 아이들…. 오랫동안 최빈국에 머물러 있었지만 지금은 매년 10퍼센트 안팎의 경제성장을 통해 개발도상국으로 올라서고 있는 중이다.

　이 나라의 수도 다카에 세계에서 가장 훌륭하고 감동적인 건축물이 있다. 루이스 칸의 설계로 1981년에 완공된 방글라데시 국회의사당 '자티요 상사드 브하반(Jatiyo Sangsad Bhaban)'이다. 의사당이 위치

방글라데시 국회의사당.

한 곳은 다카 시내의 셰에방글라 나가르(Sher-e-Bangla Nagar) 구역인데, 번역하면 '벵골의 호랑이'라는 뜻이다.[170] 이 건물을 다룬 순다람 타고르(Sundaram Tagore) 감독의 다큐멘터리 제목이 〈루이스 칸의 타이거 시티(Louis Kahn's Tiger City)〉(2019)가 된 건 그런 이유에서다.

다카를 방문했을 때 타고 다닌 택시들은 모두 실내에 국회의사당 사진을 붙여 놓고 있었다. 사진을 가리키며 몇 마디 말을 걸면 운전사마다 이 건물 자랑을 길게 늘어놓는다.

전 세계에 오직 하나뿐인 건물

1,000에이커의 대지에 마름모 평면의 국회의사당은 높이 40미터의 7층 건물로 콘크리트 벽에 둘러싸여 있다. 이 건물은 두 개의 광장에 인접하고 있다. 도시를 향한 남쪽 광장은 원래 공공의 입구로

설계되었는데 지금은 보안이 강화
되어 온종일 비어 있다. 대리석을
깐 북쪽의 '대통령광장'은 의전용
출입구로 쓰인다.

멀리서 보면 건물은 평탄한 땅
위로 희미하게 나타난다. 거대하게
하늘에 닿아 있어서 아름답다기보
다는 약간 기이하게 보인다. 그러나
가까이 다가가면 그런 인상은 차츰
사라진다. 각도를 달리하며 다가갈
수록 점점 전체를 알 수 없게 되고,

방글라데시 국회의사당 평면.

무언가 굉장히 중요한 것이 갑자기 나타날 것만 같다. 새벽 동이 틀
때 이 건물을 찍은 사진을 보면 마치 동화 속 성채가 주위를 둘러싸
고 있는 못을 가로지르며 희미하게 나타나는 느낌이다.

건물은 기하학적 형상을 한 해자(垓垓)의 수면 위로 장대하게 서 있
다. 방글라데시의 델타 풍경과 강기슭의 지리를 참조하여 만들었다고
한다. 콘크리트 덩어리인데 우주적이기도 한 건축물! 어떤 형상과 각
도에서도 사람을 끌어당기는, 기이함과 친밀함을 함께 가진 건축물이
다. 이런 건물은 다카에만 있다. 그리고 전 세계에 하나밖에 없다.

방글라데시의 험난했던 역사

방글라데시 국회의사당은 원래 방글라데시가 시작한 건물이 아니

었다. 1962년부터 1971년까지 루이스 칸은 방글라데시가 아닌 파키스탄을 위해 일했다. 이것을 이해하려면 인도, 파키스탄, 방글라데시를 둘러싼 복잡한 근현대사를 훑어봐야 한다.

18세기 들어 영국은 현재의 방글라데시 영토인 갠지스강의 비옥한 벵골 지역을 시작으로 인도를 야금야금 점령해갔다. 당시 벵골은 인도의 영토였고, 인도-파키스탄-방글라데시는 분리되지 않은 하나의 나라였다.

1905년에 벵골 지역은 힌두교 중심의 서벵골과 이슬람 중심의 동벵골로 분리되었다. 1947년 인도가 영국으로부터 독립할 때 파키스탄이 별도의 국가로 분리 독립했다. 이때 벵골 지역에서는 잠재되어 있던 힌두교와 이슬람 사이의 갈등이 폭발하면서 서벵골은 인도로, 동벵골은 동파키스탄으로 분리되었다. 먼저 독립했던 파키스탄은 서파키스탄이 되었다.

동서의 두 파키스탄은 지리적으로 1,600킬로미터나 떨어져 있었고, 같은 이슬람이었지만 민족과 언어가 달랐다. 정치와 경제의 통제권을 쥐고 있던 서파키스탄은 동파키스탄을 차별하고 착취했다. 이에 동파키스탄이 독립을 요구하며 내전이 일어났다. 동파키스탄은 숱한 난관과 투쟁을 거쳐 1971년 12월 마침내 '벵골 국가'라는 뜻을 가진 방글라데시를 건국했다.[171] 이때부터 국회의사당은 모든 방글라데시 국민의 희망과 염원의 상징이 되었다.

방글라데시 독립 이전인 1958년에 파키스탄의 대통령이 된 독재자 모하마드 아유브 칸(Mohammad Ayub Khan, 1907~1974)은 동파키스탄의 불만을 달래기 위해 그곳에 제2의 수도를 만들기로 했다. 동파키스탄의 다카에는 국회를, 서파키스탄의 이슬라마바드에는 중앙

정부를 둘 생각이었다. 그렇게 동파키스탄에 투자하면 그들의 지지를 얻어 계속 집권할 수 있으리라 생각했던 것이다. 그러나 대부분의 동파키스탄 사람들은 그것을 아유브 칸의 영구집권 준비로 받아들였고, 국회의사당 건립 계획에도 냉담한 반응을 보였다.

루이스 칸이 설계를 의뢰받은 게 바로 그 무렵이었다. 정확히 말하면 그가 위임받은 것은 '동파키스탄 제2수도 계획'이었고, 국회의사당은 그 프로젝트의 중심이 되는 건물이었다.

파키스탄 국회는 단원제였고 의석수는 동서 파키스탄에 절반씩 배분되어 있었다. 회의는 동파키스탄의 다카와 서파키스탄의 라왈핀디에서 회기를 달리해가며 열렸고, 1966년 10월에는 국회의사당을 다카로 옮겼다. 루이스 칸의 새 건물이 완공되기 전까지는 지금 방글라데시 수상 관저로 쓰이는 건물을 국회의사당으로 사용했다.

벵골의 젊은 건축가 마자룰 이슬람

파키스탄 정부가 처음부터 루이스 칸에게 설계를 의뢰한 것은 아니었다. 공공 공사국은 벵골의 젊은 건축가 마자룰 이슬람(Mazharul Islam, 1923~2012)에게 먼저 이 일을 맡겼다. 마자룰 이슬람은 미국의 오레곤 대학과 영국의 AA학교(영국 건축협회 건축학

벵골의 건축가 마자룰 이슬람.

교)에서 학부를 마치고 예일대 대학원에서 건축을 공부했으며, 고국에 돌아와 의미 있는 작업을 하던 건축가였다. 그는 이렇게 큰 프로젝트를 자기가 감당할 수 있을지 판단하기 위해 몇 가지 디자인을 해보았고, 결국 정부의 위임을 포기했다.

그 대신 아유브 칸 대통령에게 새로운 제안을 했다. 당시 인도에서 르 코르뷔지에를 불러 펀자브의 수도 찬디가르를 짓고 있었는데, 이에 못지않은 기념비를 세우려면 세계적으로 유명한 건축가를 초빙해야 한다는 것이었다. 아유브 칸은 마지못해 이를 승낙했고 마자룰 이슬람은 세 명의 건축가를 추천했다. 르 코르뷔지에, 알바 알토, 그리고 루이스 칸이었다. 그러나 찬디가르 공사가 아직 끝나지 않았던 르 코르뷔지에는 너무 바쁘다는 이유로, 전설적인 주량을 과시하던 알바 알토는 건강상의 이유로 초청을 거절했다(이것은 '공식적'인 이유였고, 실제로는 파키스탄으로 가는 비행기를 놓쳤다고 한다). 남은 건 3순위였던 루이스 칸뿐이었다.

파키스탄 정부는 국회의사당을 포함한 파키스탄 제2수도 계획을 루이스 칸에게 부탁하기로 하고 1962년 8월 27일에 정식으로 통보했다. 그리고 칸은 자기의 생애에서 가장 중요한 건물의 설계를 수락했다. 그렇지만 아유브 칸 대통령은 동파키스탄의 환심을 사는 데만 관심이 있었을 뿐, 건물의 디자인이나 기능에 대해서는 전혀 관심이 없었다. 아유브 칸의 기나긴 자서전에도 다카의 국회의사당 이야기는 한마디도 안 나온다.[*172]

아유브 칸은 이슬라마바드에 지을 대통령 관저 설계까지 루이스 칸에게 부탁하며 미나렛[*173]과 돔이 있는 이슬람풍 건축을 요구했다. 그러나 칸은 이에 응하지 않았다. 이때 루이스 칸이 유대인이라서 자기들이 요구하는 바를 이해하지 못한다고 귓속말로 하는 얘기를 칸의 직원들이 들었다고 한다.[174] 결국 이 건물은 표면에 섬세한 장식을 잘하던 에드워드 듀렐 스톤 (Edward Durell Stone, 1902~1978)에게 넘어갔다. 이후 국회의사당 설계를 진행하면서 도면이 계속 늦어지자, 파키스탄 공공 공사국의 어떤 사람은 "루이스 칸을 건축가로 선정한 것은 1947년[175] 이후 파키스탄의 가장 큰 실수였다"고까지 말했다고 한다.

루이스 칸의 설계비는 마자룰 이슬람보다 6배나 많았다. 파키스칸 정부는 마자룰 이슬람에게 루이스 칸과 책임을 나누어 맡으라고 권했으나 마자룰 이슬람은 이를 거절했다. 칸이 1963년 1월 다카에 처음 왔을 때 마자룰 이슬람은 지프차, 보트, 때로는 헬리콥터로 벵골 델타와 강과 논의 풍경을 보여주고 문화적 전통도 소개해주었다. 또 건물을 따로 떨어뜨리고 물을 중요한 요소로 사용하는 건물 시스템, 무굴 성이나 궁궐 주변에 옥외 모임 공간을 두었던 전통적 건축 방식 등을 칸에게 소상히 알려주었다.[176]

이 때문이었을까? 세월이 많이 지난 후에 방글라데시의 어떤 건축가가 이런 말을 한 적이 있다. "방글라데시의 국회의사당 건물을 보면 마자룰 이슬람이 루이스 칸의 귀에 속삭이는 소리를 들을 수 있다."[177] 그리고 보면 루이스 칸은 아주 이상한 설계를 위촉받은 셈이었다.

마자룰 이슬람은 건축가이자 정치가였고 투철한 공산주의자였다. 그는 루이스 칸이 대통령 관저 설계 같은 쓸데없는 일로 방해를 받지 않게 도와주었다. 또 서파키스탄에 비해 홀대받던 다카의 제2수도 설계를 잘할 수 있게 관료들로부터 칸을 보호해주었다. 원래 300

석이었던 의사당 좌석을 동파키스탄이 미래에 큰 역할을 할 것이라며 500석으로 늘린 것도 마자룰 이슬람이었다.[178]

21년간 지어진 건물

1971년 3월 동파키스탄 수뇌부의 구속으로 촉발된 방글라데시 독립전쟁은 그해 12월까지 9개월간 계속되었다. 미완성 상태였던 국회의사당 건물은 동파키스탄을 지원했던 인도군의 탄약 창고 등 여러 용도로 쓰였다. 서파키스탄 전투기가 주 광장을 폭격했을 때, 짓다 만 이 건물을 이미 폐허가 된 것으로 오인한 덕분에 다행히 별 손상을 입지 않았다.

독립전쟁이 일어나자 칸과의 계약은 동결되었고 공사는 중지되었으며 현장사무소도 폐쇄되었다. 그러나 칸은 훗날 평화가 찾아왔을 때 건설이 재개될 수 있기를 희망했으며, 인생의 마지막 12년을 보낸 국회의사당 건물의 지붕 설계를 마저 끝내기로 하고 작업을 계속했다.

전쟁이 끝나자 국회의사당은 더 이상 제2수도가 아닌 독립국 방글라데시의 국회의사당으로 승격되었다. 건물이 세워진 지역의 이름도 벵골 애국주의자의 경칭을 따서 '셰에방글라 나가르'로 바뀌었다. 독립전쟁 지도자 중 한 명이었던 마자룰 이슬람은 재무장관이 되었는데, 정부 관료들이 그를 만나기 위해 사무실 밖에서 줄지어 기다릴 정도로 막강한 힘을 가지고 있었다.[179]

루이스 칸은 1972년 8월에 신생 공화국 방글라데시와 교섭을 재개했다. 방글라데시 정부는 사무국 건물 설계를 추가로 요청했고,

위에서 내려다본 방글라데시 국회의사당.

칸은 몇 달 후인 1973년 1월에 새로운 마스터플랜을 보여주었다. 공원을 끼고 국회의사당 맞은쪽에 있던 교육시설은 24만 평방미터의 거대한 사무국으로 바뀌었다. 1년 후인 1974년 초에 칸이 다카를 방문했고, 총 2,600에이커의 부지에 펼쳐질 마스터플랜에 관한 동의서에 서명했다. 이때도 의사당 건물의 지붕은 아직 건설 중이었다.

그러나 칸은 미국으로 돌아오자마자 갑작스러운 심장마비로 세상을 떠났다. 그로부터 9년이 지난 1983년에야 방글라데시 국회의사당 '자티요 상사드 브하반'이 비로소 완공되었다. 설계에서 완공까지 꼬박 21년! 17세기 무굴제국의 타지마할 건축 기간과 맞먹는 긴 시간이었다. 이 국회의사당의 상징적 위치 또한 타지마할에 종종 비견된다.

맨손으로 지은 독립국가의 상징

칸은 평생 추구해왔던 공간의 원점을 이 건물에 집대성했다. 그는 늘 "기둥을 선택하는 것은 빛을 선택하는 것"이라고 말하곤 했다. 견고한 물질로 만들어진 기둥이 빛의 공간을 만들어내기 때문이다. 여기 하나의 기둥이 있다, 기둥의 중심은 비어 있다, 기둥이 점점 커지며 빛이 공간을 채운다, 이윽고 그 공간이 방이 되었다…. 이러한 칸의 생각이 방글라데시 국회의사당에 그대로 구현되었던 것이다.

국회의사당 남쪽 입구에는 의사당의 심장인 기도 홀이 축에서 조금 벗어난 채 메카를 향해 비스듬히 놓여 있다. 기도 홀은 평면이 정사각형이고 모퉁이에 네 개의 원통 탑이 붙어 있다. 이 원통 탑에 반사되어 들어오는 빛이 공간을 편안하게 만들어준다. 모퉁이의 창은 두 개의 반(半) 타원이 직교하며 하트 모양을 하고 있다. 평면은 단순한데 공간과 빛은 역동적이다.

의사당 안에는 회의장 전체를 걸어서 한 바퀴 돌 수 있는 긴 통로(주보랑, 主步廊)가 25미터 높이에 설치되어 있다. 그 주위를 8개의 건물들이 둘러싸고 있다. 의사당은 16각형, 중앙 로툰다(rotunda, 원형 홀이 있는 돔 지붕의 건물)는 8각형인 건물이다. 500석으로 건설되었지만 지금은 단원제로 300명만 사용한다.

평면으로 보면 주보랑은 어디서나 똑같을 것처럼 보인다. 그러나 이것은 가로(街路)와 같고, 하나의 레벨에서 다음 레벨로 이동할 수 있어서 공간이 연속된다고 느낀다. 걷다 보면 마치 미로 속에 있는 것처럼 방향감각을 잃기도 하지만, 우연히 누군가를 만나 회합을 할 수 있고 혼자 있을 수도 있다. 칸의 다른 건물들이 그러하듯이 국회

메카를 향해 놓인 기도 홀.

국회의사당 내부의 긴 통로(주보랑).

의사당 건물은 많은 사람을 위해 지어졌지만 혼자 조용히 있을 때를 위해서도 지어졌다.[*180]

외관을 보면 대담한 삼각형, 사각형, 원형, 반원형으로 개구부를 잘라냈다. 높은 콘크리트 벽체에는 1.5미터마다 수평의 하얀 대리석 띠를 둘렀다. 의도적인 장식인 것 같지만 사실은 열악한 현장 조건 때문에 부득이하게 생겨난 것이다. 크레인도 없고 펌프 카도 없이, 콘크리트를 담은 양동이를 사람이 머리에 이고 대나무로 짠 위태로운 비계 위를 한 줄로 서서 올라갔다. 그렇게 해서 사람의 손으로 붓는 콘크리트의 최대량이 하루 1.5미터였다. 그러니 그다음에 콘크리트를 이어 친 부분이 매끄러울 리 없다. 그 허술한 이음매에 폭 15센티미터의 대리석 띠를 붙여서 서로 다른 날짜에 부은 콘크리트의 색깔과 질감 차이를 완화시켰다. 오늘날의 공법과 비교하면 정말 보잘것없고 원시적인 방법이다.

칸은 당시 상황을 여러 차례에 걸쳐 회상했다. "그들은 정말 벌떼였다. 인간 벌떼…그 사람들이 현장을 떠나야 그날 일이 얼마나 이루어졌는지 알 수 있었다."[*181] "타설이 다 끝났을 때 이음매가 얼마나 충격적이었는지 알았다. 생지옥이 활짝 열린 것 같았다. 이렇게 엉망일 수가 없었다."[*182]

대략 두 층 정도 콘크리트 벽을 친 다음, 공사에 사용할 수 있는 재료들을 모아놓고 칸 사무소 스태프들과 방글라데시 노동자들이 함께 찍은 현장 사진이 있다. 413쪽의 아래쪽 사진이 바로 그것이다. 한눈에도 이런 빈약한 재료로 저 걸작을 만들었다는 것이 도저히 믿기지 않는다. 그러나 아무것도 없는 곳에서 그들은 함께 이 건물을 지었고 기어이 완성시켰다.

공사 현장의 대나무 비계.

콘크리트 외벽의 대리석 띠. 허술한 이음매를 가리기 위한 것이다. (위)
현장 작업자들과 허름한 작업 도구들. (아래)

국회의사당은 이렇듯 수많은 사람의 손으로, 비유가 아니라 진짜 맨손으로 만들어진 건축이었다. 그 결과물이 국가적 모뉴먼트가 되었고 인류의 걸작이 되었다.

사람들은 왜 한 장소에 모이는가?

앞의 '피셔 주택' 편에서 〈나의 건축가(My Architect)〉라는 다큐멘터리 영화에 대해 얘기한 바 있다.[*183] 루이스 칸의 아들 나타니엘 칸이 만든 영화다. 칸이 혼외관계로 낳은 아들이었던 그에겐 아버지와의 추억이 별로 없었다. 몇 년 동안 매주 한 번 집으로 찾아와 같이 저녁 식사를 하던 사람, 침대로 데려가 머리맡에서 책장을 넘겨주던 커다란 손, 함께 찍은 사진과 함께 만든 그림책이 추억의 전부였다.

다카에서 돌아오는 길에 펜실베이니아 역 남자화장실에서 심장마비로 쓰러진 루이스 칸이 신원미상의 행방불명자로 분류되었을 때, 아들은 열한 살이었다. 그는 아버지의 장례식장에서 자기의 배다른 누이들과 그녀들의 어머니들을 처음 보았다. 지금보다 훨씬 엄한 혼인윤리가 요구되던 시대에 가정을 세 개나 갖고 있던 아버지. 그런 아버지에 대한 원망과 의문을 가득 품은 채, 아버지 사후 25년 만에 그가 남긴 건축의 발자취를 더듬어가는 아들의 여행을 그린 영화가 바로 〈나의 건축가〉였다.

아들은 아버지와 관련된 사람들을 만나고, 자료들을 열람하고, 아버지가 설계한 건물들을 하나하나 방문한다. 미국, 이스라엘, 인도, 방글라데시 등 전 세계에 남아 있는 칸의 건축물에서 아들은 아버

영화 속 나타니엘 칸과 삼술 와레스.

지를 만난다. 이 영화는 건축가 루이스 칸을 알리기 위한 영화가 아
니다. 아버지에 대해 알고 싶어 하는 나타니엘에 관한 영화다. 누군
가의 아들로서, 그리고 영화감독으로서 개인적 체험에 관한 기록이
기도 하다.

영화를 만들면서 많은 얘기를 들었지만 좀처럼 체감되지 않던 아
버지라는 존재는 칸의 마지막 작품인 방글라데시 국회의사당에 이
르러서야 비로소 가까이 다가오기 시작했다. 아들은 매일 국회의사
당 앞에서 산책하고 운동하던 사람들에게 이 건물에 관해 묻는다.
그들은 이 의사당이 아주 멋진 곳이며 국가의 이미지를 보여준다고
자랑한다. 아들이 다시 묻는다. 이 건물을 설계한 건축가를 아느냐
고. 그랬더니 다들 입을 모아 "루이 캔!"이라고 대답한다. 그리고 거
꾸로 아들에게 묻는다. 그 건축가, 아직 살아 있느냐고.

이어서 당시 칸을 도와 건축에 참가했던 방글라데시 건축가 샴술 와레스(Shamsul Wares, 1946~)와 대화하는 장면이 나온다. 와레스가 이 건물을 얼마 동안 찍을 거냐고 묻자 아들은 10분 정도라고 대답한다. 그러자 와레스는 어처구니없다는 듯이 "맙소사! 이 건물을 10분에?"라고 말한다. 그때까지도 아들은 이 건물의 가치와 진정성을 정확히 알아보지 못했다.

와레스는 루이스 칸을 회상하며 아들에게 찬찬히 설명해준다. 그는 정치가는 아니었지만, 민주주의를 위한 시설(the institution for democracy)을 건축함으로써 방글라데시 국민들에게 민주주의를 선사했다고, 그리고 그는 자신의 인생을 이 건물에 지불(paid)했다고.

"남들이 들으면 웃을지 모르지만, 그는 세상에서 가장 가난한 나라에 최고의 건축을 만들어주었어요. 이 건물은 민주주의를 가르쳐주는 장소예요. 칸은 이 나라 국민들을 사랑했고 그 사랑으로 이 건물을 만들었어요."

이렇게 말하는 와레스의 눈시울이 붉어진다. 그것은 건축가의 개인적 상념이 아니었다. 자신의 조국과 민족의 자존심을 건축으로 표현해준 거장을 향한 존경과 그리움의 눈물이었다.

"칸은 평범한 사람이 아니었어요. …칸은 여기에서 모세가 되고 싶어 했지요. 여긴 아무것도 없어요. 있는 것이라고는 논뿐이에요. 당신이라면 이런 곳에 세계에서 가장 좋은 건물이 될 무언가를 지을 수 있겠어요?"

또 이렇게도 말해준다. "아버지가 자식인 당신에게 많은 사랑을 주지 못했을지는 몰라도 당신은 그를 미워해서는 안 돼요. 왜냐하면 그는 세상 사람들 모두를 사랑했고, 그들을 가엾게 여기고 도와주려

했으니까요. 그 과정에서 가정에 소홀했다 하더라도 그를 결코 미워해서는 안 돼요. 당신은 그를 이해해야만 해요."

미국 달러에 백악관이 그려져 있듯이 방글라데시 화폐에는 국회의사당 건물이 그려져 있다. 샴술 와레스는 "국회의사당 건물은 우리의 양심처럼 그곳에서 기다리고 있었다"고 했고, 사나울 하크(Sanaul Haque)는 "저 건물이 없었더라면 방글라데시에 민주주의는 남아 있지 못했을 것이다"라고 했다.[184] 파키스탄 독재자의 권력의 상징이었던 국회의사당은 이렇듯 피의 전쟁을 거쳐 독립을 쟁취한 방글라데시의 통합과 민주주의의 상징이 되었다.

이 건물은 당시 방글라데시로서는 매우 값비싼 건물이었다. 건물에 쓰인 시멘트, 대리석, 알루미늄, 엘리베이터, 에어컨 등 모든 재료는 수입품이었다. 건설 당시 16대의 엘리베이터와 에어컨에 쓰인 에너지는 도시 인구의 절반이 1년간 사용할 수 있는 양이었다. 게다가 전체면적 대비 가용면적이 41퍼센트밖에 안 되기 때문에 서구에서도 이 건물의 효용과 경제성을 선뜻 이해하기 어려웠다.

그러나 비용이라는 게 무엇인가? 하나의 상징적 건물이 그 사회에 오랫동안 미치는 영향을 감안하지 않고 어떻게 재정의 효율성을 판단할 수 있는가? 진정한 경제성은 초기 비용에 따라 결정되지 않는다. 그것은 장기적인 작동의 질로 측정되는 법이다.[185]

이 건물이 이슬람권의 뛰어난 건축물에 수여하는 '아가 칸 상(Aga Kahn Award)' 후보에 올랐을 때, 대중들의 의견에 대한 표본 추출을 의뢰받은 젊은 건축가에게 한 시민이 이렇게 말했다고 한다. "우리는 가난하지만, 그것이 값싼 건물을 가져야 할 이유가 될 수는 없다." 또한 마자룰 이슬람은 이렇게 말했다. "우리는 모두가 자랑할 수 있는 건물을 원했고, 그렇게 대단하지 않은 값으로 그 건물을 얻었다고 생각한다."[186]

루이스 칸이 처음부터 민주주의라는 이상을 표현하기 위해서 이 국회의사당 프로젝트를 시작했던 건 아니다. 이 건물이 지금과 같은 상징적 의미를 갖게 된 데에는 특별한 정치적·문화적 맥락이 있었다. 분명한 것은, 칸이 다음과 같은 질문으로 국회의사당 설계를 시작했다는 사실이다. "집회(assembly)란 무엇인가?" "사람은 왜, 무엇을 말하고자 한 장소에 모이는가?"

사람들은 어떤 공동의 사안에 대해 말하려고 의회 건물에 모인다. 그래서 그곳은 공동체가 된다. 같은 이유에서 쇼핑센터는 공동체가 될 수 없다. 사람의 마음이 만나고 결합하는 곳은 또한 정신적인 장소가 된다. "어떤 시설은 신념이나 디자인이나 패턴에서 나오는 것이 아니라 본질에서 나왔다(It was not belief, not design, not pattern, but the essence from which an institution could emerge)."

루이스 칸은 "우리의 목표는 과거에 그랬고 지금도 그러하듯 앞으로도 언제나 대의제도일 것"이라며 새로운 민주주의를 창조하겠다는 아유브 칸의 말을 있는 그대로 받아들였다. 그리고 그것을 '시설(institution)'의 본질로 해석했다. 그가 생각하는 건축가의 첫 번째 임무는 어떤 시설이 내포하고 있는 인간의 이상(理想)을 발전시키는 것이었기 때문이다. 모든 시설의 근본은 정부와 시민의 공동의 의제라고 그는 믿었다. 1963년에 칸은 국회의사당에 대한 자신의 생각을 뒤늦게나마 이렇게 적었다. "이것은 새로운 국가의 새로운 수도다. … 그것은 새로운 삶의 방식(way of life)을 제시해야 한다."

그가 말한 '삶의 방식'은 곧 '민주주의의 토대가 되는 삶의 방식'이었다.[*187] 다카의 국회의사당을 통해 우리는 건축이 사람에게 전해주는 진정성이 무엇인지, 건축은 새로운 삶의 방식을 어떻게 제시하는지, 건축가는 궁극적으로 무슨 일을 하는 사람인지를 읽게 된다.

2

제 5 장

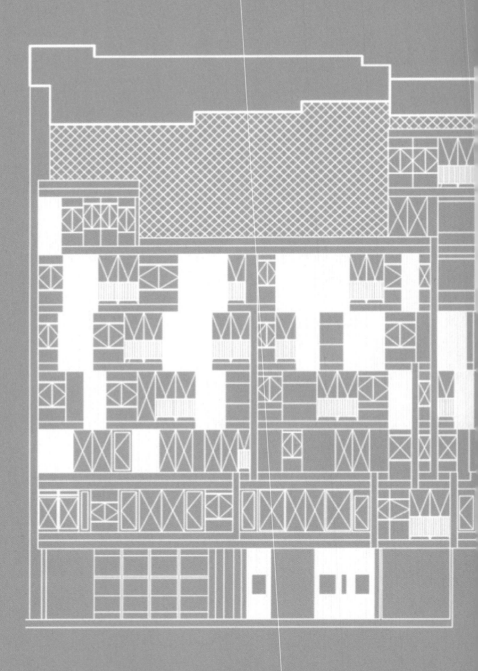

공간은 생산된다

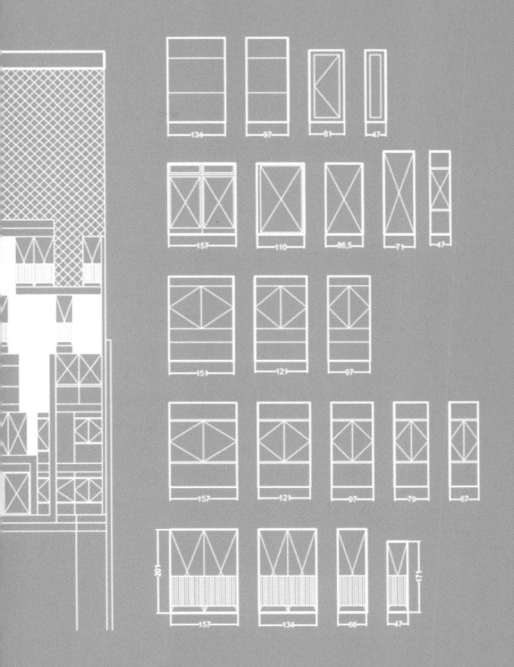

1
거주자 : 토레 다비드

그리스 철학자 디오게네스는 단 한 벌의 옷을 걸치고 밤에는 그 옷을 둘둘 감고 아무 데서나 잤다. 그는 나무로 만든 커다란 술통 속에서 지냈는데, 따지고 보면 그 술통도 무단으로 점유한 것이었다.

무단 점유의 원조인 디오게네스는 공공건물의 널찍한 공간도 거리낌 없이 점유하며 살았다. 신전의 열주회랑(列柱回廊, 원기둥이 늘어선 복도)을 보고 "아테네 사람들은 친절하게도 나를 위해 훌륭한 숙소를 준비해주었구나"라고 했을 정도다. 건물은 공동체가 지은 것이니 구성원은 당연히 그것을 사용할 권리가 있다고 생각했던 것이다.

불법 거주자나 집 없는 사람, 긴급한 주거를 필요로 하는 이들은 모두 현대의 디오게네스다.

프랑스 화가 장 레옹 제롬이 그린 디오게네스(1860).

짓다 만 초고층 건물의 불법 거주자들

베네수엘라의 수도 카라카스에서는 인구의 70퍼센트가 빈민가에 산다. 이 도시의 중심에 높이가 192미터나 되는 45층짜리 철근콘크리트 건물이 폐허가 된 채 서 있다. 건물의 이름은 '라 토레 데 다비드(La Torre de David)'. 다비드의 탑이라는 뜻이다.

1990년에 착공된 이 건물은 번성하는 베네수엘라 경제의 상징이었던 초호화 금융센터 '센트로 피난시에로 콘피난사스(Centro Financiero Confinanzas)'였다. 헬기장까지 갖춘 45층의 호텔, 19층짜리 고급 아파트, 10층짜리 주차장이 19층 엘리베이터 동을 사이에 두고 연결돼 있다. 높이가 30미터인 아트리움도 있다.

카라카스 중심가의 '라 토레 데 다비드'.

그러나 건물 개발자인 다비드 브릴렘버그(David Brillembourg)가 1993년에 갑자기 사망하고, 이듬해 베네수엘라의 금융위기로 건설 자금을 지원하던 은행이 파산하면서 공정률 90퍼센트인 상태로 건설이 중단됐다. 2018년에는 강한 지진으로 인해 제일 위쪽 다섯 개 층이 25도가량 기울어졌다.

놀라운 것은, 사람들이 '죽은 거인'이라 부르는 이 건물에 많은 거주자들이 존재했다는 점이다. 그들은 무려 7년 동안 토레 다비드에 살았고 인원도 수천 명이나 되었다. 대체 이곳에서 무슨 일이 일어났던 것일까?

2007년 9월 17일. 무허가 빈민촌에 살던 몇몇 가족들이 살던 곳에서 쫓겨났다. 폭우를 피해 머물 곳을 찾다가 비어 있는 토레 다비드를 발견한 그들은 이 건물을 점유하자고 다른 가족들에게 문자 메시지를 보냈다. 떼 지어 몰려온 사람들은 두 명의 당직 경비를 무장 해제시키고 건물 안으로 들어가 새로운 '집'을 마련했다. 그렇게 모여든 사람들이 2009년에는 200여 가구로 늘었고, 2014년 강제 퇴거 당시에는 750여 가구 3,000여 명이 이곳에 거주하고 있었다.

수도 한복판에서 이런 일이 벌어진 것은 차베스 정권의 급진적인 정책 때문이었다. 그는 유휴 토지를 빈곤층에 분배했고, 거주를 목적으로 한 무단 점유를 옹호했으며, 10년 이상 점유한 경우에는 주택 명의까지 이전해주었다. 이것이 토레 다비드가 세상에서 가장 높은 '수직형 빈민가'라는 별명을 얻게 된 배경이었다.

무단 점유자들의 공동체

네덜란드의 사진작가 이완 반(Iwan Baan)이 찍은 정면 사진을 보면, 집집마다 안전을 위해 난간을 두고 외벽을 쌓았으나 모양이 똑같은 것은 하나도 없다. 철근콘크리트 통을 무단으로 점유한 디오게네스의 후예들은 저마다 다른 집을 만들어놓았다. 난간 벽을 붉은 벽

정면에서 바라본 토레 다비드.

돌로 쌓은 집, 시멘트 블록을 쌓은 집, 그 위에 하얗게 페인트를 칠한 집, 커튼이나 판재로 막은 집, 아무것도 안 가린 집, 아예 다 가려버린 집, 아파트 베란다처럼 만든 집, 그곳에 빨래를 널어놓은 집, 반원의 벽을 만들어 나름대로 멋을 낸 집 등등. 난간의 높이만 비슷할 뿐 모두 다른 철근콘크리트 통이다. 공동체가 지은 건물이니 그 구성원은 당연히 그것을 사용할 권리가 있다는 디오게네스의 생각은 2,000년이 훌쩍 지난 지금도 이렇게 어딘가에서 되풀이되고 있다.

점유하지 않은 공용공간에서는 잠깐 멈춰서 이야기도 하고 소식도 교환한다. 특히 계단은 나름대로 편안한 만남의 장소가 된다. 이완 반의 생생한 사진 속에는 계단을 분주하게 오르내리는 사람들이 있고, 다리에 깁스를 한 남자가 앉아서 쉬는 모습도 보인다. 건물 안에는 웬만한 동네 가게와 똑같은 잡화점도 있다. 새로 이사 온 사람은 커튼이나 양탄자로 공간을 구분하지만, 들어와서 웬만큼 지낸 집에서는 커튼 몇 장으로 침실을 가리기도 한다. 큰 방 하나에 설치한 몇 개의 텐트로 작은방을 대신하는가 하면, 아파트처럼 벽을 세워서 방을 구분한 집도 있다.

　붉은 벽돌로 방을 나누거나 벽돌무늬 벽지를 붙인 사람도 있고, 주워 온 재료로 임시 칸막이를 만들고 회반죽을 덮은 다음 페인트칠까지 한 사람도 있다. 문자 그대로 슬럼가인 집도 있고 바닥과 벽

계단은 거주자들의 만남의 장소가 된다.

벽을 세워 방을 구분한 집도 있다.

이 고급 타일로 마감된 방도 있다. 벽을 뚫어 가게의 계산대로 사용
하기도 하고, 심지어 옹벽까지 과감하게 뚫고 통로를 만들기도 한다.

  건물 안에는 층마다 작은 가게가 있고 16층에는 대형 식품점도 있
다. 이발소, 작은 공방, 잡화점, 무허가 병원, 봉제공장, 복음 성령 강
림 교회도 있다. 그러나 이곳에 생겨난 최고의 공용공간은 두 형제
와 친구 한 명이 28층 발코니에 마련한 아슬아슬한 '체육관'일 것이
다. 버려진 엘리베이터 도르래를 바벨로 사용하는 운동시설인데, 그
들은 난간도 없는 이 위험한 장소를 하루 종일 개방하여 다른 거주
자들도 이용할 수 있도록 했다.

  어떤 이들은 생각지도 못했던 곳에서 사업 기회를 찾아냈다. 이 초
고층 건물에는 엘리베이터가 없다. 남아 있었다고 해도 그것을 가동
할 전력 설비도 없었고, 값비싼 전기 요금도 감당할 수 없었다. 이래

옹벽을 뚫어서 만든 통로. (위)
28층 발코니의 아슬아슬한 '체육관'. (아래)

서 고안한 것이 모토택시(mototaxi)라는 이름의 오토바이였다. 주차 타워의 경사로를 따라 10층까지 고객을 태워다주는 시스템이다. 저렴한 비용으로 사용할 수 있는 이 모토택시 덕분에 식료품점이나 잡화점이 건물에 들어올 수 있었다.

무단으로 건물을 점유한 사람들은 목적만 달성하면 다시 어딘가로 사라지는 경향이 있다. 그러나 토레 다비드의 거주자들은 달랐다. 그들 중에는 인근의 빈민가에서 이주해온 사람들이 많았는데, 예전에 살던 곳보다 이곳이 훨씬 안전하고 쾌적하다고 여기고 있었다.

빈민가라고 하면 뭔가 위험하고 무질서하고 더럽다고 생각하기 쉽다. 그렇지만 이곳의 거주자들은 공동체를 유지할 목적으로 만든 그들만의 질서를 잘 지키며 살아갔다. 이를테면 수직으로 이동하는 수단은 두 개의 계단인데, 하나는 거주자용으로 사용하고 다른 하나는 잠가두었다가 공동체의 지도자들에게만 열어주었다. 그들은 당번을 정해 정기적으로 건물을 청소하고 자체 방범활동도 했다. 사용에 제약이 있긴 했지만 번듯한 수도와 화장실이 있었고, 전기 요금도 공평하게 나눠서 냈다. 점거 3년차인 2009년에는 '베네수엘라의 추장'이라는 이름의 협동조합까지 조직하며 완성된 공동체의 뼈대를 만들어갔다. 집 없는 난민들에게 이곳은 난생처음 가져본 '내 집'이었고, 천국이었으며, 모든 자신감의 원천이었다.

45층 건물과 주차장 사이에는 농구 코트를 만들어 젊은 거주자들이 서로 어울릴 수 있게 했다. 협동조합은 주변 다른 구역의 농구 팀과 시합하는 자기네 팀을 위해 필요한 장비와 유니폼을 제공하고, 팀을 관리하는 코디네이터까지 지정해주었다. 운동복을 안 입으면 농구장에서 뛸 수 없으며 경기장에서 욕설을 하면 안 된다는 규칙도 만들었다. 게다가 주민들이 더욱 단합하고 언제나 운동할 수 있게 지붕도 없고 싶어 했다.

이미 정해져 있던 건축의 물리적 구조를 계속 수정한 것은 그들 자신의 사회적 조건에서 비롯된 것이었다. 처음에 무단 점유를 시작할 때는 대부분의 거주자들이 텐트를 치고 살았다. 부엌과 화장실을 비롯한 거의 모든 공간과 편의시설은 공동으로 사용했다. 이후 공동체 조직이 생겨나면서 공간을 체계적으로 나누고 가족별로 분배했다.

시간이 지나면서 경직된 조직이 차츰 느슨해지고 개성을 가진 가족마다의 거주 공간이 나타나기 시작했다. 예전에 살던 동네가 아닌 중산층의 아파트를 모델로 삼으며, 자신들의 주거를 정상적으로 변경해갔던 것이다.[188]

여기에서 분명히 드러나듯, 삶을 결정하는 것은 거주자 자신이지 대신 집을 지어주는 건축가가 아니었다. 본래의 건축가는 이 건물을 떠난 지 오래고 책임도 없지만, 이곳에 무단 침입한 저 난민들은 말 그대로 이 건물을 '살아가면서 다시 지은' 또 다른 이름 없는 건축가들이었다. 그런데도 "건축가란 거주하는 사람의 삶을 디자인하는 전문가"라고 그럴싸하게 단정지어 말하는 건축가가 우리 사회에 있다면 그것은 몹시 불행한 일이다.

토레 다비드는 단순히 세상에서 가장 높은 고층 건물에 생겨난 빈민가가 아니다. 이 희귀한 불법 거주의 핵심은 어떻게든 살아보겠다는 희망으로 그곳을 자기들의 주거지로 바꾸어간 공동체의 에너지였다. 건축에 대해 아무런 지식이 없는 거주자들은 그저 철근콘크리트 덩어리일 뿐인 미완성의 탑을 자신의 주거에 맞게 다양한 방식으로 고쳐갔다. 그들에게 무단 점유는 불법도 아니고 범죄도 아니었다.

그것은 어떻게 해서든지 살 수 있는 장소로 바꾸고, 살아남기 위해 공동체를 만들고, 협력과 공동생활을 통해 건축물을 활용하는 전용(轉用)의 방식이었다.

토레 다비드는 문자 그대로 '건축가 없는 건축'이었다.

'불법'을 해법삼아 공간을 생산한다

이 과정에서 과연 건축가는 무엇을 해주었는가? 이 고층 건물을 지은 건축 전문가들은 그들의 삶을 바라본 적도 없고 의견을 경청한 적도 없었다. 건축가는 철근콘크리트 골조로 된 무대만을 만들고 오래전에 '라 토레 데 다비드'라는 극장에서 사라져버렸다. 그런데 그 무대에 이상한 거주자가 나타나 그들의 삶의 무대를 꾸며갔다. 그러나 따지고 보면 이상할 게 전혀 없다. 그 무대가 특이하게도 고층 건물이었고, 거주자가 하필이면 무단 점유자들이었을 뿐이다.

철학자 앙리 르페브르(Henri Lefebvre, 1901~1991)는 『공간의 생산』(La production de l'espace, The Production of Space, 1974)에서 공간은 '있는 것'이 아니라 사회적으로 '생산되는 것'이라고 했다. 스스로를 독점적인 공간 만들기 전문가로 자처하는 건축가들에게는 "공간을 생산한다"는 말이 이상하게 들릴지 모른다(그들은 자신들이 공간을 사유하고, 만들고, 구성하고, 구축한다고 말한다). 그러나 르페브르가 말하는 공간은 건축가나 도시계획가 또는 수학자나 물리학자가 말하는 것과 같은 추상적이며 관념적인 공간이 아니다. 그것은 생활하는 사람들이 경험하는 공간, 그만큼 구체적이고 눈앞에 있는 곳, 현실적

으로 '생산'되는 공간이다.[*189]

공간을 생산하는 주체는 건축가나 도시계획가만이 아니다. 주민과 사용자도 얼마든지 훌륭한 주체가 될 수 있다. 그뿐만이 아니다. 공간 그 자체도, 그 안에 있는 나무도, 그 안을 비추는 빛도 또 다른 주체가 되어 공간을 생산할 수 있다. 토레 다비드를 점거하여 주거를 꾸려간 이들도 '공간을 생산한 것'이고, 그들이 사용할 수 있게 빈 채로 남겨진 철근콘크리트 구조물도 '공간을 생산한 것'이다. 토레 다비드의 불법 거주자들에 대해 많은 사람들이 "죽은 건축을 되살렸다"는 표현을 쓰는데, 이것은 앙리 르페브르의 말을 빌리면 '공간을 생산한 것'이 된다.

토레 다비드의 주민들과 함께 '수직형 빈민가'의 지속가능성을 연구한 건축설계 집단이 있다. 어반 싱크탱크(Urban-Think Tank, U-TT)와 스위스 취리히공과대학 팀이었다. 건축, 토목, 환경계획, 조경, 통신 등의 기술을 활용하여 혁신적이고 실질적인 솔루션을 제공함으로써 지속가능한 도시개발을 탐구하는 그룹이다. 그들은 2007년 토레 다비드가 처음 점유되었을 때부터 4년간 그 건물이 변화하고 발전하는 모습을 관찰했고, 2011년에는 토레 다비드의 적극적인 사용을 구체적으로 제안하였다.[*190] 그들은 '불법'을 '해법'으로 바꿈으로써 '죽은 거인' 토레 다비드에서 새로운 삶터의 가능성을 발견하고자 했다.

그들은 건물 안의 남은 공간에 수경 재배를 하고 녹지를 가꾸며 급수시설과 쓰레기 배출 시설을 개선하고자 했다. 또한 전력이 많이 드는 기존의 엘리베이터 대신 내려가는 승강기와 올라가는 승강기의 균형을 이용하여 에너지 소모가 거의 없는 '수직 이동 버스'를 구상했다. 일반 마을버스처럼 이 버스도 아침저녁 통행량이 많은 시간대와 한가한 낮 시간대의 배차 간격을 달리한다. 그들은 토레 다비드라는 무단 거주 지역이 공동체가 살아 숨 쉬는 마을로, 도시 속 도시로 탈바꿈할 수 있음을 입증하고자 했다. 이 멋진 프로젝트는 2012년 베네치아 건축비엔날레에서 황금사자상을 받았다.

이완 반은 자신의 TED 강의에 '베네수엘라의 초고층 슬럼가에서 배우는 창조적인 집'이라는 제목을 붙였다. 이 불법 점유 사례에서 우리는 무엇을 배울 수 있는가? 사람은 그 어떤 섬뜩한 현실에서도 집을 짓고 환경을 만들 수 있으며, 그것으로 도시를 바꿀 수 있다는 당연한 사실이다. 건물 내부의 모든 것들은 유동적이었다. 고정되어 있는 건 오직 철근콘크리트 골조뿐이었던 토레 다비드는 거주자들에 의해 끊임없이 변화하는 유기적인 조직으로 바뀌어갔다. '계속해서 성장하는 건물'이란 바로 이런 것을 말한다.

유엔은 '빈민가'를 세 가지 조건으로 정의한다. 기후로부터 보호받을 수 있는 내구성을 갖춘 시설의 결핍, 식수·위생시설의 결핍, 그리고 강제 추방으로부터 자유로운 안정된 거주권의 결핍. 그러나 토레 다비드는 거주자들은 셋 중 어디에도 해당하지 않는다. 그들은 단지 정부의 인정을 받지 못한 불법 점거자였을 뿐, 스스로 환경을 결정하며 버려진 건물을 쓸모 있는 공간으로 바꾸어간 창의적인 거주자였다.

최근 우리나라도 저출생에 따른 인구 감소, 가파른 고령화, 미래 세대의 불안 등이 이어지면서 유휴 공간과 버려진 공간을 다시 바라보기 시작했다. '빈집 100만 시대'의 어두운 그늘이 드리워지면서 특히 빈집 문제가 심각하게 대두되고 있다. 빈집을 예술가들의 작업실이나 마을 북카페로 바꾸는 사례가 도시 재생 사업에서 많이 등장하는데, 꽹장히 안이하고 빈약한 대안이다. 유휴 공간, 버려진 공간은 물리적인 '빈집

어반 싱크탱크의 토레 다비드 프로젝트.

고치기'로는 절대 해결되지 않는 사회적 문제임을 먼저 인식해야 한다.

사회가 낳은 문제는 거주하는 사람들의 사회적인 방식으로만 해결된다. 사는 사람을 제쳐두고 건축만을 앞세워서는 안 된다. 또 새로운 것만이 다가 아니다. 버려졌지만 이미 우리 주변에 존재하고 있는 건물과 사물을 함께 들여다보는 지혜가 필요하다. 프랑스 건축가이자 도시계획가인 요나 프리드만(Yona Friedman, 1923~2020)은 일찍이 이렇게 말했다. "문제는 건축이 아니다. 이미 있는 사물을 다시 조직하는 것이다."

2
참여 : 뤼시앵 크롤의 '파시스트-메메'

　상황주의자들이 활동하던 1960년대는 근대의 모순이 분출하던 격동기였다. 같은 시대에 벨기에의 건축가 뤼시앵 크롤(Lucien Kroll, 1927~2022)은 사용자가 참여하는 건축 설계에 몰두하고 있었다. '사용자 참여 설계'는 오늘날 많이 쓰는 말이지만 당시에는 아주 생소하고 새로운 설계 방식이었다.

　그는 브뤼셀 근교의 루뱅 가톨릭대학교(L'Université Catholique de Louvain)에 있는 두 동의 의학부 학생 기숙사를 설계했다. 1970년에 완성된 이 기숙사는 주민참여형 설계의 선구적인 건축물이 되었다.

뤼시엥 크롤이 설계한 파시스트-메메.

학생들이 선택한 건축가

두 개의 기숙사 건물 중 작은 광장의 정면에서 볼 때 왼쪽에 있는 것이 '파시스트(Fascist)'고 오른쪽에 있는 것이 '메메(MéMé)'다. '파시스트'는 1인 1실의 기숙사로서 다른 사람과 숙소를 공유하지 않는 사람들이 산다고 장난스럽게 붙인 이름이고, '메메'는 'Maison Médicale'(의료인의 집)을 줄여 학생들이 붙인 애칭으로 '할머니'라는 뜻이다.

이 기숙사는 획일적인 근대식 아파트에 익숙한 우리가 보기엔 마치 임시 건물 몇 채를 이어놓은 것처럼 무질서하게 보인다. 대부분의 건축가들은 창이나 문을 규칙적으로 배열하여 아름다운 외관을 얻으려 한다. 그러나 뤼시앵 크롤은 이렇게 규정된 아름다움을 완전히 거부했다.

파시스트-메메의 외관은 크기와 비례와 색깔이 다른 아스베스토, 벽돌, 유리, 철, 알루미늄, 플라스틱 등의 공업생산품과 자연 소재가 복잡하게 조합돼 있다. 자세히 살펴보지 않으면 어디에 어떤 창과 문이 있는지 구별이 안 되고, 미완성인 채로 그냥 사용하는 건물처럼 보인다. 기숙사의 표정이라 할 이런 외관은 이곳에 거주하는 학생들이 설계에 참여해서 만들어낸 것이며, 그들의 다양한 생활을 표현해주는 것이었다.

흔히 공공기관이나 건축가가 질문지를 통해서 주민들의 의견을 수렴하는 것을 '주민참여형 설계'라고 부른다. 건축물의 사용자들 또한 자기에게 유용할 것 같은 편의시설 몇 가지를 요구하는 것이 '참여'의 전부라고 생각한다. 물론 그런 것도 주민참여형 설계의 하나겠지만, 건축에서 참여를 실천하는 것은 생각보다 훨씬 복잡하고 어렵다는 것을 알아야 한다.

파시스트-메메 설계에 학생들이 참가하게 된 경위는 아주 흥미롭다. 당시는 프랑스 '68혁명'의 영향으로 벨기에에서도 학생운동이 활발하게 펼쳐지던 때였다. 가톨릭대학에서는 학교를 루뱅으로 이전하는 과정에서 의학부 기숙사 건축을 둘러싸고 대학과 학생들 사이에 격한 대립이 멈추지 않았다. 학생들은 대학 측의 권위적인 마스터플랜에서 탈피하여 자신들의 다양한 생활형태를 표현하고 싶어 했다. 그

440

러나 대학 측은 이를 무시한 채 예전에 해오던 방식으로 기숙사를 지으려 했다. 학생들은 이에 반발하며 기숙사 설계에 자신들을 참여시켜줄 것을 강력히 요구했다.

학생들은 개인적 편리함을 원한 것이 아니었다. 기숙사가 지역사회와 분리되지 않고 주민들과 함께할 수 있도록 복합용도로 지어달라는 것, 그리고 계획안을 이웃 주민들에게 설명하고 그들의 의견을 반영해달라는 것이었다. 우리가 '참여'라고 할 때 흔히 떠올리는 것보다 훨씬 건축적이고 도시적이며, 사회적으로도 진취적인 요구였다.

대학 측은 첫 번째 요구는 받아들였지만 두 번째는 수용하지 않았다. 긴 논쟁 끝에 대학과 학생들은 기숙사 설계를 담당할 건축가에게 양측의 의견 조정을 맡기기로 했다. 학생들은 건축가를 대학 측에서 지명할 경우 이 프로젝트가 그들의 의도대로 진행될 것을 우려하여 자기들이 직접 건축가를 정하겠다고 나섰다. 이에 대학은 믿을만한 건축가들의 명단을 작성하고 그중 한 명을 학생들이 지명하도록 했다.

학생들은 뤼시앵 크롤을 선택했다. 이유는 간단했다. 그의 이름이 리스트의 제일 밑에 있었기 때문이다. 추천 명단의 상위 인물들은 대학의 말을 잘 들어주는 사람이고 가장 선호도가 낮은 사람을 제일 밑에 두었을 터이니, 그 사람이 학생들의 의견을 제일 잘 들어줄 거라고 생각했던 것이다. 사실 그는 대학과 아무런 연관성이 없는 인물이었다.

그리하여 크롤은, 본인의 표현에 따르면 "무책임하기 그지없는 결론"에 의해, 이 프로젝트의 책임자가 되었다.

"참여자가 없으면 계획도 없다"

크롤은 "진정한 의미에서 도시를 만드는 사람은 계획자가 아니라 주민"이라고 늘 강조했다. 그런데 말은 그럴듯하게 하면서 일은 그렇게 하지 않는 건축가들도 많고, 말인즉 당연하지만 다들 그냥 흘려들어서 결과적으로는 아무 말도 아닐 수도 있다. 그러나 크롤은 달랐다. 그의 작업은 언제나 주민의 목소리를 듣는 것에서 시작했다. 그는 기숙사의 주민인 학생들이 말하고 싶은 것을 다 말하게 했고 그것을 진지하게 들었다. 이를 위해 주중에는 현장에서, 주말에는 멀리 떨어진 사무소에서 워크숍을 열었다.

그는 학생들을 몇 그룹으로 나누고 그룹마다 평면 유형에 대한 프로그램을 작성하게 했다. 그런 다음에 학생들을 6개 팀으로 나누어 레스토랑, 숙소, 상점, 관리, 문화, 조경과 관련된 문제를 전담하게 했다. 그리고 마지막 단계로, 이 시설을 사용할 때 그들이 물리적으로나 정서적으로 기대하는 것들을 논의하게 했다. 의대생들을 마치 건축학과 학생 공부시키듯이 한 셈인데, 바로 이것이 건축가로서 크롤이 생각하는 '참여'였다.

그래서 그는 이렇게 말할 수 있었다. "메메의 위치뿐 아니라 성격까지 결정해준 것은 다름 아닌 의대생들이었다." 의대생들 또한 기숙사 설계에 참여하면서 의견을 내고 방법을 찾아가는 것을 자신들이 마땅히 누려야 할 권리로 여겼다.

여기서 분명히 확인되는 게 있다. 각자 자기가 원하는 것을 목청 높여 주장하는 게 참여가 아니다. 참여는 서로 충돌할 수 있는 다양한 의견들을 통합하는 것이다. 사람들과 생활환경 사이에는 지속적인 상호작용이 일어나며, 이에 대한 분명한 이해와 욕구가 참여의 바탕이 되어야 한다. 이런 바탕이 있을 때 건축가는 비로소 인간과 환경의 상호작용을 중시하고 수정하며 부분을 계속 축적하는 사람이 된다.

크롤은 학생과 주민들의 교류가 지속될 수 있도록 인공대지 밑 네 개의 레벨에 사무실과 다목적실을 두고, 그 위의 여덟 레벨에는 서로 다른 타입의 주거를 두었다. 기숙사란 호텔처럼 정해진 요금을 내고 이용하는 숙박시설이 아니며, 기숙사의 방 하나하나가 다양한 가치관과 취미를 가진 학생들의 사적 공간이라는 점을 최대한 강조하고자 했다.

기숙사 '메메'에는 미혼 학생, 독신자, 공동생활자들이 각자의 생활방식을 인정하며 모여 살게 했다. 개인 공간은 침실로 한정하고, 공동 공간을 여럿이 함께 사용한다. 테라스 하우스 건물에는 아이가 있는 학생 부부들이 살고 있다. 상층부에는 음악이나 스포츠, 원예 등 관심사를 공유하는 6~8명이 공동생활을 하게 했다. 천장 높이가 7미터나 되는 방, 두 층에 걸친 방까지 실현한 것을 보면 그가 학생들의 요구를 얼마나 진지하게 받아들였는지 알 수 있다.

사용자가 원하는 바를 가장 잘 반영하는 방법은 그 건축물을 짓는 과정에 사용자가 직접 참여하는 것이다. 우리는 흔히 구조체를 일단 지어놓고 그때 가서야 그 공간을 어떻게 구획해서 사용할지 생각하기 쉽다. 실제로 대부분의 건축가들은 격자 모양으로 구조체를 배열하고 그 위에서 평면을 만들어간다. 그러나 크롤은 내력 구조체(bearing structure, 건물의 하중을 견디고 형상을 유지하게 해주는 벽과 기둥)만 지어지면 그 건물은 이미 완성된 것이라고 말했다. 그러므로 사용자의 다양한 요구들은 내력 구조체를 계획할 때부터 반영되어야 한다고 주장했다.

크롤은 건물 전체 구조에 하나의 개념만을 적용하지 않았다. 반대로 구조체를 계획할 때부터 사용의 다양성을 생각했다. 그는 사용자·거주자의 생활 의지가 배어 나오도록 내구성이 있으면서도 다목적인 구조, 그리고 저렴하지만 분리할 수 있는 구조를 조합하여 학생들의 다양하고 예측할 수 없는 요구에 대응하고자 했다.

평면을 보면 '파시스트-메메'의 왼쪽은 마치 우산대가 우산을 받치듯이 철근콘크리트 기둥이 각 공간들의 한가운데를 지지하며 불규칙하게 배열되어 있다. 이 기둥들을 크롤은 "헤매고 있는 기둥"(wandering columns)이라고 불렀다. 그러나 오른쪽은 방의 폭을 엄격하게 정하고 있고, 그 위는 이보다 훨씬 가볍고 작은 목구조로 짰다. 전통적인 방이 만들어지는 곳에는 정면의 폭이 일정한 구조를 채택했고, 개별 스튜디오의 다양성이 발현되는 곳은 그것이 가능하도록 기둥 격자를 바꾸었다. 또 나무로 만든 지붕의 '헛간(barns)'은 숙련된 학생들이 자유롭고 정교하게 만들어가도록 했다.

이렇듯 크롤의 건축은 거주자의 삶의 방식을 일방적으로 지시하지 않는다. 오히려 실험의 촉매와 같은 역할을 한다. 그런 측면에서 그의 주택은 이전과는 달리 생활의 사회생태학에 더 가깝다고 할 수 있다.

"다양성은 그 자체가 가치다. 인공적으로 만들어진 다양성도 충분한 의미가 있다. 다양성은 정적인 미의식을 부정한다." 다양성을 강조하며 크롤이 했던 말이다.

다양한 생활이 가능하다는 것은 거주자가 살아가면서 마음대로

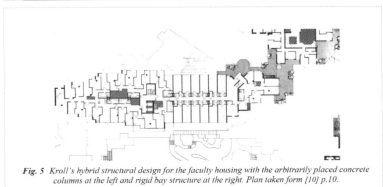

Fig. 5 Kroll's hybrid structural design for the faculty housing with the arbitrarily placed concrete columns at the left and rigid bay structure at the right. Plan taken form [10] p.10.

나무로 만든 지붕의 '헛간'. (위)
파시스트-메메 평면도. (아래)

바꾸고 고치는 것과는 의미가 전혀 다르다. 사용자의 다양한 요구는 내력 구조체를 계획할 때 이미 반영되는 것이고, 건물의 외피·공간 계획·인테리어 재료 등은 용도에 따라 추가되는 것이라고 크롤은 보았다. 이런 것은 '충전(infill)'이라고 부른다. 이렇게 해서 건물은 다목적에 대응하는 '내력 구조'와 변형할 수 있는 '충전'으로 나뉜다. 또 설계 과정도 둘로 나뉜다.

구조체 안에 들어가는 내부의 '충전'을 설계할 때도 사용자의 참여와 그에 대한 관리가 필요했다. 크롤은 서로 바꿔서 사용할 수 있는 규격화된 구성 요소들의 카탈로그를 제시했다. 용의주도하게 30센티미터 격자에서 구조를 조정했고 중앙 집중 설비 시스템도 제공했다. 이는 골조만 만들어주고 세부적인 내장은 사는 사람이 스스로 메워간다는 개념과는 다르다. 이런 방식을 '골조-충전 시스템(skeleton-infill system)'이라고 하는데, 크롤은 이것을 앞서서 보여주었다. 이렇게 함으로써 공업화 건축에 참여하는 사람들이 서로 영향을 미치고, 이웃하는 주택의 형태에 대해서도 책임을 지게 된다는 게 그의 생각이었다.

완성된 기숙사 건물은 창의 크기나 형태가 제각각이고 색깔에도 통일감이 없어서 대학 측이 몹시 당황했을지도 모른다. 이것은 일종의 프리패브(조립식)로서, 공업화된 창문 카탈로그에서 학생들이 스스로 선택한 것이다. 어떨 때는 트럼프에서 무작위로 꺼낸 숫자를 보고 창문의 종류를 정하도록 했는데, 정확한 입면 패널 위의 '우연한 배열'을 위해서였다. 이렇게 하면 누가 창이나 문을 교체하더라도 바뀐 곳이 어디인지 드러나지 않으며, 혹시 창이나 문이 파손되어도 이전과 똑같은 것으로 바꿀 필요가 없다는 이점이 있다.

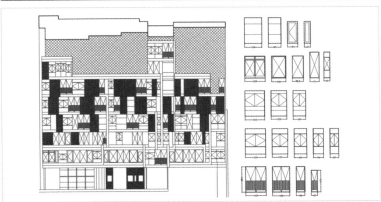

창이나 문의 크기와 형태가 제각각이다. (위)
프리패브 방식으로 만들어낸 '우연한 배열'. (아래)

그렇다고 건축가가 이 기숙사를 우연한 놀이처럼 설계했다고 오해해서는 안 된다. 크롤은 모든 것이 다 정해진 기숙사에 학생들이 그냥 들어와서 사는 게 아니라, 정해진 기간일지라도 자신의 생활을 표현할 수 있어야 한다고 생각했다. 그래서 학생들이 각자의 생활 스타일을 분명히 파악하고 이를 건축가에게 전달할 것을 요구했다. 또한 공동생활 속에서 서로의 스타일을 인정하고 존중해야 한다는 점을 강조했다. 건축가는 중립적 입장에서 여러 요구를 듣고 해석하지만, 특정 개인이 무리한 요구를 한다고 판단될 때는 즉시 수정을 요청했다. 이에 대해 크롤은 이렇게 말했다.

"학생들은 내가 그린 도면을 일일이 바꾸었다. 나는 그들이 말하고 싶은 것을 가능한 한 중립적인 입장에서 들으려 했다. 그랬더니 내 의견은 그다지 본질적이지 않다는 사실을 알게 되었다. 그러나 나는 건축가로서 최종적인 형태를 결정해야 했다."

크롤의 기숙사 설계 과정은 곧 참여의 과정이었다. 그의 건축은 사람이 규칙적으로 할당된 곳에서 수동적으로 살아가는 존재가 아님을 가르친다. 건축 설계에서 참여의 출발점이 되는 것은 다름 아닌 개인의 '자유'다. 자유가 있으니 즐거움이 있고, 즐거우니까 이런저런 의견을 내면서 참여하고 싶다는 의욕을 갖게 되는 것이다. 개인들의 차이를 다양한 형태로 보여주는 '파시스트-메메'는 전체가 불연속적인 채로 통합되는, 자유를 존중하는 사회의 모습을 건축으로 구체화한 것이다.

"참여자가 없으면 계획도 없다(No participant, no plan)." 크롤의 이 말이 부디 우리 사회가 짓는 모든 건축의 금언이 되기를 희망한다.

'사회적 공간'을 얻는 올바른 방법

'사회적 공간(social space)'이라고 하면 아무런 충돌 없이 모든 구성원들의 합의하에 만들어지고 운영되는 아름다운 공간이 떠오를 것이다. 그러나 그렇지 않은 사회적 공간도 있다. 권력을 가진 누군가가 통제의 목적으로 계획한 공간이 그것이다. 뤼시앵 크롤은 1984년에 이런 글을 썼다.

"사회적 공간을 만드는 데는 두 가지 방법이 있습니다. 첫 번째는 미리 정해진 단 하나의 쓰임새만 목적으로 하는 것입니다. 그것은 권위주의적이고 합리적이며 환원적이지요. 그것은 생각하고 조직하고 생산하는 것이 임무인 사람들이 사건과 사람을 통제하려는 욕망과 일치합니다. …어떤 사람들은 이런 것을 좋아하지요. 누군가는 조종하고 누군가는 조종당하게 하려는 욕망입니다." [191]

그렇지만 전혀 다른 '사회적 공간'이 하나 더 있다. '살아가는 과정(a living process)'에 집중하는 것이다. 크롤의 글을 조금 더 읽어보자.

"사회적 공간을 만드는 다른 방법도 있습니다. …그것은 살아가는 과정입니다. 그 과정은, 확실히 구성된 공간을 만나면, 주요 행위의 중심을 만들어줍니다. 또 강한 형태와 의미를 통해 우리가 본질적이라고 믿는 바를 알게 해주고 표현해줍니다. 본질적이라는 것은 생활의 관계와 행위입니다. 그 관계와 행위는 다양성, 예상치 못한 계획, 그리고 사회적 인간(social man)이 바라는 무언가에서 일어납니다. 공동체를 이루도록 이끄는 건 바로 그것입니다."

'살아가는 과정'이 중요한 이유는 따로 없다. 그것이 바람직한 것은 "우리가 본질적이라고 믿는 바를 알게 해주고 표현해" 주기 때문이다. 그러나 그것은 저절로 이루어지지 않는다. "주요 행위의 중심"이 있어야 한다. 그러려면 "확실히 구성된 공간"이 있어야 한다. 또 "강한 형태와 의미"를 확인할 수 있어야 한다. 본질적이라는 것은 딴 데 있지 않다. "생활의 관계와 행위"가 본질적이다.

그렇다면 "생활의 관계와 행위"는 어디에서 얻을 수 있을까? 크롤은 세 가지 조건을 든다. "다양성" "예상치 못한 계획" "사회적 인간(social man)이 바라는 무언가"다. "생활의 관계와 행위"는 상황으로 보면 다양하고, 계획으로 보면 예상할 수 없으며, 사람으로 보면 사회적인 관계 속에서 살아가는 인간이 바라는 바가 있어야 한다는 뜻이다.

이 세 가지가 합쳐지면 무엇을 얻을까? "공동체를 이루도록" 해준다. 결국 새로운 공동체를 만들려면 이러한 조건과 과정을 소중하게 여겨야 한다는 뜻이다. 만약 이 말이 진부하고 모호하며 그게 그거인 것처럼 들린다면, 우리는 제대로 된 '사회적 공간'을 얻을 수 없다. 그러는 사이에 권력을 가진 누군가가 통제를 위해 계획한 공간이 그 자리를 차지한다.

뤼시앵 크롤의 건축 작업은 "공간의 생산'이라는 관점에서 앙리 르페브르와 겹치는 측면이 많다. 앞에서 인용한 크롤의 글도 공간에 대한 르페브르의 설명과 비슷하다. 크롤은 르페브르를 만난 적이 있지만 그에게서 직접적인 영향을 받지는 않았다고 말한 바 있다. 실제로 르페브르의 『공간의 생산(The Production of Space)』은 1974년에 나왔고, 크롤의 '파시스트-메메'는 1960년대 후반에 시작되어 1970년에 완성되었다. 두 사람의 유사성은 아마도 사회적 격변기의 유사한 경험과 공통의 관심사에서 비롯된 것으로 보인다.

건물 : 암스테르담 중앙역의 자전거 보관소

윈스턴 처칠이 이런 유명한 말을 했다. "We shape our buildings; thereafter they shape us." 직역하면 "우리는 우리의 건물을 만들고, 그 건물은 다시 우리를 만든다"는 뜻이다. 그런데 우리나라 건축계에서는 이 말을 "인간은 건축을 만들고 건축은 인간을 만든다"로 번역하며 건축의 역할을 자랑하고 있다. 원문의 'building'을 굳이 '건축'으로 번역하고(아시다시피 건축은 영어로 'architecture'다) 'our buildings'도 건축으로 바꿔버렸다.

처칠의 말이 너무 멋있어서 인용하고는 싶은데 '건물'이라고 표현하자니 뭔가 좀 마음에 안 들어서 '건축'이라고 슬쩍 바꾸어놓은 것이다. 이렇게 잘못된 말이 여기저기 참 많이 쓰이고 있다.

'건물+정신'이 '건축'이라고?

이런 식으로 '건축'과 '건물'을 부당하게 구분하는 것은 정말 큰 문제다. 단순한 기술의 결과물은 '건물'에 지나지 않지만 작가의 정신이나 의지가 담기면 '건축'이 된다고 믿고 있는 것이다. 예를 들면 이런 식이다. "단순한 기술을 구사해 만들어진 결과로서의 구축물을 건물이라 하고, 공간을 이루는 작가의 조형 의지가 담긴 구축의 결과가 건축이다." 물리적이고 기능적인 사물에 불과한 '건물'과 달리 '건축'은 사유의 가치를 가진 것이며, 형이상학적 생산과정을 담고 있다는 것이다.

'사유의 가치'는 종종 '정신(spirit)'으로 표현되기도 한다. 건축에서 정신이 빠지면 건물이 되고(건축-정신=건물), 건물에 정신이 곁들여지면 비로소 건축이 된다는 것이다(건물+정신=건축). 이처럼 우리나라 건축가들은 '정신'을 참 좋아한다. 혹자는 심지어 한술 더 뜬다. '건물'은 기술자가 만드는 것이지만 '건축'은 건축가가 설계하는 것이라고 한다.

당연히 말도 안 되는 소리다. 건축에 종사하는 건축기술사가 들으면 참 기분 나쁠 말을 이렇게 자신 있게 내던지고 있다.

그런데 이보다 훨씬 먼저 건축과 건물을 이상하게 구분한 사람이 있었다. 건축역사가 니콜라우스 페브스너(Nikolaus Pevsner, 1902~1983)는 1943년에 펴낸 유명한 책 『유럽 건축사 개관(An Outline of European Architecture)』의 서문을 이렇게 시작했다. "자전거 보관소는 건물이지만 링컨 대성당은 건축이다. …건축이라는 용어는 미적(美的) 호소를 위한 어떤 견해에 따라 설계된 건물에만 적용된다." 그러니까 모든 '건물'이 '건축'이 될 수는 없으며, '미적 호소'를 갖추고 있을 때만 비로소 '건축'으로 승격될 수 있다는 말이다.

그렇다면 '미적 호소'가 없는 '자전거 보관소' 계열의 건물은 한낱 즉물적인 사물에 지나지 않는다는 것인데, 이게 과연 맞는 말인가? 도대체 이 '미적 호소'라는 게 무엇인가? 일정한 수준에 이른 미술관이나 도서관 같은 우등생 시설은 건축이라 높여 부르고, 주차장이나 자동차학원 같은 것은 건물이라고 낮춰 부른다. 이런 식이라면 우리가 살고 있는 도시에는 수준 낮은 건물들이 말 그대로 차고 넘친다. 듣기에는 그럴싸해 보이지만 오늘날 지속가능한 사회에는 오히려 대단히 방해가 되는 사고방식이다.

근대건축의 거장 르 코브리뷔지에 또한 페브스너보다 먼저 이렇게 말했다. "돌과 나무와 콘크리트를 써서 집을 짓고 궁전을 짓는다. 그렇지만 이것은 건설이다. …그러나 그것이 나의 마음을 사로잡고 나에게 좋은 것을 가져다줄 때, 나는 비로소 행복을 느끼며 이렇게 말하리라. '이것이 아름다움이고, 이것이 건축이며, 그 속에 예술이 있다'라고."

사람의 마음을 사로잡는 아름다운 예술이 곁들여질 때 비로소 '건축'이 된다는 주장이다. 적지 않은 사람들이 이런 생각에 영향을 받아 건축을 뭔가 대단히 고차원적인 정신적 산물로 여기며 오늘에 이르고 있다.

건물을 '짓는 방식'이 건축이다

'건축'(建築, architecture)과 '건물'(建物, building). 서로 다른 단어이니 당연히 의미도 서로 다르다. 영영사전을 찾아보면 architecture는 'the art or science of building'이라고 나온다. 여기에서 'building'

은 건물이 아니라 '짓기'이므로, 해석을 해보면 '짓는 방식 또는 과학'이라는 뜻이 된다. 즉, 건축은 '짓는 방식'이지 이미 '지어진 것'이 아니다.

'짓는 방식'이란 이런 것이다. 수많은 재료를 선택해서 집합하는 방식, 태양열을 활용해 에너지를 절약하는 방식, 방과 방을 연결해 사람들에게 쓸모 있게 만들어가는 방식, 주변에 남아 있는 오래된 나무와 공존하는 방식, 교육의 본질을 숙고하여 이를 학교 공간으로 바꾸는 방식 등등. 집을 지을 때 이런 생각을 하는 것이 바로 '건축'이다.

그런데 '짓는 방식'은 짓고자 하는 대상, 즉 구조물이 있어야 한다. 그 대상이 되는 것이 바로 '건물'이다. 건물은 땅에 정착해 있어야 한다. 그리고 나무나 돌 같은 구체적인 재료로 만들어진 벽과 지붕 등으로 이루어져야 한다. 여기에 한 가지 조건이 더 붙는다. 건물은 사람이 거주하거나 일하거나 물건을 보관하려는 목적을 위해 짓는 것이다. 그러므로 주택이나 사무소나 창고와 같은 일정한 용도가 정해져 있다. 따라서 건물은 땅, 재료, 벽이나 지붕 같은 요소 그리고 용도가 합쳐진 것이다. 이렇듯 '건축'과 '건물'은 단어의 의미가 전혀 다르다.

'건축'은 건축가의 의지와 개념이 구현된 것이고, '건물'은 건축가의 개입 없이 만들어진 것이라는 주장도 있다. 그러나 건축가가 개입하지 않았는데도 훌륭하게 서 있는 건물은 얼마든지 있다. 이는 버나드 루도프스키(Bernard Rudofsky, 1905~1988)의 뉴욕 현대미술관 전시회 '건축가 없는 건축(Architecture without Architects, 1964)'[*192]에서 명백하게 확인된 바 있다. 그는 인간이 자연과 타협하고 자연을 역이용한 익명의 건물을 통해, 근대 도시가 보여주지 못한 것들을 '미개 사회'의 이름 없는 주민들이 앞서 보여주었음을 입증했다. 이는 지역주의 건축이라는 새로운 흐름을 만들어낸 계기가 되었다.

'건축'과 '건물'은 같은 것에 대한 다른 표현이다. 건물을 짓는 방식이 '건축'이고, 그렇게 지어진 물질적 결과물이 '건물'이다. 정신이 담겼는지 안 담겼는지, 미적 호소가 있는지 없는지 따위로 구별되는 것이 아니다. 건물이라 불리는 구조물 안에서 사람들이 행복하고 풍부하게 산다면 그것으로 충분하다.

길은 건물이 되고 싶어 한다

네덜란드의 암스테르담은 자전거의 도시다. 이 도시에서 운행되는 자전거는 약 60만 대. 거의 한 사람에 한 대꼴이다. 특히 암스테르담 중앙역 부근은 세계 최대의 옥외 자전거 보관소라 할 만큼 무수한 자전거로 가득 차 있다. 지난 2001년, 중앙역 바로 앞 운하 위에 2,500대를 세워둘 수 있는 임시 자전거 보관소(Bicycle Flats Central Station)가 세워졌다. 설계는 'VMX Architects'가 했다. 보관소 바로 뒤에는 '이비스 호텔'이 서 있다.

이 임시 보관소는 암스테르담 중앙역 광장에 있던 수많은 자전거 받침대를 치우기 위해, 또한 지하철 공사 기간에 사용할 수 없는 두 군데의 실내 자전거 보관소를 대신하기 위해 지어졌다. 원래는 적은 예산으로 최대한 빨리 지어서 3년쯤 사용하다가 2004년에 폐쇄할 예정이었으나 그 뒤로도 오랫동안 잘 사용되었다. 그러다가 2023년에 7,000대를 수용할 수 있는 지하 자전거 주차장이 생기면서 문을 닫았다. 8,800대 규모의 신축 주차장 건설이 늦어지면 다시 사용하기 위해서 아직 철거는 하지 않고 있다.

암스테르담 중앙역의 임시 자전거 보관소.

　이 보관소는 당시 새로 개조한 부두에 닿지 않은 채 중앙에 일렬로 놓인 13개의 이중 원기둥으로 지지되었다. 빠른 시공을 위해 다른 곳에서 미리 만들어 온 부재를 조립하여 물 위에 세운 3층 구조물이다. 운하를 따라 수상버스를 타고 온 시민들이 자전거로 바꿔타기 위해 이곳에 내리고, 수상버스는 그 밑에서 다시 회항한다. 자전거 보관소가 일종의 환승역인 셈이다.

　입구는 양쪽 끝과 중간에 있다. 폭 14미터에 경사도가 3도에 불과한 경사로가 나선형으로 길게 이어져 있어서, 굳이 내리지 않고 계속 자전거를 타고 가다가 아무 데나 편하게 주차할 수 있다. 2,500대나 되는 자전거가 빼곡하게 세워져 있는 이곳을 시민들은 '피에트'(fiets, 자전거)와 '플랫'(flat, 아파트)을 합쳐서 '피에트플랫'(Fietsflat)이라 불렀다. 아마도 세계 최초의 자전거 아파트일 것이다. 길고 비스듬한 주차

물 위에 세워진 3층 구조물.

데크 위에는 네덜란드 전역에 깔린 자전거 도로와 마찬가지로 붉은 아스팔트가 덮여 있다.

　자전거를 타고 다니면서 매번 주차할 장소를 찾는 것은 불편한 일상이다. 자전거 보관소라고 하면 흔히 '여기 있어서는 안 되는(It-shouldn't-be-here)', 임시로 빨리 저예산으로 지어야 하는 골칫거리로 여기기 쉽다. 그러나 이 자전거 보관소는, 비록 일시적이지만, 도시에서 가장 활기가 넘치고 색다른 즐거움을 경험할 수 있는 장소가 되었다.

　물론 그 형태가 그다지 아름다운 것은 아니다. 오히려 경직된 공학적 산물로 보일 수도 있다. 그러나 이상하게도 이 건물은 추하기는커녕 활기로 넘쳐난다. 처음 지어졌을 때 어떤 사람들은 도시의 입구가 뭐 이러냐고, 암스테르담에 대한 모욕이라고 비난했을 것이다. 그렇지만 시민들은 도시의 골치 아픈 문제를 이렇게 해결했다는 점에서 이 보관소의 가치를 차츰 높이 평가하게 되었고, 직접 사용하면서 이 건물을 사랑하는 법을 배웠다. 또한 이 보관소가 있었기에 자전거를 타고 출퇴근하는 사람들이 점점 더 많아졌다. 앙리 르페브르식으로 말하자면 사용자들에 의해 '공간이 생산된 것'이다.

이 보관소는 자전거를 이용하는 사람들이 운하를 바라보며 무리지어 이동하는 매일의 경험을 스펙터클하게 즐기는 곳이다. 또한 시야를 가리는 벽이 없기 때문에 주변의 도시 풍경을 한눈에 볼 수 있는 전망대 역할도 톡톡히 하고 있다. 때로는 스케이트 보더들이 포디움(높은 기단)을 이용해 고난도의 스턴트를 즐기는 곳이기도 하다.

이 자전거 보관소는 단순히 자전거만 타고 내리는 곳이 아니다. 암스테르담 중앙역, 광장, 사방으로 이어지는 도로, 운하 등 도시의 중요한 운송 흐름과 함께하고 있다. 작고 사소한 건물일지라도 그것이 도시의 어떤 환경과 문맥 속에 놓이는가, 그리고 사람들이 얼마나 유용하게 사용하는가에 따라 얼마든지 도시의 활기를 만들어내는 주인공이 될 수 있다. 이 자전거 보관소가 암스테르담에서 꼭 봐야 할 7개의 역사적 건축물과 16개의 현대건축물 중 하나로 꼽히는 것은 그 때문이다. 그뿐이 아니다. 네덜란드의 젊은 건축가들이 만든 최고의 건물로 평가되기도 했고, 암스테르담에서 관광객들이 사진을 많이 찍는 건물 중 하나가 되었다.

루이스 칸은 일찍이 "길은 건물이 되고 싶어 한다(A street wants to be a building)"라는 명언을 남겼다. 중앙역, 호텔, 운하, 도로가 모두 보이는 위쪽에서 이 임시 자전거 보관소를 내려다보면, 정말로 이 길과 운하는 자전거 보관소라는 건물이 되고 싶어 하는 것 같다. 중요한 것은, 칸이 "길은 건축(architecture)이 되고 싶어 한다"라고 하지 않고 "길은 건물(a building)이 되고 싶어 한다"라고 말했다는 점이다. '미적 호소' 여부에 따라 건축과 건물을 구분했던 페브스너의 말이나, 처칠이 말한 '건물'을 '건축'이라고 바꾸면서까지 '건물'을 낮추고 '건축'을 높이는 우리나라 일부 건축가들의 생각이 얼마나 잘못된 것인지를 다시 한 번 확인할 수 있다.

'건물'이 집적하여 도시를 만든다

암스테르담의 임시 자전거 보관소 이야기를 꺼낸 것은 '건물'과 도시의 관계를 새롭게 바라보기 위해서다. 도시란 무엇인가? 도시는 수많은 건물들의 집적으로 구성되어 있다. 과거에는 도시계획이 먼저 있고 그 계획에 맞추어 건물을 배열하고 짓는다고 생각했다. 그러나 이제는 그렇지 않다. 21세기는 건물이 집적하여 도시를 만든다는 생각을 적극적으로 해야 하는 시대다. 더 이상 20세기 도시개발이라는 수법으로 도시를 만들어서는 안 된다.

서울, 부산 등 우리의 대도시는 어떤가? 복잡하고 거대한 인공구조물과 무수한 작은 건물들로 이루어져 있다. "무수한 작은 건축"이 아니다. 수백 년 동안 이용하는 도시 기반시설과 기껏해야 몇 십 년간 단기간으로 이용하는 저 많은 건물군이 도시를 구성한다. 새 건물과 오랜 건물은 늘 같은 지역에 혼재되어 있다. "새 건축과 오랜 건축"이 아니다. 이렇듯 도시는 다종다양한 건물, 균질하지 않은 공간으로 겹겹이 에워싸여 있다.

이제 건물군이라는 물질의 소비 기지를 새로운 가치의 생산 기지로 바꾼다는 생각이 필요하다. 건물에는 없다는 '정신'을 불어넣은 건축으로는 이런 생각을 실천할 수 없다. 중심이 되는 '건축'으로 주변의 '건물'을 바꾸는 것이 아니라, 주변의 건물을 무언가로 바꿈으로써 중심을 바꿔가야 한다. 바로 이것이 기존 건물과 기존 도시공간을 중시해야 하는 이유이고, 지속가능한 사회를 이끄는 건축의 방향이 될 것이다.

이 문제를 확률밀도함수 곡선으로 바꾸어 생각해보자. 곡선의 분포를 보면 아주 좋은 것과 아주 나쁜 것이 각각 2퍼센트이고, 그보다는 조금 못한 것과 조금 나은 것이 각각 14퍼센트다. 그리고 꼭짓점 좌우로 68퍼센트가 중간 부분을 차지한다. 이때 제일 오른쪽의 2퍼센트를 정신이 가미된 '건축'이라고 부르자. 그렇다면 이를 제외한 나머지는 모두 '건물'이 된다.

도시의 건축도 이와 같다. 유명 건축가가 설계하고 이런저런 상을 받은 2퍼센트의 우등생 건축으로만 도시의 생활환경이 이뤄지는 게 아니다. 조금 다른 양쪽의 14퍼센트와 중간의 평범한 68퍼센트까지 다 합친 것에 아주 나쁜 2퍼센트의 건물까지 모이고 쌓여서 의미 있는 도시를 만드는 법이다.

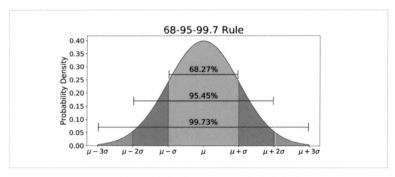

확률밀도함수 곡선. 지속가능한 사회를 이끄는 건축은 과연 어떤 것일까?

4
가치 : 뤽상부르 공원의 의자

〈하나이면서 셋인 의자(One and Three Chairs)〉는 조지프 코수스 (Joseph Kosuth, 1945~)의 대표적인 개념미술 작품이다. 가운데에 의자가 있고, 왼쪽에는 그 의자를 찍은 사진 속의 의자가 있으며, 오른쪽에는 글로 정의되는 사전 속의 의자가 있다. 실제의 의자, 사진 속의 의자, 글로 적힌 의자. 이 세 가지가 한 의자의 모습이라는 것이다.

예술에 대한 평가는 각자의 몫이다. 그러나 분명하게 말할 수 있는 게 하나 있다. 이런 미술 작품은 사물의 추상적인 모습을 표현할 수는 있어도, 의자가 만들어내는 일상의 구체적인 공간은 결코 드러낼 수 없다는 사실이다.

조지프 코수스의 '하나이면서 셋인 의자'.

공간을 생산하는 의자

어떤 공원에 노부부가 찾아와서 마음에 드는 곳으로 의자를 들고 간다. 의자에 앉아 책도 읽고 이야기도 나누며 오후의 한때를 보내는 풍경이 말 그대로 '사람 사는 모습'이다. 그뿐인가? 사람들이 앉았다가 떠나면서 치우지 않고 그대로 놓아둔 빈 의자는 여전히 자기들끼리 이야기를 나누고 있다. 지나가버린 시간의 잔상이 그 의자에 남아 있는 것이다. 〈하나이면서 셋인 의자〉에는 결코 이런 공간이 나타날 수 없다.

의자라는 물체에 대해 말하려는 게 아니다. 커다란 공원에 나무들과 함께 있는 의자, 거니는 사람들에게 말을 거는 빈 의자, 앉았던 사람의 흔적이 남은 의자, 그들이 머물렀던 장소와 공간이 주는 행복 감을 드러내는 의자에 관한 이야기다. 의자라는 흔한 물체가 사람이나 주변의 다른 것들과 함께 늘 새로운 공간을 '생산'할 수 있다는 것, 그리고 그런 의자가 주는 행복감이 생각보다 훨씬 크고 깊다는 것이다. 공원 속의 의자는 예술 작품은 아니지만, 그 어떤 예술 작품도 가질 수 없는 또 다른 역할을 수행하고 있다.

파리(Paris)의 풍경을 담은 그림엽서에는 노트르담 대성당 같은 역사적 모뉴먼트만 있는 게 아니다. 마로니에가 활짝 피어 있기도 하고, 낙엽이 드문드문 떨어져 있는 공원 사진도 많다. 이때 중요한 역할을 하는 것은 공원에 놓인 의자들이다. 이 의자는 파리의 공원뿐 아니라 길거리의 카페에서도 흔히 발견할 수 있다. 별 특징도 없는 단순한 의자가 언제부터인가 프랑스를 대표하는 의자가 된 것이다. 심지어 파리 시의 웹페이지에서도 판매하고 있을 정도로 이 의자는 파리의 상징적 아이콘이 되어 있다.

파리에서 가장 아름다운 공원은 1612년에 조성된 뤽상부르 공원(Jardin du Luxembourg)이다. 튈르리 공원(Jardin des Tuileries)에 이어 파리에서 두 번째로 큰 공원으로 면적이 23헥타르나 된다. 공원 곳곳에는 의자가 놓여 있어서, 누구라도 원하는 곳에 앉아 공원의 정취를 맘껏 즐길 수 있다.

뤽상부르 공원에는 유독 초록색 의자들이 많다. 똑같은 의자들이 공원 곳곳에, 그것도 아무렇게나 놓여 있다. 우리나라에서는 볼 수 없는 풍경이다. 파리시가 특별히 주문하여 페르몹(Fermob) 사에서 만든 의자인데 이름이 '뤽상부르'다. 알루미늄에 라커 칠을 해서 자외선에 강하고 옥외에 계속 두어도 괜찮은 전천후 의자이며, 겹쳐 쌓

뤽상부르 공원 전경.

아 올릴 수 있게 디자인했다.

　이 의자는 어른이 한 손으로 들어 올릴 수 있을 정도로 가벼워서 어디든 쉽게 들고 갈 수 있다. 나무 밑이나 분수 근처 등 자기가 좋아하는 장소에 자유롭게 들고 가서 앉으면 된다. 누군가 놓고 간 자리에 그대로 앉아서 책을 읽기도 한다. 서늘하거나 건조한 날에는 금빛으로 빛나는 햇빛 아래서 수다를 떨며 여유롭게 오후의 한때를 보낸다. 넓은 정원에 혼자 앉으려고 멀리 가져가기도 하고, 두세 사람이 함께 가져가 원하는 방식으로 배치하기도 한다. 연못 근처로 의자를 들고 간 사람은 햇빛 뿐 아니라 수면에서 반사되는 빛으로도 일광욕

공원 곳곳에 놓인 의자들.

을 즐긴다.

　이렇게 공원을 찾아가서 의자에 앉은 채 유유자적 머무는 것은 자기만의 행복을 누리기 위해서다. 고독한 상태에서는 행복을 느낄 수 없다. 행복감은 자기만의 장소, 자기만의 시간, 자기만의 행동이 합쳐질 때 비로소 생겨난다.

　누군가 앉았다가 떠난 빈 의자에는 그 장소에서 나누던 대화의 흔적이 남아 있다. 의자 두 개가 서로 마주 보고 놓여 있으면 커플이 앉았다가 간 것이고, 나란히 놓여 있으면 노부부가 손을 꼭 잡고 앉아 있던 흔적이다. 마주한 세 개의 의자는 세 사람이 수다를 떨던 곳

뤽상부르 공원에 유독 많은 이 초록색 의자는 이름도 '뤽상부르'다.

이고, 여러 개의 의자들이 원을 그리고 있으면 여럿이 둘러앉아 즐거운 대화를 나눈 것이다. 어딘가에 의자 한 개만 따로 놓여 있으면 혼자만의 자유로운 시간, 달콤한 고독을 즐기고 간 것이다. 이렇듯 의자가 놓인 모습을 보면서 이런저런 상상을 할 수 있다는 것은 파리의 공원이 지닌 독특한 매력들 중 하나다.

의자라고 하면 내 신체를 책상 앞에 앉힌다는 목적 하나만을 위한 도구라고 여기기 쉽다. 그러나 사람과 사물과 환경의 관계는 그렇게 단순하지 않다. 뤽상부르 공원의 의자에서 보듯, 사람들이 의자를 사용하는 방식과 태도는 무궁무진하다. 자기가 원하는 환경에서 누

466

대화의 흔적이 남아 있는 의자들.

군가와 함께할 때 그들이 보이는 행동, 취하는 자세, 사용하는 방법
에 따라 끊임없이 다양한 공간이 생겨난다. 이게 무엇을 뜻하는가?
공간이란 고정되어 있는 것이 아니며, 사람의 행위와 사물과 환경이
어우러져서 '생산된다'는 말이다.

　공원이라면 당연히 어딘가에 고정된 벤치를 설치해야 한다고 생각
하기 쉽다. 이렇게 마음대로 들고 다니면 누가 저 수많은 의자들을
정리하며, 혹시라도 슬쩍 들고 가버리면 그 책임은 누가 지냐고 반문
할 수도 있다. 그러나 쓸데없는 걱정이다. 고정된 벤치가 있으면 사람
들은 항상 그 자리에만 앉지만, 의자를 자유로이 들고 다니면 공원

전체의 아름다움을 만끽할 수 있다. 당연히 공원이라는 공간의 가치와 효용도 훨씬 더 커지게 된다.

이곳에서는 아무도 의자를 훔쳐가지 않는다. 의자를 이렇게 사용하는 것이 자신들에게 큰 기쁨이고 행복이기 때문이다. 관리는 필연적으로 규제를 낳지만, 사용하는 공동의 기쁨은 모두가 공유하는 규범으로 바뀌는 법이다. 그래서 다시 묻게 된다. 공원은 왜 만드는가? 관리하기 위해서인가, 아니면 시민의 기쁨을 위해서인가?

뤽상부르 공원의 의자는 시민의 기쁨을 위해 그곳에 놓였다. 그것은 공원 안에서 다양한 공간이 생산되도록 해준 매우 훌륭한 건축적 발명품이었다.

몸으로 배우며 만들어온 공간

이 의자들은 언제, 어떻게 공원에 놓이게 된 것일까? 18세기 초 파리 시민들은 시골길 산책을 즐겼다. 이런 목가적인 욕구에 부응하기 위해 공원의 고정된 벤치들을 혼자 편하게 앉을 수 있는 의자로 바꾸자는 아이디어가 생겨났다. 시민의 기쁨이 먼저였고, 의자는 그 수단이었다. 처음에는 개인사업체에서 의자를 빌려다가 공원에 놓아두었다.

그런데 이 의자는 무료가 아니었다. 1760년 튈르리 공원의 관리인이 산책로 좌우에 수천 개의 의자를 늘어놓고 사용료를 받기 시작했다. 당시로서는 그런 공원에 가는 것 자체가 남다른 신분을 드러내는 것이었기 때문에 돈 주고 의자를 빌리는 것은 전혀 이상하지 않았다.

'의자 할머니'라 불리던 의자 임대업자들.

뤽상부르 공원에도 '의자 할머니'라고 불리는 의자 임대업자들이 점점 늘어갔다.

그 당시의 의자는 전부 목제였다. 그러다가 나폴레옹 3세의 제2 제정기(1852~1870)에 지금 파리의 공원에 있는 것과 비슷한 철제 의자가 만들어졌다. 공원의 의자가 시민들에게 기쁨을 준다고 믿었기에, 100년이 지난 후에도 더 좋은 제조 방법을 찾아내려 애썼던 것이다.

뤽상부르 공원의 관리자였던 프랑스 상원(Sénat)은 시민들이 공원에서 잠시 쉬기 위해 쌈짓돈을 내가며 의자를 빌리는 현실을 개선하고자 했다. 이에 의자 대여비를 인하하고 1년 정기사용권 제도를 만들었으며, 의자 1,500개를 사들여 시민에게 제공했다. 그 후에는 공원과 업체 간의 의자 임대 계약을 없애버렸고, 1872년부터는 의자를 제조할 수 있는 권리를 공매하게 했다.

1923년, 프랑스 상원의 의뢰를 받아 만든 '세나 의자(SENAT chair)'가 뤽상부르 공원에 처음 등장했다. 제조사는 론알프의 옥외가구 회사 페르몹(Fermob)이었다. 이 초록색 의자는 공원의 보도나 연못 주변에 마치 담쟁이덩굴처럼 퍼져나갔다. 이 의자들이 낡아서 더 이상 못 쓰게 되자 1990년 프랑스 상원은 뤽상부르, 튈르리, 팔레 로열 공원에 세나 의자를 공급하는 제조사로 페르몹을 선정하고 2,000개의 의자를 새로 배치했다.

2003년에 페르몹은 프레데릭 소피아(Frédéric Sofia)라는 디자이너에게 뤽상부르 공원의 전설적 의자를 재해석해 달라고 부탁했다. 소피아는 이 의자를 1년 내내 세심하게 연구했고, 다시 디자인하기로 했다. 알루미늄으로 팔걸이와 곡면 등받이를 댄 가볍고 튼튼하며 편안한 의자! 바로 그게 현재 사용 중인 '뤽상부르'다. 이름에서 드러나듯 원래는 뤽상부르 공원용으로 만든 것이지만 이제는 파리의 여러 공원에서 무료로 사용하는 의자가 되었다. 또한 프랑스 디자인과 문화의 상징적 아이콘이 되었다.

이 사례에서 무엇을 배울 것인가? 프랑스에서는 일찍이 시민들을 위한 공원을 만들었다. 그리고 1760년에는 공원에서 누구나 자유롭게 사용할 수 있는 의자를 만들었다. 자기만의 장소에서 자기만의 시간을 보내며 행복감을 느끼라고 의회가 비용을 지원하고, 심지어는 제조회사까지 지정해주었다. 모두가 이 의자와 공원을 함께 만들어준 것이다.

공간이란 건축가나 조경가만 만들어내는 것이 아니다. 누구나 제 몸을 이용하여 환경에 반응하며 스스로 공간을 '생산'할 수 있다.

"공간은 누가 만들어주는 것이 아니라 일상에서 반복적으로 사용하는 누군가에 의해 생산되는 것"이라는 앙리 르페브르의 통찰은 어디 먼 곳의 이야기가 아니다. 뤽상부르 공원의 의자가 그와 같은 '공간의 생산'을 생생하게 보여주고 있다.

우리 주변에는 공공공간이 의외로 많다. 문제는 그 공간들을 사회적으로 제대로 사용할 줄 모른다는 것이다. 근린공원이 있어도 아무도 찾지 않고, 어린이공원은 여기저기 있는데 정작 어린이는 나타나지 않는다. 역과 터미널은 갈수록 상업화되고 오히려 묘지가 공원화되고 있다. 물건을 사더라도 직접 상점에 가지 않고, 이런저런 정보를 활용하여 상품을 구입하는 비대면 쇼핑이 일상화된 지 오래다.

공간의 가치를 체험한다는 것은 언어를 배우는 것과 같다. 그러나 언어는 일상에서 차곡차곡 쌓여가며 체화되는 것이지 단기 강좌로 배우는 것이 아니다.

뤽상부르 공원의 의자는 1760년부터 지금까지 260여 년간 그곳을 찾아간 수많은 사람들이 몸으로 사용하고 배우며 만들어온 것이다. 이처럼 자기가 사는 사회 안에서 자기가 있을 곳을 스스로 만들어가는 과정이 건축에도 필요하다. 내 주변에 있으며 모두가 공유하고 있는 사물과 장소와 공간을 건축물로 확장해가는 것! 그것이 현대건축의 과제다.

5
공동체 : 마틴 루서 킹 중학교의 텃밭

사람은 울타리를 치고 길들인 또 다른 자연을 집 가까운 데 두었다. 그것이 정원이다. 정원은 자연과 집 사이에 있는 지붕 없는 방이며, 집과 숲의 중간에 해당하는 장소다.

정원은 보고 즐기려고만 만든 것이 아니며, 조용히 생각에 잠기려고만 만든 것도 아니다. 지금은 채소와 과일을 직접 재배하지 않고 시장에서 사다 먹지만, 옛날에는 손쉽게 채소를 재배하고 아프면 약초를 금방 얻을 수 있도록 집 가까이에 심고 주위에 울타리를 쳤다. 이렇게 생각해볼 때 정원의 시작은 분명 원예였을 것이다.

함께 먹는 공동체, 식구(食口)

원예는 영어로 '호티컬처(horticulture)'라고 한다. 채소밭을 뜻하는 '호티(horti-)'와 경작한다는 뜻의 '컬처(culture)'가 합쳐진 것이다. 벽으로 둘러싸인 터에서 필요한 풀이나 약초를 키우는 것이 원예다.

텃밭은 "집터에 딸리거나 집 가까이 있는 밭"이다. 집에서 멀리 떨어져 있으면 텃밭이 아니다. 옥상이나 베란다에 화분을 놓고 채소를 기른다 해도 집터에 가까운 곳이 아니므로 텃밭은 아니다. 이런 곳은 "집의 울안에 있는 작은 밭"을 뜻하는 '터앝'이 맞는 말이다.

텃밭에 채소와 약초를 키우려면 손질하기 편하게 땅을 격자 모양으로 나누고 분류해야 한다. 1610년에 만들어진 네덜란드 레이던 대학교(Universiteit Leiden)의 식물 정원을 보면 꽃이나 채소를 찾기 쉽게 기하학적으로 잘 분류되어 있다.

19세기 빅토리아 여왕 때는 주거지 안에 채소, 과일, 허브, 버섯 등을 키우는 정원이 많이 생겨났는데, 부엌과 가까운 곳에 있다 해서 '키친 가든(kitchen garden)'이라 불렀다. 프랑스에서는 '포타제(potager)', 일본에서는 '가정채원(家庭菜園)'이라 한다. 이런 정원은 높은 담장으로 둘러싸여 있어서 '담장 정원(walled garden)'이라고도 부른다. 모두 텃밭의 다른 표현이다.

요즘엔 우리나라에도 고층 아파트 사이의 노는 땅이나 방치된 주차장을 텃밭으로 만들어 유기농 재배를 하고, 그중 일부를 다른 주민들에게 싼값에 판매하는 사례가 많아졌다. 서울의 상암 두레 텃밭도 이렇게 출발했다. 이곳 주민들은 버려진 환경을 수습하여 텃밭을 만들고 여기에서 재배된 작물의 절반은 기부한다는 규칙도 만들었다. 이런 텃밭을 '공동체 텃밭(community garden)이라 하는데 영국에서는 'allotment garden'(줄여서 allotment), 일본에서는 '시민농원(市民農園)'이라고 부른다.

가족은 혼인이나 혈연으로 이루어진 공동체를 말한다. 그러나 '식구(食口)'는 가족과 다르다. 식구는 한집에서 함께 살면서 끼니를 같이 하는 사람들의 공동체다. 함께 먹는(食) 입(口)이 그렇게 중요하다는 뜻이다. 텃밭에서 일군 채소나 과일을 함께 먹는 사람들은 도시 안에서 작은 공동체를 이룰 가능성이 크다.

학교 교육을 바꿔낸 텃밭

교정의 일부를 텃밭으로 바꾸고 이것으로 교육 과정까지 바꾼 학교가 미국 버클리에 있다. 마틴 루서 킹 주니어 중학교(Martin Luther King Jr. Middle School)가 바로 그곳이다. 이 학교의 '먹을 수 있는 학교 텃밭(Edible Schoolyard)'은 텃밭의 이름인 동시에, 함께 재배하고 함께 수확하고 함께 먹는 과정으로 이루어진 교육 프로그램의 이름이기도 하다.

이 학교는 전교생이 1,000명이나 되는 큰 학교였다. 백인 학생이 약 30퍼센트였고 나머지는 흑인, 히스패닉, 아시아인, 이슬람 이민자의 자녀들이었다. 학생들이 사용하는 언어가 무려 22개나 될 만큼 인종 구성이 복잡하다 보니 크고 작은 다툼이 끊이지 않았고, 벽은 낙서로 가득 차 있었으며, 유리창은 여기저기 깨져 있기 일쑤였다.

미국의 유명한 유기농 레스토랑 '셰 파니스(Chez Panisse)'의 오너

셰프인 앨리스 워터스(Alice Waters, 1944~)는 출퇴근길에 매일 이 중학교 앞을 지나다녔다. 요리사가 되기 전에 환경과 감각을 중시하는 몬테소리(Montessori) 교육의 교사이기도 했던 그녀는 황폐해진 이 학교를 음식의 소중함을 배우는 학교로 바꿔보고 싶었다. 어느 날 잡지 인터뷰에서 자신의 이런 생각을 밝혔고, 이 기사를 본 교장 선생님으로부터 학교의 재생을 도와달라는 간곡한 부탁을 받았다. 1994년의 일이었다.

워터스가 제안한 것은 음식물을 키우고 조리해서 먹는 과정을 통한 교육이었다. 3년 동안 300명의 학생, 10명의 교사, 100명 이상의 주민들이 힘을 합쳐 원래는 학교 주차장이었던 곳을 텃밭으로 바꿨다. 아스팔트를 떼어내고 흙을 일구고 퇴비를 뿌려서 1에이커나 되는 훌륭한 텃밭을 마련했는데, 주차장 한구석에 있던 창고를 개조해서 부엌을 만들었으니까 일종의 '키친 가든'인 셈이었다.

학생들은 텃밭에서 얻은 수확물을 함께 요리해서 먹었다. 텃밭 주위에는 울타리를 치지 않고 지역 주민들도 이용할 수 있게 했다. 학교의 텃밭이 지역의 공동체 텃밭이 되었다.

앨리스 워터스. (왼쪽)
아스팔트가 깔려 있던 주차장이 텃밭으로 바뀌었다. (오른쪽)

먹을것을 통해 다양한 배움이 진행되는 수업 시간.

학생들에게 교실은 텃밭과 부엌이다. 전문적인 훈련을 받은 텃밭 교사(garden teacher)와 부엌 교사(kitchen teacher)가 학생들을 가르친다. 수업이 시작되면 학생들은 마른 풀로 묶은 의자에 둘러앉아 자신들이 재배하고 수확한 채소, 과일, 허브 등을 직접 요리한다. 텃밭에 붙어 있는 부엌에는 일류 셰프가 사용해도 될 만큼 충분한 조리기구들이 갖춰져 있다. 요리 지도는 부엌 교사가 맡고 있지만 가끔 '셰 파니스'의 셰프가 직접 가르치러 올 때도 있다. 운영에는 텃밭 상담역 등도 참가한다. 교사 외에도 많은 사람들이 학생들의 교육에 참여하고 있다.

수업 시간에 만든 요리는 제대로 된 그릇에 담은 뒤에 텃밭 한구석에 있는 긴 의자에 앉아 함께 먹는다. 재배하고 요리하고 먹는 것만이 수업의 전부는 아니다. 미술 시간에는 식물과 텃밭 그림을 그리고, 국어 시간에는 텃밭 활동을 소재로 글을 쓴다. 재배에 적합한 물

476

과 토양의 성질을 공부하고, 여러 나라의 음식문화를 배우기도 한다. 이처럼 과학, 사회, 역사, 문화 등 다양한 분야를 복합적으로 배우는 것이 이 프로그램의 독특한 학습 방법이다.

같은 반 친구들과 동네 주민들과 협력하여 작물을 재배하고 그것을 요리해서 먹는 것은 그야말로 최고의 교육이다. 함께 일하는 기쁨과 함께 먹는 즐거움을 경험하는 것은 삶의 소중한 자산인 인간관계를 배우는 것이기 때문이다.

텃밭이라는 공간에서 이루어지는 다양한 활동을 통해 학생들은 자기의 생각과 행동을 새롭게 바꿔나갈 수 있다. 또한 학교와 지역이라는 두 사회는 텃밭을 통해 새롭게 이어질 수 있다. 공간은 미학적인 게 아니라 사회적인 것이며, 모든 사회적 관계는 공간을 통해 형성되고 유지된다는 것을 이 작은 사례가 여실히 보여준다.

부엌을 더 좋은 장소로 옮겼을 때도 학생들에게 각자의 의견을 물었다. 그러자 "옛 부엌의 어떤 것을 가지고 와야 할까?" "새 부엌에 꼭 필요한 소중한 것은 무엇일까?" "중국 종이로 만든 랜턴이 있으면 좋겠다" "옛 부엌에 걸린 그림을 가져오자" 등등 다양한 의견들이 쏟아져 나왔다. 이게 무엇을 의미할까? 공간을 통해 교육을 바꾸면 어린 학생들도 사물의 효율만을 중시하는 태도에서 벗어나, 작은 것에서 생활의 보편적 가치를 찾을 수 있다는 증거가 아니겠는가?

미래 교육의 실마리

마틴 루서 킹 주니어 중학교는 필수과목, 영양교육, 인간형성이라는 세 개의 목표를 정하고 텃밭과 부엌 수업을 학습 목적에 융합시키고 있다. 그리고 지속가능한 삶, 생태를 이해하는 지성, 자연과 이어진 감성적 유대를 몸으로 배우게 한다.

먹는 것과 생명의 연결을 가르치는 이러한 교육 방식은 각계의 주목을 받으며 현대교육의 획기적인 모델로 떠올랐다. 이 학교의 '먹을 수 있는 학교 텃밭' 프로그램이 버클리 학교급식 추진계획에 포함되었고, 캘리포니아에만 유치원에서 대학까지 3,000개 이상의 텃밭이 생겼다. 또한 미국 전역의 여러 공립 및 사립학교에서 비슷한 프로그램들이 정규 수업으로 편성되고 있다.

학교 급식을 위해 주변 지역에서 만든 유기농 채소를 매입하고 학생들이 직접 요리하는 활동도 많아졌다. 텃밭의 먹거리에서 시작된 변화가 학교 교육뿐만 아니라 지역사회에도 커다란 영향을 미치게 된 것이다.

2005년에는 뉴올리언스에 처음으로 제휴 학교가 생겨났다. 그런데 이 학교가 제휴학교가 된 사정이 조금 특별하다. 그해 여름 뉴올리언스를 강타한 허리케인 '카트리나'로 인해 그곳 학생들은 몇 달 동안 학교에 갈 수 없었으며, 도시 전체가 심각한 타격을 입어 아무것도 재배할 수가 없었다. 이런 상황에서 이 학교의 교장 선생님이 '먹을 수 있는 학교 텃밭'의 제휴 학교가 되어 학생들에게 최소한의 교육과 생활을 보장해주고자 했다. 결과적으로 이 교장 선생님이 앨리스 워터스의 역할을 한 셈인데, 달리 말하면 '먹을 수 있는 학교 텃밭'이 교육과 생활의 근본을 그만큼 진지하게 묻고 있다는 뜻이기도 하다.

제휴 학교는 '먹을 수 있는 학교 텃밭'이라는 이름을 정식으로 사용할 수 있다. 설령 학교에 텃밭을 만들 만한 장소가 없다고 해도 이 프로그램을 실행할 수 없는 것은 아니다. 교실 바로 옆에 텃밭이 있는 것이 이상적이긴 하지만, 옥상에 플랜터(planter, 재배용 화분)를 두거나 가까운 곳의 텃밭을 빌릴 수도 있다. 여러 학교가 이런 텃밭을 함께 사용하면 방법은 얼마든지 찾을 수 있다. 중요한 것은 그런 교육을 학생들에게 꼭 제공하고 싶다는 마음가짐이다.

얼마 전에 교육부는 공급자 위주의 교육에서 탈피하여 학생, 학부모, 교사가 주도적으로 참여하는 사용자 중심의 학교가 되도록, 그리하여 미래 교육을 위한 '민주주의의 정원'이 되도록 학교 공간을 혁신하겠다고 발표했다. 그러나 거창한 취지와는 달리 실제로는 기존 학교 건물을 고쳐 쓰는 것에만 한정되어 있다. 무엇이 '미래'이고 왜 '사용자가 주도하는 공간'이 되어야 하는지에 대한 근본적인 비전은 아쉽게도 보이지 않는다.

공간은 때로 사회적 갈등을 일으키지만 그 갈등을 조정하는 것도 공간이다. 공동체 텃밭은 도시농업의 한 방법에만 국한되는 것이 아니다. 그것은 학교로, 교육으로, 지역 공동체로 확장하면서 오래 지속될 건축을 만드는 중요한 계기가 된다. 미국 사회에 신선한 충격을 안겨준 '먹을 수 있는 학교 텃밭'을 보며, 공간과 함께하는 원초적인 가치 속에 미래 교육의 실마리가 있음을 새삼 확인한다.

제 6 장

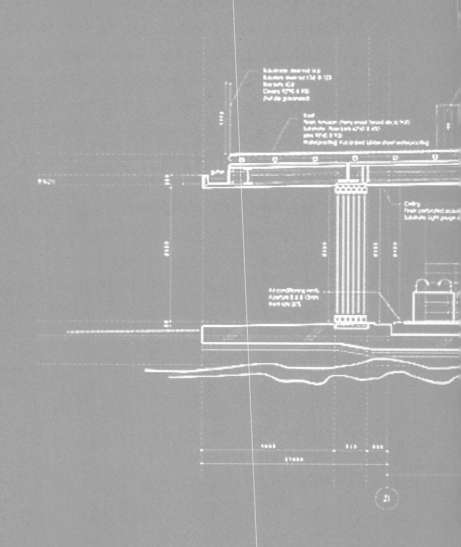

미래를 짓는 지붕

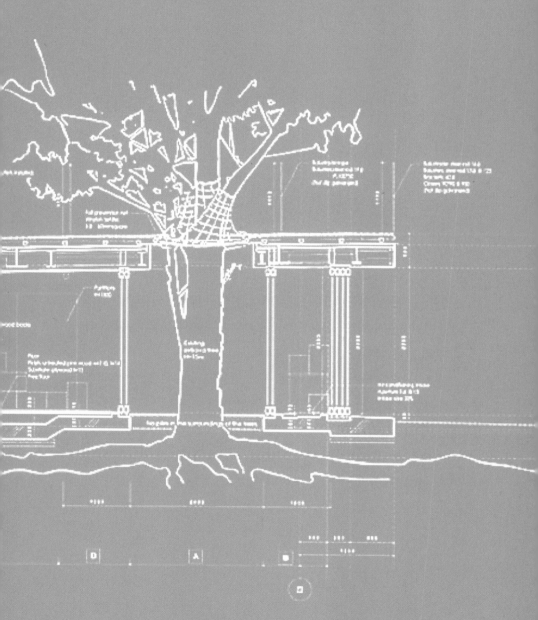

1
케냐 마히가 호프 고교의 '빗물 코트'

'인간을 위한 건축'이라는 말을 많이 한다. 건축물은 사람을 위해 만들어진다는 뜻인데, 요즘 일부 건축가들은 '인문학'이라는 말에 기대어 이 말을 너무 쉽고 가볍게 사용하고 있는 듯하다.

따지고 보면 사람을 위한 것은 건축 말고도 무수히 많다. 그러나 건축은 그 자체가 인간이고 삶이고 생활이다. 그러니 굳이 '인간을 위한'이라는 말을 붙여 수식할 필요가 없다. 멋있어 보이지만 실체가 없는 그런 말을 되풀이하느니, 차라리 사람이 집을 왜 짓는지를 한 번 더 생각해보는 편이 나을 것이다.

'배움'은 지붕에서 시작되었다

인간이 이 땅에 정착하여 살기 시작했을 때, 지붕을 만들면 그것이 곧 집이 되었다. 그들은 비바람을 막고 무서운 짐승을 피하고자 땅을 파고 내려갔다. 그리고 바닥을 평평하게 한 다음 지붕으로 그 위를 덮는 것이 집짓기의 전부였다. 이를 움집이라고 하며 한자로는 수혈식주거(竪穴式住居)라고 한다. '세울 수(竪)'에 '구멍 혈(穴)'. 구덩이의 지붕을 덮으려고 기둥을 세웠다는 뜻이다. 바닥에서 지붕 끝까지는 대략 3미터쯤 된다.

지붕은 '집'과 '웅'이 합쳐진 말이다. '집웅'은 집의 우(上)', 즉 집의 위쪽을 가리킨다. 지붕이라는 말이 집에서 나왔으니 지붕은 집이고 집이 지붕이다. 한 그루의 나무가 인간을 넉넉하게 덮어주듯이 지붕은 그 아래 있는 사람을 덮어주고 머물게 해준다. 지붕은 하늘에 맞닿아 있고 하늘로부터 빛을 받지만, 동시에 건축의 공간을 한정해주고 지붕 밑의 사람이나 방들을 하나로 통합해준다. 그래서 지붕은 사회적이다. 이렇듯 건축이 곧 인간이고 인간이 곧 건축인데 '인간을 위한' 건축이라고 따로 강조할 필요가 없다.

'배울 학(學)'의 갑골문자를 찾아보면 그 뜻이 아주 흥미롭다. 이 한자의 윗부분은 초가지붕을 이고 이엉을 엮어서 덮은 모습을 그린 것이다. 가운데 있는 두 개의 'x'자는 엮인 이엉이며, 그 좌우에 있는 것이 손이다. 그 밑에 지붕 모양인 '宀'자가 붙었고, 다시 그 밑에 아이(子)가 들어가 있다. 사람이 사는 지붕 위에 올라가 초가지붕의 이엉을 엮는 것! 바로 그것이 세상의 모든 이치와 지식을 '배우는' 일의 시작이라는 뜻이 아니겠는가?

사람은 집에서 배운다. 그 시작은 다름 아닌 지붕이다.

공동체의 삶을 바꾼 '빗물 코트'의 지붕

아프리카 케냐 중앙의 고원 지대에 니에리(Nyeri)라는 도시가 있고, 그 근처에 음웨이가(Mweiga)라는 시골 마을이 있다. 1,500명 정도 되는 주민들이 자급자족을 위해 부지런히 농사를 짓고 있지만, 연간 평균 강수량이 150밀리미터밖에 안 되는 척박한 곳이다.

이 마을에 조지프 무통구(Joseph Mutongu)라는 지역 보존론자가 있었다. 그는 건조하고 먼지가 많은 마을의 환경을 조금이라도 바꾸고 싶어서, 아들이 다니는 '마히가 호프 고등학교(Mahiga Hope High School)'에 나무 키우는 프로그램을 소개했다. 하지만 주민들 대부분이 가난한 농부였고 당시 이 지역이 4년째 기근에 허덕이고 있던 터여서, 학교는 나무에 줄 물만이 아니라 학생들에게 깨끗한 식수를 제공할 방법도 함께 찾아야 했다.

방법은 세 가지였다. 하나는 시의 수도관에 의존하는 것이지만 물이 나오는 기간은 1년에 고작 2주뿐이었다. 우물을 파는 것도 방법이지만 비용이 너무 많이 들어 불가능했다. 마지막 방법은 독립된 집수 시설을 개발하는 것이었다. 이 방법을 제안한 건 작가이자 영화 제작자인 터크 핍킨(Turk Pipkin, 1953~)이 세운 국제비영리기구(NPO) '노벨리티 프로젝트(Nobelity Project)'였다.

처음에 시도한 것은 목조 교사 한 동의 지붕에 홈통을 설치해서 작은 탱크에 빗물을 모으고, 이 물을 자외선 처리하여 깨끗한 물을 얻는 것이었다. 덕분에 학교는 비록 소량이기는 했지만 단돈 몇 천 달러로 갑자기 물을 이용할 수 있게 되었다. 이런 성과를 경험한 이들은 목표를 훨씬 높게 잡았다. 이 학교의 학생들이 졸업할 때까지 모두에게 깨끗한 물을 제공해주자는 '엄청난' 계획을 세운 것이다.

빗물을 받아서 식수나 생활용수로 사용하는 사례는 많다. 그러나 이들의 계획에는 다른 곳에서 찾아볼 수 없는 중요한 특징이 있었다. 물이 곧 교육이라는 생각, 그리고 학교 건물을 통해 지역사회의 희망을 짓고자 하는 따뜻한 시선이 바로 그것이었다.

아프리카의 사막 지대에서는 여자나 어린아이들이 매일 먼 곳에서 물을 떠온다. 이물질이 떠다니는 더러운 물을 긷기 위해 뙤약볕 밑에서 짧게는 몇 킬로미터, 멀게는 10킬로미터 이상을 걸어야 한다. 그런 중노동을 한 뒤에 지친 몸으로 학교에 와서 공부하는 건 불가능하다. 게다가 그 오염된 물 때문에 가족들은 이런저런 병을 앓게 된다. 이런 학생들에게 깨끗한 식수는 말 그대로 생명과도 같은 것이었다.

만약 학교에서 깨끗한 물을 제공할 수 있다면 학생들은 그렇게 멀리까지 물을 길러 갈 필요가 없다. 제시간에 학교에 와서 공부를 하고 방과 후에 깨끗한 물을 집에 가져가면 된다. 그러면 가족들도 질병의 위험에서 벗어나 건강해질 수 있다. 바로 이게 학교와 후원자들이 그리는 이상적인 해결 방식이었다.

이 학교의 학생들은 기둥 하나에 그물을 대충 걸친 농구 골대가 있는 운동장에서 매일같이 농구 시합을 했다. 그들의 꿈은 지붕 밑의 그늘에서 맘껏 운동한 뒤에 바로 옆에서 쏟아지는 깨끗한 물을 마시는 것이었다.

빗물 코트의 지붕과 그 밑에 놓인 두 개의 탱크.

　이런 사정이 외부에 알려지면서 나이키 등이 후원에 나섰고, 교사와 지역주민 그리고 건축가가 함께 빗물 수거용 지붕으로 덮인 농구 코트를 만들었다. 지금으로부터 14년 전인 2010년의 일이다. 마히가 호프 고등학교의 명물이 된 '빗물 코트'라는 이름은 빗물을 모아 안전한 식수를 만들고, 그 물을 농구 코트 가까이에 둬서 운동 중에도 갈증을 손쉽게 해소할 수 있게 한다는 뜻에서 붙여졌다.

　비가 자주 오지는 않지만 간혹 폭풍우가 닥쳤을 때 쏟아지는 빗물

을 넓은 지붕으로 받아 그 아래에 놓인 두 개의 탱크에 모이게 했다. 가득 찼을 때의 용량은 3만 리터다. 450평방미터 넓이의 코트를 덮은 널찍한 지붕은 1년에 무려 9만 리터의 귀중한 물을 제공해준다. 지붕 위에는 태양열 축전지를 깔아 전기도 공급할 수 있게 했다. 덕분에 탱크에 모인 빗물을 자외선으로 정화할 수 있었다.

학생들은 이 물을 마시고, 집으로 가져가고, 이 물을 붓고 끓인 음식을 먹었다. 가족들의 수인성 질병이 눈에 띄게 줄었고 학생들의 출석률은 크게 높아졌다. 학교에서 얻은 물을 집에 가져갈 때는 예전처럼 무거운 물통을 들지 않고, 50리터의 물을 쉽게 옮길 수 있도록 고안된 도넛 모양의 '큐(Q) 드럼'을 신나게 굴리면서 갔을 것이다.

햇볕을 가려주는 농구장 덕분에 학생들의 체력도 좋아졌다. 두 개의 빗물 저장 탱크 사이에는 스포츠 장비 창고를 만들었고, 공연을 위한 무대와 영화를 볼 수 있는 스크린도 마련됐다. 삼면이 탁 트인 지붕 밑 그늘은 농산물을 거래하는 시장이 되기도 하고, 시끌벅적한 결혼식장이 되기도 한다. 밤에는 영화도 틀어주고 주민들끼리 회의도 한다. 커다란 지붕 하나가 이 시골 마을의 커뮤니티 공간이 되어 지역 공동체를 튼튼하게 묶어내고 있다.

Building Hope! 희망을 짓다

빗물 코트가 생긴 뒤에 이 학교의 학생 수는 3배로 늘었다. 전국 600여 개의 고등학교 중 가장 성적이 낮았던 학교가 놀랍게도 1년 반 만에 가장 우수한 학교로 바뀌었다. 학교에 전기가 들어오면서 컴퓨터실과 도서관이 생겼고, 2층짜리 교사 건물도 신축되었다. 버려진 시골 학교가 아프리카 대륙의 교육 모델로 거듭나는 기적이 일어난 것이다.

학생들은 빗물 코트의 지붕에서 희망을 보았다. '마히가'는 이곳 말로 '돌'이라는 뜻이다. '마히가 호프'라는 학교 이름처럼, 돌로 지은 건물을 통해 희망을 짓는 학교가 되었다.

철골 기둥과 지붕만 있는 허름한 농구장이 완공되는 날, 무려

빗물 코트 앞에서 환호하는 학생들.

1,000여 명이 이곳에 모였다. 코트에서는 준공 기념으로 첫 농구 시
합이 열리고 있었다. 지난 3개월 동안 비는 한 방울도 안 내렸다. 그
런데 이게 웬일인가? 시합이 진행되는 동안 구름이 서서히 몰려들더
니, 경기 종료 직전 마지막 슛이 골대에 들어가는 바로 그 순간에 비
가 내리기 시작했다.

　거짓말 같은 그때의 상황은 기록 영상에 고스란히 남아 있다. 렌즈
에 빗방울이 하나둘 떨어지더니, 이내 지붕에서 떨어지는 빗줄기가
농구 코트 주변을 흥건히 적시기 시작한다. 아이들이 환호성을 질러
대며 빗속을 뛰어다니고, 지붕 밑에서는 농구 경기가 이어진다. 늘
멋있는 건물만 보던 사람들에게는 아무것도 아닌 지붕뿐인 구조물.
그러나 이곳 사람들에게 그것은 너무나도 큰 기쁨이었다. 이 광경을
지켜보던 프로젝트 매니저 그레그 엘스너는 이렇게 말했다. "비가 내

렸을 때 우리가 할 일은 그것으로 끝나버렸다."

여기 한 장의 사진이 있다. 하늘이 구름으로 뒤덮여 당장이라도 비가 쏟아질 것 같은데, 빗물 코트 앞에 모인 학생들이 일제히 만세를 부르며 환호하고 있다. 수많은 건축 사진들 중에서 내가 제일 좋아하는 사진이다. 이 사진은 연출된 게 아니다. 건축의 진정성과 기쁨을 고스란히 보여주는 아름다운 사진이다.

지붕을 집 위에 얹혀 있는 덮개로만 바라본다면, 지붕은 우리에게 더 이상 해줄 게 없다. 그러나 빗물 코트의 지붕은 사람들에게 그늘과 깨끗한 물을 주고, 공부도 잘하게 하며, 학교에 다니는 것을 긍지로 여기게 해준다. 평범한 지붕 하나가 사람들에게 새로운 희망을 주고 그들을 하나로 묶는 놀라운 '힘'을 발휘하고 있는 것이다. 바로 이런 것이 건축의 힘이다.

빗물 코트 이야기에서 무엇을 배울 것인가? 요즘 우리나라에서는 도시 재생 사업이 한창이다. 그중에 '우리 마을 살리기'라는 것도 있는데, 막연하게 주민이 원하는 건물이나 공공공간을 잘 지어주면 된다고만 생각하는 경우가 많다. 그러나 빗물 코트들 만든 사람들처럼 따뜻한 마음으로 사회의 문제를 읽어내지 못하면, 그리고 건축의 구체적 요소들을 통해 그 문제를 해결하지 못하면, 진정한 의미의 도시 재생은 이루어지지 않을 것이다.

마히가 호프 고등학교의 빗물 코트 지붕은 공동체가 함께 살아가는 방식을 가르치고, 좋은 교육이 어떤 것인지를 가르친다. 그 지붕을 통해 학생들은 희망을 품고 살아가는 법을 배운다. 동양의 갑골문자 '배울 학(學)'에 담긴 뜻이 수천 년의 세월을 건너 머나먼 아프리카에서 재현되고 있는 셈이다.

맨 처음 받아낸 물은 운동장의 한 그루 나무를 위해 쓰였다.

    나무 키우는 프로그램을 제안했던 조지프 무통구는 지붕에서 모은 물을 그릇에 담아 학교 운동장 구석에 심은 한 그루의 나무에 제일 먼저 부어주었다. 먼 훗날 건조한 마을을 변화시켜줄 그 '꿈나무'는 지금도 그곳에서 잘 자라고 있다고 한다. 빗물 코트의 지붕은 이렇게 오늘의 기쁨을 넘어 미래의 희망까지 가꾸고 있다.

    후원자 터크 핍킨은 마히가 호프 고등학교의 빗물 코트 건설 과정을 담은 영화를 만들었다. 제목은 'Building Hope'다. 희망을 짓다! 그렇다. 건축은, 그리고 건물은 사람의 희망을 '짓는 것'이다.

2
메이슨즈 벤드 커뮤니티 센터

소승불교(小乘佛教)와 대승불교(大乘佛教)에서 '승(乘)은 수레를 뜻한다. 작은 수레인 '소승'은 자기 한 사람만의 해탈을 목적으로 삼으니 혼자 타고, 큰 수레인 '대승'은 온갖 중생을 모두 태워 피안(彼岸)에 이르게 한다는 뜻이니 무지하게 많은 사람이 탄다. 작은 수레의 정원은 한 명이지만 큰 수레는 인원 제한이 없다. 소승은 개인적 수행과 해탈을 주장하고, 대승은 사회적·대중적 이타행(利他行)을 중요하게 여긴다.

이런 가르침을 건축에 적용하면 어떻게 될까? 개인에게 방점을 두는 건축은 '소승건축(小乘建築)'이고 사회에 방점을 두는 건축은 '대승건축(大乘建築)'이 될 것이다. 그렇다면 이 시대 우리의 건축은 무엇을 근거로 해야 할까?

'대승건축'을 실천한 건축가

미국 앨라배마 주의 헤일 카운티(Hale county)는 1929년 대공황 이후 지금까지 '번영하는 미국'과는 아무 관계가 없는 극빈 지역에 머물러 있다. 인구는 해마다 줄어서 이제는 15,000명 정도밖에 안 되는데, 그중 3분의 1이 극빈층이고 4분의 1 이상이 생활보호 대상자들이다. 1인당 소득도 미국 전체 평균의 절반 정도다. 실업자는 앨라배마 주 평균의 두 배여서 주민의 13퍼센트가 하는 일 없이 지내고 있다. 주거 또한 열악할 수밖에 없는 상황이다.

이 쇠락한 마을에 거점을 두고, 지역 주거환경을 조금이라도 개선하기 위해 '농촌 스튜디오(Rural Studio)'를 설립한 건축가가 있다. '가난한 사람들을 위한 건축가'로 불리는 오번대학교(Auburn University)의 사무엘 막비(Samuel Mockbee, 1944~2001) 교수가 그 주인공이다. 집을 설계하고 시공까지 직접 하는 실습 프로그램 '농촌 스튜디오'의 2학년과 5학년 학생들이 그와 함께했다.

막비는 시민단체로부터 가난한 가족의 명단을 넘겨받고 필요한 예산과 건자재를 직접 마련했다. 그리고 9개의 주택과 20개나 되는 공동체 시설을 지었다.[193] 그는 가장 가난한 동네에서 온몸으로 '대승건축'을 실천한 큰 건축가였다.

학생들은 지역에서 직접 생활해보며 주민들의 실태를 파악한 뒤에 본격적인 프로젝트를 시작했다. 그러나 비용이 문제였다. 정부의 주택 보조금은 2만~4만 달러 정도였지만 이곳에 주택을 지으려면 최소한 7만 달러가 필요했다. 이들은 기증받거나 주워오거나 재사용할 수 있는 자재들을 최대한 활용하고, 주민들의 요구에 맞춰 집을 지으면서 문제를 하나씩 해결하고자 했다.

주민과의 대화를 통한 설계는 요즘 도시 재생 사업에서 많이 등장하는 개념이다. 대부분 형식적이고 시늉에만 그치는 경우가 많지만 이 농촌 스튜디오의 학생들은 달랐다. 이들은 건축주이자 사용자인 공동체와 함께 생활하면서, 건축의 모든 과정을 통해 진정한 건축 과제를 발견해갔다.

작은 지붕에서 시작된 '대승건축'

헤일 카운티의 메이슨즈 벤드(Mason's Bend)라는 곳에 거의 버려지다시피 한 개인 소유의 작은 땅이 있었다. 바로 이곳에 막비는 현지 주민들의 삶을 고스란히 간직한 '메이슨즈 벤드 커뮤니티 센터'를 지었다.

마을의 인구는 100명 남짓. 대부분 저소득층이다. 그러나 그들은 주택이 아닌 예배당을 원했다. 예배당이 없어 낡은 이동주택에서 예배를 드리고 있으니 작은 예배당이라도 먼저 생겼으면 좋겠다는 것이었다. 만약 예배당이 생긴다면, 주민들이 모일 수 있고 아이들도 돌봐줄 수 있는 커뮤니티 센터도 겸해주기를 원했다.

학생들은 삼나무를 기부받았다. 이 나무로 트러스를 짜고 남은 것으로는 의자를 만들었다. 다른 자재들도 대부분 현장에서 얻은 것들을 재활용했고, 이 지역의 점토로 흙벽을 세워서 커뮤니티 센터를 만들었다. 그런데 뜻밖에도 지붕이 유리로 덮여 있다. 다른 데는 몰라도 지붕만은 투명한 유리로 덮어서 바깥 풍경을 받아들이고자 했

메이슨즈 벤드 커뮤니티 센터.

던 건축학과 학생들의 마음이 담긴 것이었다.

유리 지붕은 비용이 많이 들기 때문에 실현하기가 어려웠다. 이에 학생들은 아주 기발한 아이디어를 하나 내놓았다. 폐차의 창문 유리를 재활용하자는 것이었다. 하지만 그런 유리를 어디서 그렇게 많이 구할 수 있단 말인가?

그 무렵 학생 한 명이 고향인 시카고에 갔다가 어느 폐차장에서 개최한 이벤트에 120달러를 내고 참가하여 노래를 한 곡 불렀다. 얼마나 잘 불렀는지 아주 묵직한 상품을 받았다. 폐차된 쉐보레 자동차에서 수거한 창문 유리 80장이었다. 그 학생은 아마 처음부터 이 특이한 상품을 노리고 사비를 털어서 이벤트에 참가했을 것이다.

강화유리라 튼튼하긴 했지만, 오르내리는 창문 유리였기 때문에

기증받거나 재활용한 자재들과 흙벽.

하나같이 구멍이 나 있었다. 학생들은 이 구멍을 이용하여 경량의 강관 프레임에 볼트로 유리를 조립했다. 그 프레임도 어떤 기자가 기증한 것이었다. 유리가 모자라서 다 덮지 못한 부분은 얇은 알루미늄 시트로 덮었다. 알루미늄 지붕의 좁은 입구를 지나면 마치 물고기 비늘처럼 서로 포개지면서 이어지는 유리 지붕이 나타난다. 하늘과 주변 풍경이 한꺼번에 실내로 쏟아져 들어온다.

이렇게 하나씩 만들어가다 보니 결과적으로 예배당과 헛간이 합쳐진 형태가 되었고, 값싸고 흔한 재료와 유리의 모던한 느낌이 현장에서 합쳐진 건물이 되었다. 햇볕을 받아들이는 이 따뜻한 건물을 주민들은 '유리 예배당'(Glass Chapel)이라 부른다.

주민들은 이곳을 '유리 예배당'이라 부른다.

문화인류학자 레비스트로스(Claude Lévi-Strauss, 1908~2009)는 이렇게 말한다. 이론이나 설계도에 바탕을 두고 완성이라는 목표하에 새로운 물건을 만들어내는 사람은 엔지니어다. 이와 달리 뭔가 쓸모 있다고 생각하여 모아온 단편들, 바로 그 자리에서 얻을 수 있는 것들을 모아 시행착오를 겪어가면서 최종적으로 새로운 사물을 만드는 사람은 '브리콜뢰르(bricoleur)'라 불렀다. 사무엘 막비의 '농촌 스튜디오' 학생들이 바로 그 '브리콜뢰르'였다.[194]

'유리 예배당'은 어떤 첨단 건물에도 뒤지지 않는 자긍심을 주민들에게 선사했다. 유리 자체가 특별해서가 아니다. 유리를 덮어서 동네를 환하게 만들어주려 했던 설계자의 의도, 그 재료를 구해온 경위, 부족한 부분은 다른 재료로 대체하는 현장의 지혜… 이 모든 것이 합쳐진 메이슨즈 커뮤니티 센터는 비록 보잘것없는 작은 건물이지만 마을 사람들에게 마천루보다도 크고 소중한 집으로 다가올 수 있었다.

재활용 자재가 대부분이었던 이 건물의 공사비는 약간의 노무비를 포함하여 총 15,000달러. 우리 돈으로 약 1,800만 원이 들었다. 이 지역 평균 건축비의 20퍼센트 수준이다. 지도 교수였던 막비는 "미국에서 볼 수 있는 어떤 건물 못지않은 최첨단의 건축물"이라고 평했다. 학생들의 1999년 졸업 작품이기도 했던 이 건물은, 가난한 이들에게 무한한 애정을 가진 젊은 학생들과 훌륭한 선생이 함께 만들어낸 감동적인 작품이었다.

커뮤니티 센터 바닥에는 흰 자갈이 깔려 있다. 지금도 주민들은 이곳에서 예배를 드린다. 공공기금으로 운영하는 이동 도서관과 이동 보건소 차량이 수시로 찾아와 교육과 의료서비스를 제공하고 있다.

그뿐이 아니다. 주민들의 모임 장소가 되기도 하고, 동네 합창단의 연습장이 되기도 하며, 여름학교의 무료 급식소 역할도 해준다. 낮에는 더위를 피해 잠깐 들러서 쉬기도 하고, 밤이 되면 이 건물의 불빛이 길을 밝혀주기도 한다. 폐차 유리로 만든 지붕 하나가 주민들이 원하는 모든 것들을 다 들어주고 있다.

바로 이것이 공적인 집이고, 다목적인 집이며, 누구나 감사하는 마음으로 사용할 수 있는 모두의 집이다. 그러니 이 작은 건물은 전혀 허름하지 않은 '대승건축'이다.

이렇게 대승건축은 지붕에서 시작되었다. 지붕은 비바람을 막아주는 건축의 한 요소지만 그게 전부는 아니다. 한 그루의 나무가 인간에게 넉넉한 그늘을 제공해주듯, 하나의 지붕이 많은 사람들을 그 밑에 머물게 할 수 있다. 그렇게 해서 지붕은 '큰 수레'가 되었다. '한 지붕 세 가족'이라는 말도 있듯이, 다양한 사람들을 구별 없이 품어주며 공동체를 이루게 해주는 중요한 건축 요소가 바로 지붕이다.

모두를 위한 '사회적 디자인'

우리나라 건축가들 중에는 건축 설계를 고도의 문화적 작업으로 여기는 사람들이 많다. 건축 설계가 고도의 문화적 작업인 것은 맞다. 그러나 고도의 문화적 작업으로'만' 생각하는 게 문제다. 건축가의 고매한 사상이 투영된 아름답고 감각적인 건물을 만들면 그것이 좋은 설계이고 문화적 안목이 있는 좋은 디자인이라 믿고 있다.

정말 그렇기만 할까? 문화적 가치만이 건축 설계의 목적일까? 본래 디자인의 가장 큰 목적은 사람의 생활을 더욱 풍부하게 해주는 데 있다. 여기서 말하는 '사람'은 특별히 선택된 소수의 사람이 아니고 모든 사람이다. 그렇다면 사회적으로 어려움을 겪고 있는 사람도 거기에 포함되어야 마땅하다.

2007년 뉴욕의 쿠퍼 휴잇 국립 디자인박물관(Cooper-Hewitt National Design Museum)에서 '나머지 90퍼센트를 위한 디자인(Design for the Other 90%)'이라는 인상적인 제목의 전시회가 열렸다. 오늘날의 디자인은 세계 인구의 10퍼센트밖에 안 되는 부유한 사람들을 위한 디자인이라는 것이다. 그렇다면 나머지 90퍼센트에 해당하는 사람들도 혜택을 받을 수 있는 디자인은 과연 어떤 것인가를 이 전시회는 묻고 있다.

매끈한 외양과 다양한 기능을 지닌 자동차나 휴대폰을 디자인하는 게 디자인의 전부는 아니다. 깨끗한 물을 마시지 못하는 사람들을 위해 물을 정수해주는 제품, 매일 물을 뜨러 먼 길을 나서야 하는 사람들을 위한 제품의 디자인도 그에 못지않게 중요하다.

오늘날 거의 모든 디자인은 제품을 팔기 위한 상업적 디자인이다. 대부분의 건축 설계도 따지고 보면 상업적 설계에 속한다. 학교에서 가르치는 설계 또한 다르지 않다. 그러나 조금만 관심을 갖고 찾아보면 환경에 끼치는 영향을 최소화하거나, 에너지를 절감하거나, 빈곤 문제를 해결하려는 의지가 담긴 디자인이 곳곳에 널려 있다. 이렇게 사회문제 해결을 목적으로 하는 설계를 '사회적 디자인(social design)'이라 한다.

건축이라고 다를까. 그 지역의 재료를 활용한 적정한 기술로, 설계 과정에서 주민들과 적극적으로 소통하면서 주민과 함께 사회적 해결책을 제시하는 건축. 그래서 누군가에게 늘 고맙다는 생각이 들게 하는 건축물이 이 땅에 더 많이 지어져야 한다.

평생 이런 건물들을 농촌에 지어온 사무엘 막비는 "건축 설계란 바깥에서 가지고 들어오는 것이 아니라, 사는 사람들의 안쪽에서 생겨난다"고 생각했다. 그는 또한 "부자든 가난뱅이든 모든 사람은 따뜻하고 깨끗한 방뿐만 아니라 영혼을 위한 은신처도 원한다"고 믿었다. 유명한 건축가가 지어준다고 저절로 훌륭한 건물이 되는 게 아니다. 간단하고 소박한, 그러나 사회적 관심과 애정을 갖고 정성껏 설계한 작은 지붕 하나도 모두를 위한 대승건축이 될 수 있다.

3
부르키나파소의 간도 초등학교

서아프리카의 부르키나파소(Burkina Faso)는 아프리카에서도 생활 수준이 가장 낮은 나라 중 하나다. 문맹률이 75퍼센트에 달하며 아이들의 절반 정도만 학교에 다닌다.

간도 초등학교.

간도(Gando) 마을은 수도 와가두구(Ouagadougou)에서 남동쪽으로 200킬로미터 떨어진 곳에 있다. 인구는 약 3,000명이며, 깡통이나 짚으로 만든 지붕을 얹은 진흙 오두막집에서 살고 있다. 수도나 전기는 당연히 들어오지 않는다.

이곳에 교육의 중요성을 일깨워주고 희망을 가져다준 초등학교 하나가 생겼다. 커다란 지붕 아래 교실 3개가 띄엄띄엄 들어서 있는 진흙 벽돌의 단층 건물. 간도 초등학교(Gando Primary School, 1999~2001)다.

마을 최초의 학생이었던 건축가

간도초등학교는 자기가 어렸을 때 받았던 것보다 조금이라도 나은 교육의 기회를 고향의 아이들에게 주고 싶었던 어느 건축가의 꿈에서 시작되었다. 그의 이름은 디에베도 프랑시스 케레(Diébédo Francis Kéré, 1965~)였다. 간도 마을의 촌장이었던 그의 아버지는 장남인 케레가 글을 배워서 자기에게 온 편지를 읽어주기 바라며 13킬로미터나 떨어진 도시의 초등학교에 보냈다. 그 마을에는 초등학교가 없었기 때문이다.

왕복 26킬로미터를 걸어 다니느라 집에 오면 녹초가 됐지만, 그래도 케레는 간도 마을에서 최초로 학교에 다닌 아이였다. 그때 다녔던 초등학교를 그는 이렇게 기억했다.

"교실이라 부르는 방에는 160명이나 되는 아이들이 있었습니다. 더운 열기를 가둬두는 지붕 때문에 실내 온도가 40도까지 올라갔지

건축가 디에베도 프랑시스 케레.

요. 그건 빵 굽는 방이지 누군가를 가르치는 방이 아니었어요."

그는 초등학교를 졸업하고 몇 년간 목수로 일하다가 스무 살 때 독일의 목공기술학교에서 장학생으로 공부할 기회를 얻었고, 스물다섯에 야간 고등학교에 입학했다. 그리고 서른 살에 베를린공대(Technische Universität Berlin)에 입학해서 건축을 공부했다. 간도 마을 최초의 초등학생이었던 그는 이렇게 마을 최초의 해외 유학생이 되었다.

그는 자기가 걸어온 길을 다음 세대가 따라올 수 있도록 기회를 만들어주고 싶었다. 자기를 뒷바라지해준 가족과 공동체에 보답할 수 있는 가장 좋은 방법은 학교를 짓는 것이었다. 그는 이렇게 말했다.

"아프리카 전통 마을에서는 한 사람 한 사람이 공동체의 생활에서 중요한 역할을 맡고 있습니다. 공동체를 나와 다른 사회에서 생활하게 되면, 자기의 빈자리가 채워지도록 뭔가를 공동체에 보충해주어야 합니다. 저는 학교를 지음으로써 제가 베를린에서 배운 것을 공동체에 전하고자 했습니다."

가난한 고향을 떠나 다행히도 좋은 공부를 할 수 있었던 건축가는 이렇게 학교 건축물로 고향의 미래를 짓기 시작했다.

매일 돌을 들고 등교한 아이들

케레는 대학을 졸업하기도 전에 동료 학생들과 함께 '간도를 위한 학교 벽돌'(Schulbausteine für Gando, Bricks for the school of Gando)'이라는 이름의 협회를 만들어 3만 달러의 기금을 모았다. 그리고 고향에 돌아와 이웃들과 함께 제대로 된 초등학교를 짓기 위한 논의에 착수했다. 그가 떠난 이후 간도 마을에도 초등학교가 하나 생기긴 했지만 건물이라고 하기엔 너무나 누추하고 비좁은 공간이었다.

그는 현지의 장인들과 주민들이 협력해서 함께 지을 수 있도록 건물을 설계했다. 그러나 마을 사람들은 그가 보여준 도면을 보고 실망을 감추지 못했다. 철근콘크리트나 철골 구조로 된 현대적 건물을 지어줄 거라고 다들 기대하고 있었는데, 케레가 설계한 건 뜻밖에도 진흙 벽돌 건물이었던 것이다. 그 유명한 베를린공대에서 배웠다는 사람이 고작 진흙 벽돌을, 그것도 마을 사람들이 손수 만들어서 쌓자고 하다니! 우기가 되어 비가 쏟아지면 건물이 하루아침에 무너질지도 모를 일이었다.

작고 어두운 진흙집에서 살아온 그들로서는 실망하는 게 당연했다. 진흙 벽돌은 자기들처럼 가난한 사람들이나 쓰는 뒤떨어진 재료였다. 다른 도시에 있는 학교들은 모두 유럽식의 번듯한 철근콘크리트 건물이었던 것이다. 그러나 그 학교들은 마치 사바나 바깥의 사막처럼 삭막했다. 게다가 기후에도 맞지 않아서 실내가 무덥고 엄청나게 많은 전기를 소비했다. 어릴 적에 인근 도시에서 초등학교를 다녔던 케레는 그런 사실을 누구보다도 잘 알고 있었다.

열심히 설득한 보람이 있어 마을 사람들은 다들 학교 건설에 적극적으로 참여했다. 공사하는 방법을 하나하나 배워가면서 건물을 쌓았고, 글을 읽을 줄 모르는 사람들도 모래 위에 그린 도면의 내용을 잘 이해해주었다.

남자들은 당나귀 수레를 이용해서 현장으로 돌을 운반했다. 그리고 흙을 파서 체에 치고 시멘트와 물을 섞어 진흙 벽돌을 만들었다. 여자들은 물 항아리를 머리에 이고 7킬로미터가 넘는 길을 오갔고, 땅이 단단하게 다져지도록 춤을 췄고, 내부 마감도 도맡아주었다. 아이들은 1년 동안 매일 아침 등교 때마다 기초에 놓일 돌을 하나씩 날라주었다. 오전 7시 전에 이미 와 있는 아이들도 있었고, 자기 몸집보다 더 무거운 돌을 들고 오는 아이들도 있었다.

마을 사무소는 강도 높은 진흙 벽돌을 만드는 방법을 개발하고 제조 방법을 마을 사람들에게 가르쳐주었다. 전통적으로 이 마을 사람들은 누군가의 살림집을 새로 짓거나 고칠 때 모두 함께했으므로, 이렇게 다들 발벗고 공동체의 일에 참여하는 것은 그리 새삼스러운 일이 아니었다.

철근을 절단하고 용접해서 트러스를 조립하고 그 위에 진흙 벽체를 빗물로부터 보호해줄 커다란 강판 지붕을 올린 것은 현지 장인들이었다. 트러스는 교실과 지붕 사이에서 공기를 순환시켜 건물을 시

여자들은 춤을 추며 땅을 단단하게 다져나갔다.

원하게 해주었고, 지역에서 가장 흔한 재료인 진흙 벽돌은 무더운 기
후에 안성맞춤이었다. 20년이 지난 지금까지도 이 건물은 끄떡없이
잘 서 있다.

지속가능한 건축의 참된 의미

3만 달러라는 한정된 예산으로 공사를 하다 보니 마을 사람들의
참여가 꼭 필요하긴 했지만, 고향에 학교 건물 하나 짓는 것만이 케
레의 목적이었던 건 아니다. 학교 만들기를 통해 그들이 건설 기술을
배우고, 다른 학교를 짓는 일에도 나설 수 있게 하는 것이 더 큰 목
적이었다. 또한 이웃하고 있는 두 개의 마을에서 이 초등학교를 보고

자기들도 자체적으로 학교를 지어야겠다는 생각을 하도록 해주었다.

진흙 벽돌이라는 로테크(low tech) 덕분에 주민들은 건축의 전 과정에 참여할 수 있었고 지속가능한 기술도 늘어갔다. 유럽에서 가지고 온 태양광 패널 이외에는 모두 현지에서 조달할 수 있는 재료를 사용했다. 그래야 마을 사람들이 공법을 빨리 익히고, 나중에 건물이 낡더라도 스스로 보수할 수 있기 때문이다. "배고픈 사람에게 물고기를 줄 것이 아니라 물고기 잡는 방법을 가르쳐야 한다"는 속담대로, 케레는 학교 짓기를 배우게 할 목적으로 학교를 지었다.

그는 학교 건설에 관련된 모든 도면을 마을에 남기고, CAD 데이터를 웹에 올려 누구나 열람할 수 있게 했다. 이웃의 두 마을도 이에 힘입어 자기들의 학교를 지을 수 있었다. 지역 당국은 이 프로젝트의 가치를 인정해 교사를 보내주었고, 새로운 초등학교를 건설할 때 간도 초등학교 건설에 관여했던 사람들을 초빙하여 현장 지도를 맡겼다. 그들은 당시에 익힌 기술을 사용하여 집을 보수하거나 다른 공공시설을 짓는 일에 종사하고 있다.

간도 초등학교는 낮에 아주 시원했고 비와 바람에도 강했다. 마을 사람들은 그제야 케레의 디자인을 이해하고 좋아했다. 아프리카는 물론이고 다른 대륙에서도 많은 사람들이 '벽이 아주 멋지고 기분 좋게 시원하며 지붕은 날아오를 듯이 떠 있는' 아프리카의 이 아름다운 학교 건물에 대해 이야기하기 시작했다. 케레는 이렇게 말했다. "일이 진행되는 과정에 참여한 사람들만이 그로써 얻어낸 결과의 진가를 알아볼 수 있다. 그리고 그런 사람들만이 그 결과를 지켜낼 수 있고 발전시킬 수 있다."

이 초등학교의 교실이 '빵 굽는 방'이 되지 않은 것은 시원해진 공기가 건물 안팎을 순환하도록 설계했기 때문이다. 그러려면 지역에서 입수 가능한 재료를 숙련되지 못한 노동자가 사용할 수 있어야 했다. 덕분에 다른 마을에도 이와 비슷한 학교들이 세워지게 되었고, 도서관도 생겼으며, 워크숍 같은 다양한 프로그램들을 진행할 수 있는 공간이 생겼다.

지속가능한 건축이란 에너지 하나만 절약하는 건축이 아니다. 사회가 진심으로 원한다면 건축가는 벽, 문, 창, 지붕 등 자신이 디자인하는 모든 것을 통해 그곳에서 살아갈 사람들의 삶의 가치를 보여줄 수 있다. 지역의 잠재력을 살리고 공동체 구성원들에게 행복감과 자신감을 북돋워주며 더 나은 미래를 보여주는 건축. 바로 그것이 지속가능한 건축이다.

건물로 교육을 짓다

간도 초등학교는 건축적 담론을 넘어 지역사회의 교육을 촉진하고 시민의 책임을 키울 수 있는 조건을 만들어냈다. 처음에 120명으로 설계되었던 이 학교의 학생 수는 삽시간에 350명으로 불어났고 150여 명이 대기하기에 이르렀다. 2007년에는 교사와 가족들이 거주할 주택 6채를 새로 지었고, 2008년에는 700명의 학생들을 가르칠 수 있게 되었으며, 여자 아이들을 위한 건물도 증축했다.

증축된 건물에는 마을 사람 모두에게 개방된 타원형의 도서관도 있다. 주민들은 도서관 지붕에 사용할 토기를 집에서 직접 들고 왔다. 그것을 가로로 잘라 천장 위에 얹어서 빛도 주고 공기도 순환하

지붕에 얹을 토기를 들고 오는 주민들. (위)
토기를 천장에 얹어 채광과 공기 순환에 사용한다. (아래)

510

게 했다. 간도를 비롯한 여러 마을에서 초등학교 졸업생이 쏟아져 나오면서 1,000명 규모의 중학교도 새로 지었다. 덕분에 공동체가 만나고 회합하는 장소도 덤으로 얻게 되었다.

건물로 교육을 짓는 일은 여기에서 멈추지 않았다. 케레는 2012년에 간도 마을의 300여 회원들에게 농업, 물 관리, 임업을 가르치고 곡물창고도 제공하는 여성회관을 완성했다. 그리고 어린이들과 청장년층 어른들을 위한 교육 시설도 지으려 하고 있다. 건물이 늘어나니 공동체의 미래도 점점 풍성해진다.

학교 안에는 농장이 있고 가축도 키우고 있다. 학생들에게 영양을 공급하기도 하고 시장에 내다 팔기도 한다. 부르키나파소 사람들은 대부분 농업으로 생계를 유지하고 있고 아이들이 밭일을 도와야 하기 때문에, 가난한 부모들로서는 아이를 학교에 보내는 걸 꺼릴 수도 있다. 그러므로 학교에서 농업을 가르치면서 지역문화를 교육에 통합하는 게 중요했다. 학교에서 채소를 재배하고 가축을 돌보는 것은 자기 가족에 대한 아이들의 책임감을 높이기 위해서였다. 학생들에게 식수를 제공하고 작물에 물을 주기 위해 판 우물은 당연히 마을 사람들도 함께 이용한다.

하이데거는 "거주할 수 있을 때만 지을 수 있다"고 했다. 그리고 이를 설명하기 위해 '검은 숲'이라는 뜻의 슈바르츠발트 농가를 언급했다. 그러나 이것은 집의 형태나 나무에 대해 말하려는 게 아니었다. 건축가에게 의뢰하여 지은 게 아니라 농부가 살기 위해 직접 지은 집, 그리하여 사는 것과 짓는 것이 일치하는 집을 이렇게 표현했을 뿐이다.

짓기와 거주하기는 뗄 수 없는 관계에 있다. 하이데거의 이 말이 어렵게 느껴진다면, 그것은 우리가 남이 지어준 집에 들어가 사는 것을 당연하게 여기기 때문이다. 간도 초등학교를 지은 케레와 마을 사람들을 보면, 하이데거의 말은 너무나도 단순하고 쉽다. "일이 진행되는 과정에 참여한 사람들만이 그로써 얻어낸 결과의 진가를 알아볼 수 있다"는 건축가 케레의 말은 거주에 관한 하이데거의 말을 그대로 전해준다.

건물에 사람이 거주하게 되면 그 건축이 그들에게 맞는 것인지 금방 알 수 있다. 제대로 거주하려면 자기가 살 집을 스스로, 자연 조건에 어울리게 지을 수 있어야 한다. 자신의 집을 스스로 짓는 행위가 이렇게 중요하다.

건축은 미래를 함께 짓는 것

건축물이 지어지면 그때부터 사회의 자산이 된다. 그리고 아주 오랫동안 사람의 생활을 규정한다. 이 '아주 오랫동안'이 무엇인가? 그저 오래 쓴다는 말인가? 아니다. '아주 오랫동안'이라는 말은 건축물에 주어진 미래를 달리 표현한 것이다. 건축물을 짓는 것이 무엇인가? 그것은 우리의 미래를 짓는 것이다. 학교를 짓는 것은 교육의 미래를 짓는 것이고, 청사를 짓는 것은 행정의 미래를 짓는 것이다. 이것은 건축을 멋지게 포장하는 말이 아니다. 현실을 떠난 추상적인 이론도 아니다.

케레는 서른아홉 살이던 2004년에 베를린공대를 졸업하고 하버드대 등을 거쳐 뮌헨공대 교수로 재직하고 있다. 그는 자신의 첫 번째 작품인 간도 초등학교 프로젝트로 이슬람권의 뛰어난 건축물에 주는 '아가 칸 건축상'(2004)을 수상하며 국제적으로 인정받는 건축가가 되었다. 그는 이렇게 말한다. "교육이 없으면 개발은 단지 꿈일 뿐이다."

2022년에 케레는 '건축의 노벨상'으로 불리는 프리츠커상을 받았다. 심사위원들은 "건축에서 유일무이한 등대 역할을 했다" "척박한 땅에서 지구와 지역 주민을 위해 지속가능한 건축을 개척한 선구자"라는 평가를 내렸다. 건축이 지역의 특성을 담아 사회를 바꿀 수 있는 힘이 있음을 그의 건축을 통해 확인했다는 것이다.

우리 사회는 유명 건축가가 지은 멋진 건축물, 뿌리 없는 인문학적 지식을 덧씌워 그럴싸하게 포장하는 건축가에게 특별한 관심을 둔다. 그러면서 우리는 왜 프리츠커상을 못 받느냐고 아쉬워한다. 그러나 프리츠커상은 스포츠의 금메달이 아니다. 건축은 제도를 바꾸고 사회를 재구성하는 힘이 있음을 알고 실천하는 건축가, 그리하여 사회에 희망을 주는 건축물을 지은 건축가에게 주어지는 상이다. 우리만 이 사실을 모르고 있다.

'건축은 미래를 함께 짓는 것'이라는 말에 동의하는 사람이 우리 사회에 얼마나 될까. 특히 사회를 바꿀 책임이 있는 지자체장, 장관, 국회의원들 중에 이 말을 가슴 깊이 받아들일 사람이 얼마나 있을까. 대부분은 크고 화려하고 '돈 되는' 건축에만 관심이 있을 것이다. 그렇다면 케레의 건축에서나 그가 받은 프리츠커상에서나, 그들이 배울 것은 별로 없어 보인다.

4
일본 후지 유치원

경제협력개발기구(OECD)와 유네스코에서 유치원부터 대학까지 전 세계의 모든 교육시설 중 가장 좋은 학교를 뽑은 적이 있다. 그 학교는 일본 도쿄도(東京都) 다치카와(立川) 시에 있는 '후지 유치원(藤幼稚園, Fuji Kindergarten, 2007)'이었다. 무슨 이유였을까?

600명에 가까운 어린이가 다니고 있는 이 몬테소리 유치원은 규모로는 일본에서 세 번째지만 단일한 건물로는 제일 큰 유치원이다. 도넛 형태의 지붕 위에서 아이들이 자유로이 달리게 하며 건물 전체를 놀이터로 만든 이 유치원은 우리나라에도 제법 많이 알려져 있다.

지붕을 포함한 모든 곳들이 아이들의 놀이터인 후지 유치원.

원장은 또 다른 건축가

유치원 원장이라면 누구나 아이들이 교육의 중심이라고 생각할 것이다. 문제는 구체적인 실행 방법이다. 특히 건물을 새로 지을 경우, 건축주인 원장은 "교육이란 그런 게 아니오"라는 식으로 건축가를 가르치면서 자기 생각대로 설계해달라고 요구하기 쉽다. 그러나 후지 유치원의 건축주인 가토 세키이치(加藤積一, 1957~) 원장은 달랐다.

몇 년 전 후지 유치원을 방문하여 그를 만났을 때 원장실이 어디냐고 물었다. 그랬더니 원장실이 왜 필요하냐며, 중정에서 노는 아이들의 모습을 바라볼 수 있게 창 가까이에 둔 자신의 자리가 특등석이라며 자랑하던 것이 기억난다.

그는 아이들이란 원래 보고 만지고 느끼고 생각하고 행동하며 자

가토 세키이치 원장(왼쪽)과 건축가 테즈카 다카하루.

라난다고 믿었다. 말이나 그림책으로 아무리 '가을'을 가르쳐도 그것만으로는 충분치 않으며, 가을을 자기 몸으로 느껴야 비로소 이해할 수 있다. 체험은 가르쳐서 알게 되는 게 아니라는 말이다.

이 유치원 건물은 벽이 없고 칸막이 이동이 자유로운 하나의 커다란 공간, 궁극적으로는 '한 지붕 아래의 마을'이 되면 좋겠다는 가토 원장의 구상에서 시작했다. 건물은 아이들에게 뭔가를 가르치는 도구라고 생각했던 그는 건축가보다 더 파격적인 생각으로 교육의 본질을 공간으로 그려내는 또 다른 의미의 '건축가'였다. 이제 자신의 생각을 구체화시켜줄 지혜로운 건축가를 만나기만 하면 되었다.

그는 몇몇 건축가를 소개받아 설계를 부탁했다. 그러나 아이들이 어떻게 뛰노는가에 대한 고려 없이 다들 '하나의 큰 공간'에만 집착하여 네모난 상자를 쌓은 건물만 제안해왔다. 어쩔 수 없이 그렇게 지어야 하나 걱정하고 있을 무렵, 아트 디렉터인 사토 가시와(佐藤可士和)를 만났다.

사토는 유치원 건물을 하나의 큰 놀이 도구라고 생각하고 '상황'을 설계하자고 제안했다. "건물도 풀도 나무도 모두 아이들이 성장하기 위한 도구"라는 가토 원장의 생각과 딱 맞아떨어지는 제안이었다. 후지 유치원 설계의 핵심은 그러한 생각 속에 이미 집약되어 있었다. 사토는 '지붕의 집'이라는 주택을 설계한 사람들이 좋겠다며 테즈카 다카하루(手塚貴晴, 1964~)와 유이(手塚由比, 1969~) 부부 건축가를 원장에게 소개해주었다.

그러면 이 유치원은 어떻게 '상황'을 설계하여 지어진 것일까?

아이들이 뛰어다니는 지붕

가토 원장은 "땅과 나무밖에 없는데 그래도 괜찮으시겠습니까?"라는 말로 건축가와의 첫 만남을 시작했다. 그러자 건축가는 "건물의 지붕을 놀이터로 만들면 좋겠다"라며 "멋진 것은 못 만드는데, 저희가 맡아도 좋겠습니까?"라고 물었다. 가토 원장은 크게 공감했고, 이런 사람이라면 모든 것을 맡겨도 되겠다는 생각이 들었다.

그리하여 세 사람은 이런 생각을 공유하게 되었다. "유치원을 짓는 것은 아이들을 키우기 위한 환경을 만드는 것이다. 그러려면 본래 아이들이 가지고 있는 '스스로 자라는 힘'을 충분히 발휘하게 해주는 것이 중요하다."

땅과 나무밖에 없다고 했지만, 바로 그 땅과 나무가 새로운 설계의 단서가 되었다. 그 땅에는 1971년에 개원한 낡은 옛 유치원이 있었는데, 복도를 모두 바깥에 두고 있었다. 그곳에 처음 찾아갔던 날, 건축가는 온종일 복도를 오가면서 아이들에게 "아무개야, 잘 있었어?"라고 다정하게 말을 걸어주는 가토 원장을 보았다. 원장실 밖으로 좀처럼 나오지 않는 여느 원장들과는 전혀 다른 모습이었다. 바로 그 순간, 새로 지을 건물에서도 원장이 유치원을 빙빙 돌면서 아이들 모두에게 말을 걸게 해줘야겠다는 중요한 생각이 떠올랐다.

그 낡은 건물은 비가 많이 새고 있었다. 하지만 원장은 이를 부끄러워하거나 감추지 않았고, 오히려 우리 유치원 아이들은 새는 빗물을 아주 능숙하게 받는다며 자랑했다. 바깥 복도, 모든 학생을 보살피는 원장의 모습, 새는 빗물도 교육의 하나로 바꾸어 생각하는 태도는 모두 새 유치원 건물을 설계하는 데 소중한 밑바탕이 되었다.

옛 유치원 땅에는 아이들을 오랫동안 굽어보며 그늘을 주던 큰 느티나무 세 그루가 있었다. 개원하던 때부터 있었으니 대략 50년이 넘은 나무인데, 가장 큰 것은 둘레가 2.7미터에 높이는 30미터나 되었다. 넓은 마당에서는 아이들이 열심히 뛰어다니고 있었다. 이것을 본 건축가는 느티나무를 교실 안에 그대로 남겨놓고 지붕에 그늘을 주면서, 지붕 위를 빙빙 돌아다니며 놀 수 있는 도넛 형태의 유치원을 짓자는 아이디어를 떠올렸다.

그렇게 지어진 새 유치원의 옥상은 한 바퀴에 200미터가 조금 안 되는데, 보통 아이들은 아침에 20바퀴(4킬로미터) 정도를 돌고 잘 달리는 아이는 30바퀴(6킬로미터)나 돈다고 한다. 어느 연구자의 조사에 의하면 후지 유치원 아이들은 동년배의 아이들에 비해 운동량이 세

후지 유치원 전경. (위)
도넛 형태의 옥상을 한 바퀴 돌면 200미터다. (아래)

배나 많았다. 그 말을 들은 가토 원장은 이 유치원에서 올림픽 육상 선수가 나올 거라며 좋아했다.

여름에는 지붕 위가 덥고 겨울에는 추운데 거기서 뛰어놀게 하는 건 문제 아니냐는 비판도 있었다. 이에 대해 원장은 "당연히 여름에는 덥고 겨울에는 추우니까, 여름에는 아침 일찍 올라가고 겨울에는 지붕이 따뜻해졌을 때 올라가면 된다"고 응수했다. 건축가의 남다른 발상을 건축주가 제대로 해석해준 셈이다.

한번은 건축가가 나무 위로 올라가려는 아이들의 안전을 위해 난간을 만들겠다고 했다. 그러자 원장은 난간 대신 그물망을 설치해서 떨어지는 아이들을 받아주면 어떻겠냐고 했고, 그 제안대로 느티나무 주위에 망을 설치했다. 그랬더니 일부러 떨어지려고 그물망에 몸을 집어넣는 아이들과 서로 떨어뜨리려는 아이들이 한 그루에 많을 때는 40명씩 모인다고 한다. 아이들을 지나치게 보호하지 않는다는 교육 방침이 이런 재미있는 장치와 공간을 만들어주었다.

건축가는 지붕 위의 아이들이 한가운데의 마당을 향해 앉고 싶어한다는 것에 착안하여 옥상 테두리의 난간 간격을 11센티미터까지 최대한 넓혔다. 그 사이로 아이들이 다리를 넣고 앉게 해주기 위해서다. 그 모습을 밑에서 찍은 사진을 보면 마치 동물원의 작고 귀여운 동물들을 보는 것 같다.

문제는 원호를 따라 여닫는 문이었다. 타원 평면이라서 넓고 미끈한 곡선을 그리는 위와 아래 인방에 직선인 문을 여닫으려면, 문에 달린 쇠바퀴인 호차(戶車)가 그 곡선 위에서 자유로이 움직여야 한다. 그리고 6장짜리 여닫이문의 틈새에서 바람이 새어 들어오지 않게 해야 하므로, 고무로 문틈을 메워 등압 공간이 되게 했다. 게다가 철골 구조 지붕 위에서 매일 600명이 뛰어다니고 행사가 있을 때는 4,000명이 올라가기 때문에, 또한 지진에도 대비해야 하기 때문에, 창틀 위와 문 사이를 2센티미터 정도 띄워야 했다. 이렇듯 사소해 보이지만 중요한 디테일이 연속하는 공간을 온전하게 해결해줄 수 있었다.

그래도 문은 완전히 긴밀하게 닫히지는 못한다. 이에 대한 원장의 해석이 흥미롭다. 아이들은 바람이 들어와서 춥다고 느끼면 알아서 문을 닫게 되어 있으므로, 문틈으로 바람이 들어오는 것도 기밀성이 높은 아파트에서 자라는 아이들에게는 큰 가르침이 된다는 것이었다. 건물 가운데에 복도를 두면 안과 밖을 엄격히 구분하고 여름에 에어컨을 틀게 되지만, 이 유치원은 한겨울을 제외하고 1년의 3분의 2 정도는 마당을 향해 문을 다 열어젖히고 있다. 제일 더울 때는 어차피 여름방학이니까, 1년 내내 에어컨을 틀지 않고 지낸다는 말이다.

문을 열어서 마당을 향한 벽을 없애면 건물 전체는 연속하는 하나의 커다란 공간이 된다. 그렇게 해야 아이들이 밖에서 뛰놀다가도 안에 그대로 들어올 수 있고, 선생님들도 모든 학생을 볼 수 있다. 교실에는 벽 대신에 상자 모양으로 된 30센티 모듈의 나무 가구를 조립해서 칸막이를 만들었다. 선생님과 아이들이 이것을 자유로이 구성하므로 학급마다 교실 모양이 모두 다르다. 모두 함께하지만 모두 똑같지는 않아야 한다는 교육 철학이 내부와 외부 공간에 두루 반영되어 있다.

방을 나누는 벽이 없이 한 공간으로 터져 있으니 옆 교실의 소리가 들리는 것은 당연하다. 선생님들도 처음에는 이런 소음에 무척 당황했으나, 옆에서 흘러드는 잡음이 오히려 아이들의 집중력을 키운다

물을 너무 세게 틀면 발이 젖는다.

고 여겨 여전히 벽 없이 트인 곳에서 공부하고 있다. 집이 너무 조용
하면 오히려 공부가 안된다며 적당한 소음이 있는 도서관을 일부러
찾아가는 것을 생각해보면 꽤 설득력이 있어 보인다.

건물 안에 벽이 없으니 싱크대 같은 것을 붙일 데가 없다. 수도와
싱크대는 아예 건물 밖에 뒀다. 물을 그냥 흘려보내거나 필요 이상
으로 수도꼭지를 세게 틀면 밑에 있는 자갈에 물이 튀어 발이 젖는
다. 이렇게 발이 젖어봐야 수도꼭지를 잘 잠그고 물을 아껴 쓸 줄 알
게 된다는 것이다. 손을 닦거나 그릇을 씻을 때도 옥외의 수전을 자
유자재로 굽혀서 최대 8명의 아이가 서로 양보해가며 얼굴을 맞대고
재잘거리며 사용하게 했다.

'오래된 미래'를 만드는 기술

이 유치원은 음향, 조명 등 여러 영역에서 최신 기술을 사용했다. 그러나 금방 알아차리지 못한다. 그런 기술들을 사람의 감각을 자연스럽게 불러내는 데 사용하고 있기 때문이다.

요즘 우리나라에는 자기가 사람을 엄청 존중하는 건축을 하는 것처럼 얘기하는 건축가가 많아졌다. 그러나 이들의 공통점은 그것을 공학으로 설명하거나 건축으로 구현할 줄 모른다는 것이다. 그렇지만 후지 유치원에서는 아주 면밀하게 계산된 많은 공학적 디테일과 그 속에 숨어 있는 적지 않은 첨단기술로 아이들을 '존중'하는 건축을 완성했다. 그런데도 우리 건축계에서는 이런 측면에 대해서는 별로 관심을 갖지 않는 것 같다.

후지 유치원의 전경을 보면 원래의 모습을 그대로 남긴 세 그루의 느티나무가 지붕을 뚫고 뻗어 있다. 나뭇가지를 피해가며 건물을 만

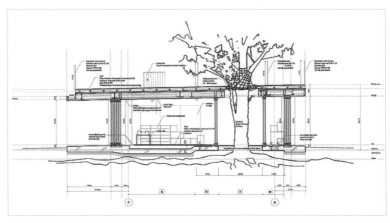

나무뿌리가 다치지 않도록 조심스럽게 기초를 만들고 슬래브를 쳤다.

드는 것은 비교적 간단하다. 그러나 나무를 실내에 남겨놓고 건물을 만드는 것은 생각보다 몹시 어렵다. 나무뿌리는 가지가 펼쳐진 것보다 훨씬 넓게 땅 밑으로 퍼져 있다. 이 유치원에서는 뿌리가 다치게 않게 기초를 만들고 지중보를 지그재그로 이은 다음, 나무뿌리 위에 플랫 슬래브를 쳤다. 그 결과 교실 안에는 지름 150밀리미터인 여러 개의 기둥들이 모두 다른 간격으로 배열되어 있다.

눈에 보이지 않는 구조를 이렇게 해결한 엔지니어의 마음, 그리고 나무의 뿌리가 다치지 않게 마치 고분을 발굴하듯 조심스레 땅을 다룬 시공자의 정성에 새삼 감탄하게 된다. 원장도, 건축가도, 구조기술사도, 시공자도, 아이들의 '큰 기쁨'을 향한 유치원 교육의 본질 앞에서 마음이 하나로 일치해 있다.

아이들은 노는 것이 일이고 일상이고 인생이다. 아이들은 놀이와 생활을 구별하지 않고 진심으로 논다. 정해진 틀 따위는 불필요하다. 그런데도 대부분의 유치원은 이런 식으로 놀라고 틀을 정해준 획일적인 놀이 도구들을 설치해놓고 있다. 그러나 후지 유치원은 이런 놀이 도구를 하나도 두지 않았다. 어떤 장소에서나 마음껏 악기를 켜고 장난을 칠 수 있으며 울퉁불퉁한 마당도, 지붕 위도 모두 교실이 된다고 여겼다. 유치원의 둥근 마당 바닥은 일부러 울퉁불퉁하게 놔뒀다. 한 번 넘어진 애들은 다시는 넘어지지 않기 위해 스스로 조심한다는 원장의 생각 때문이었다.

지붕에서 내려오는 빗물은 땅바닥에 바짝 붙은 긴 홈통을 통해 흘려버리는 게 보통이지만 이 유치원은 다르다. 원장은 지붕에 붙은 아주 짧은 홈통에서 빗물이 그대로 땅에 떨어지게 해달라고 건축가에게 부탁했다. 빗물이라는 게 무엇이고 어떻게 순환하며 무엇에 써

짧은 홈통에서 빗물이 그대로 땅에 떨어진다.

야 하는지 알게 해주기 위해서다.

조명도 갓 없이 전구만 200개를 사용했다. 스위치를 벽에 두지 않고, 여기저기 매달려 있는 끈을 잡아당기면 전등이 3개씩 한꺼번에 켜지게 했다. 뭐든지 자동으로 움직이는 데 익숙한 오늘날의 아이들에게, 불편함으로써 궁리하게 하고 그렇게 궁리함으로써 자란다는 '오래된 미래(Ancient Futures)'[*195]의 가르침을 전하기 위해서였다. '오래된 미래'는 스웨덴 출신 언어학자 헬레나 노르베리 호지(Helena Norberg-Hodge, 1946~)가 히말라야의 작은 티베트라고 불리는 라다크(Ladakh)에서 보낸 시간들을 기술한 책의 제목이다.

사람에게 어린 시절은 불과 10년 정도다. 그 시기에 무엇을 보고 배우고 느끼느냐에 따라 한 인간의 삶의 빛깔이 달라진다. 좋은 유치원은 그 안에서 배우는 아이들이 주인공이 되는 건물, 그리고 주변 환경과 사람을 잇는 도구가 되는 건물이다. 건축 자체를 목적으로 하지 않고 그 속에서 일어나는 사건들을 소중하게 여길 때 비로소 좋은 유치원 건물을 지을 수 있다.

건축은 '큰 기쁨'에서 시작한다. 건축에서 제일 중요한 것은 그 기쁨의 의미를 이해하는 것이다. 건축가 테즈카 부부는 이렇게 말했다. "건물을 인도할 때 아이들이 지붕 위에 올라가 빙 둘러싸 주었는데 정말 감동이었습니다. 여기에서 자란 아이들이 일생토록 이 유치원을 잊지 않을 터인데, 이것이야말로 건축가의 행복입니다. 이곳의 아이들은 지붕 위를 빙빙 뛰어 돌거나 나무에 올라간 것을 아마도 평생토록 기억하고 있을 것입니다."

이렇게 후지 유치원은 그 안에서 배우는 아이들에게 건축의 '큰 기쁨'을 가르쳐준다. 우리 사회가 우리 아이들에게 최대한 많은 것을 경험하게 해주어야 하는 이유가 바로 여기에 있다.

5
베트남의 '농사짓는 유치원'

　유치원은 어린이들이 자기 몸 가까이에 있는 사물과 환경과 함께 생각하고 행동하면서 배우는 곳이다. 한 인간의 기본적인 인격은 유아기에 일정한 환경을 통해 얻은 경험에서 만들어진다. 1년에 30명이 좋은 유치원 건물과 환경에서 배운다고 가정하면, 10년이면 300명이 된다. 그런 유치원이 이 나라에 100개 있다고 하면, 10년에 3만 명이 좋은 교육을 받으며 성장해갈 것이다.

　아이들이 자라면서 스스로 가능성을 넓히는 미래의 유치원은 어떤 집일까? 해답은 단순하다. 자연 속에서 자신을 스스로 발견해가는 유치원이다. 그러나 도시에 있는 대부분의 유치원에서는 동물은 커녕 풀과 나무도 접하기 어렵다. 자연과의 직접적인 관계가 부족하니 흙은 가지고 노는 게 아니라 더럽고 피해야 하는 것이라 여기기 쉽다. 매일 우유를 마시면서도 그것이 소에게서 만들어진다는 것을 깊이 생각할 줄 모른다. 콩이 알루미늄 깡통에서 자란다고 생각하는 아이들이 많아지면 우리의 미래는 과연 어떻게 될까?

무엇이 미래의 유치원일까?

자연을 자기 몸으로 경험하지 못한 아이들은 잘못된 세계관과 인간관을 가질 우려가 크다. 반대로 아이들에게 흙이나 생물을 직접 경험하게 하면, 자신이 주변의 자연과 하나로 이어져 있고 나아가 지구까지도 이어져 있음을 느끼게 된다.

농사짓는 것을 경험하면 먹는 것, 자라는 것, 만드는 것 모두를 배울 수 있다. 자기가 먹는 음식이 어디에서 오는지 알 수 있고, 그것이 얼마나 많은 농부들의 땀과 노력으로 생산되는지 깨달을 수 있다. 그 재료들이 자라나는 자연을 어떻게 보호해야 하는지도 알게 되고, 자연이 베푸는 온갖 혜택에 대한 고마움을 느끼게 된다. 그뿐인가? 생명의 소중함, 생명의 순환, 새로운 삶의 기쁨을 배울 수 있고, 정직하게 열심히 일하면 소중한 보상을 받게 된다는 이치도 터득하게 된다. 농사짓는 것을 배우는 것이야말로 지속가능한 교육의 근간이다.

어떻게 해야 그렇게 '농(農)'을 배우고 느끼는 유치원을 만들 수 있을까? 제일 먼저 생각해볼 수 있는 건 도시농업과의 관련성이다. 도시농업이란 도시의 다양한 공간을 활용하여 식물을 재배하고 생산물을 활용하는 농업활동을 말한다. 이를 통해 지역 주민들이 서로 교류할 수 있고, 아이들이 농업에 대해 배울 수도 있다.

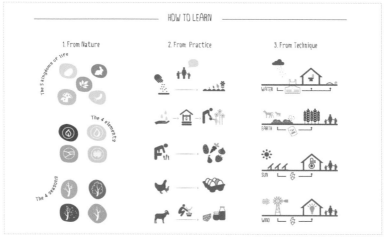

'미래의 유치원 밭'(위)과 대상을 받은 세 가지 주제 및 프로그램(아래).

　우리나라에는 유치원, 어린이집, 청소년시설 등에 생태텃밭 강사
를 파견하여 텃밭을 가꾸며 친환경 먹을거리를 생산하고 환경교육
을 진행하는 프로그램이 많다. 또 옥상의 '상자 텃밭' 가꾸기로 어린
이들에게 자연의 소중함을 일깨워주는 유치원도 더러 있다. 그렇지
만 농사짓기를 바탕으로 아이들을 가르치는 유치원은 어디에도 없
다. 안타까운 일이다.

　도시농업과 유치원을 묶은 새로운 교육환경인 '미래의 유치원 밭

(Nursery Fields Forever)'을 제안하는 2016년 국제 아이디어 설계경기에서 '아우트 아우트 아키텍투라(Aut Aut Architettura)'라는 네 명의 이탈리아 젊은 건축가 집단이 1등을 했다. 그들이 제안한 유치원에서는 아이들이 작물을 키우고 자연의 순환을 배우며, 생산된 농작물이 식탁에 오르기까지의 일련의 과정을 실제로 체험하게 된다. 그리고 이런 도시농업을 통해 신체적, 사회적, 정서적, 지적으로 성장해간다.

이 건축가들은 먹을 것을 가르치는 교육 기능을 '자연에서 배운다(Learn from nature)' '실천에서 배운다(Learn from practice)' '기술에서 배운다(Learn from techniques)' 등 3개로 구분하고 이를 하나씩 배우게 했다. '자연'에서는 불, 흙, 공기, 물이라는 요소를 기초로 하여 사계절의 변화 속에서 생명의 왕국을 배운다. '실천'에서는 흙에 씨앗을 뿌리고 물을 주고 기르며 수확하는 것을 배운다. 또 친환경 '기술'로 물, 땅, 해, 바람 같은 자연적 요소를 중수, 비료, 전기로 바꾸는 것도 배운다.

하나하나 나누어보면 누구나 다 알고 있는 간단한 내용들이다. 그러나 농사짓기를 활용한 유아교육의 갈래를 건축적 환경과 함께 묶어 보여주었다는 점에서 시사하는 바가 크다.

농사짓기를 가르치는 유치원

베트남에는 농사를 실제로 가르치는 '파밍 킨더가르텐(Farming Kindergarten, 2013)'이라는 유치원이 있다. 직역하면 '농사짓는 유치원'이다.

호치민 중심에서 버스를 타고 북동쪽으로 1시간 정도 가면 '동나이' 성(省)의 공업도시 비엔호아(Biên Hòa)가 나온다. 이 도시의 교외에 있는 '농사짓는 유치원'은 베트남의 젊은 건축가 보 트롱 니야(Vo Trong Nghia, 1976~)가 설계한 것으로, 설계 공모전의 당선작이다. 2015년에 《아키데일리(ArchDaily)》가 수여하는 '올해의 건축상'을 받았고, 2016년에는 영국 왕립건축가협회(RIBA)가 선정한 세계 30대 건축물의 후보로 추천되는 등 세계가 주목하는 유치원이 되어 많은 나라에서 견학을 오고 있다.

이 유치원은 대지 10,650평방미터, 전체면적 3,800평방미터인 2층 건물이다. 현재 500명의 아이들이 다니고 있으며 최대 700명까지도 공부할 수 있다. 타이완계 대규모 신발 제조업체인 '파우첸 베트남'의 공장 노동자들이 아이들을 맡길 수 있도록 공장에 인접한 삼각형 대지에 지어졌다. 베트남에서는 아이를 대부분 공립 유치원에 보내는데, 이 회사는 조립공정의 생산성을 높이기 위해 선정된 우수 노동자의 아이들을 가르칠 목적으로 새로운 유치원을 지었다고 한다.

뫼비우스의 띠가 클로버처럼 엮인 듯한 지붕이 구조물 전체를 덮고 있다. 지붕은 놀이터를 향해 서서히 낮아져서 아이들이 위아래 층을 쉽게 오르내릴 수 있다. 옥상을 녹화한 지붕에는 아이들에게 농업을 가르치기 위해 200평방미터 단위로 5종류의 다른 채소를 심은 실험 채원이 있다. 아이들이 옥상을 빙빙 돌며 달리다가 어제는 보지 못했던 채소를 보고 기뻐하기도 한다.

이 유치원에서는 베트남의 주산업인 농업을 어릴 때부터 친근하게 체험하면서 먹을 것에 대한 올바른 관점을 배울 수 있다. 지붕의

뫼비우스의 띠가 클로버처럼 엮인 듯한 지붕. (위) ⓒHiroyuki Oki
다양한 채소들을 심어놓은 옥상의 실험 채원. (아래) ⓒHiroyuki Oki

밭에서 따온 채소로 아이들 점심 식사의 30~40퍼센트를 조달하고, 나머지는 가족들에게 나누어준다. 월평균 180달러인 베트남 노동자의 임금을 생각하면 적지 않은 보탬이 되는 셈이다. 아이들은 직접 유기농을 하면서 기쁨을 느끼는 동시에, 어리지만 가족에게 뭔가 기여하고 있다는 자부심을 느끼게 된다. 바로 이런 것이 '농(農)'을 느끼고 '자연에서 배우고' '실천에서 배우는' 유치원이 아니겠는가?

이 유치원은 농사짓기라는 유아교육을 통해 농업 쇠퇴, 녹지 감소, 안전한 놀이터 부족이라는 현실을 변화시키는 데 목적을 두고 있다. 또 다른 목적도 있다. 이런 지속가능한 건축물을 통해서 비엔호아 같은 공업도시에 부족한 녹지를 공급할 수 있음을 아이들에게 보여주겠다는 것이다. '아우트 아우트 아키텍투라'가 제안했던 '기술에서 배운다'와 같은 맥락이다.

외부 공간은 뚜렷이 구분되는 세 개의 중정으로 이루어져 있다. 둥근 마당은 면적의 70퍼센트가 나무와 녹지로 덮여 있고, 대지 안에 건물이나 나무로 그늘이 지는 장소를 많이 두어서 아이들이 시간대별로 시원한 장소에서 놀 수 있게 했다. 바로 이런 것이 자연을 즐기면서 이용하는 일상적인 방법이다.

중정이라고는 하지만 완전히 에워싸인 게 아니다. 경사진 지붕이 곡선을 이루며 연속해 있는 데다가, 나무를 많은 심은 마당의 시원한 공기가 적게 심은 쪽으로 빠져나가도록 배치해서 바람을 자연스럽게 순환시킨다. 18개의 교실, 음악실, 미술실, 양호실 등이 한쪽 복도에 붙어 있어서 방의 통풍이 아주 좋고, 열대 기후인데도 에어컨 없이 운영되고 있다.

지속가능한 건물이 되려면 에너지를 줄이는 것도 중요하지만 더 중요한 것은 계획 단계부터 에너지 소비를 최소화하는 것이다. 이 유치원은 녹화한 옥상의 겉흙이 태양열의 부하를 크게 줄여준다.[196] 무더운 베트남 학교에서는 대부분 커튼을 쳐서 햇빛을 막지만, 그렇게 하면 바깥의 자연이 안 보이고 마당에 누가 있는지도 알 수 없다. 이 유치원에서는 모든 방에 수직의 콘크리트 루버를 촘촘히 달아 그늘을 주고, 그 루버를 따라 열대산 칡의 일종인 '리아네'가 자라게 했다. 그렇게 만든 자연의 커튼이 한 번 더 햇빛을 차단하여 실내 온도를 낮춰준다. 베트남 농업학교에서 많이 사용하는 방식을 건축가가 적절히 응용한 것이다.

지붕과 마당의 녹지를 관리하려면 많은 물이 필요하다. 이 유치원은 인접하는 공장에서 처리되어 나오는 배수를 재사용하여 필요량의 40퍼센트를 충당하고 있다. 완공 후 10개월이 지난 시점에서 측정해본 결과, 에너지 소비량이 보통 건물보다 25퍼센트가량 적어서 연간 5,400달러가 절감되었다고 한다. 이런 얘기를 들은 아이들은 건축물이 자연과 기술을 친환경적으로 조절할 수 있음을 깨닫게 될 것이다.

보육비 부담을 줄이기 위해 건설비도 최대한 낮춰서 설계되었다. 지역에서 생산된 것을 지역에서 소비한다는 원칙하에 벽돌이나 타일 같은 로우 테크 재료를 사용했고, 마감이나 설비를 포함한 건설비를 1평당미터당 500달러 수준으로 끌어내렸다.

좋은 점이 이렇게 많지만 이 유치원의 교사들은 아쉬운 점 두 가지도 지적하고 있다. 하나는 유치원이 자연에 너무 가까이 있어서 아이들이 벌이나 뱀처럼 동물의 왕국에서 온 이웃들과 놀이터를 나누어 써야 한다는 것이다. 또 하나는, 앞으로 옥상이 점점 채소로 덮이긴

하겠지만, 몸집이 작은 아이들이 어른처럼 생산적인 농부가 못 되다 보니 옥상의 대부분이 아직 잔디로 덮여 있다는 것이다. 그렇다면 농사짓기 유치원은 그저 하나의 이상일까? 그렇지 않다. 이런 유치원이 도시에 생겨나면 처음에는 크고 작은 문제점이 있을 수밖에 없고, 그것이 제 가치를 온전히 나타내기까지는 시간이 제법 걸릴 것이다.

건축물은 물론 성능이 중요하다. 그러나 성능이 아무리 잘 갖춰져 있어도 공간에 매력이 없으면 건물의 가치는 금세 사라지게 되어 있다. 이 '농사짓는 유치원'에서 우리가 배워야 할 것은 공학이나 기술이 아니다. 성능을 최대한 끌어올리면서도 지속가능하고 매력적인 건물이 되도록 하기 위해 건축주와 건축가, 유치원 교사와 아이들 모두가 노력하고 있다는 것, 그리고 자연의 가치를 건축물을 통해 가르치고 있다는 것이다.

유아교육이란 아이들이 미래에 행복하게 살 수 있도록 키워주는 데 그 목적이 있다. 어른들의 사정에 맞춰서 어른들끼리 결정하고 해결하려고만 하면 절대 안 되는 것이 유치원 건물이다.

6
뉴칼레도니아의 '장마리 치바우 문화센터'

　바람은 공기의 흐름이며 흘러가는 공기 자체다. 바람은 어디에서나 불어오지만 눈에 보이는 형태로 표현하기가 몹시 어렵다. 바람을 글자로 표현하기가 어려웠는지, 옛날 중국인들은 획이 사방으로 뻗어나가고 발음도 같은 '鳳(봉)' 자를 빌려서 바람을 뜻하는 갑골문자를 만들었다. 봉황새의 날갯짓이 바람을 만든다고 봤기 때문이다.

　'凡(범)'은 돛을 그린 것인데, 돛단배는 바람이 있어야만 움직인다. 이 글자 안에 벌레를 뜻하는 '虫(충)'을 넣어 '바람 풍(風)'을 만들었다. 따뜻한 봄바람이 불면 벌레들이 움직인다고 생각했던 모양이다. 그래서 '鳳'과 '風'은 같이 쓰였다. 그런가 하면, 바람이 잦아들고 그친다는 뜻의 글자 '凪(지)'는 '風'에 '멈출 지(止)'를 넣어서 만들었다.

바람의 건축

집의 첫 번째 역할은 비와 바람, 추위와 더위를 막아주는 것이다. 그러니 바람은 건물에 아주 가까운 자연이다. 집은 불어오는 바람을 받아들일 수도 있고 막을 수도 있다. 날씨가 좋은 날이면 창을 열고 바깥 공기를 받아들인다. 그러나 강한 바람은 집 위를 지나가면서 지붕을 흔들고 잡아당긴다. 바람이 센 곳에서는 지붕이 바람에 날아가지 않도록 집을 낮게 하고 이엉을 동아줄로 묶는다.

이른바 '명당'의 조건인 '배산임수(背山臨水)'도 바람과 관련이 깊다. 여름에는 집 앞에 있는 강을 스쳐온 시원한 공기가 집 안의 더운 공기를 밀어내고, 겨울에는 반대로 집 뒤에 있는 산이 삭풍을 막아준다. 그야말로 '바람의 건축'을 만드는 기본 원리였다. 집터에서 바람의 중요성은 풍수지리의 '풍'이 바람인 것만 봐도 잘 알 수 있다.

여름옷은 구멍이 많이 뚫려 있고 겨울옷은 구멍이 거의 없는 옷감으로 만든다. 더울 때는 바람이 통해야 하고 추울 때는 바람을 막아야 하기 때문이다. 집도 옷감과 마찬가지로 벽에 낸 구멍이나 창문으로 바람이 드나든다. 영어로 창문을 뜻하는 'window'의 어원은 바람(wind)의 눈, 즉 '바람의 구멍'을 가리키는 고대 노르드어 'vindauga'에서 왔다. 그런데 이 바람구멍도 옷감처럼 더운 곳은 크고 추운 곳은 작아야 하므로, 바람구멍은 지역의 특성에 맞게 바람에 순응하는 건축물을 만드는 바탕이었다. 집의 벽, 지붕, 담장은 모두 사람이 오랫동안 살아가면서 그 지역의 바람을 읽어낸 결과물이다.

그러니까 바람은 무조건 막아야 할 불청객이 아니다. 집을 지을 때는 철따라 찾아오는 바람을 어떻게 맞아들일지 고민하면서 지어야 한다. 건축기술이 발전한 오늘날에는 이러한 '바람의 건축'이 옛날보다 훨씬 더 잘 만들어져야 하지 않겠는가?

바람은 물보다도 사람에게 훨씬 가깝다. 그러나 물처럼 눈에 보이지는 않는다. 바람이 내 살갗에 와 닿거나, 아니면 창밖에서 흔들리는 나뭇잎을 봐야 비로소 바람의 존재를 알 수 있다. '바람의 빗(Wind Comb)'을 만든 스페인의 조각가 에두아르도 칠리다(Eduardo Chillida, 1924~2002)는 "바람을 본 적은 없으나 구름이 움직이는 것을 본 적이 있고, 시간을 본 적은 없으나 떨어지는 낙엽을 본 적은 있다"라고 했다. 바람은 이런 것이다.

'바람의 건축'이란 단지 바람이 잘 통하는 집이 아니다. 그것은 보이지 않는 바람을 알게 하고 느끼게 하고 보이게 해 주는 건축, 바람쪽에서 바라보는 건축이다.

바람에 대한 기술의 결과물

'바람의 건축'은 건축을 원초적인 상태로 돌아가게 한다. 무릇 사람은 자연과 함께 이렇게 살아야 한다는 근본 감각을 불러일으킨다. 호주 동쪽, 프랑스 자치령인 작은 섬 누벨칼레도니(Nouvelle-Caledonie, New Caledonia)의 수도 누메아에는 '장마리 치바우 문화센터(Jean-Marie Tjibaou Cultural Centre)'라는 건축물이 있다. 파리의 퐁피두센터를 설계한 이탈리아의 건축가 렌초 피아노(Renzo Piano, 1937~)가 1993년에 설계해 1998년 개관했다. 이 건물은 내가 아는 최고의 '바람의 건축'이다.

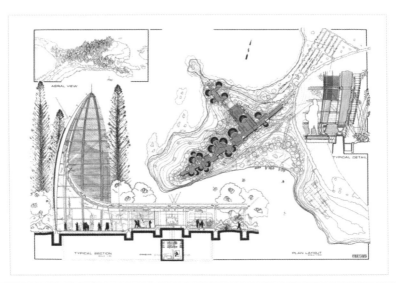

티나 반도에 세워진 '장마리 치바우 문화센터'. (위)
바구니처럼 생긴 10채의 건물들이 일렬로 서 있다. (아래)

이 건물의 대지는 누메아에 가까운 티나(Tina) 반도에 있다. 반도라 하지만 한쪽은 바깥 바다인 태평양, 다른 한쪽은 절반가량이 호수처럼 땅으로 에워싸인 내해(內海) 사이에 있는 곶(串)이다. 미처 다 만들지 못한 바구니처럼 보이기도 하고 땅에서 막 올라온 식물처럼 보이기도 하는 특이한 건물들이 삼면의 물에 둘러싸여 있다. 이 건물을 '카즈'(case, 오두막)라 부르는데, 20미터에서 28미터까지 크기가 각기 다른 건물 10채가 일렬로 서 있다.

건축하는 사람들은 '자연과의 조화'라는 말을 자주 한다. 이 건물이야말로 자연에 거스른 구석을 전혀 찾아볼 수 없는, 문자 그대로 바람, 땅, 나무, 지역, 전통과 조화를 이룬 건물이다. 렌초 피아노는 원주민인 카낙(Kanak) 사람들이 자연환경에 밀착하여 살아가는 것을 눈여겨보았고, 그들에게 배운 것을 바탕으로 건물을 설계했다. 그는 자신의 새 건물이 자연환경에 "한 숟갈 개입"하는 것이라 여겼다. 사실 어떤 건물이라도 광활한 자연 앞에서는 그저 한 숟갈 얹듯이 개입하는 것에 지나지 않는다.

이 건물은 남태평양의 모든 바람을 맞아들이는 반도의 언덕 꼭대기에 서 있다. 흔히 건축에서는 경관이 중요하다고들 하는데, 이 건물에 경관이 있다면 그것은 사방에서 불어오는 보이지 않는 바람이다. 이 자리는 강한 직사광선과 열에 노출되어 있으며, 내륙으로 불어오는 알리제(alize)라는 무역풍과 사이클론이 몰고 오는 강풍을 직접 대면하고 있다.

그렇지만 나름의 이점도 있었다. 가파른 남쪽 사면을 둔 대지가 해수면보다 높이 올라와 있어서, 육지와 바다의 온도차 때문에 바람이 바다에서 육지로 올라갈 때 바람에 의한 냉각 효과가 크다. 낮에는 바다에서 시원한 산들바람이 불어오고 밤에는 육지에서 바다 쪽으로 바람이 분다. 이렇게 밤낮으로 불어오는 바람을 맞으려면 건물들을 여러 채로 독립시키고, 그 하나하나를 곡면으로 만들며, 그것을 다시 일렬로 배치해야 했다.

바람을 대하는 지혜는 카낙 사람들이 카즈를 축조하는 방식으로부터 배운 것이었다. 카즈는 오두막 중심부의 큰 기둥이 초가지붕을 우산처럼 받쳐주는 전통 가옥이다. 대양성 아열대 기후에 속하는 이 지역의 기온은 겨울에도 18도에서 34도 정도이고, 여름은 몹시 습하고 무덥다. 카즈는 천장이 높기 때문에 이런 기후에서도 시원한 공기를 관통시켜 더위를 웬만큼 해결해준다.

장마리 치바우 문화센터는 이러한 전통적 축조 방식을 현대적으로 해석한 건축이다. 렌초 피아노는 이렇게 말했다. "21세기에 들어서 있는 우리는 진보적이고 인간을 배려하는 기술을 사용할 수 있음을 잊어서는 안 된다. 기술은 집단기억이라는 관념에 대립하는 것이 아니며, 조화를 이루지 못하는 것도 아니다."

전통 건물의 재료와 기술을 서구의 현대적 재료 및 기술과 융합시킴으로써 집단기억을 되살린다는 것. 그동안 우리가 수없이 논의해온 전통과 현대의 조화다. 건축이란 오래된 전통에 현대의 기술이 합쳐지는 것임을 렌초 피아노는 장마리 치바우 문화센터에서 증명해 보였다.

'바람의 건축'이라고 하면 뭔가 낭만적인 감성을 일으키는 그럴듯한 해설이 곁들여져야 할 것 같다. 그러나 파키스탄이나 이란 등지에서 오후의 시원한 바람을 받아들여 공기를 순환시키려고 '바드기르(badgir)'라는 굴뚝을 지붕 높이 올린 수많은 집들을 보라. 이 '바람탑'이 만들어내는 풍경은 어떠한 인문학적 해설로도 지을 수 없는,

바람을 받아들이는 굴뚝 '바드기르'.

오직 그곳에서 살아온 사람들만이 빚어낼 수 있는 기술의 결과물이
다. 장마리 치바우 문화센터 역시 마찬가지다. 일 년 내내 일정한 방
향에서 불어오는 무역풍, 그리고 1월에서 3월 사이에 엄습하는 저
무서운 사이클론을 상대하는 '바람의 건축'은 바람을 대하는 고도의
기술 없이는 결코 지어질 수 없다.

바람을 건물로 조형하다

전통적인 카즈는 무역풍을 유연하게 받아들이기 위해 풀을 엮어

서 만들었다. 반면 새로운 카즈는 전통적인 외관을 따르면서도 현대 기술의 이점을 최대한 살려, 곡면의 파사드에 집성목재 판으로 뼈대와 널을 만들었다. 렌초 피아노는 현지인들의 전통적인 바구니 세공, 통발 짜는 기술, 재료를 겹쳐 쌓으며 층을 이루는 방법 등을 자세히 관찰한 뒤에 새 건물의 표면을 설계했다. 얼기설기 엮은 것처럼 보이는 문화센터의 표면은 그런 치밀한 과정을 거쳐서 만들어진 것이다. 기름 성분이 많아 햇빛이나 비바람에 내구성이 있고 흰개미를 막는 효과가 탁월한 가나산(產) 나무 이로코(iroko)와 알로카리아 아교를 넣어 만든 합성목재판을 가로로 조밀하게 배열했다.

이 설계의 가장 큰 주제는 자연환기다. 공조 기계는 해외에서 수입해야 하고 유지하는 데에도 큰 비용이 든다는 점을 감안하여, 기계에 의존하지 않고 자연환기로 쾌적한 실내 환경을 유지하도록 한 것이다. 이를 위해 외벽을 두 개의 켜(layer)로 만들고, 그 켜와 켜 사이에서 공기가 자유롭게 순환하며 자연적으로 환기하는 장치를 만들었다.

도면을 보면 똑바로 선 기둥과 굽은 기둥을 한 쌍으로 묶어 큰 기둥으로 삼고, 그 앞뒤에 루버를 댔다. 바깥쪽 바다에서 불어오는 바람을 활용하도록 루버 밑은 조밀하게, 위는 느슨하게 설치했다. 실내에는 바람이 약하면 신선한 공기를 받아들이도록 열리고 바람이 강하면 닫히는 가동 루버를 설치했다. 이처럼 자연환기 장치가 먼저 구상됐고, 그다음에 그것을 가능하게 해주는 구조체를 설계했다. 공기의 흐름이 건축의 전체적인 형태를 결정한 것이다.

카낙의 건축 기술을 참조한 외피와는 달리, 구조는 시속 230킬로미터의 사이클론에도 견딜 수 있게 만들어졌다. 거대한 바구니 모양 안에는 지면에 닿은 곳까지 곡선으로 굽어진 바깥쪽 기둥과 똑바로

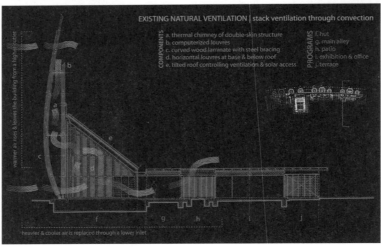

EXISTING NATURAL VENTILATION | stack ventilation through convection

COMPONENTS
a. thermal chimney of double-skin structure
b. computerized louvres
c. curved wood laminate with steel bracing
d. horizontal louvres at base & below roof
e. tilted roof controlling ventilation & solar access

PROGRAMS
f. hut
g. main alley
h. patio
i. exhibition & office
j. terrace

warmer air rises & leaves the building from a higher outlet

heavier & cooler air is replaced through a lower inlet

'바람의 건축'은 바람에 대한 기술의 결과물이다. (위)
두 개의 켜를 이용한 자연환기 장치. (아래)

서 있는 안쪽 기둥을 한 쌍으로 접합하고 이를 원형으로 배열했다. 얼핏 보면 기둥이 금방 넘어질 것 같지만, 이 기둥들을 수직 방향의 가새 골조로 묶었다. 그 결과 전체가 입체적인 셸 구조가 됐다.[*197] 수평 방향으로는 한 쌍의 기둥을 벨트 트러스(belt truss)로 묶어, 기둥이 평면적으로 회전하며 변형되거나 셸 전체가 일그러지지 않게 했다. 새 카즈 한 채에 목재 300입방미터, 강철 5톤이 쓰였을 정도로 현대적인 기술이 충분히 구사되어 있다.

건물의 전체 모양은 밑으로 갈수록 좁아지는 파인애플과 비슷하다. 그런데 내해 쪽을 향해서는 파인애플의 위쪽을 비스듬히 잘라낸 것처럼 경사지붕을 만들었다. 실내의 대류현상을 쉽게 일으키기 위해서다. 이 경사지붕에는 타원형 유리를 얹어 내부 공간을 투명하게 했고, 여닫을 수 있는 환기 커버를 붙여서 뜨거운 복사열을 피할 수 있게 했다. 구조만 놓고 보면 이 경사지붕 밑에도 수평 가새 골조를 걸면 바람이 불 때 생기는 횡하중의 변형을 막는 데 도움이 되었겠지만, 그렇게 하면 유리의 투명성에 방해가 되므로 수평 가새 골조는 걸지 않았다. 이렇게 구상된 구조와 루버 시스템 모델이 사이클론의 강풍에 충분히 견디는지 풍동 실험을 한 다음 최종 설계를 결정했다.

똑바로 세운 기둥이 받쳐주는 안쪽 벽의 위와 아래에는 컴퓨터로 제어되는 가동 루버를 설치했다. 이것으로 바람을 받아들이기도 하고 막기도 하면서, 굴뚝 효과를 이용해 실내 공기의 흐름을 여러모로 바뀌게 한다. 벽에 부딪힌 바람이 잔잔하게 불 때, 적당한 세기로 불 때, 강하게 불 때, 저기압으로 불 때, 이 벽의 반대쪽에서 불 때 등 각각의 조건에 적절히 대응하도록 루버를 조절한다.

갑골문자에서 바람을 '風'이라는 형태로 표현했듯이, 렌초 피아노

비스듬히 잘라낸 듯한 경사지붕.

는 이렇게 바람을 건물로 조형했다. 땅, 식생, 구조체, 재료 등에 관한 고도의 기술로 만들어낸 장마리 치바우 문화센터를 보며 새삼 생각한다. 진정한 '바람의 건축'이란 무엇인가? 그건 아마도 렌초 피아노가 이 건물을 설계하며 물었던 "건물이 어디에서 끝나고 자연이 어디에서 시작하는가?"라는 질문에 답하는 건축일 것이다.

7
독일 국회의사당

독일의 수도 베를린에 있는 국회의사당은 1871년 독일제국 (Deutsches Reich)이 탄생하고 나서 1894년에 완성되었던 제국의 회 의사당을 개축한 것이다. 바이마르 공화국 시대(1919~1933)에도 나라의 공식 명칭은 '독일제국'이었고 의회 명칭도 '독일제국 의회 (Reichstag)'였다. 그래서 이 건물을 'Reichstagsgebäude(국가의회 의사당. gebäude는 건물이라는 뜻)'이라고 계속 부르고 있다(여기에서는 '국회 의사당'으로 줄여서 표기한다).

아돌프 히틀러가 총리가 된 다음 달인 1933년 2월에 제국의회 의 사당 건물에 원인을 알 수 없는 방화 사건이 일어났다. 히틀러는 이 를 계기로 기본 인권과 노동자 권리를 대부분 정지시켰다. 나치 시대 에는 의회가 거의 열리지 않았고, 제2차 세계대전 때는 의사당이 공

제2차 세계대전 당시 파괴된 제국의회 의사당.

격 목표가 되어 모두 타버렸으며, 오랫동안 복구되지 않은 채 폐허로
남아 있었다.

문제는 '돔'이었다

1990년 동서독이 통일되면서 연방의회가 베를린으로 이전하게 되
었다. 유리 돔을 가진 지금의 국회의사당은 영국 건축가 노먼 포스터

(Norman Foster, 1935~) 경이 설계한 것으로 1999년에 완성됐다. 그야말로 20세기 독일의 모든 역사를 간직한 건축물이다. 지금은 세계적으로 유명한 건물이 되었지만, 1992년 국제 설계경기에서 당선된 노먼 포스터의 계획안은 매우 큰 논란을 불러일으켰다.

도면을 보면 거대한 지붕이 의사당과 서쪽 광장 전체를 덮고 있다. 렌즈 모양을 철골로 짠 유리지붕 16개가 연속되어 있고, 높이 57미터의 원기둥 25개가 이 지붕을 받쳐준다. 심각한 군중집회가 열리던 광장을 많은 사람이 자연스럽게 모일 수 있는 공공장소로 바꾸고, 광장에서 시작된 공공공간을 건물 안까지 관통하게 했다. 'ㅁ'자로 둘러싸인 건물 안에는 거대한 중정을 두었고, 지붕에는 테라스와 레스토랑 등을 두어 적극적으로 열린 의사당을 만들고자 했다. 그러나 파괴된 돔은 새로 만들지 않은 채 건물의 수평성을 강조했다.

논쟁의 중심은 결국 돔이었다. 기존의 제국의회 의사당은 파울 발로트(Paul Wallot, 1841~1912)가 설계한 르네상스 양식의 6층 건물로, 중앙에는 정사각형의 벽 위에 놓인 4개의 곡면이 만나면서 생긴 거대한 유리 돔이 얹혀 있었다. 이 돔을 통해 들어온 빛은 회의장 전체를 밝게 비춰주었다. 비록 전쟁과 화재로 사라져버렸지만, 독일인에게 그 돔은 지난 시대의 영욕이 깃든 쓰라린 역사의 증거였다. 따라서 돔이 없이 새로운 국회의사당을 짓는다는 것은 생각하기 어려웠다.

돔에 대해 사람들의 의견은 분분했다. 돔은 베를린의 망령을 불러일으킨다고 생각하는 사람도 있었고, 반대로 그 돔이 의회주의의 상징이라고 생각하는 사람도 있었다. 정당들도 생각이 각기 달랐다. 기독민주당을 중심으로 한 보수주의자들은 발로트가 설계했던 본래의 돔을 그대로 복원해야 한다고 주장했지만 녹색당은 이에 반대했

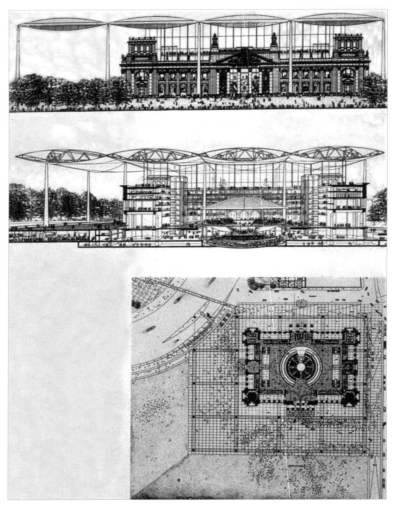

노먼 포스터의 설계 당선안(1992)에는 제국의회의 상징이던 돔이 빠져 있었다.

거대한 돔으로 덮여 있던 제국의회 의사당.

다. 사회민주당은 '민주주의의 등대'를 표현한다며 건물 위쪽을 원통으로 만든 안을 지지했다. 자유민주당은 본래의 돔을 똑같이 복원하는 것보다는 비용이 덜 들 것이라며 유일하게 근대적으로 만든 둥근 돔을 지지했는데, 전체적으로는 이 의견이 가장 우세했다.

19세기의 돔은 낮고 위압적이어서 개방된 현대사회에는 적합하지 않은 건축 형태였다. 건축가 노먼 포스터의 입장에서 볼 때, 그런 과거의 돔을 복원하는 것은 자신이 주장해온 모든 건축적 원칙에 반하는 일이었다. 그는 애초에 돔을 만들 생각 자체가 없었다. 그러나 독일 국민과 정치인들의 강력한 요구를 받아 결국 대공간을 유리로 덮은 당선안을 포기했고, 덜 급진적이면서 간결하게 유리 돔을 얹는 쪽으로 방향을 틀어야 했다.

논란 끝에 노먼 포스터가 새롭게 설계한 국회의사당.

그는 돔을 받아들이면서도 특유의 역발상으로 전혀 새로운 설계안을 만들었다. 수정안의 원칙은 네 가지였다. 역사의 이해와 존중, 자유로운 출입, 민주주의의 투명성, 본격적인 환경보호가 그것이다. 그는 자신이 만들고자 하는 돔을 '쿠폴라(cupola)'라 불렀다. 쿠폴라는 고전건축에서 실내에 빛이나 공기를 주려고 설치하는 작고 높은 구조물을 말하는데, 지붕 위에 놓이거나 큰 돔 위에 놓이는 경우가 많았다. 독일 국민에게 의사당의 돔은 건물의 역사이자 시대의 역사였지만, 건축가는 그것을 '빛이나 공기를 주는 구조물'로 바꾸어 해석했다.

또 외관만 남기고 전체를 모두 개조했음에도 19세기 풍의 장식 단편, 건설할 때 석공이 새긴 눈금 자국, 전쟁으로 입은 상흔, 소련군 병사가 남긴 낙서 같은 사소한 흔적들을 그대로 남기면서 과거와 현재의 대화를 실현했다.

그대로 남겨놓은 과거의 흔적들.

대의민주주의의 본질을 담은 지속가능한 건축

독일 국회의사당에는 방문자용 출입구가 따로 없다. 누구나 서쪽 입구로 들어온다. 국회의원과 방문자들이 같은 입구를 사용한다는 뜻이다.

출입구가 있는 옛 의사당의 고전적인 페디먼트 밑 엔타블러처에는 독일어로 "Dem Deutschen Volke"라고 새겨져 있다. "독일 국민에게"라는 뜻이다. 출입구 위에 있는 이 말을 포스터는 국민과 정치가들이 같은 출입구를 써야 한다는 뜻이라고 해석했다. 당선안에서 제안했던 개방적인 공공공간은 수정안에서 이렇게 달리 해석되어 나타났다.

출입구를 통과한 방문자는 회의장을 바라보면서 엘리베이터를 타고 5층의 지붕 테라스로 올라간다. 그리고 높이 23미터, 폭 40미터의 돔으로 올라와 나선형 경사로를 따라가면서 베를린 시가지 풍경을 360도로 바라볼 수 있다. 돔을 감싸고 오르는 경사로는 열린 민주국가를 눈과 몸으로 체험하는 건축적인 표현이다. 이렇게 걸어 올라가면 돔의 바닥으로부터 16미터 위에 있는 전망대에서 베를린 시내를 한눈에 조망할 수 있다. 이곳에서 국민들은 자신이 이 나라의 주인이며 도시와 국가의 한가운데 있는 존재임을 깊이 실감하게 된다.

수정안의 원칙 중 하나인 '투명성'은 시각적 의미와 정치적 의미를 동시에 갖고 있다. 포스터는 의사당 공간 전체를 시민을 위한 공공공간으로 만들고 그 안에서 민주주의가 실현되는 것을 확인할 수 있도록 했다. 방문자는 1층에서부터 유리벽 너머로 회의장을 바라보면서 안으로 들어간다. 돔에서 경사로를 타고 올라가는 것은 국민이 회

나선형 경사로에서 베를린 시가지를 바라볼 수 있다. (위)
작은 돔을 통해서도 본희의장을 내려다볼 수 있다. (아래)

의장에 앉아 있는 국회의원 위로 올라가는 것이며, 쿠폴라를 돌면서 국회의원들이 있는 회의장을 내려다보는 것은 국민이 의회 위에 있음을 상징하는 행위다.

돔 안에는 회의장 바로 위를 덮고 있는 또 다른 돔이 있는데, 지붕 레벨에서는 이 작은 돔의 경사면을 통해서도 아래를 내려다볼 수 있다. 회의장을 상시 공개함으로써 열린 의회정치를 시각화한 것이다. 방문자들은 아무 생각 없이 이리저리 돌아다니는 듯이 보이지만, 밑에 있는 국회의원들은 자기도 모르는 사이에 주권자들이 자기를 보고 있음을 매순간 자각하게 된다. 나치독일의 부끄러운 과거를 벗어나 국민이 정치인을 계속 감시한다는 사실을 이렇게 공간적으로 표현하고 있는 것이다. 바로 이것이 건축가가 제안한 정치적 투명성이다.

'높다'나 '크다'라는 뜻을 가진 한자는 '高(고)'다. 이 글자는 높게 지어진 누각을 그린 것이다. 갑골문자에서는 위쪽에 지붕과 전망대가 그려져 있고 아래로는 출입구가 'ㅁ' 자로 표현되어 있다. 이것은 성의 망루, 또는 종을 쳐서 시간을 알리던 종각을 그린 것이다. 이런 글자들의 생성 과정이 흥미로운 것은, '높다'라는 뜻이 먼저 있고 그것을 높은 건물의 형상을 통해 표현했다는 점이다. 건축가가 건물로 제안한 정치적 투명성도 이와 같았다.

'투명성(transparency)'이라는 말은 '~를 통해 빛을 보인다'는 어원에서 나왔다. 빛이 물, 얼음, 유리 등 어떤 물체를 통과하여 내부 혹은 건너편이 훤히 보일 때 투명하다고 말한다. 어떤 사람이나 단체의 성격과 태도가 분명하면 그것은 유리가 빛을 통과시키듯 공간을 가로질러 우리의 눈에 있는 그대로 드러나게 된다.

그러므로 이 국회의사당에서 물질적 투명성과 정치적 투명성은 함

556

께 존재한다. 투명한 유리 돔을 통해 여러 국회의원과 정당의 성격과 태도가 분명하게 드러나고, 이를 통해 정치의 현실과 미래를 투명하게 바라볼 수 있다. 유리라는 물질을 사용하여 지은 건축물의 투명성은 국민을 회의장으로 끌어들이며, 국회의원에게 막중한 책임감을 전달할 뿐 아니라, 그 안에서 무슨 일이 일어나고 있는지를 국민이 직접 볼 수 있게 해준다. 이것은 무엇을 의미하는 것일까? 건축은 거창한 정치적 의미를 상징하거나 표상하기 이전에, 물질적 성질과 구축을 통하여 그 건축물이 지닌 특성이 정치적으로 구현될 것을 국가나 사회에 요구할 수 있다는 뜻이다.

독일 국회의사당 단면도를 보면 건물의 중심부만 보더라도 회의장 볼륨보다 국민에게 할당된 공공공간의 면적과 볼륨이 훨씬 넓고 크다. 그리고 그 안에는 복잡한 구조 안에 수많은 사람들이 그려져 있다. 회의장, 회의장 주변 발코니, 각 방, 계단과 복도, 그리고 지붕과 거대한 유리 돔, 돔의 경사로 등에는 어김없이 서 있는 사람, 앉아 있는 사람들이 그려져 있다. 이 나라의 국민과 국회의원들이다.

이 국회의사당은 환경을 중시하는 독일에서도 대표적인 지속가능한 건축물로 꼽힌다. 유리 돔 안쪽에서는 요트의 돛처럼 거대한 12미터 높이의 가동 차양이 직사광선을 차단한다. 이것은 태양의 움직임에 맞추어 360도 회전하면서, 그 밑에 있는 회의장에 직사광선이 들어가지 않고 항상 밝은 빛으로 가득 차도록 설계된 장치다.

중심에는 '빛의 조각'이라 부르는 나팔 모양의 원뿔형 장치가 거꾸로 매달려 회의장을 향해 찌르는 듯이 서 있다. 이 장치에는 반사 유리 365장이 덮여 있으며 무게가 무려 300톤이나 된다. 돔의 유리를 통해 들어온 빛이 이 장치에 부딪쳐 분산되고, 그렇게 분산된 빛이

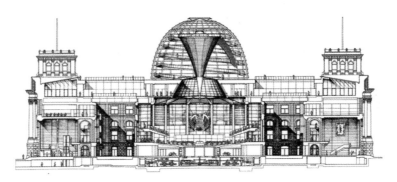

독일 국회의사당 단면도.

다시 밑에 있는 회의장을 비추도록 했다. 이로써 회의장은 인공조명에 의존할 필요가 없다.

또한 이 원뿔형 장치는 사이펀처럼 대기의 압력을 이용하여 회의장 내부의 열기를 빨아올려서 돔 꼭대기의 지붕으로 배출하는 자연환기통이다. 이 원뿔은 낮에는 자연광을 반사해서 회의장으로 빛을 넣어주고, 밤에는 반대로 도시 스카이라인을 향해 희미하게 빛나는 신호등이 된다. 또한 이 건물은 재생 가능한 정제한 식물 기름을 연료로 사용하고, 쓰고 난 나머지 열로 발전하며, 지하수맥을 축열로 활용하여 이산화탄소 배출량을 94퍼센트나 삭감시키고 있다.

공공건축물이란 이렇게 국가적 책무와 방향을 솔선하여 보여주는 건물이다. 에너지를 펑펑 사용하는 국회의사당 건물 안에서 지속가능한 환경에 관한 법을 제정한다는 것은 심각한 모순이다. 국민들이 국회의사당 건물에 함부로 들어오지 못하게 제재하면서 그 안에서 국민을 떠받드는 법률을 만든다고 떠드는 것도 난센스다. 공간은 제도를 말하고 제도는 공간을 요구하는 법이다.

독일 국회의사당에 대해 한 가지 의문이 더 남아 있다. 여론이 돔을 요구하자 건축가는 그들이 전혀 생각하지 못한 '유리' 돔을 만들었다. 입구로부터 시작해서 건물의 꼭대기인 돔의 정상까지 국민들이 '자유로이' 다닐 수 있게 했고, 심지어 지나가면서 여기저기서 회의장을 내려다보게 했다. 국회의원들은 대체 어떻게 이 안에 찬성해줄 수 있었을까? 국회의사당은 대의민주주의의 본질을 공간으로 표현해야 한다고 건축가가 말했을 때 그들은 이 말을 어떻게 받아들였을까? 아무튼 정치인들이 이 주장을 받아주었기에 이런 국회의사당을 지을 수 있었던 것이 아닌가?

질문하고 상상할수록 큰 교훈이 우리에게 답으로 돌아온다.

로턴다와 '로텐더 홀'

우리나라 국회의사당은 본래 수평 지붕으로 제안되었다. 그런데 현상설계 당선안을 본 국회의원들이 "의사당이라고 하면 미국 국회의사당이나 유럽 건물들처럼 큰 돔이 있어야지, 왜 여기는 돔이 없어?"라며 불만을 드러냈다. 돔이 없으니 권위가 없어 보인다는 것이었다. 할 수 없이 채택이 안 되도록 일부러 못생긴 큰 돔을 얹은 안을 보여주었는데도 오히려 국회의원들은 그 설계를 좋아했고, 결국 낮은 돔을 얹은 건물로 마무리짓고자 했다.

그런데 박정희 대통령이 석굴암을 본뜨고 층수도 높이라고 해서 건물 전체의 비례가 이상해지고 돔도 훨씬 커졌다. 결국 지름 64미터에 무게가 1,000톤이나 되는 '가짜 돔'이 얹혔고, 그 밑으로 천장이 높게 뚫린 홀을 만들었다. 전혀 어울리지 않는 둥근 돔이 사각형 홀 위에 놓인 것이다. 그 돔으로는 단 한 조각의 빛도 들어오지 않는다.

국회의사당의 중앙 로비로 쓰이는 이 홀의 이름은 '로텐더 홀'이다. 건립 당시의 자료에는 '로턴더홀'이라 기록되어 있다. 아마도 미국 국회의사당의 중앙홀 '로턴다(rotunda)'를 본뜬 것으로 추정된다. 영어로 'rotunda'는 안과 밖이 모두 둥근 원형 건물, 또는 쿠폴라가 덮고 있는 원형 홀을 가리킨다.

그러나 여의도의 '로텐더 홀'은 사각형 홀에 돔을 덮었으니 로턴다가 아니다. 또한 로턴다라는 말에는 이미 '홀(hall)'이라는 뜻이 들어 있으므로 '로텐더 홀'이라 불러서도 안 된다. 게다가 로턴다를 로텐더라고 잘못 부르기까지 하니, 틀린 것이 한두 가지가 아니다. 그런데 그렇게 된 원인이 더 이상하다. 설계 도면에 '로턴다'를 '로텐더'라고 잘못 적은 것이 수십 년째 이어지는 오기(誤記)의 기원이라는 것이다.

아무려나, 국회의사당에 관한 뉴스나 사진을 보면 카메라가 '로텐더 홀'을 높이 올려다보는 장면은 찾아보기 힘들다. 권위를 상징하겠다고 만들었는데, 막상 지내고 보니 상징할 권위가 나타나지 않기 때문이다. 대신 원형 우물천장에 조명등이 가득한 본회의장만 보여준다.

여의도 국회의사당의 돔이 보여주고자 했던 건 오직 한 가지, 권위의 과시뿐이다. 원하던 돔에 동판을 씌웠더니 돔이 붉게 보였다. 그러자 당시 정일권 국회의장은 왜 지붕이 붉은색이냐고 노발대발했다. 동판이 시간이 지나야 부식되어 푸르게 바뀐다는 것을 몰랐고, 아무리 설명해도 들을 생각을 하지 않았다고 한다.

그렇다면 푸르게 변한 돔은 마음에 들어 했을까? 아니다. 지나치게 권위적이라 비판받자 뜬금없이 돔에 기와를 씌우겠다는 계획을 세웠다가 여론이 안 좋아지자 무산되었다. 심지어 돔을 황금색으로 칠하자는 예산안에 제출되기도 했다. 건축이 무엇인지, 국회의사당을 왜 짓는 것인지를 그들은 전혀 알지 못했다. 국민에게 위임받은 권한을 정해진 기간 동안만 사용하는 사람들이 그 중요한 건물을 마치 자기 소유물처럼 생각하고 있었다.

사람은 자기가 사는 집을 닮는다. 그러니 국회의원은 자기가 일하는 국회의사당을 닮게 되어 있다.

독일 국회의사당은 관광의 명소이고 베를린의 랜드마크이며 재생의 상징이라 불린다. 우리나라 국회의사당은 무엇의 명소이고 무엇의 랜드마크며 무엇의 상징인가? '빛의 조각'이 있는 쿠폴라와 '가짜 돔'의 차이를 훨씬 뛰어넘는 쓰라린 질문이다.

제 7 장

모든 이들이 지은 건축

1
윤동주 문학관

비인간적이고 획일적이며 무표정하다고 여겨지는 철근콘크리트 건축이 도시의 역사를 증언한다. 그리고 집단의 시간을 기록하며 다양한 상상을 이끌어낸다.

부끄러운 기억을 되살린 낭트시

프랑스의 항구 도시 낭트(Nantes)는 17~18세기에 대서양을 횡단하던 4,000여 개의 노예무역선 중 45퍼센트가 드나들던 곳이다. 당시 배에 실려 간 아프리카의 흑인들은 자그마치 50만 명에 이른다. 노예 상인들은 그들을 서인도 제도 등에 팔아 넘겼고, 돌아올 때는 그곳에서 생산되는 설탕, 커피, 담배 등을 싣고 왔다. 낭트는 이런 삼각무역으로 막대한 부를 누렸다.

18세기 말에 폐지되었다가 나폴레옹 시대에 잠시 부활했던 프랑스의 노예제도는 1848년에 완전히 폐지되었다. 그로부터 150년이 지난 1998년, 낭트시는 자기들의 부끄러운 과거를 솔직하게 드러내는 조형물을 만들었다. 그리고 2012년에는 도시 중심부를 지나는 루아르(Loire) 강을 따라 길게 놓여 있던 주차장 자리에 '노예제 폐지 기념비(Mémorial de l'abolition de l'esclavage)'를 완성했다.

노예무역선의 출발지였던 이 부두에는 18세기에 세운 방파제가 남아 있었다. 20세기에는 그 방파제 위에 삼각형 모양의 철근콘크리트 구조물을 낮고 길게 세웠다. 그러나 밀물 때가 되면 4미터씩이나 넘쳐 오르는 조수 때문에 구조물 밑의 공간은 매일 물에 잠겨 있었다.

노예제라는 역사적 과오를 기억하는 기념비는 새로 지은 번듯한 건물이 아니라 바로 그 좁고 긴 공간이었다. 주차장으로 쓰이던 길바닥에는 2,000개나 되는 유리 타일을 묻었다. 그중 1,710개에는 낭트 항을 떠난 노예무역선의 이름과 날짜가, 나머지 290개에는 노예 거래처와 정박했던 항구의 이름이 적혀 있다. 계단을 내려오면 긴 지하 통로가 전시 공간이 되어 과거에 이곳에서 벌어졌던 일들을 증언해 준다. 통로 한쪽에는 기둥 사이로 넘실거리는 강이 보이고, 다른 한쪽에는 45도 기울어진 거대한 유리판에 어두운 과거를 증언하는 문서, 노래, 문학, 개인의 기록 등이 적혀 있다.

길이가 350미터나 되는 이 전시장은 버려져 있던 공간을 시민들이 수시로 오가는 일상 공간으로 바꾸었다. 낮고 길고 좁은 지하 공간은 배에 감금된 채 짐승처럼 끌려가던 노예들의 극한의 공간을 은유

낭트 시의 부끄러운 과거를 보여주는 조형물. (위)
부둣가의 낮고 좁고 긴 공간이 노예제 폐지 기념비가 되었다. (아래) ⓒPhilippe Ruault

하며 도시의 부끄러운 기억을 되살린다. 그 속을 걷게 되리라고는 상상조차 하지 못했던 물밑의 공간! 이 버려진 철근콘크리트 구조물을 기억과 참회의 공간으로 바꿔낸 것은 과거를 반성하고 미래에 바른 교훈을 전해주고자 했던 낭트 시민들의 겸허한 역사의식이었다.

빛과 시간으로 시인을 불러내다

이런 철근콘크리트 기억 공간이 우리나라에도 있다. 서울 종로구 청운공원 안에 있는 '윤동주 문학관'이 그곳이다. 1974년에 지어졌던 청운 아파트가 2005년에 없어지면서 그 터에 청운공원이 만들어졌다. 그러나 고지대에 수돗물 잘 나오라고 만들었던 가압장은 2008년에 용도폐기된 채 공원 구석에 초라한 몰골로 남아 있었다.

그 무렵 청운공원 한쪽에 '윤동주 시인의 언덕'이 생겨났다. 윤동주가 연희전문에 재학하던 시절 종로구 누상동에서 넉 달간 하숙을 했었는데, 종로구청과 '윤동주 문학사상 선양회'가 이를 기념하기 위해 그런 이름을 붙인 것이다. 선양회는 시인이 종종 거닐었을 그 언덕 일대에 문학관을 마련하여 윤동주를 기리고자 했다. 그러나 한양도성과 인접한 곳이라 신축이 불가능했고, 종로구청은 2010년에 가압장 건물을 임시 문학관으로 제공해주었다.

이제는 개축되고 상도 많이 타서 유명해졌지만 임시 문학관이었을 때의 사진을 보면 초라하기 그지없다. 한쪽 벽에는 학사모를 쓴 윤동주의 얼굴 그림이 조그맣게 붙어 있고, 푸른색 셔터 위에는 '윤동주 문학관'이라 쓰인 허름한 현수막 한 장이 걸려 있었다. 그게 다였다.

윤동주 문학관. ⓒ김광현

물탱크 하나의 지붕을 헐어 중정으로 바꾸었다. (위) ⓒ김광현
다른 하나의 물탱크는 시인이 투옥되었던 감방으로 표현했다. (아래) ⓒ김광현

그런데 공교로운 일이 생겼다. 2011년 여름, 임시 문학관의 기본설계가 거의 마무리되어갈 무렵 집중호우로 인한 우면산 산사태가 일어났다. 유사한 피해를 방지하기 위해 임시 문학관 일대를 점검하던 중 우연히 물 빠지는 구멍이 전혀 없는 이상한 옹벽을 발견했고, 이에 대해 안전진단 조사를 했다. 그 결과 그것이 옹벽이 아니라 청운공원을 조성할 때 묻힌 철근콘크리트 물탱크의 벽면이라는 걸 알게 되었고, 바로 옆에 물탱크가 하나 더 붙어 있음을 발견했다.

두 개의 물탱크는 원래 크기와 높이가 똑같았다. 건축가 이소진은 그중 하나의 지붕을 헐어 중정으로 바꾸었고, 다른 하나는 공간을 최대한 보존하여 시인이 투옥되었던 감방으로 표현했다. 지붕을 헐어 개방된 물탱크는 하늘이 올려다보이는 자유를, 폐쇄된 또 다른 물탱크는 형무소 감방의 폐쇄감과 공포를 효과적으로 드러냈다. 오랜 시간에 걸쳐 물때가 두껍게 끼어 있는 벽면은 윤동주의 감금과 투옥, 고문, 고통을 나타내는 데 적격이었다.

폐쇄된 물탱크에는 위쪽으로 작은 구멍 하나가 뚫려 있다. 작업자가 드나들던 이 구멍은 어둑한 공간을 비추는 한 줄기의 채광창이었다. 건축가는 구멍을 오르내리던 사다리를 잘라내고 흔적만 남겨둠으로써, 환한 자유를 갈망했지만 끝내 어두운 감옥에서 벗어날 수 없었던 시인의 질곡을 직관적으로 표현해주었다.

지붕을 덜어내어 중정이 된 물탱크의 벽 위로는 그전부터 그 자리에 서 있던 팥배나무가 하늘과 함께 시야에 들어온다. 이러한 수법 자체는 특별한 것이 아니다. 새로 계획한 건축물에서 얼마든지 볼 수 있는 풍경이다. 그러나 이곳에 '열린 우물'이라는 이름을 붙이는 순간, 윤동주의 시 「자화상」에 나오는 '우물'이라는 시어가 이 공간에 투사된다. 푸른 하늘은 올려다보는 우물이 되고, 벽면의 오래된 물때는 시인이 "산모퉁이를 돌아 논가 외딴 우물을 홀로 찾아가선 가만히 들여다봅니다"라고 읊조리던 깊은 우물을 연상시킨다.

윤동주가 누구인가? 일본 유학 도중 항일운동을 했다는 혐의로 후쿠오카 형무소에 투옥되어 28세의 나이로 요절한 민족시인이다. 기록상으로는 '뇌내출혈'이지만 실제로는 생체실험으로 인해 사망했다고 여겨진다. 윤동주라는 이름에는 나라 잃은 백성들의 애절함이 고스란히 스며 있다. 그의 죽음은 곧 이 민족의 죽음이기도 했다.

엄밀하게 말하면 가압장과 물탱크는 시인 윤동주와는 아무 관계가 없다. 이곳에서 윤동주를 떠올리는 것은 일종의 감정이입이고, 서로 다른 시공간의 인위적인 연결이다. 그런데도 한국 사람이라면 어느 누구도 이 공간이 인위적이라고 이의를 제기하지 않는다. 모두가 공감하고 그 안에서 윤동주의 깊은 뜻을 함께 나누려 한다. 그렇다면 우리가 이 공간에서 공통의 감정을 느끼고 이 공간이 자아내는 의미에 공감하는 까닭은 무엇인가?

회화도, 조각도, 그 어떤 장르의 예술도 물체의 의미를 이렇게 만들어내지는 못한다. 물때로 뒤덮인 철근콘크리트 물체에 생기를 불어넣고 감정을 전달할 수 있는 건 건축밖에 없다. 오직 건축만이 견고한 무기질의 공간 속에서 빛과 시간을 통해 윤동주를 불러내고 그를 기리는 시가 될 수 있다.

이것이 건축의 힘이다.

인간의 망각을 거부하는 건축

책상 앞에서 글을 쓰다가 갑자기 좋은 생각이 떠올라 서가에 있는 어떤 책을 참고하면 되겠다고 생각했는데, 막상 서가 쪽으로 가면 조금 전 내가 무슨 책을 떠올렸는지 기억이 나지 않을 때가 간혹 있다. 그럴 때 책상으로 되돌아와서 모니터를 들여다보고 이것저것 만져보며 아까 했던 행동들을 다시 해보면 내가 떠올렸던 책이 무엇이었는지 기억이 난다. 이렇게 기억은 본래의 자리에 묶여 있다.

건축은 새로움을 향해 앞으로만 나아가는 물체가 아니다. 건축은 언제나 뒤를 돌아보게 하는 물체다. 사람들은 어떤 공간, 장소, 나무나 사물 속에서 '저기에 학교가 있었는데…' '그때 저 나무 밑에서 할머니가 어땠는데…' 같은 크고 작은 기억들을 누적해간다. 우리는 늘 만나는 사람이나 늘 대하는 사물을 보고 느끼고 이야기하며 살게 되어 있다. 이런 공간, 장소, 나무, 사물 속에 누적된 모든 것을 합한 것이 무엇인가? 그것은 다름 아닌 집이다. 집은 변하지 않는 지속적인 가치를 생각하게 하고 그것의 깊이를 더한다.

하이데거는 "언어는 존재의 집"이라고 했다. 이 말을 바꾸어보면 "집은 존재의 언어"가 된다. 윤동주 문학관이라는 집은 "윤동주라는 존재를 말하는 언어"다.

독일의 문화학자 알라이다 아스만(Aleida Assmann, 1947~)이 말했듯이 역사는 기억의 소유자가 없어진 문건을 보관하는 장소다. 역사는 과거를 기억하는 한 가지 방식이지만 지금을 살아가는 사람에게서 우러나온 기억이 아니다. 그리고 어떤 부분은 기억하지만 어떤 부분은 망각하며 일부만을 선택한다. 그러나 '집단기억'은 다르다. 그것은 개인이나 공동체가 실제로 경험한 것이며 그들에게 귀속된다. 집단기억은 과거, 현재, 미래에 다리를 놓아주고 개인이나 공동체의 정체성을 가져다준다. 집단기억은 개인과 강한 관계가 있으며, 그들의 체험을 이야기로 만든 것이다. 따라서 윤동주는 역사가 아니다. 우리 모두의 집단기억이다.

용도가 폐기된 가압장과 오랫동안 땅속에 묻혀 있던 물탱크는 이미 사라진 것들이므로 요약된 과거다. 그런데 이것이 또 다른 과거인 윤동주를 만나 우리 모두에게 숙고의 공간으로 나타났다. 물탱크를 보고 보물이 될 거라고 직감하고 물탱크 활용 방안을 강구하라고 지시한 당시 김영종 종로구청장, 그리고 물탱크 속 한 줄기의 빛과 물 때의 가치를 알아본 윤인창 주무관에게 이 구조물은 시(詩)로 다가왔다. 전시품 하나 없는 문학관에 억지로 이야기를 만들어야 한다는 어색함을 알아차린 공원녹지과 윤명중 과장은 윤동주 시인의 조카인 유인석 교수에게 전화를 걸어 친필 원고 하나만이라도 기증해달라고 간청했다. 종로구청이 시인을 상품화한다고 마뜩찮게 생각하고 있던 윤 교수는 그 부탁의 진정성을 감지하고 연세대에 기증하기로 한 친필 원고의 영인본을 만들어주었다고 한다. 아무 관계도 없는 물탱크의 과거는 이렇게 기획자의 진정성을 통해 되살아날 윤동주를 기다리고 있었다.

이처럼 이 구조물의 가치를 제일 먼저 알아본 사람은 건축가가 아니라 담당 공무원들이었다. 그렇다. 좋은 공공건축물은 담당 공무원의 가치관과 역할에서 시작한다.

윤동주의 실제 삶과 무관했던 가압장과 물탱크는 그 공간적 특질로 인해 시인의 삶과 시를 표상하게 되었다. 그러나 이곳을 기념관으로 만들어주는 힘은 건물 그 자체에 있지 않다. 그것은 사건과 장소를 기리며 기념하고자 하는 많은 이들의 마음, 누군가를 일상에서 기억하고자 하는 사회 전체의 공통적인 의도에 있다.

우리에게 윤동주의 유해는 없다. 그러나 그를 기억한다는 것은 곧 나의 정체성을 찾는 것이다. 그가 누구였고 어떻게 살았는지를 몸으로 기억하고 싶을 때 '윤동주 문학관'에 가보라. 그러면 한때 물탱크였던 철근콘크리트 구조물이 탁월한 설계를 통해 되살아나서 희미하게나마 그를 기억하게 해준다. 이렇게 하여 '윤동주 문학관'은 장소와 건물로 그곳에 붙박여 있던 개인과 공동체의 기억을 고스란히 되살려준다.

역사와 기억은 종이에만 적히는 것이 아니다. 그것은 돌과 나무에, 그리고 콘크리트에 훨씬 더 잘 기록된다. 당시 담당 주무관에 의하면, 이렇게 지어진 집이 널리 알려지자 시인에 대한 관심도 다시금 높아졌다고 한다. 철근콘크리트 구조물이 시인을 담아 기억과 문화로 확장되었다는 뜻이다. 그래서 존 러스킨(John Ruskin)은 『건축의 일곱 등불』(1849)에서 이렇게 말했다. "인간의 망각을 거부하는 강한 정복자는 시와 건축, 오로지 둘뿐이다." [198]

2
전동성당

일제강점기에 지어진 전동성당(殿洞聖堂, 1908~1914)은 전주에서 가장 오래된 성당이고 호남에 제일 먼저 지어진 서양식 건물이다. 그리고 호남 최초의 로마네스크 양식 건물이기도 하다. 이 건물은 1937년부터 1957년까지 천주교 전주교구의 주교좌성당으로 쓰였다.

따뜻하게 토착화된 공간

로마네스크 양식 성당의 첫 번째 특징은 원통을 반으로 자른 모양의 둥근 천장을 돌로 만들어 내부를 덮는 것이다. 이 반원형 천장을 볼트(vault)라 한다. 볼트의 힘은 수직으로만 작용하지 않고 옆으로

네오고딕 양식의 장식고탑을 로마네스크적으로 변형한 전동성당의 정면. ⓒ김광현

도 벌어지려 하는데, 이 힘을 추력(推力)이라 한다. 이 추력을 버티려면 성당의 좌우 측면에 일정한 거리를 두고 아주 튼튼한 또 다른 벽체를 세워야 한다. 그 벽체 위에도 작은 볼트 천장과 지붕을 얹는다. 그러면 성당 내부에는 중앙에 넓고 긴 공간이 생기고 그 양옆에도 좁고 긴 공간이 생겨난다. 이렇게 세 개의 긴 공간으로 구성된 성당을 '3랑식(三廊式)' 성당이라 부른다.

구조가 이렇다 보니 대부분의 성당은 정면 중앙에 삼각형의 박공지붕이 높게 서고, 그보다는 낮은 경사 지붕이 좌우에 붙게 된다. 유럽의 큰 성당들은 육중한 돌 지붕의 무게 때문에 가운데의 높은 벽체가 밀려나지 않도록 정면 좌우에 아주 높고 육중한 구조물을 두었다. 이 구조물 위에 종탑(belfry)을 둘 때가 많은데, 이 역시 종을 달기 위해서가 아니라 구조적인 안전을 위해 만든 것이다.

벽돌로 지어진 전동성당은 유럽의 성당에 비하면 규모가 작지만 정면 중앙에 높이 솟아 있는 고탑(高塔, steeple)과 좌우에 있는 계단탑이 성당을 매우 위엄 있게 만들어주고 있다. 높이가 계단탑의 두 배나 되는 이 고탑은 19세기의 네오고딕(neo-Gothic) 양식에서 나온 것이다. 네오고딕 양식에서는 대개 탑(tower) 위에 종탑, 그 위에 채광탑(lantern)을 놓은 다음 제일 위에는 뾰족탑(spire)이나 돔을 덮었다. 전동성당의 고탑은 마치 피렌체 대성당처럼 약간 위로 솟은 돔(pointed dome)을 제일 위에 얹고 벽돌로 육중하게 처리해서, 네오고딕적 요소를 로마네스크 양식으로 변형한 것이다.

우리나라의 건축 관련 책이나 자료를 보면 전동성당이 "비잔틴풍의 총화형(蔥華形) 뾰족돔을 올린 로마네스크 양식 건물"이라는 설명이 여기저기 많이 인용되고 있다('총화형'이란 파꽃 모양이라는 뜻인데

두 가지 벽돌로 수직성과 수평성을 함께 조정하면서도 공간을 따뜻하게 감싼다.
ⓒ김광현

거의 쓰지 않는 말이다). 그러나 비잔틴의 돔은 돔을 받치는 독특한 구조체 위에 얹힌 원형 또는 타원형의 돔이어야 하므로 이는 잘못된 설명이다.

로마네스크 양식의 성당에서는 둥근 천장을 여러 개의 아치가 띠처럼 가로지르는 경우가 많다. 하중이 상당한 돌 지붕이 내려앉지 않도록 보강하기 위함이다. 천장을 받치는 아치가 바닥까지 내려오기도 하는데, 이때는 중랑(中廊) 좌우 벽의 수직성이 강조된다. 그러나 집중 하중을 받는 기둥(피어, pier)을 세울 때는 천장을 받치는 아치가 기둥머리까지 내려와 중랑 좌우 벽의 수평성이 크게 강조된다.

전동성당에서는 돌 대신 표면을 회반죽한 둥근 천장을 회색의 아치가 가로지르고 있다. 얼핏 보면 희색 벽돌을 쌓아 올린 것 같지만, 사실은 벽돌 모양으로 짠 나무에 페인트칠을 한 것이다. 천장을 가로

질러 벽면으로 이어지던 회색 띠들은 채광창 높이에서 붉은 벽돌로
바뀌어 돌기둥의 머리까지 내려온다. 왜 이렇게 했을까?

　이는 전동성당이 규모가 작고 입구에서 제대까지 깊이가 별로 깊
지 않기 때문이다. 붉은 벽돌 띠는 제대의 뒷벽을 돌아 내부 공간
전체를 따뜻하게 감싼다. 이런 의도를 보강하려는 듯 트리포리움
(triforium, 작은 아치들이 세 개씩 묶여 있는 벽 중간층)의 난간벽도 붉은 벽
돌을 주조로 하고 있다. 그 결과 아케이드는 제대를 돌아 한 묶음이
되고, 트리포리움 층도 채광창이 있는 벽도 각각 다른 묶음이 되어
공간을 크게 수평으로 감싼다. 만일 천장의 회색 아치가 돌기둥의
기둥머리까지 내려왔더라면, 수직성은 강조되지만 그 대신 공간의
깊이는 훨씬 덜 깊어 보였을 것이다. 그러나 건축가는 두 가지 색깔의
벽돌을 적절히 사용하여 벽면의 수직성과 수평성을 한 번에 조정했
다. 정말 탁월한 조형이다.

　여기에서 공간을 '따뜻하게 감싼다'는 것은, 유럽 성당보다 규모가
작지만 우리만의 정서를 담고 성공적으로 토착화하고 있다는 뜻이
기도 하다.

전동성당의 돌은 그들의 몸이었다

　세계적인 걸작인 르 코르뷔지에의 '롱샹 경당(La Chapelle Notre-
Dame-du-Haut, Ronchamp)'은 제2차 세계대전 때 폭격을 맞아 파괴된
옛 성당의 돌과 철근콘크리트를 새 건물의 벽으로 다시 사용했다. 옛
성당의 돌과 철근콘크리트가 새 성당의 몸이라고 여겼기 때문이다.

독일 뒤렌(Düren)에 있는 '성 안나 성당(Annakirche)'은 13세기에 지어진 고딕 양식의 성당이었다. 1944년 연합군의 공습으로 도시의 97퍼센트가 파괴되었을 때 이 성당은 바닥만 남기고 모든 것이 무너져 내려앉았다. 1956년 루돌프 슈발츠(Rudolf Schwartz, 1897~1961)의 설계로 사방에 흩어져 있던 성당의 돌을 하나하나 다시 쌓아 올려 새로운 성당을 세웠다. 700년 동안 도시의 신자들을 감싸주던 성당의 돌들은 그들의 옷이고 몸이었기 때문이다. 이처럼 건물의 물질은 사람의 몸이 되어 역사와 기억을 이어간다.

전동성당의 돌과 벽돌도 이와 비슷하다. 이 성당이 지어진 과정도 영성적이다. 전동성당 자리는 한국 최초의 천주교 순교 터이며, 호남에 천주교를 전파한 모태 본당이고 전교의 발상지였다. 전주 본당이 설립된 것은 1889년이었는데, 이때 초대 주임신부로 파리 외방전교회에서 파견된 보두네(Francois Xavier Baudounet, 1859~1915) 신부가 부임했다. 당시 전주 신자들의 열화와 같은 요청 때문이었다.

전주 성당은 날로 급증하는 신자들을 수용하기에 너무 비좁아서 큰 성당을 짓게 됐다. 보두네 신부는 성당 건설의 경험이 있는 프와넬(Victor Louis Poisnel, 1855~1925) 신부를 찾아가 공사 관련 업무를 부탁했다. 프와넬 신부는 명동대성당의 공사를 감독한 코스트(Eugene Jean George Coste, 1842~1896) 신부가 선종하자 그 뒤를 이어 마무리를 지은 사람이었다.

공사가 시작되자 전주 시내에 사는 많은 신자들이 건설에 참여했다. 진안, 장수 심지어는 장성 사거리 지역의 신자들까지 밥을 지어 먹을 솥과 양식을 짊어지고 와서 손바닥에 굳은살이 박이고 어깨에 혹이 생기도록 자원 부역을 했다. "남자 교우들은 사흘씩 무보수로 일하러 왔는데 그것도 12월과 1월의 큰 추위를 무릅쓰고 왔습니다. 늙은이 젊은이 할 것 없이 이 일에 놀랄 만한 열성을 쏟았고, 그들은 추위로 언 손을 신앙과 만족감으로 녹일 정도로 참아내는 것이었습니다."[199]

　이런 신자들의 희생적 노력 끝에 전동성당은 1908년 공사를 시작한 지 6년 만인 1914년에 외형 공사를 모두 마쳤다. 그러나 완공된 것은 1931년이므로 착공에서 성전을 봉헌하기까지는 무려 23년이 걸렸다. 이처럼 단지 외형만이 건물의 전부가 아니다. 함께 지었던 이들도 건물을 몸으로 증언하고 있었다.

전동성당은 성벽 자리였던 태조로에 근접하여
순교자의 얼이 서린 풍남문을 바라보고 있다.

처음 이 성당을 설계할 때는 지금보다 훨씬 동쪽에 있는 오목대(梧木臺) 근처를 염두에 두었다. 그런데 이 계획이 밖으로 누설되었고, 당시 전라도 관찰사였던 이완용이 그 자리에 정각(亭閣)을 지으며 일을 방해했다. 이에 뮈텔(Mutel, 1854~1933) 주교가 지금의 한옥마을 일대가 내려다보이는 오목대를 찾아와, 전주를 한눈에 바라볼 수 있는 이곳도 좋지만 그래도 첫 순교자의 피와 얼이 서린 풍남문 밖에 성당을 짓는 것이 더 좋겠다고 하여 지금의 터를 정했다.

전주읍성의 성벽은 풍남문을 지나 태조로로 이어지다가 경기전길로 꺾였다. 태조를 모시는 경기전(慶基殿)이 성벽에 면해 있었는데, 현재 전동성당은 길 하나를 사이에 두고 경기전을 마주 보고 있다. 또한 성벽에 바짝 붙은 채 서쪽으로 순교 터인 풍남문을 바라보고 있다. 게다가 순교자에게 사형 선고를 내리던 전라 감영과도 마주 보고 있다. 이처럼 전동성당의 역사를 이해하려면 먼저 그 자리가 어떤 곳이었는지를 정확히 알아야 한다.

성당 주춧돌은 원래 전주 성벽의 돌이었다. 도로 개수사업을 하고 신작로를 신설한다는 일제 통감부의 계획에 따라 풍남문을 제외한 3개 성문과 성벽이 헐리게 되자, 보두네 신부는 뮈텔 주교에게 도움을 요청했다. 이후 프랑스 공사의 중재에 힘입어 1909년 7월 철거되는 남문 밖 성벽의 돌과 흙을 성당 건축자재로 써도 좋다는 통감부의 허락을 받아냈다.

모든 신자들이 총동원되어 성벽의 돌과 흙을 운반했다. 그리하여 같은 해 10월에 성당 주춧돌 공사가 끝났다. 이 주춧돌을 보려면 제대 뒤에 있는 바닥의 작은 문을 열고 사람 키 정도의 높이인 지하로 들어가야 한다. 이 돌은 아무 데서나 가져온 흔한 돌이 아니다. 순교

전동성당 앞마당의 성인상 너머로 풍남문이 보인다.

자들의 참수를 지켜보던 성벽의 돌이 성당의 주춧돌이 되었다.

전주 풍남문 밖은 한국 천주교회 최초의 순교자인 윤지충과 권상연이 1791년에 참수형을 당한 최초의 순교 터이며, 신유박해(1801) 때 호남의 사도인 유항검과 초기 전라도 교회의 지도급 인물들이 순교한 곳이다. 이것을 더 잘 이해하려면 성당 앞마당에 있는 윤지충과 권상연의 성인상 앞에 서서 풍남문 쪽을 바라보아야 한다. 지금은 커다란 유리 건물이 배경을 이루고 있으나, 이 성인상 뒤로 성벽이 겹쳐 보인다고 상상해보라. 그러면 두 성인상을 두고 성당과 성벽이 하나의 시선으로 이어진다. 더구나 성당 자리는 성벽에 바짝 붙어 있었다. 풍남문에 윤지충과 권상연의 목이 걸렸을 때 그들은 어디를 바라보고 있었을까? 전동성당이 있는 이 자리였을까, 아니면 더 멀리 지금의 남천교인 오홍교를 향하고 있었을까?

건축으로 남은 그들의 소망

전등성당의 석재는 화강암으로 제일 유명한 익산 황등산의 화강
석을 썼고, 목재는 또 하나의 천주교 성지인 치명자산을 매입하여 그
곳의 나무를 사용했다. 치명자산은 유항검과 그의 처 신희, 동정 부

이 벽돌은 순교자들을 지켜본 성벽의 흙으로 만들어졌을 것이다.

부로 순교한 큰아들 유중철과 며느리 이순이 등 유항검 가족 6인의 합장묘가 있는 곳이었다. 이렇게 하여 전동성당은 지은 자리, 돌, 흙, 벽돌, 나무까지 모든 요소들이 순교 터를 이어받은 건축물이 되었다.

성당은 화강암을 주춧돌로 하며 외벽은 중국인 100여 명이 전주에서 구운 붉은 벽돌로 지어졌다. 이 벽돌은 순교자들의 참수를 지켜본 성벽에서 나온 흙으로 만들어졌을 것이다. 또한 모든 신자들이 힘을 합쳐 이 벽돌을 쌓아올렸을 것이다. 명동대성당과 중림동 성당의 벽돌도 순교자들이 묻혔던 왜고개 땅의 흙으로 만들어졌다. 왜고개는 조선 시대에 기와와 벽돌을 공급하던 와서(瓦署)가 있던 곳이며, 기해박해 때 효수형을 당한 앵베르 주교와 모방·샤스탕 신부, 병인박해로 순교한 남종삼 등 10명의 순교자가 수십 년 동안 매장돼 있던 곳이었다.

많은 사람들이 즐거운 마음으로 거닐고 있는 그런 길에 오늘도 전동성당은 서 있다. 꼭 가톨릭 신자가 아니더라도, 한번쯤은 숙연한 마음으로 성당의 붉은 벽돌을 직접 만져볼 일이다. 그것을 쌓은 사람들의 고난과 소망이 건축으로 남아 도시의 역사를 증언하고 있기 때문이다.

3
사그라다 파밀리아

오늘날 세계에서 가장 유명한 건축물은 안토니 가우디(Antoni Gaudí, 1852~1926)의 '사그라다 파밀리아'일 것이다. 스페인 바르셀로나에 있는 이 성당의 정식 이름은 '속죄하는 이들의 성가족 대성전 (Basílica i Temple Expiatori de la Sagrada Família)'이다.

1882년에 착공되어 142년이 지난 지금까지도 지어지고 있는 건축물. 한 건축가가 죽을 때까지 43년 동안 계속 지은 건축물. 건축가의 사망 100주기가 되는 2026년에 완공될 것이라는 소식에 잘하면 나도 볼 수 있겠다며 기대가 되는 건축물. 왜 그럴까? 기이한 형태와 엄청난 크기 때문인가? 흥미로운 에피소드 때문일까?

그러나 건축가 가우디가 아무리 뛰어났어도 "그래, 이런 성당이라면 대를 이어서라도 지어보자"고 결심하고 용단을 내린 건축주가 없

사그라다 파밀리아의 정식 이름은 '속죄하는 이들의 성가족 대성전'이다.

었다면 이토록 오래 건물을 짓고 있을 리 없다. 우리는 유명한 것 자체에만 관심이 있지, 누가 어떻게 이 성당의 건축에 동의해주었는지는 물으려 하지 않는다.

"이 청년이야말로 이 성당의 건축가"

사그라다 파밀리아는 정부의 지원이나 교회 재정으로 지어지게 된 건물이 아니다. 본래 이 성당은 평신도 단체를 위한 작은 성당으로 계획됐다. 처음에 이 성당을 짓자고 생각한 사람은 종교서적 출판사 경영자인 호셉 마리아 보카베야(Josep Maria Bocabella, 1815~1892)였다.

호셉 마리아 보카베야.

그는 선진 산업도시로서 부를 축적하고 있는 바르셀로나에서 땅에 떨어져가는 신앙심을 되살리고자 1866년에 '성 요셉 협회'라는 단체를 설립했다. 이것은 그냥 열성적인 신자들의 모임이었을 뿐, 교회로부터 권위를 위임받은 평신도 단체가 아니었다. 그런데도 불과 10년 만에 회원이 60만 명에 이르렀다. 당시 바르셀로나 인구가 25만 명이었던 것을 감안하면 실로 엄청난 숫자였다.

이탈리아 로레토의 성당을 보고 느낀 바가 많았던 보카베야는 1874년 모든 회원들이 한자리에 모여 미사를 드릴 '속죄하는 이들의 성가족 성당'을 건설하자고 제안했다. 비용은 대부분 가난한 회원들의 기부금으로만 충당했다. 이들은 1881년에 시내에서 한참 떨어진 곳에 대지를 사들였다. 그렇지만 돈이 기대만큼 모이지 않아서 몇 번이나 공사가 중단되었다.

보카베야와 그의 딸 부부가 사망한 1895년 이후부터는 바르셀로나 대주교가 임명한 건설위원회가 건축주 역할을 대신했지만, 그 전까지는 '성 요셉 협회'가 이 성당의 건축주였다. 또한 이 성당은 처음부터 지금과 같은 가우디의 안으로 시작한 것이 아니었다. 이 성당의 초대 건축가는 바르셀로나의 유명한 교구 건축가였던 비야르(Francisco del Villar, 1828~1901)였다. 그는 어렵게 지어지는 성당이니 설계를 무료로 맡겠다고 나서주었고, 가우디의 스승인 호안 마르토렐(Joan Martorell, 1833~1906)은 이 일의 자문을 맡았다. 1882년에는 보카베야의 구상을 나름대로 충실하게 반영한 평범한 계획안이 착공되었다.

그러나 얼마 안 되어 성당의 재료 문제로 심각한 이견이 발생했다. 비야르는 성당의 성격으로 보나 구조로 보나 당연히 석조로 지어야 한다고 주장했다. 반면 건축비가 모자랄 것을 우려한 보카베야는 자문이었던 마르토렐의 의견에 따라 구조는 벽돌로 하고 바깥에 돌을 붙이자고 했다. 결국 문제는 돈이었다. 이 문제로 비야르는 이듬해인 1883년에 사임했다.

보카베야는 마르토렐에게 후임을 맡아달라고 부탁했다. 그러나 마르토렐은 자기의 자문 때문에 일이 틀어진 마당에 후임이 되는 것은 적절하지 않다며 거절했다. 그 대신 자기 밑에서 일하고 있던 젊은 건축가 가우디를 추천했다. 이때 가우디는 불과 서른한 살이었고, 건축사 자격을 얻은 지 5년밖에 안 되어 변변한 실적도 없는 무명의 건축가였다. 그런데도 무료로 봉사한 전임 건축가와는 달리 보수를 받는 건축가로 임명됐다.

비록 재원이 부족한 성당일지라도 일을 맡은 것 자체가 가우디로서는 기쁜 일이었다. 게다가 언제 끝날지 기한이 정해져 있지 않았으므로, 건설이 계속되는 한 계속 보수를 받을 수 있었다.

가우디는 보카베야와는 정반대의 인물로, 반종교적인 발언을 스스럼없이 내뱉던 젊은이였다. 이런 가우디를 보수적인 '성 요셉 협회'가 선택한 것은 의외의 일이었다. 전해지는 말로는, 이 성당의 건축가는 파란 눈을 가져야 한다는 계시를 받은 보카베야가 가우디를 본 순간 "이 청년이야말로 사그라다 파밀리아의 건축가다"[*200]라고

했다고 한다. 파랗고 아름다운 눈을 가졌다는 이유 하나로 가우디가
선임되었다는 말이다.

세상에서 가장 훌륭한 건축주, 성 요셉 협회

눈동자가 무슨 색이건 결국은 가우디의 빼어난 재능과 창조적 능
력 때문에 2대 건축가로 임명되었다고 생각하기 쉽지만 사실은 전혀
그렇지 않았다. 지금과 같은 엄청난 성당을 기대했던 것도 아니었다.
그저 이 젊은 건축가가 작고 아담한 성당을 무난하게 완성해주기를
바랐을 뿐이었다. 그때까지만 해도 사그라다 파밀리아는 작은 성당
계획에 지나지 않았고, 당시의 바르셀로나 사람들에게는 별로 대단
한 일도 아니었다.

책임 건축가가 되고 나서 4년 후인 1887년에 가우디는 비야르의
안을 다소 변경하면서 지하 경당을 완성했다. 이후 건설비가 부족하
여 2년간 공사가 중단됐다. 1890년에 다시 원형 제단의 벽면 공사가
시작되어 1893년에 마무리됐다. 바야르의 건축에 비판적이었던 가
우디가 전임 건축가의 안을 유지한 것은 여기까지였다. 지하 경당에
서 미사를 드릴 수 있게 되자, 조금 여유가 생긴 가우디는 전혀 다른
새로운 건축을 머리에 그리고 있었다.

1893년에는 가우디의 새로운 안에 따라 완전히 독창적인 '탄생의
파사드(Nativity Facade)'가 착공되었다. 이런 구상은 책임 건축가가
된지 2년 후인 1885년에 이미 시작되었을 것으로 보인다. 1890년쯤
에 대략적인 방향이 정해졌고, 적어도 1891년에는 건축주인 '성 요

섭 협회' 회원들에게 새로운 안을 제시하고 그들을 설득했으며, 협회는 이 시기에 신중한 논의를 거쳐 이것을 승인해주었을 것으로 추측된다.

건설비용이 많이 드는 공법을 주장했다는 이유로 전임 건축가가 물러났는데, 경험도 없는 젊은 건축가가 당돌하게도 축구장 하나가 들어갈 만큼 큰 성당을 짓자고 주장했다. 게다가 높이가 172.5미터, 130미터, 110미터나 되는 18개의 거대한 탑을 세우자고 나섰다. 이런 제안을 건축주가 선뜻 받아들였을 리는 만무하다. 그들은 대체 무엇을 믿고 이 엄청난 성당을 짓기로 결심했을까? 설령 당대에 다 짓지 못한다 해도, 아무리 많은 시간이 걸리더라도 기필코 지어야겠다고 그들이 결심한 이유는 무엇이었을까? 예술적으로 아름다우니 한번 지어보자고 했을까? 아니다.

시간이 한참 지나서 성당이 어느 정도 지어진 뒤에도 세계의 건축가들은 사그라다 파밀리아를 경멸했다. 가우디의 안에 따라 공사가 시작된 지 18년 후인 1910년, 파리에서 국립미술협회가 가우디 전시회를 열었다. 그러나 그들은 사그라다 파밀리아에는 별로 관심이 없었고, 오히려 "기껏해야 얼음과자 건축이고, 그 이미지는 소설에 등장하는 식탁에 나올 법하다"고까지 혹평했다. 근대의 거장 르 코르뷔지에도 1929년에 공사가 중단된 상태였던 이 성당을 두고 "바르셀로나라는 도시의 수치"라고 비난했다(그러나 1957년에는 사그라다 파밀리아가 "가우디라는 사건"이며 "가우디는 위대한 예술가"라고 태도가 돌변했다).

당시의 건축가들도 그러했는데 도대체 '성 요셉 협회' 사람들은 무엇을 보고 가우디의 계획안을 승인하고 같이 짓자고 나섰을까? 그리고 가우디는 그들에게 무엇을 보여주며 어떻게 설명했을까?

가우디의 사인이 적혀 있는 단 한 장의 스케치. (왼쪽)
제자가 그린 완성 예상도. (오른쪽)

　불행하게도 1936년 스페인 내전 때 이 성당 지하에 있던 아틀리
에가 무정부주의자들에게 습격을 당해 도면과 모형 등 수많은 자료
들이 불에 타버렸다. 가우디의 사인이 있는 1902년의 스케치가 딱
한 장 남아 있는데, 성당의 전체적인 형상과 볼륨이 아주 투박하게
그려져 있다. 1906년에 제자가 그린 완성 예상도가 남아 있긴 하지
만 여기에도 전체적인 모습이 흐릿하게 그려져 있을 뿐이다. 그러니
1891년 '성 요셉 협회' 회원들 앞에서 자기 계획을 설명했을 때도 가
우디는 분명히 이런 투박한 그림을 보여주었을 것이다.
　기록이 없으므로 알 길이 없다. 그러나 푸른 눈의 가우디는 아마
도 협회 회원들 앞에서 이렇게 설득했을 것이다.

"빛의 십자가에서 네 개의 빛줄기가 밤하늘을 가로지를 것입니다."

　"기존의 지하 경당을 바탕으로 5개의 측랑을 두고, 바깥쪽으로는 사각형의 대지를 따라 회랑을 두르겠습니다. 남쪽에는 '탄생의 파사드'를, 북쪽에는 '수난의 파사드'를, 서쪽에는 '영광의 파사드'를 만들 것입니다. 가장 높은 예수 그리스도의 탑은 172.5미터입니다. 하늘과 땅을 이어주기 위한 것입니다. 그러나 하느님께서 바르셀로나에 만드신 몬주익 언덕(Montjuic Hill)보다는 낮습니다. 그 옆에는 130미터 높이의 성모 마리아 탑을, 또 그 옆에는 135미터인 사복음사가의 탑을, 그리고 둘레에는 110~118미터인 12사도의 종탑을 두는데, 미사를 드릴 때 여기에서 나는 종소리가 도시에 울려 퍼질 것입니다. 예수의 탑 꼭대기의 십자가에서는 네 개의 빛줄기가 밤하늘을 가로지를 것입니다. 빛의 십자가입니다. 12사도의 탑 꼭대기에서 하나는 예수의 탑을, 다른 하나는 땅을 비출 것입니다. 그리고 모두 14,000명이 미사에 참례할 수 있게 할 것입니다."

　우리가 그들이었다면 우리는 과연 이 말을 듣고 가우디의 계획에

사그라다 파밀리아 성당 내부. ⓒ김광현

선뜻 동의해줄 수 있었을까?

사그라다 파밀리에 건설에서 가장 깊이 생각해야 할 바는 바로 이 것이다. 건축가가 아무리 훌륭한 안을 제시하더라도 건축주의 동의가 없으면 건축물은 지어질 수 없다. 그래서 회화나 조각에는 회화주(繪 畫主)와 조각주(彫刻主)가 없지만, 건축에는 건축주(建築主)가 있다.

영리만 추구하는 건축주는 영리에 맞는 집을 설계해줄 건축가를 찾을 것이다. 그러나 건축가의 계획안에서 희망을 볼 줄 아는 건축 주는 그 건물을 통해 사회에 크고 작은 희망을 남겨주려 할 것이다. 그래서 이렇게 말할 수 있다. 이 세상에서 가장 훌륭한 건축주는 사 그라다 파밀리아 성당을 짓기로 결정한 '성 요셉 협회' 사람들이다.

사그라다 파밀리아 성당은 교회나 국가가 나서서 지은 것도 아니 고 부호의 막대한 기부로 지어진 것도 아니다. 그것은 가난한 신자들의 단체를 위한 아주 작은 성당으로 시작되었다. 가우디 자신도 전임 건축가의 안으로 3년간 공사하고 난 뒤에 "이 성당은 10년만 지나면 완성할 수 있을 것"이라고 말했을 정도의 건물이었다. 그러던 것이 거대한 성당으로 새로이 구성되었고, 1898년에는 남쪽 입구에 '탄생의 파사드'가 완성되었다.

바로 그때 건설비가 바닥났고, 오랫동안 공사가 중단되었다.

모두가 함께 짓는 '태어나는 건축'

무신론자에 가까웠던 가우디는 이 성당의 책임 건축가가 된 이후부터 미사 전례와 그리스도교 예술에 정통하게 되었고, 성서를 암송할 정도로 숙독했다. 그리고 깊은 신앙인이 되어갔다. 그는 자기가 살아 있는 동안 성당이 완성되지 못할 것이며 이것이야말로 하느님의 뜻임을 알게 되었다. 제안자 보카베야도 마찬가지였다. 중세의 대성당이 그러했듯이 사그라다 파밀리아 성당도 몇 세대, 몇 세기에 걸쳐 지어질 것이라고 생각하고 있었다.

이런 각오를 한 '성 요셉 협회'는 1888년에서 1889년 사이에 공사가 중단되었을 때 그 사실을 외부에 전혀 공개하지 않았다. 이후 1903년에서 1907년까지, 그리고 1912년에서 1917년까지 여러 차례 공사가 중단되었다.

1900년 12월, 카탈루냐 최고의 시인이었던 호안 마라갈(Joan Maragall, 1860~1911)은 공사 중단을 안타까워하며 '태어나는 성당(El templo que nace)'이라는 제목으로 이 성당을 찬미하는 시를 신문에 실었다.

"'탄생의 파사드'는 건축이 아니다 / 예수 탄생의 기쁨을 영원히 노래하는 시 / 돌덩어리에서 태어난 건축의 시 / 미완성의 형태에서 이 성당에 목숨을 건 한 사람의 정열이 보인다 / 그는 성당의 완성을 자기 눈으로 보려 하지 않는다 / 건축이 유지되는 것을 후세 사람들에게 맡기고 싶어 할 뿐 / 그가 만들고 있는 것은 카탈루냐*201 자신이다."

이 시는 사그라다 파밀리아의 존재를 시민들에게 널리 알린 결정적인 계기가 됐다. 매스컴은 시민들에게 헌금을 호소해주었고, 평론가나 예술가 그리고 건축가들도 지면을 통해 이 성당은 세계에 하나밖에 없는 걸작이니 온전히 세워지도록 모금하자고 독려했다. 이상하게도 공사가 중단되고 장기화할수록 성당과 가우디의 이름이 더욱 널리 퍼졌고, 힘들 때마다 수많은 협력자들이 나타나 이 성당을 함께 지어가고 있었다.

이때의 모금은 크게 성공적이지는 못했다. 성당을 찬미하는 시를 썼던 마라갈은 누구든 저 '태어나는 성당'을 한번 보기만 한다면 그 숭고함에 마음이 움직여 기꺼이 헌금을 해주리라고 생각했다. 그렇지만 이 예상은 빗나갔다. 시민들의 헌금은 기대보다 적었고, 건설비 부족은 극도로 심각해져 갔다.

이에 마라갈은 저토록 훌륭한 성당이 지어지지 못하고 중단되어 있는데도 남의 일로만 여기는 카탈루냐 사람들을 질책하는 글을 신문에 썼다. 1905년에 쓴 이 유명한 글의 제목은 '자비의 은총(¡Una gracia de caridad...!)'이었다.

"사그라다 파밀리아 성당은 바르셀로나 카탈루냐의 이상을 나타내는 기념비이며, 끝없이 상승하려는 신앙의 상징이다. 이것은 하느님을 향한 애타는 심정을 돌로 나타낸 것이며, 시민의 정신을 비추어 주는 것이다."

이 글은 산문이라기보다는 일종의 격문이었다. 그는 가우디가 하느님으로부터 성당 건설의 임무를 부여받은 하느님의 일꾼이며, "이 성당을 만들고 있는 사람이 동시에 우리 카탈루냐 사람들을 만들고 있다"고 역설했다.

마라갈의 격문은 모든 카탈루냐 사람들을 감동하게 했으며 가우디도 이에 감동했다. 이틀 후 마라갈에 찬동하는 정계와 재계 지도자, 주교, 시인, 예술가, 평론가 등 저명인사 23명이 가우디의 건축을 지원하자는 연대 서명을 했고, 신문사와 잡지사들도 헌금을 호소하는 특집을 내주었다. 이를 계기로 사그라다 파밀리아 성당은 '성 요셉 협회'의 성당에서 바르셀로나의 상징으로, 나아가 카탈루냐 정신의 상징으로 바뀌어갔다.

그럼에도 적자는 계속 쌓였고, 1914년에 건설위원회는 또다시 건설 중단을 결정했다. 그러나 가우디는 이에 반대했다. 공사를 중단하면 건물에 손상이 생기고, 다시 공사를 시작하려면 더 큰 비용이 들 것이며, 게다가 숙련된 장인들을 잃게 되니 중단 결정을 거두어달라고 간청했다. 당시 가우디는 원래 받기로 했던 보수를 못 받은 지 오래였다.

마라갈의 격문에는 "왜 가우디 선생은 한 손에 모자를 들고 온종일 거리에 나가 모든 사람에게 성당을 지을 헌금을 해달라고 소리 높여 청하지 않는가?"라는 대목이 있었다. 이것을 본 가우디는 모르는 사람의 집을 매일 한 번 이상 방문하며 도움을 청하고 다녔다. 건축주가 아닌 건축가가 직접! 그때 그의 나이 예순 둘이었다. 그는 시민들에게 이렇게 간청했다.

"오직 하느님의 집을 위하여, 사그라다 파밀리아 성당을 위하여 헌금을 부탁합니다. 인생의 반을 성당에서 보낸 저는 이 성당의 작은 심부름꾼에 지나지 않습니다. …저는 성당에서 보수를 받지 않습니다. 사그라다 파밀리아 성당이라는 나의 작품 말고는 다른 일을 하고 싶지도 않습니다. 성당 건축을 할 수 있기만 바랄 뿐입니다."

가우디는 특히 부자들에게 많은 헌금을 요청했다. 그러다 보니 마음이 내키지 않는 몇몇 부자들은 길을 가다가 가우디를 보면 그를 피하려고 다른 길로 돌아가기도 했다.

하루는 가우디가 어떤 자산가에게 희생을 부탁했다. 그 사람이 "희생이라니요! 아무렇지도 않습니다. 기꺼이 헌금하겠습니다"라고 하자 가우디는 "그러면 희생한다고 생각될 정도로 큰 금액을 내주세요. 희생이 없는 자선은 자선이 아니라 그저 허영일 뿐입니다"라고 말했다. 그가 이렇게 한 집 한 집 방문한 것은 꽤 성과가 있었다. 덕분에 공사 중단은 1주일 연기되었고, 또다시 1주일 연기되었다.

소식을 들은 건축학교 학생들이 모금 운동에 나섰다. 바르셀로나 주교도 공사가 중단되어서는 안 된다며 정계 인사들과 함께 특별 미사를 올렸다. 카탈루냐 건축가 협회도 모금에 동참해주었고 목재조합은 건설에 필요한 비계를 만들 재료를, 석재조합은 한 달치 석재를 제공해주었다. 바르셀로나 시는 설계를 위한 모형 제작비용을 부담해주었다. 가장 큰 헌금은 필요한 액수를 원하는 대로 적으라며 누군가가 보내준 백지수표였다. 가우디의 말과 행동이 카탈루냐 사람들을 그토록 감동시켰던 것이다.

모두가 이렇게 동조해준 것은 아니었다. 때로는 비웃음을 당했고 때로는 바보 취급도 받았다. 그중에서도 제일 심하게 비웃은 사람은 스페인 남부 말라가(Málaga)에서 태어나 바르셀로나에서 살고 있던 피카소(Pablo Picasso)였다. 그는 가우디와 함께 일하던 친구에게 빨리 그 현장을 떠나라고 충고했고, 모금하러 다니는 가우디를 조롱하는 그림을 그렸을 정도로 철저하게 가우디와 그의 건축을 부정했다.

"나의 건축주는 서두르지 않으신다"

만년의 가우디는 매일 규칙적으로 반복되는 단조로운 생활을 했다. 성당에서 자고 일하고 기도하다가 저녁 6시 15분쯤 걸어서 성 필립포 네리 성당으로 저녁 미사를 올리러 갔다. 1926년 6월 7일, 여느 날과 똑같이 미사를 드리러 가던 가우디는 전차를 피하려다가 앞의 전봇대에 부딪혀 심하게 피를 흘리며 쓰러졌다.

초라한 옷을 입고 양말도 못 신고 말린 수세미를 밑창에 깐 신발을 신은 채 쓰러져 있는 그를 아무도 알아보지 못했다. 그의 주머니에는 작은 과일 몇 개, 복음서, '수난의 파사드' 스케치 한 장, 그리고 연필만 들어 있었다. 너무 남루하여 택시마저 병원에 데려다주기를 줄줄이 거부하다가 겨우 다섯 번째 택시가 그를 병원으로 옮겨주었다. 사흘 뒤인 6월 10일, 가우디는 74세로 세상을 떠났다.

바르셀로나 시는 이 위대한 건축가를 위한 시장(市葬)을 검토했다. 그러나 어떠한 명예도 없이 간소한 장례를 치러달라는 그의 유언장에 따라 소박한 장례를 치르기로 했다.

가우디의 장례식(1926년 6월)에 모여든 군중들의 행렬.

　이때의 장례 행렬 사진은 더없이 감동적이다. 누가 나오라 한 것도 아닌데 가로수의 나뭇잎보다도 많은 사람들이 거리를 메우고 있다. 다들 검은색 정장 차림으로 묵묵히 행렬에 동참했고, 가게 문은 모두 닫혔으며, 수많은 사람들이 발코니에서 이 광경을 지켜보았다. 행렬의 선두가 바르셀로나 대성당에 도착했을 때 제일 뒤쪽 사람들은 2킬로미터나 떨어진 병원 근처를 지나고 있었을 정도였다. 장례미사에 함께 참례하기 위해 모인 사람만 3,000명이 넘었다.

　장례미사는 무려 4시간이나 계속되었다. 건축가로서 이런 장대한 장례식을 받은 사람은 오직 가우디뿐이다. 과연 이 성당이 그들에게 무엇이었기에 이렇게 한 건축가의 죽음을 애도하며 장례에 동참했던 것일까?

인생의 후반이 '건축을 위한 기도'였던 가우디는 이렇게 말했다. "내가 이 성당을 완성할 수 없다는 것은 슬퍼할 일이 아니다. 나를 대신하여 이 성당을 다시 시작하는 또 다른 사람들이 나타날 것이다."

그의 말대로 이 성당은 많은 사람의 손에서 손으로 이어지고 계속 지어지며, 도시에 영원히 남기 위해 자라고 있는 건축이 됐다. 사그라다 파밀리아 성당은 일찍이 마라갈이 노래했던 바와 같이 '태어나고 있는' 건축이다.

이 건물에는 건축주가 한 분 더 계시다. 가우디는 이렇게 말했다. "나의 건축주께서는 서두르지 않으신다(My client can wait)." 그 건축주는 다름 아닌 하느님이다. 교황청에서는 2003년부터 가우디를 공경의 대상인 복자(福者)품에 올리는 절차를 진행 중이며, 사그라다 파밀리아 성당은 2010년 베네딕토 16세에 의해 바실리카(basilica, 대성전)로 선포되었다.

건축은 모두가 함께 짓는 것이다. 건축물을 짓겠다고 기획한 사람, 그것을 설계하는 사람, 그것을 실제로 짓는 사람, 지어진 건축물을 사용하는 사람까지 모두가 함께 짓는 것이다. 그래서 건축은 커다란 사회적 디자인이다.

회화나 조각은 함께 만들 수 없고 함께 소유할 수도 없다. 그러나 건축은 함께 짓고 함께 소유할 수 있다. 건축을 구조물의 한 가지로만 여기거나 경제적 이득으로만 따지거나 어떤 건물이 지어지든 말든 관심이 없는 안이한 사회는, 사회적 디자인을 만들 수도 없고 소유할 수도 없다. 이것이 사그라다 파밀리아가 우리에게 주는 교훈이다.

4
말리의 젠네 대(大) 모스크

인간이 짓는 건축의 재료는 흙에서 나무로, 그리고 돌로 변화하며 발전해왔다. 고도의 기술과 경험이 필요했던 돌과는 달리, 진흙으로 집을 짓던 시대에는 건축가라는 직업이 없었다. 이때는 모두가 건축가였다. 흙으로 지은 집은 문명이 생기기 이전부터 사용해온 가장 원초적인 건물이었다. 흙은 사람의 의식을 흡수하고 원점으로 되돌린다. 그래서 흙으로 지은 건물은 지역의 문화와 생활을 사람의 신체에 가깝게 번역해낸다.

흙은 사람이 사는 곳이라면 어디서나 얻을 수 있는 가장 값싼 재료다. 아프리카를 비롯한 전 세계 건물의 약 40퍼센트는 지금도 흙으로 지어지고 있다. 세계 인구의 절반 정도인 35억 명이 여전히 흙으로 만든 주택에서 산다. 게다가 보온성도 높아서 강수량이 적은 지역에서는 매우 우수한 건축 재료였다. 모든 것이 흙에서 태어나 흙으로 돌아간다는 말처럼, 건축 또한 그 시작은 토조건축(土造建築)이었다.

세상에서 가장 큰 진흙 건물

흙으로 만든 건축은 크게 둘로 나뉜다. 하나는 진흙을 짓이겨서 손으로 덩어리를 만든 다음 단단하게 굳히는 건축이다. 다른 하나는 모래, 찰흙, 물, 특정 섬유나 유기물질이 혼합된 '어도비(adobe)'를 햇볕에 말려서 만든 벽돌로 짓는 건축이다.

진흙은 사람의 손에 매우 친숙한 물질이다. 사람의 손이 지나간 흔적이 가장 많이 남는 재료이기도 하다. 이런 건축은 당연히 직선이나 직각이 없이 둥그스름한 형태로 완성된다. 이와 달리 햇볕에 말린 벽돌은 점토의 왕국 메소포타미아의 거대한 지구라트(ziggurat)처럼 직선과 직각으로 쌓여 사각형으로 마감된다.

나무가 많지 않은 나라에서는 진흙으로 만든 벽에 나무 서까래를 걸었다. 하지만 일반 가정이 아닌 종교건축물에는 진흙이 거의 쓰이지 않았다. 그런데 예외적인 사례가 몇 개 있다. 매년 어도비 벽돌을 쌓아서 버팀벽이 점점 부풀어간 미국 산타페의 '성 프란시스코 데 아시스 교회(San Francisco de Asis Mission Church)'가 그렇고, 아프리카 말리공화국의 젠네(Djenne)에 있는 진흙으로 만든 대(大)모스크가 그렇다.

말리 중부의 작은 도시인 젠네는 사하라 사막을 흐르는 니제르강

유역에서 지중해와 이어지는 무역기지였다. 젠네는 '물의 정령'이라는 뜻이며 아라비아어로는 '천국'이다. 약 11만 명이 살고 있는 이 도시에는 세상에서 가장 큰 진흙 건물이자 세계 최대의 어도비 모스크인 '젠네 대 모스크(The Great Mosque of Djenne)'가 있다. 1988년에 유네스코 세계문화유산에 등록되었고, 안타깝게도 '100년 후에는 볼 수 없을 가능성이 가장 큰 세계유산'에도 선정된 바 있다.

유네스코 세계유산에 등재된 이름은 '젠네의 옛 시가지'다. 모스크만이 아니라 진흙 건물들로 구성된 도시 전역이 탁월하다는 뜻이다. 모스크도 그것을 둘러싼 민가도 모두 강변에서 가져온 진흙으로 지어졌고, 그들이 딛고 서 있는 땅의 흙이 모스크 기단과 벽으로 뻗어 나간다. 그 흙이 지붕을 지나 다시 다른 집으로 이어지고 있다. 흙이라는 원초적 건축 재료는 이렇듯 모스크를 중심으로 한 많은 집들을 따로 구분하지 않는다. 건축에서는 서로 다른 재료들을 맞댄 이음매가 생길 수밖에 없는데, 진흙의 도시 젠네는 이음매라는 것이 아예 없는 생물을 닮았다.

그렇게 흙은 하나의 공동체를 묶어낸다. 유네스코는 "흙을 놀라울 정도로 광범위하게 사용한 건축물과 도시 구조가 보기 드물게 조화를 이루고 있다"라며 '젠네의 옛 시가지'의 탁월한 보편적 가치를 평가했다.

젠네 모스크는 가까운 범람천에서 가져온 재료로 지어졌다. 13세기 말에 지어졌다가 19세기 초에 파괴된 것을 1907년에 재건축했다. 가로세로가 각각 150미터인 정사각형 평면 위에 높이 20미터인 건물이 서 있는데, 내부에 1,000여 명의 신자들을 수용할 수 있다. 그렇게 큰 공간을 만들기 위해 굵기가 약 150센티미터인 기둥을 90개

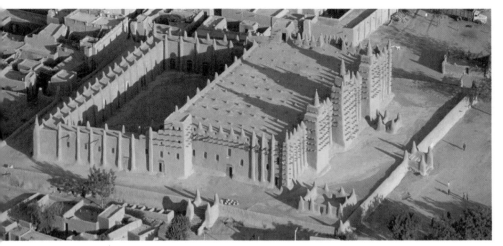
지상 최대의 진흙 건물이자 어도비 모스크인 젠네의 대 모스크.

나 세워놓았다.

모스크의 골조는 야자나무다. 진흙 벽에도 '테론(terron)'이라는 야자나무 목재들이 꽂혀 있다. 벽에 일정한 간격으로 구멍을 뚫고 나무를 꽂은 것인데, 흘러내리는 빗물을 멈추게 함으로써 흙벽의 균열을 막아주는 역할을 한다. 외벽으로 층층이 돌출된 목재들은 보수공사를 위한 발판으로도 유용하게 쓰인다.

정면 중앙에는 높이 20미터의 첨탑인 '미나렛(minaret)'이 있고 그 꼭대기에는 타조 알이 놓여 있다. 이처럼 주요 건물의 꼭대기에는 비에 무너지지 않도록 도자기, 조롱박, 타조 알 등을 얹는데, 타조 알은 생명과 창조를 상징하기도 한다.

이 모스크는 한 번에 지어진 것이 아니다. 비가 와서 무너지면 또 짓고, 무너진 곳을 기초로 삼아 다시 짓기를 몇 번이고 되풀이했다. 그리고 그 위에 덩어리를 쌓고 진흙을 접착제로 삼아 벽과 기둥을 만들고 다시 진흙으로 마감했다.

1280년경에 이슬람교로 개종한 젠네의 26대 왕 코이 코움보로 (Koi Koumboro)가 기존의 궁전을 부수고 그 자리에 장대한 모스크를 세웠다. 1819년 젠네가 다른 부족에게 정복되었을 때는 본래 모스크가 철거되고 새 모스크가 세워졌다. 이후 프랑스 식민지 시기였던 1906년에 옛 모스크를 재현해달라는 주민들의 요청이 받아들여져 이듬해 10월에 완성되었다. 대 모스크는 1층이 입구인데, 여러 번 파괴되면서 그 위에 새로 짓기를 반복했기 때문에 토대가 지금처럼 높아졌다.

희망을 함께 짓는 '출현의 공간'

지금도 젠네 사람들은 이 거대한 모스크를 계속 고치며 살아간다. 비가 쏟아지는 우기에 대비하여 매년 3월에서 5월 사이에 모스크 표면을 진흙으로 다시 칠하고 있다. 이 시기에는 비가 내리지 않아 작업하기에 적합하고, 장기간 이동하며 생활하는 어업과 목축업 종사자들이 대부분 젠네에 머물고 있기 때문이다.

진흙 작업을 하는 날짜는 매년 조금씩 달라지며 도시의 원로회의에서 한 달 전에 결정한다. 건축 전문가인 진흙 도편수 길드의 책임자, 젠네의 시장 격인 코이라 코코이, 이슬람 지도자인 이맘, 그리고 각 지구 대표가 모여서 일정을 잡는다. 날짜가 정해지면 그다음 첫 금요일의 모스크 예배에서 이를 발표하고, 각 지구의 진흙 도편수를 통해 모든 시민들에게 전파된다.

작업 전날이 되면 4,000여 명의 남자들이 총출동한다. 바니강 (Bani River) 기슭에 진흙과 짚을 섞어서 미리 준비해둔 재료를 현장으로 운반하기 위해서다. 이슬람과 관련된 큰 축제들이 많지만 젠네에서는 모스크 보수가 가장 큰 그들만의 축제다. 현지 언어로는 '징가르베르 고이(jingar-bɛr goy, 대 모스크 작업)'라고 부르는데, '고이'는 작업을 뜻한다. 놀고 즐기기만 하는 축제가 아니라 예배 장소를 지키기 위한 신성한 작업이라는 뜻이 담겨 있다. 가장 큰 목적은 알라에게 감사하기 위한 것이지만 놀이처럼 음악도 곁들이고 아이들이 어른에게 진흙을 묻힐 수도 있으며, 무슬림이 아닌 사람도 참가할 수 있다.

모스크와 그 앞의 광장은 젠네 전체의 것이어서 각 지구의 대표자를 포함한 모스크 관리위원회가 관리하고 있다. 보수작업도 지구별로 분담한다. 개최일이 결정되면 남녀 대표와 부대표를 정하고, 당일까지 거의 매주 지구별 회합을 열고 준비 작업을 한다. 각 지구의 진흙 도편수를 중심으로 작업에 사용할 진흙을 최소 한 달간 독자적으로 준비하고, 필요한 도구를 조달하기 위해 십시일반으로 모금을 한다.

보수작업에는 10대 후반에서 30대까지의 남녀가 참여한다. 전날 각 지구마다 20명씩 대열을 갖추고 북소리에 맞춰 함성을 울리며 발효시킨 진흙을 모스크 주변으로 옮긴다. 진흙 운반은 3시간 정도 걸린다. 저녁이 되면 젊은 여성들이 물동이를 머리에 이고 와서 진흙에 물을 붓는다. 건기에 진흙이 마르지 않도록 하기 위해서다.

당일 새벽, 해가 뜨는 것과 동시에 작업이 시작된다. 진흙 도편수 중 최연장자가 제일 먼저 모스크 중앙에 있는 반원형의 '미흐랍

젠네 주민들의 모스크 보수작업. ©Esha Chiocchio

(mihrab)'[*202]을 천천히 칠하면, 그것을 신호로 일제히 모스크 정면의 벽을 기어 올라가 맨손으로 진흙을 덧바르기 시작한다. 조금 떨어진 광장에서 보면 마치 많은 사람들이 얽혀서 싸우는 것처럼 보이는데, 이는 지구마다 바르는 구역이 정해져 있어서 서로 경쟁을 벌이기 때문이다.

아침이 되면 모스크 앞 광장에는 작업에 참여하지 않는 수백 명의 노인과 아이들이 모여들어 황토색 진흙이 서서히 회색으로 바뀌어 가는 풍경을 바라본다. 건기에는 날씨가 무더워서 진흙이 금방 말라 버리기 때문에 한낮이 되기 전에 일을 끝내야 한다. 모스크 내부 바닥과 옥상까지 모두 진흙을 칠하고 나면 대략 오전 10시쯤 된다.

작업을 마친 사람들은 23킬로미터 떨어진 바니강에 몰려가 몸에 붙은 진흙을 씻는다. 주위에서 자리를 깔고 작업을 지켜보던 노인들

지구마다 정해진 구역에서 경쟁하며 진흙을 바른다. ©Esha Chiocchio

과 감독하던 진흙 도편수, 모스크 관리인들이 새로 단장한 모스크 광장에서 기도를 시작한다. 기도를 마치면 서로 악수하며 흩어진다. 이것으로 그 해의 모스크 보수작업이 모두 끝난다.

해마다 벌이는 보수공사는 진흙으로 만든 모스크를 유지하기 위한 부득이한 공동작업이지만, 이로써 같은 지구에 사는 사람들끼리의 일체감이 재확인된다. 그 과정에서 벌어지는 여러 지구들의 경쟁과 협력은 모스크를 공유하는 도시 사람들 전체가 깊은 연대를 이루는 기회가 되기도 한다. 집을 짓고 고치는 것이 사회의 커다란 공동언어이기 때문이다.

이것을 한나 아렌트의 말로 표현하면 이렇게 된다. "출현(出現)의 공간이 없고 공생(共生)의 양식인 활동과 언론에 대한 신뢰가 없다면 자신의 리얼리티도, 자기 자신의 아이덴티티도, 주위 세계의 리얼리

그들에게 모스크는 '출현의 공간'이다. ⓒEsha Chiocchio

티도 세울 수 없다."(『인간의 조건』)

젠네 사람들에게 모스크는 '출현의 공간'이다. 해마다 함께하는 보수작업은 '공생의 양식'이고, 그들의 리얼리티와 아이덴티티의 발견이며, 살아가는 세계의 리얼리티를 세우는 방식이다.

어떻게 그것이 가능했을까? 흙은 누구나 사용할 수 있는 재료이기 때문이다. 누구나 사용할 수 있으니 누구나 지을 수 있고, 누구나 함께 짓는 일에 동참할 수 있다. 유네스코는 "흙으로 해마다 주민 모두가 짓고 있는 모스크 건물을 통해 젠네가 존재하며, 영혼과 지혜와 환영을 가진 '경건한 도시'로 남아 있다"고 기술했다. 모스크라는 건물이 그들 사회의 근원적 희망을 선명하게 드러내고 있는 것이다.

그래서 묻는다. 우리는 과연 건축의 무엇을 통해 우리 사회의 근원적 희망을 드러내고 있는가?

5
괴베클리 테페

시간을 한참 거슬러 올라가 먼 옛날 사람들이 지은 집에 대해 생각해보자. 그들은 왜 집을 꼭 그렇게 지었어야만 했는가? 어떻게 모여서 집을 지었을까? 어떤 약속이 있었기에 모두 함께 지었을까?

이 질문은 단지 과거만을 향한 게 아니다. 오늘을 살아가는 우리 자신을 향한 질문이기도 하다. 여기서 잊지 말아야 할 것은 옛사람들의 정체성이다. 그들은 건축주였고, 건축가였고, 건설자였으며, 또한 사용자였다.

수렵채집 사회에 건설된 인류 최초의 신전

터키 남동부의 고대도시 우르파(Urfa, 현재 샨리우르파 Sanliurfa)에서 12킬로미터 떨어진 '괴베클리 테페(Göbekli Tepe)'라는 언덕에서 1995년부터 유적이 발견되었다. 괴베클리 테페는 '배불뚝이 언덕'이라는 뜻이다.

이 유적지의 구조물은 무려 12,000년 전인 기원전 9,500년부터 건축되기 시작했다. 인류 최초의 도시 유적으로 알려진 이스라엘의 예리코나 아나톨리아 중부의 차탈회위크(Çatalhöyük)보다 2,000년이나 빠르고, 기원전 3500년께 꽃을 피운 '4대 문명'이나 영국의 스톤헨지보다는 무려 7,000여 년이나 앞선 것이다.

이 유적은 수렵채집 부족이 사용한 영적 중심지로 여겨지고 있다. 그렇다면 땅 위에 세워진 인류 최초의 신전이다. 인간은 농경생활을 하면서부터 정주를 시작했고, 그렇게 문명이 생겨난 뒤에 국가와 종교가 탄생했다는 게 기존의 역사관이었다. 그러나 괴베클리 테페는 이런 역사관을 완전히 뒤엎어버렸다.

유적지 주변은 티그리스-유프라테스 지역과 달리 농경에 적합한 땅이 아니었다. 경작의 흔적도 전혀 발견되지 않았다. 이곳에 살던 사람들이 수렵채집 생활을 했다는 뜻이다. 그런데 근방에서 23곳이나 되는 신전 터가 발굴되었다. 어딘가에 잠시 머무르면 그곳에 신전을 짓고, 이동할 때는 그 신전을 덮어버리고, 새로운 거주지에 다시 신전을 지었던 것으로 보인다.

그들은 신전을 떠날 때 그곳을 방치하지도 않고 파괴하지도 않았다. 다만 의도적으로 흙에 묻어 감추었다. 두 번 다시 보지 않을 생각이었을까? 불가사의한 일이다.

궁금한 건 또 있다. 흙을 덮든 새로 짓든, 이런 일을 하려면 세대와 씨족을 넘어서 부족 전체가 같은 생각을 가져야 한다. 또 체계적으로 조직된 노동자들이 있어야 하고 그들에게 안정적으로 식량을 공급해주어야 한다. 그러려면 유능한 지도자와 사회체제가 필요한데, 그건 농경사회에서만 가능했던 일이다. 인간은 정착하여 농경생활을 하면서부터 잉여생산물을 확보하기 시작했고, 이를 기반으로 인구가 급증하면서 구조화된 사회체제와 종교가 생겨났다.

그런데 이 시대에 터키 남동부 사람들은 대부분 수렵생활을 했고 농경문화는 극히 제한적이었다. 지금까지 괴베클리 테페에서는 곡물의 씨앗이나 가축의 흔적, 아궁이나 부뚜막 같은 조리의 흔적이 발견되지 않았고 사람의 무덤이나 뼈도 발견되지 않았다. 특정 집단이 한곳에 계속 살았다는 증거도 없다. 이 신전을 만든 사람들이 농경 부족이 아니었다는 뚜렷한 방증이다.

수렵채집인들은 대개 수십 명 정도로 이루어진 작은 집단 단위로 생활했다. 수렵과 채집으로 얻은 식량을 공평하게 나누었으므로 사유재산은 존재하지 않았고, 모든 구성원들은 계급 차이 없이 평등했다. 한곳에 정착해서는 살아갈 수 없으므로 식량을 찾아 계속 이동했다. 그러니 어딘가에 고정되어 있는 신전이 그들에게 특별한 의미를 갖는 건 상상하기 어렵다.

그런데도 그들은 신전을 지었다. 그렇다면 분명히 예배나 의식을 목적으로 그곳에 모였다는 얘기가 된다. 비록 오래 머무르지 않는 곳이더라도, 그다지 성대한 의식을 치르지는 않을지라도, 어느 성스러운 존재에게 자신들의 소망을 빌고 자신들의 운명을 맡기기 위해 공동체의 제단을 만들었던 것이다.

그것은 예전에는 없었던 큰 규모의 예배 장소, 말하자면 인간이 언덕 위에 지은 첫 번째 대성소(大聖所)였다. 인간은 농경사회가 나타나기 훨씬 전인 수렵채집의 시대에 이미 종교적 제단을 만들고 그리로 모였던 것이다. 이런 의미에서 괴베클리 테페는 인류 역사의 획기적인 발견이다.

이 신전에는 지붕이 있었다

괴베클리 테페의 신전 유적은 돌기둥이 약 200개나 되고 완만한 원형의 벽이 20여 개나 된다. 발굴된 구조물들 중 네 개는 가까이 있

중심이 정삼각형으로 배치된 구조물들.

다. 아래 그림에 표시된 대로 이 구조물들을 각각 A, B, C, D라고 부르자.

무려 12,000년 전에 신전을 짓고 있는 모습을 상상한 그림이 있다. 이 상상도에서 오른쪽이 구조물 C, 왼쪽에 짓고 있는 것이 D다. C는 기원전 7,560년~7,370년에 지어졌다. C의 아래쪽에 있는 A는 기원전 9,130~8,620년에, 그 왼쪽에 붙어 있는 B는

1만2,000년 전의 신전 건축 상상도. 왼쪽은 구조물 D, 오른쪽은 구조물 C다.

기원전 8,280~7,970년에 지어졌다. 가장 오래된 것은 구조물 A인데, 상상도에는 A와 B가 나타나 있지 않다.

구조물 B와 C의 기둥 네 개는 일직선상에 놓인다(614쪽 그림의 노란색 부분). B와 C의 기둥 사이 중점을 연결하는 선을 긋고 그 선의 양쪽 끝을 D의 기둥 사이 중점과 이으면 정삼각형이 된다(그림의 빨간선). '정삼각형'에 대해 정확하게 알고 있는 누군가가 이 건축물을 설계하고 지휘했다는 뜻이다. 문자도 없이 수렵 생활을 했는데도 삼각형의 법칙을 알고 있던 그는 과연 누구였을까?

가장 인상적인 것은 C다. 원형의 구조물을 24개의 기둥이 한 열에 12개씩 2열로 둘러싸고 있다. 안지름은 13미터고 바깥지름은 20미터다. 이 구조물의 남쪽에는 마치 현실(玄室. 무덤 속의 안치실)로 통하는 연도(羨道, dromos)처럼 통로가 붙어 있다. 지면에서 7개 계단을 내려가면 정면의 문과 마주한다. 문에 들어서면 다시 좁은 길을 지나 왼쪽으로 감싸고 들어가며, 길게 이어지는 벽이 중심에 이르는 공간

12개의 기둥들이 2열로 둘러싸인 구조물 C.

의 깊이를 더해준다. 벽 왼쪽으로 난 길을 따라서 계속 들어가면 구조물 D에 이른다. 그 중간에는 구조물 B가 접해 있다.

 기둥의 배열을 보면 이 구조물을 목조 지붕으로 덮었음이 분명하다. 벽에 붙은 기둥은 길이가 모두 다르다. 그러나 안쪽을 보면, 낮은 벽을 쌓아 서로 다른 기둥의 높이를 맞추었다. T자형의 기둥머리가 모두 중심을 향하여 마주 보고 있는 것도 목조 지붕을 받치기 위해서였다. 주변 기둥과 가운데 높은 기둥의 머리 윗면에는 구멍 자국이 많이 나 있고, 그중에는 깊은 홈이 길게 나 있는 기둥도 있다. 기둥머리를 T자형으로 길게 만든 것은 머리 위에 놓여 지붕을 받쳐줄 동자기둥을 여러 개 두기 위해서다. 그리고 기둥머리 윗면에 구멍을 뚫고

동자기둥을 끼워서 세웠을
것이다.

실제로 이 신전에 지붕이
있었다고 추정하는 논문이
있고,[203] 이에 따라 괴베클
리 테페 방문객 센터에도
지붕을 덮은 모형을 전시하
고 있다. 그렇다면 이곳은
다른 사람들이 쉽게 들어
올 수 없는 배타적인 공간
이었을 것이다.

중앙 신전은 원형이며 지

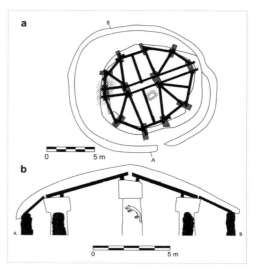

신전의 지붕 구조를 추측한 그림.

름은 30미터쯤 된다. 중앙에는 정연한 모양으로 잘라낸 두 개의 T
자형 돌기둥이 있다. 이 돌은 인근의 석회암 언덕에 있는 바위를 떼
어내 운반한 것이며 높이는 5~6미터, 무게는 20톤이나 된다. 두 기
둥은 구조물의 중심에 서로 평행하게 서 있고, 원형 벽의 둘레에는
높이가 1.5~5미터인 낮은 기둥 10~12개가 서 있다.

돌기둥에는 사자, 여우, 뱀 전갈, 멧돼지 같은 다양한 동물이 생생
하게 조각되어 있다. 신전 중 가장 큰 구조물 D의 T자형 기둥에는
사람의 팔과 손이 새겨져 있고 밑에는 허리띠도 새겨져 있다. 인류가
만든 최초의 기념비적 예술작품이다. 혹자는 T자형 기둥이 사람을
상징하며 위는 머리, 중간은 몸, 아래는 다리라고 해석하기도 한다.
그러나 이는 구조적인 이유로 생긴 형상을 사람의 몸에 빗댄 것에 불
과하다.

구조물마다 유독 많이 새겨진 동물이 따로 있었던 것으로 볼 때, 그 동물이 서로 다른 집단을 대표하고 있었다고 보기도 한다. 그들은 모든 동물과 식물이 제각기 영(靈)을 갖고 있다고 믿은 사람들이었다. 아마도 그런 믿음에 기초하여 신전에서 제사를 지냈을 것이다. 신전의 바닥을 보면 하나로 된 튼튼한 기반을 매끄럽게 다듬었고, 돌을 세운 곳에는 구멍을 파고 그 안에 기둥의 받침대를 심었다. 바닥에 방수 처리를 한 걸로 봐서 물이나 피가 묻지 않게 의식을 거행했을 것으로 추측된다.

신전의 내부는 어땠을까? 터키의 샨리우르파 국립박물관에 재현해놓은 괴베클리 테페 구조물 C에 들어가본 적이 있는데, 유적지 발굴 현장에서는 느낄 수 없는 스케일을 체험할 수 있었다. 가운데 기둥은 내 키의 세 배나 되었다. 당시로서는 제법 많은 사람이 들어갈 수 있는 상당한 크기의 건축물이었다.

모두가 건축주였고 모두가 건설자였다

많은 사람들이 신전 건축에 참여하고 있는 상상도를 다시 한번 자세히 보자. 그들은 20톤이나 되는 라임스톤 기둥을 400미터 떨어진 채석장에서 옮겨 왔다. 채석장에 남아 있는 것은 자그마치 50톤에 이른다. 부싯돌 만드는 도구를 사용하며 기둥을 깎고, 떨어져 나온 돌조각들은 블록 모양으로 만든 다음 진흙을 발라가며 쌓아올렸다. 그런데 이렇게 거대한 돌을 채석장에서 잘라내어 수백 미터씩 운반하려면 최소 500명 이상의 사람이 필요하다. 그 돌을 세우고 조각하는 데도 수천 명이 있어야 한다.

당시로서는 어마어마한 구조물인 신전을 짓기 위해 그들은 모두 함께했다. 그들은 어딘가에서 끌려온 사람들이 아니다. 신전을 세우려고 자발적으로 모여든 사람들이다. 그 정도의 인원을 차출할 만한 집단이 있었고, 그들을 지도할 만한 신관이 있었다는 뜻이다.

질문을 계속해보자. 신전을 짓고 이런 의례를 하자고 누가 결정했을까? 소규모로 흩어져 사는 사람들에게 어떤 방법으로 연락하며 뜻을 모았을까? 그런 걸 만든 적도 없고 본 적도 없는 사람들에게 '신전'의 의미를 어떻게 설명했으며, 사람들은 그걸 어떻게 알아듣고 건설에 참여했을까? 이런 재료로 이렇게 축조하면 된다고 처음 생각한 사람은 누구였을까? 신전의 크기와 높이, 형태와 공간을 처음으로 구상한 사람은 누구였을까? 재료를 구할 방법과 운반할 방법을 생각해내고 필요한 양을 계산한 사람은 누구였을까? 누구는 돌로 벽을 쌓고 누구는 멀리 가서 돌을 캐 오라고 지시하고 관리한 사람은 누구였을까? 공사하는 동안 일꾼들과 그 가족들이 먹어야 할 식량은 누가 공급해주었을까? 어디서 배운 적도 없는데 사람은 도대체 어떻게 이런 공간 도식과 조형을 알고 있는 것일까?

괴베클리 테페 신전의 의미는 그것을 수렵채집인들이 지었다는 사실에만 있는 게 아니다. 아주 오래전부터 인간에게는 집을 짓는 것이 최대의 공동작업이었다는 것! 그것이 중요하다. 흩어져서 살고 수시로 이동하는 수렵채집 생활은 사람들로 하여금 거룩한 장소에 함께 있기를 더욱 갈망하게 만들었다. 집이라는 공간은 그들 모두의 근원적인 바람이었고, 집을 짓고 함께 사용하는 것을 통해 누구나 커다란 기쁨을 느꼈기 때문이다.

사람은 누구나 집을 지어야 한다. 집을 지음으로써 인간의 공동의 가치를 함께 지어야 한다. 짓기를 멈추거나 거부한다면 인간은 더 이상 인간일 수 없다. 괴베클리 테페 신전은 지금처럼 누가 의뢰를 받아 설계하고 지어준 집이 아니었다. 그냥 들어가서 살기만 하면 되는 집도 아니었다. 그것은 모든 이들이 함께 짓는 공동의 작업이었다.

그들은 모두 건축주였고, 건축가였고, 건설자였으며, 또한 사용자였다.

6
스톤헨지의 건설자들

기둥, 해를 향해 우뚝 선 인간

신석기시대에는 구석기시대에 존재하지 않았던 새로운 구조물이 나타났다. 몇 톤이나 되는 거석을 세우거나 쌓은 구조물이 그것이다. 거대한 돌 하나만 세운 멘히르(menhir, 선돌), 이런 돌들을 줄지어 세운 열상열석(列狀列石), 원을 그리며 거석을 세운 환상열석(環狀列石, stone circle) 등등. 이를 '거석문화'라고 하는데, 당연히 사람이 사는 집은 이렇게 짓지 않았다.

농경을 시작한 사람들은 태양의 운행이 수확을 좌우한다는 것을 깨달았다. 그리고 모든 것이 순환하고 있음을 알았다. 겨울이 지나면 땅이 녹고, 비가 내려 땅을 적시면 풀과 나무가 자라고, 곤충과 동물들이 움직이기 시작한다. 인간 역시 땅에서 태어나 살다가 죽으면 다시 땅으로 돌아가는 순환의 존재였다.

산에는 산의 신이, 나무와 동물에는 나무와 동물의 신이, 그리고 사람에게는 사람이 신이 있다고 그들은 믿었다. 모든 것 속에 신이 있고, 이로써 세상은 평등하다고 보았다. 그 모든 생명을 관장하는 신은 지모신(地母神)이었다. 그런데 농업을 하다 보니 생명을 움직이고 결정하는 모든 에너지는 해에서 나오는 것임을 알게 되었다. 신 중에서 으뜸은 지상과 천상을 지배하는 해였다. 그때부터 사람은 땅에서 벗어나 해를 향하기 시작했다.

신석기시대의 살림집은 비바람 잘 막고 쾌적한 나날을 보내면 그것으로 충분했다. 장식도 필요 없고, 이런저런 상징들로 자기 마음을 고양할 필요도 없었다. 그저 제 몸을 잘 감싸주고 실용적이면 되었다. 하지만 '해'라는 신을 향한 구조물은 그렇게 만들 수 없었다. 내부와 외관에서 신의 존재를 느낄 수 있어야 했고, 허리를 펴고 하늘을 우러르며 신의 거대함을 체험할 수 있어야 했다.

땅을 벗어나 해를 향한 인간은 이것으로 제 존재를 구축했다. 돌이 서니 자신도 선 것이다. 누워 있던 돌을 세우는 것은 두 다리를 딛고 자기 몸의 뼈와 근육을 세우는 것이다. 아니, 인간이 서 있으니 돌도 세웠다. 큰 돌을 세울수록 더 강인한 뼈와 근육이 서는 것이다. 기둥을 세우는 것은 해를 향한 자신의 초월적 인식을 세우는 것이다. 처음에는 나무 기둥을 세웠으나, 나중에는 썩지 않는 돌로 바꾸었다.

스코틀랜드 북쪽 바다의 루이스 섬. 해가 떠오르는 이른 아침에

스코틀랜드 북쪽 루이스 섬의 칼라니시 스톤 서클.

칼라니시의 스톤 서클(Callanish stone circle)이 푸른 하늘을 배경으로 어두운 땅을 딛고 서 있는 모습을 보라. 한가운데에 4.8미터 높이의 돌기둥이 있고, 그 주위를 다른 돌들이 둘러싸고 있다. 거대한 돌기둥은 자신의 조각적인 형상을 실루엣으로 드러내고 있다. 한낮이 되면 땅에 짙은 그림자를 길게 늘어뜨린다.

아름답다, 예쁘다, 멋있다는 말로는 도저히 이것을 표현할 수 없다. 이 광경 앞에서 필요한 것은 언어가 아니라 태고의 인식, 혹은 초월적 감정이다. 오늘을 사는 우리 안에도 아득한 옛날 저 돌을 세운 사람들의 마음이 깃들어 있음을 깨닫는다.

살림집이야 각자의 것이고 제 가족이 모여 있음을 확인하는 그릇이지만, 저 거석들은 해를 향한 공동체의 염원을 확인하는 구조물이었다. 지모신을 섬기는 땅 밑의 신전은 사람을 감싸는 내부는 있어도 허공을 향한 외관은 없었다. 그러나 해를 섬기는 신앙으로 만든 거석의 구조물은 자신의 모습을 외부로 선명하게 드러냈다.

빛을 받아 땅에 그림자를 떨어뜨리는 외관을 지닌 인류 최초의 구조물. 그것은 홀로 서 있거나 열을 이루거나 원을 그리는 돌기둥이었다. 이것은 사람들의 공동의식이 만들어낸 것이며, 그 공동의식을 물질로 나타낸 것이다. 그렇게 지어진 구조물은 다시 공동체 구성원의 의식을 새로이 조직했다.

건축은 인간에게 무엇일까? 오래전부터 건축은, 내가 나이고 우리가 우리임을 확인하는 그릇이었다.

1,600년에 걸쳐 세워진 스톤헨지

스톤헨지(Stonehenge)는 런던에서 서쪽으로 약 130킬로미터 떨어진 윌트셔(Wiltshire)의 솔즈베리 평원(Salisbury Plain)에 있다. 인간의 손으로 이루어진 건축의 위대함을 절감하게 하는 구조물이다. 높이 4미터, 30톤 안팎의 거대한 돌들을 원형으로 늘어놓은 거석 유구(遺構)이며, 가장 큰 것은 40톤이 넘고 전체 무게는 무려 2,400톤이나 된다.

지붕은 없다. 그러나 공간을 한정한다는 점에서 건축물이다.

안쪽에는 말발굽 모양의 성소(聖所)가 있는데, 북동쪽 통로를 향해

위에서 내려다본 스톤헨지.

열려 있다. 곧게 선 커다란 두 돌 위에 한 개의 돌을 얹은 삼석탑(三石塔, trilithon)이 말발굽 모양의 성소를 에워싸고 있다. 그리고 성소의 안과 밖을 이보다 낮은 청석(靑石, bluestone)이 둘러싸고 있다.

저 무거운 돌을 어떻게 옮겼느냐보다 훨씬 더 감탄해야 할 것이 있다. 아득한 옛날 도대체 무엇을 위해 그 많은 사람이 저리도 무거운 것을 들고 와서 저렇게 구조물을 지어야만 했는가이다. 게다가 스톤헨지는 한 번에 지어지지 않았다. 오랜 시간이 지난 다음에, 이전 사람들이 지어놓은 것을 또 다른 사람들이 이어서 지었다. 기원전 3,100년에서 1,500년 사이, 그러니까 지금으로부터 5,000년과 3,500년 전쯤, 신석기시대에서 청동기시대에 이르기까지 몇 차례에 걸쳐 지어졌다.

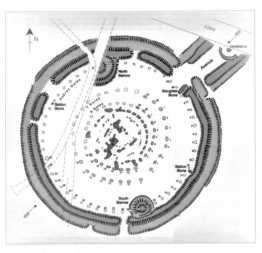

스톤헨지의 배열.

북쪽으로 700미터 떨어진 곳에는 2개의 평행한 개천으로 둘러싸인 커서스(Cursus)라는 땅이 있다. 북동쪽으로는 브리튼에서 가장 큰 석기시대 주거지역인 지름 500미터의 더링턴 월(Durrington Walls)이 있다. 더링턴 월 바로 남쪽에 스톤헨지와 비슷하게 나무로 만든 우드헨지(Woodhenge)가 있었다. 이것을 보면 선사시대에 이곳에 살았던 사람들은 엄청나게 크고 복잡한 구조물을 설계하고 건설하는 능력이 있었음을 알 수 있다. 스톤헨지는 그런 기술의 산물이었다.

스톤헨지는 죽은 자를 위한 긴 제례 행진의 경계였다는 추론도 있다. 일출 때 우드헨지와 더링턴 월의 동쪽에서 행진이 시작되고, 아본 강을 타고 서쪽으로 가다가 다시 땅에 올라와 서쪽의 스톤헨지에 이르렀다는 것이다. 그것은 동쪽에서 서쪽으로, 일출에서 일몰로, 삶에서 죽음으로 이어지는 상징적인 행진이었다. 스톤헨지에 길이가 3킬로미터나 되는 통로(Avenue)가 이어져 있는 것도 이러한 종교적 의미와 연관이 있어 보인다. 주변에 매장 장소와 신성한 유적이 많이 있다는 사실을 감안하면, 스톤헨지는 분명 제사 행진과 관련된 장소였을 가능성이 크다.

스톤헨지가 세워진 과정을 단계별로 묘사한 그림이 있다(628~629

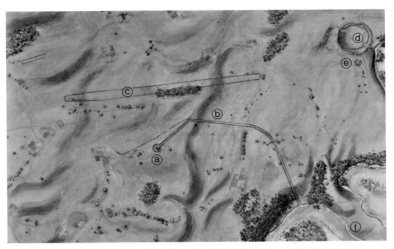

ⓐ스톤헨지, ⓑ통로(Avenue), ⓒ커서스, ⓓ더링턴 월, ⓔ우드헨지, ⓕ아본 강
(E. B. Banning, So Fair a House, Current Anthropology Volume 52, no.5, October 2011, p.631)

쪽 그림 A~D). 기원전 3,100년쯤에 거대한 컴퍼스를 사용하여 단순한 둑과 도랑을 지름 110미터의 원형으로 만들었다(그림 A). 이때 더 넓은 지역에 있는 사람들이 모여들어 공동으로 이 공사에 참여했다. 원형의 북동쪽은 지금처럼 주 출입구로 크게 끊어져 있었고, 남쪽은 부 출입구로 작게 끊겨 있었다. 원의 바로 안에는 남쪽 무덤, 북쪽 무덤을 만들고 작은 돌을 하나씩 세웠다. 대담한 경계의 건축물이었다.

그림 A를 보면 공사를 다 마친 뒤에 많은 사람들이 자기들이 판 둑을 둘러싸고 만세를 부르며 함께 기뻐하고 있다. 원형 한복판에서 서너 사람이 공사 도구를 치켜들며 춤을 추고 있는 것이 특히 인상적이다.

그로부터 500년이 지난 기원전 2,600년경, 토사에 막혀 도랑의 수위가 높아지면서 둑이 침식되었다. 이에 어디선가 가져온 목재를

그림 A : 스톤헨지 건설의 첫 번째 단계.
(E. B. Banning, So Fair a House, Current Anthropology Volume 52, no.5, October 2011, p.631)

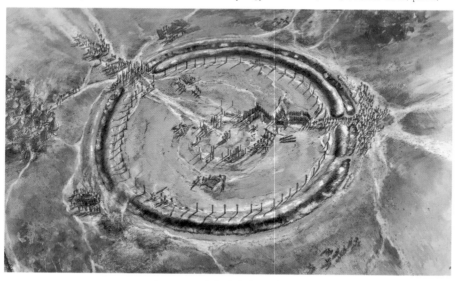

그림 B : 스톤헨지 건설의 두 번째 단계.
(Julian Richards, Stonehenge: The story so far, Historic England, 2007, pp.166, 168, 171, 173, 174)

628

그림 C : 스톤헨지 건설의 세 번째 단계.

그림 D : 스톤헨지 건설의 마지막 단계.

북동쪽 주 출입구와 남쪽 부 출입구를 통해 운반하여 원형의 둑 안쪽을 따라 나무 기둥을 두르고, 한가운데에는 목조 구조물을 지었다(그림 B). 주 입구와 연결되는 북동쪽의 긴 통로가 더욱 뚜렷하게 형성되었다.

바깥 도랑 옆에서는 나무를 쌓아 시신을 화장했고, 뼈를 도랑에 묻었다. 지난 500년간 스톤헨지는 화장 장례식이 거행되는 묘지였다. 그림의 왼쪽인 북쪽에는 노동하는 기간에 묵었던 움집들이 있고, 그림의 아래인 북서쪽에는 죽은 자를 화장하는 모습이 그려져 있다.

원형의 중심부에는 목재로 장례식을 위한 제단을 만들었을 것이다. 기둥에 판자를 대어 벽을 두른 이 성소에는 특정한 사람들만 들어갔다. 그들은 그 안에서 1년 중 가장 중요한 때로 여겼던 하짓날 아침 진입로 위쪽으로 해가 떠오르는 순간을 감격적으로 바라보았을 것이다.

그러나 목재로 짠 구조물은 세월의 풍상을 맞아 쇠락하며 땅에서 차츰 사라져갔다. 백색 연토질 석회암인 백악(白堊)에 구멍이 나 있기는 하지만, 어떤 모습을 하고 있었는지는 분명히 알 수 없다.

다시 500년이 지난 기원전 2100년, 같은 땅에 세월을 견딜 수 있는 돌로 만든 구조물을 세우자는 생각이 처음으로 나타났다. 이전과 같은 기능을 갖되 더욱 폭넓은 행위가 펼쳐지는 장소를 만들기 위해서였다. 바로 이 시기에 스톤헨지 역사의 결정적 사건이 벌어졌다. 첫 번째 돌이 도착한 것이다(그림 C).

다시 100년이 지난 기원전 2,000년쯤에는 이 구조물 주위에 육중한 사르센 사암(sarsen stone) 돌기둥으로 두 겹의 원형을 둘렀다(그림 D). 인류 최초로 돌기둥과 보로 만들어진 구조물이 세워진 것이다.

기둥과 보의 구조는 이집트 신전이나 고대 그리스 신전에서 많이 보이지만, 돌로 만들어진 구조물이 최초로 나타난 것은 바로 이곳, 스톤헨지였다.

빛과 그림자로 빚은 장엄한 풍경

외관은 거칠지만 자세히 들여다보면 세부는 세련되어 있다. 바깥쪽에는 사르센 사암으로 원형의 구조물을 만들었다. 기둥으로 세운 돌들은 위로 올라갈수록 좁게 깎여 하나하나가 곡면을 이룬다. 원형의 장소를 만들기 위해서다. 더구나 돌기둥은 거칠게 보이지만 가운데가 불룩하다. 고대 그리스인들이 신전을 지을 때 기둥 가운데 부분을 불룩하게 하여 배흘림기둥을 만들었다는데, 이와 비슷하다.

기둥은 혼자 서 있으면 오랜 세월이 흐른 뒤에 쓰러질 우려가 크므로 기둥 위를 돌로 묶었다. 이를 상인방(上引枋)이라 하는데, 목재 구조물을 만들 때 사용되는 수법이다. 수직으로 세운 돌에 장부를 만들고, 그 위에 놓인 상인방 돌에 장붓구멍을 만들어 끼웠다(625쪽 사진). 장부란 한 부재의 구멍에 끼울 수 있도록 다른 부재의 끝을 가늘고 길게 만든 부분을 말한다.

이렇게 기둥 두 개 위에 큰 돌이 매달려 있다 하여 'Stonehenge'라고 불렀다. 이는 'stan-hengen'에서 나왔는데, 'stān'은 돌(stone)이고 'hengen'은 '매달다(hang)' 또는 '돌쩌귀(hinge)'라는 뜻이다.

이 구조물은 동짓날 완성되었다. 평원에는 흰 눈이 내렸고, 힐스톤과 통로를 향해 스톤헨지의 긴 그림자가 뻗어 있다(632쪽 그림). 그림

동짓날의 스톤헨지 상상도.

을 보면 힐스톤이 있는 통로와 남쪽을 향한 반원 쪽으로는 아무도 서 있지 않다. 반면 서쪽에서 북쪽을 거쳐 동쪽까지는 수많은 사람들이 반원형을 이루며 둑 바깥쪽에 줄 지어 서서 성소를 바라보고 있다. 그중 일부는 횃불을 들고 있다. 제단에는 대여섯 명이 들어가 제사를 지내고 있고, 몇몇은 북동쪽 통로와 마주 보는 삼석탑의 바로 바깥에 서 있다.

빛과 그림자가 설원 위에 만들어내는 저 장대한 장면을 상상해보라! 그날 이곳에 서 있던 사람들은 태양의 영원함 앞에서, 순환하는 자연과 생명 앞에서 너무나도 가슴이 벅찼을 것이다.

100년 뒤 그들은 이곳에서 290킬로미터나 떨어진 웨일스 남서부의 프레셀리 힐스(Preseli Hills)에서만 나오는 청석 80여 개를 가져와서 말발굽형 안쪽에 20여 개, 말발굽형과 원형 사이에 60여 개를 세웠다. 돌 하나가 무려 5톤이나 된다. 그들은 이 돌을 빙하로 밀펴

드 헤븐(Milford Haven)까지 끌고 가서 해로를 이용하여 브리스톨 아본(Bristol Avon) 강까지 운반한 다음, 마지막으로 이곳까지 끌고 왔다. 가장 짧은 경로만 해도 500킬로미터였다. 부족 전체가 돌 하나를 끌고 와서 세우고, 다시 그곳까지 가서 다른 돌 하나를 끌고 오기를 수십 번 되풀이했다. 평지가 아닌 숲과 언덕을 지나왔으므로 당연히 수많은 사람들의 희생이 뒤따랐다.

300년이 지난 기원전 1550년경에는 원형 바깥으로 동심원 두 개를 더 만들어 남은 60개의 청석을 세울 목적으로 구멍을 팠으나 실행되지는 못했다. 다시 350년이 지난 기원전 1100년쯤에는 북동쪽 통로가 스톤헨지의 동쪽을 거쳐 남동쪽으로 내려가며 에이번 강까지 약 2,780미터로 확장되었다(627쪽 그림). 이는 그때까지도 스톤헨지가 여전히 사용 중이었음을 암시한다.

스톤헨지를 건설하는 데 필요한 노동력은 연인원 수백만 명으로 추정된다. 〈그림 A〉의 둑과 도랑을 만들려면 한 사람이 460일간 일해야 한다. 460명이 함께 지으면 하루 만에 끝낼 수 있다는 뜻이다. 〈그림 B〉처럼 목재를 운반하여 기둥과 구조물을 만들려면 한 사람이 15,000일(41년)을 일해야 한다. 100명이 일하면 150일 걸린다. 〈그림 C〉처럼 만들려면 한 사람이 무려 73,000일(200년)을 일해야 하며, 원시적 도구로 돌을 가공했다는 사실을 고려하면 83만일(2,300년)이 걸린다는 견해도 있다.[204] 100명이 일하면 23년 걸리는 일이다.

스톤헨지는 모두 함께, 그것도 아주 긴 시간을 거쳐서 지었기에 세워질 수 있었다. 이 건축물을 완성하고자 하는 의지가 그만큼 강했다는 것이고, 이를 건설하고 유지할 수 있는 진보된 사회조직이 있었다는 뜻이다.

공동의 가치를 실현한 최초의 공공건물

스톤헨지가 정확히 무엇을 위해 쓰였는지는 아무도 모른다. 불가사의한 구조물이다. 그러다 보니 후세의 상상력을 자극하며 오랫동안 숙고의 주제가 되었다. 누구는 고대의 치유 장소였다고 하고, 누구는 외계인이 내려와 지은 것이라고도 한다. 17~18세기에는 이곳이 고대 켈트족 이교도들의 종교시설인 드루이드(Druid)*205 사원이라고 생각했다. 입구가 하짓날 떠오르는 태양을 향하고 있는 걸로 봐서 일종의 달력(태양력) 기능을 했으리라는 추측도 있었다.

그런데 이곳에서 약 1,000년에 걸쳐 화장된 수백 명의 뼈가 발굴되었다. 이를 통해 스톤헨지는 고대인의 묘지였음이 확인되었다. 처음에는 단순한 묘지였지만, 점차 죽은 자들을 위한 의례 장소로 바뀌어갔다.

기원전 2,500년경에는 동지가 가까워지면 브리튼 섬 각지에서 많은 사람들이 한곳에 모여 대규모의 축제를 열었다고 한다. 그때 잉글랜드 남부 제례의 가장 중요한 중심지가 스톤헨지였다. 1년 중 낮이 가장 긴 하짓날, 말발굽 모양으로 서 있는 돌들의 중심에 서서 통로 시작 지점에 있는 6미터 높이의 힐스톤(Heel Stone) 위로 떠오르는 일출을 바라보면 해가 돌의 정중앙에 위치한다. 이때 해는 마치 돌을 태울 듯이 작렬하는 빛으로 감동적인 장관을 이룬다.

먼 옛날, 한여름의 하지와 한겨울의 동지에는 이곳에 약 4,000명이 모였을 것으로 추정된다.*206 그들은 하지의 일출을 바라보며 태양을 향해 기도하고, 동지의 일몰을 바라보며 죽은 자들에게 경의를 표했을 것이다. 스톤헨지는 이렇듯 정신적으로나 정치적으로 큰 힘

스톤헨지로 가는 경사로의 벽에 그려진 그림.

을 가진 중요한 장소였고, 공동체의 구성원이라면 반드시 가야 할 곳
이었다. 오랜 시간이 지나도 변치 않는 공동의 가치가 그곳에 있었기
때문이다.

해와 달의 운행을 알아내기 위해 스톤헨지에 돌을 배치했다는 것
은 그것의 기능에 대한 해석이다. 그러나 사람은 기능만을 위해 집을
짓지 않는다. 광대한 땅과 그 위에 서 있는 돌이 전해주는 진정한 의
미는 인간의 '의식(儀式, ritual)'이다. 단지 기능만을 위해서라면 저토
록 거대한 돌을 굳이 옮겨 오지 않더라도 작은 돌로 얼마든지 해결
할 수 있다. 스톤헨지는 하늘에서 일어나는 사건과 땅에 사는 인간
의 의식이 함께 공존하는 구조물이고 장소였다. 건축사가 스피로 코
스토프(Spiro Kostof, 1936~1991)는 그것을 의식(儀式)이라고 표현했다.

"의식은 기능을 초월하고 의미 있는 행위에 이른다."[*207]

스톤헨지로 가기 위해 고속도로 밑을 지나 올라가는 경사로 벽에는 무거운 돌을 많은 사람들이 밧줄로 옮기는 그림이 그려져 있다. 이 그림에서 드러나는 것은 거석을 옮기고 들어 올리는 노동의 공동정신이다. 스톤헨지가 완성되던 날 그들은 큰 기쁨에 휩싸였을 것이고, 모두의 힘으로 세운 돌기둥의 안팎에서 축제와 놀이에 참여했을 것이다. 하짓날 일출 의식을 위해 한 자리에 모여든 사람들은 그 구조물을 통해 공동체의 사회적 결합을 명확히 했다. 스톤헨지는 건축에 대한 공동의 가치를 실현한 인류 최초의 공공건물이며 기념비였다.

스피로 코스토프는 이렇게 말했다. "그것은 사람들에게 종종 일상보다도 자신을 커다란 존재로 느끼게 하고 부족으로서의 자부심을 만족시키는 의식이다. 공공건축이란 참으로 이런 장소를 만들어주는 것을 가장 높은 목적으로 삼아야 한다."[*208] 이 문장은 단순히 스톤헨지에 대한 해설이 아니다. 스톤헨지를 예로 들면서 인간이 마음 깊은 곳에 가지고 있는 공동성을 '의식'이라고 표현한 것이다.

괴베클리 테페의 신전에서와 똑같은 질문은 스톤헨지에서도 계속된다. 도대체 저 육중한 구조물을 왜 지었는가? 과연 누가 한 번도 본 적 없는 이런 구조물을 짓자고 제안했을까? 주변에서는 구할 수도 없는 돌로 불가능에 가까운 구조물을 짓자고 한 이는 누구였을까? 또 그것을 최종적으로 결정한 사람은 누구였을까? 부족의 장정들 모두가 이 대역사에 참가하도록 그들을 움직인 힘은 과연 무엇이었을까? 이 구조물에 쓰인 경이로운 기술은 어디에서 배운 것일까? 완성된 후 저들은 왜 저렇게 기뻐했는가? 짓고 난 다음에는 그 구조물을 통해 무엇을 얻었는가? 상상조차 해보지 않았을 이 거대한 구조물을 그들은 어떻게 함께 이해하고 상상하며 자신들이 지녔던 공동의 가치를 드러낸다고 느꼈을까?

스톤헨지라 하니 까마득한 옛날의 이야기일까? 그렇지 않다. 그것은 오늘날 우리가 회복해야 할 건축의 본모습이다. 이런 이유에서 책을 마치며 괴베클리 테페의 신전과 함께 스톤헨지를 길게 말했다.

스톤헨지가 아니라 우리 동네에 지어진 어린이집이라고 하자. 어린이집은 왜 짓는가? 어린이집을 저렇게 짓자고 결정하는 이는 누구인가? 그 결정은 어디에 근거했는가? 누가 이 구조물을 어떻게 지었는가? 어떻게 지었는가? 우리 아이들은 저 집을 통해서 무엇을 얻고 있는가? 저 어린이집은 우리와 함께 지었는가?

이런 질문이 필요 없어 보이는가? 그렇지 않다. 다시 묻는다. 사람은 건축물을 왜 짓는가? 건축물을 이렇게 짓자고 결정하는 이는 누구인가? 그 결정은 어디에 근거한 것인가? 그 건축물을 짓는 이는 과연 누구여야 하는가?

먼 옛날에 지어진 구조물을 향해 던지는 질문은 오늘 우리 곁에 지어지는 건축물에 대해서도 똑같이 주어져야 한다. 스톤헨지를 향한 질문은 그야말로 건축과 건축물에 관한 근본적 질문이다. 우리는 함께 살기 위해 건축을 배워야 한다. 건축은 모든 이가 함께 짓는 것이다.

주 석

1 "a machine for making 'eyes see' the landscape", Alexander Tzonis, Le Corbusier: The Poetics of Machine and Metaphor, Thame & Hudson, 2001, p.64

2 Le Corbusier, Complete Works (Oeuvre Complete), vol. 2, Birkhäuser Architecture. p.24

3 Le Corbusier, 같은 책, p.24

4 르 코르뷔지에, 빌라 사보아의 찬란한 시간들, 장 마크 사보아 저/장 필립 델롬 그림, 오부와, 2018. 8쪽(Jean-Marc Savoye, Les heures claire de la Villa Savoye, FOUR PATHS, 2015)

5 르 코르뷔지에, 빌라 사보아의 찬란한 시간들, 장 마크 사보아 저/장 필립 델롬 그림, 오부와, 2018. 10쪽

6 르 코르뷔지에, 빌라 사보아의 찬란한 시간들, 장 마크 사보아 저/장 필립 델롬 그림, 오부와, 2018, 10~11쪽

7 ガストン・バシュ…ラール, 岩村行雄(訳), 空間の詩学, 思潮社, 1969, p.178

8 르 코르뷔지에, 빌라 사보아의 찬란한 시간들, 장 마크 사보아 저/장 필립 델롬 그림, 오부와, 2018, 38쪽

9 Jacques Sbriglio, Le Corbusier: The Villa Savoye, Birkhäuser, 1999, p.147

10 르 코르뷔지에, 빌라 사보아의 찬란한 시간들, 장 마크 사보아 저/장 필립 델롬 그림, 오부와, 2018, 50쪽

11 Jacques Sbriglio, Le Corbusier: The Villa Savoye, Birkhäuser, 1999, p.162 재인용.

12 르 코르뷔지에 재단은 1925년에 완공된 라로쉬-잔네르 주택(Villa Le Roche-Jeanneret)에 두고 있다.

13 건축주의 손자가 낸 책의 이름도 이것에서 땄다. 르코르뷔지에, 빌라 사보아의 찬란한 시간들, 장 마크 사보아 저/장 필립 델롬 그림, 오부와, 2018. Jean-Marc Savoye, Les heures claire de la Villa Savoye, FOUR PATHS, 2015

14 Tim Benton, The Villas of Le Corbusier: 1920-1930, Yale University Press, 1987. p.191 재인용.

15 르 코르뷔지에, 빌라 사보아의 찬란한 시간들, 장 마크 사보아 저/장 필립 델롬 그림, 오부와, 2018, 8쪽

16 Alice T. Friedman, Women and the Making of the Modern House, Harry N, Abrams, Inc., Publishers, 1998, p.131 재인용.

17 Franz Schulze, Mies van der Rohe: A Critical Biography, The University of Chicago Press, 1985, p.253 재인용.

18 Alice T. Friedman, Women and the Making of the Modern House, Harry N, Abrams, Inc., Publishers, 1998, p.138 재인용.

19 David Spaeth, Mies Van Der Rohe, The Architectural Press, 1985, p.126 재인용.

20 Franz Schulze, Mies van der Rohe: A Critical Biography, The University of Chicago Press, 1985, p.259 재인용.

21 Franz Schulze, Mies van der Rohe: A Critical Biography, The University of Chicago Press, 1985, p.256

22 Alice T. Friedman, Women and the Making of the Modern House, Harry N, Abrams, Inc., Publishers, 1998, p.141 재인용.

23 Nicole Sully, Modern Architecture and Complaints about the Weather, or, 'Dear Monsieur Le Corbusier, It is still raining in our garage…', M/C Journal, Vol.12, No.4(2009)

24 David Spaeth, Mies Van Der Rohe, The Architectural Press, 1985, p.126 재인용.

25 Alice T. Friedman, Women and the Making of the Modern House, Harry N, Abrams, Inc., Publishers, 1998, p.147 재인용.

26 chapel이어서 경당(經堂)이라고 번역했다. 경당은 수도원 등 어떤 공동체나 또는 그곳에 모이는 신자들의 집단의 편익을 위하여 직권자의 허가로 지정된 하느님 경배의 장소를 말한다.

27 Daniele Pauly, Le Corbusier: La Chapelle De Ronchamp, 1998, Birkhauser, p.59.

28 원저는 La plus grande aventure du monde-Citeaux, Arthaud, 1956. 영문판은 The Architecture of Truth, Thames and Hudson, 1957. 복간본 프랑스어판은 Architecture de vérité-L'abbaye cistercienne du Thoronet. Phaidon, 2001. 복간본 영어판은 The Architecture of Truth. Phaidon, London, 2001.

29 Nicholas Fox Weber, Le Corbusier-A Life, Knopf, 2008, p.664

30 Sergio Ferro, Chériff Kebbal, Philippe Potié, Cyrille Simonnet, Le Couvent de la Tourette (Le Corbusier), Editions Parenthèses, 1988, p.13

31 Sergio Ferro, Chériff Kebbal, Philippe Potié, Cyrille Simonnet, Le Couvent de la Tourette (Le Corbusier), Editions Parenthèses, 1988, p.13

32 Sergio Ferro, Chériff Kebbal, Philippe Potié, Cyrille Simonnet, Le Couvent de la Tourette (Le Corbusier), Editions Parenthèses, 1988, p.12

33 Marie-Alain Couturier, Sacred Art, trans. by William Granger Ryan, University of Texas Press, 1989, p.42

34   성무일도(聖務日禱)는 천주교의 성직자, 수도자, 평신도 등이 매일 정해진 시간에 하느님을 찬미하는 공적이고 공통적인 일련의 기도다. 거룩한 직무로서 바치는 일상의 기도이므로 라틴어로는 Officium Divinum, 영어로는 divine office라 부른다.

35   Daniele Pauly, Le Corbusier: La Chapelle De Ronchamp, 1998, Birkhauser, p.60

36   Nicholas Fox Weber, Le Corbusier-A Life, Knopf, 2008, p.735

37   Nicholas Fox Weber, Le Corbusier-A Life, Knopf, 2008, pp.665~666. [ ]는 지은이가 넣은 것.

38   Iannis Xenakis, "The Monastery of La Tourette," Le Corbusier: The Garland Essays, Princeton University Press, 1987, p.143

39   Iannis Xenakis, "The Monastery of La Tourette," Le Corbusier: The Garland Essays, Princeton University Press, 1987, p.144

40   Iannis Xenakis, "The Monastery of La Tourette," Le Corbusier: The Garland Essays, Princeton University Press, 1987, p.143

41   Iannis Xenakis, "The Monastery of La Tourette," Le Corbusier: The Garland Essays, Princeton University Press, 1987, p.143

42   Iannis Xenakis, "The Monastery of La Tourette," Le Corbusier: The Garland Essays, Princeton University Press, 1987, p.146

43   Richard A. Moore, Alchemical and Mythical Theme in the Poem of the Right Angle 1947-1966, OPPOSITIONS 1980: 19/20, pp.110~139

44   '7성사'란 보이지 않는 하느님의 은총으로 볼 수 있도록 전해 주는 일곱 개의 예식을 말한다.

45   Nicholas Fox Weber, Le Corbusier-A Life, Knopf, 2008, p.666 재인용.

46   Holy Office. 이전에는 이단으로부터 교회를 보호하고자 이단심문성성 또는 감찰성성 검사성성(檢邪聖省)이라고도 했다. 현재는 신앙교리성(信仰敎理省)으로 주로 그리스도교의 교리를 감독하는 업무를 맡고 있다.

47   이하 Richard Stockton Dunlap, "Reassessing Ronchamp: the historical context, architectural discourse and design development of Le Corbusier's Chapel Notre Dame-du-Haut", the thesis for the degree of Doctor of Philosophy, Department of Sociology of the London School of Economics, 2014 참조.

48   보편 교회에 대해 교황이 발표하는 공식 사목교서.

49   Richard Stockton Dunlap, "Reassessing Ronchamp: the historical context, architectural discourse and design development of Le Corbusier's Chapel Notre Dame-du-Haut", the thesis for the degree of Doctor of Philosophy,

Department of Sociology of the London School of Economics, 2014, p.50 재
인용.

50   Martin Purdy, "Le Corbusier and the Theological Program," The Open Hand,
     Essays on Le Corbusier (Cambridge: MIT Press, 1986), p.303

51   Denis McNamara, Couturier, Le Corbusier and The Monastery of La Tourette,
     https://www.sacredarchitecture.org/articles/almost_religious_couturier_
     lecorbusier_and_the_monastery_of_la_tourette

52   Sergio Ferro, Chériff Kebbal, Philippe Potié, Cyrille Simonnet, Le Couvent de la
     Tourette (Le Corbusier), Editions Parenthèses, 1988, p.114

53   Jacques Lucan, Le Corbusier, une encyclopeédie, Centre Georges Pompidou.
     1987

54   ル・コルビュジエ カップ・マルタンの休暇, ブルノ カンブレト著, 中村好文 監修, TOTO出
     版, 1997, pp.17~18(LE CORBUSIER IN CAP-MARTIN, PARENTHESES, 1988)

55   근대건축 국제회의(近代建築國際會議, 프랑스어: Congres Internationaux d'Architecture
     moderne. 줄여서 CIAM 시암). 1928년부터 1959년까지 있었던 건축가들의 조직.

56   모뒬로(Modulor)란 르 코르뷔지에가 인체 치수와 황금비에서 만든 건축물와 구조물의 기
     준치수 수열. 프랑스어 module(치수)와 section d'or(황금분할)을 합친 그의 조어.

57   Peter Adam, Eileen Gray: Architect/designer, A biography, Harry N.Abram,
     2000, pp.309~310 재인용.

58   Peter Adam, Eileen Gray: Her Life and Work, Thames & Hudson, 2019

59   Gray E et Badovici J, 'Majson en bord de mer, L'Architecture Vivante, Hiver,
     1929

60   Beatriz Colomina, "The Battle Lines: E.1027", INTERSTICES 4, 2019

61   Peter Adam, Eileen Gray: Architect/designer, A biography, Harry N.Abram,
     2000, p.358

62   위의 글, p.358

63   그것을 기록한 책은 'Rietveld Schroder House, VK Projects, 2009'과 'Interview
     with Truus Schroder' by Lenneke Buller and Frank den Oudsten, VK Projects,
     1988이며, 이것이 '리트펠트・슈레더邸: 夫人が語るユトレヒトの小住宅', イ
     ダ・ファン・ザイル+ベルタス+ムルダー 編著, 田井幹夫 訳, 彰国社, 2010로 번역되었다.
     자세한 기록과 증언은 이 책에 힘입은 바가 크다.

64   표현주의가 융성한 1910년대 네덜란드에서는 추상성과 기하학을 중시하고 누구에게도 이

642

해되는 객관적인 조형을 지향하던 '더 스테일'이라는 운동이 화가, 건축가 등을 중심으로 일어났다. 이 그룹에는 화가 피에트 몬드리안, 건축가 J·J·P 아우트, 헤리트 리트펠트 등이 있었다. 1918년 11월 화가 테오 판 두스부르흐(Theo van Doesburg)가 주재하는 예술 잡지 '더 스테일'을 중심으로 하는 급진적인 예술가 그룹이 결성되었다. 그들은 전통을 버리고 건축 · 조각 · 회화를 개인보다 보편적이고 요소적인 조형으로 유기적으로 결합하는 예술을 지향했다. 그들은 이 잡지 제2호 서문에 8개 항으로 이루어진 첫 번째 선언문을 발표했다. '더 스테일'의 발상은 1919년 바이마르에 세워진 바우하우스에도 영향을 미쳤다.

65 '리一トフェルト·シュレーダー邸: 夫人が語るユトレヒトの小住宅', p.12. 이 주택 이외에 같이 지은 건축물로는 Glass Radio Cabinet(1925), Hanging Glass Cabinet(1926), Project for Standardized Housing and the interiors for the Birza House(1927), Van Urk House and the Desk(1930-31), Houses on Erasmuslaan(1934), Vreeburg Cinema and Movable Summer Houses(1936), Ekano interiors in Haarlem(1938)이 있다.

66 '리一トフェルト·シュレーダー邸: 夫人が語るユトレヒトの小住宅, p.24 재인용.

67 Max Risselada(ed.), Raumplan versus Plan Libre : Adolf Loos and Le Corbusier, 1919-1930, Rizzoli, 1993, p.8 재인용.

68 르네상스 팔라쪼(palazzo)의 지층 바로 위의 주요층. "noble floor"라는 뜻의 이탈리어어. 다른 층보다 천장이 높고 품위 있게 장식했다.

69 Leslie Van Duzer, Kent Kleinman, Villa Muller: A Work of Adolf Loos, Princeton Architectural Press, 1997, p.38 재인용.

70 아돌프 로스, 현미정 옮김, '요제프 파일리히', 장식과 범죄, 미디어버스, 2018, 343쪽. 이를 다소 바꾸었다.

71 Adolf Loos, Yehuda Safran, Mildred Budny, The architecture of Adolf Loos: An Arts Council exhibition, Arts Council of Great Britain, 1985, pp.80~81 재인용.

72 Interview with Kristian Gullichsen, "The Villa As an Experiment for Aalto," Hiroshi Saito, Villa Mairea, Alvar Aalto, 1937-39 (Tokyo: TOTO, 2005), 184 재인용.

73 Alvar Aalto, 'Mairea', Arkkitehti, no. 9.(1939) in Goran Schildt(ed.), Alvar Aalto in His Own Words, Rizzoli, 1998, p.229

74 Alvar Aalto, 'Mairea', Arkkitehti, no. 9.(1939) in Goran Schildt(ed.), Alvar Aalto in His Own Words, Rizzoli, 1998, p.229

75 Alvar Aalto, 'The Housing Problem', Domus, no. 8-10(1930) in Goran

Schildt(ed.), Alvar Aalto in His Own Words, Rizzoli, 1998, p.77

76 Alvar Aalto, 'Mairea', Arkkitehti, no. 9.(1939) in Goran Schildt(ed.), Alvar Aalto in His Own Words, Rizzoli, 1998, p.225~229. 이것은 1939년 5월 9일 예일대학 강연회의 일부다.

77 Demetri Porphyrios, Sources of Modern Eclecticism: Studies on Alvar Aalto, Academy Edition, 1982, p.36

78 Alvar Aalto, 'From Doorstep to Living Room in Goran Schildt(ed.), Alvar Aalto in His Own Words, Rizzoli, 1998, pp.49~55

79 위의 글, pp.51~52

80 위의 글, p.55

81 Alvar Aalto, 'The Housing Problem', Domus, no. 8-10(1930) in Goran Schildt(ed.), Alvar Aalto in His Own Words, Rizzoli, 1998, pp.77~78

82 We should work for simple, good, undecorated things, but things which are in harmony with the human being and organically suited to the little man in the street.

83 김광현, 세우는 자, 생각하는 자, 건축강의 2권, 안그라픽스, 2018년, 107~111쪽

84 Sigfried Giedion, Space, Time and Architecture: The Growth of a New Tradition, 2nd enlarged Edition, Harvard University Press, 1952, p.490

85 Sally Wilson, Luis Barragán's Universal Garden, https://theplanthunter.com.au/gardens/luis-barragan/

86 jacaranda, 청색 꽃이 피고 목재가 향이 좋은 열대산 나무.

87 Yutaka Saito, Casa Barragan, 2003, TOTO, p.32

88 Tom Avermaete, Klaske Havik, Hans Teerds(ed.), 'Gardens for Environment', Architectural Positions: Architecture, Modernity And the Public Sphere, Sun Publishers, 2009, pp.134~139. '환경을 위한 정원들', 건축 근대성과 공공영역에 대한 36인의 건축적 입장들, 권영민 옮김, SPACETIME, 2011, 158~164쪽

89 "The Words of Luis Barragan" at the Presentation of Pritzker Architecture Prize 1980, in Yutaka Saito, Luis Barragan. TOTO Shuppan, 1993, p.10

90 "I would like to describe the spiritual and physical repose one can enjoy from the habit of spending a few moments of every day in a garden."

91 Tom Avermaete, Klaske Havik, Hans Teerds(ed.), 'Gardens for Environment', Architectural Positions: Architecture, Modernity And the Public Sphere, Sun

Publishers, 2009, p.135

92 Beatriz Colomina, 'Reflections on the Eames House', The Work of Charles and Ray Eames: A Legacy of Invention, Harry N. Abrams, 1997, p.128

93 Eames Foundation, https://eamesfoundation.org/house/eames-house/

94 Ralph Caplan, Making Connection: The Work of Charles and Ray Eames, CONNECTIONS: THE WORK OF CHARLES AND RAY EAMES, 1976, Frederick S. Wight Art Gallery, 1976, p.54

95 鳥居徳敏, アントニオ·ガウディ(SD選書 197), 鹿島出版会, 1985, p.85 재인용.

96 田澤耕, ガウディ伝-「時代の意志」を読む, 中央公論新社, 2011, p.60 재인용.

97 田澤耕, ガウディ伝-「時代の意志」を読む, 中央公論新社, 2011, pp.60~61 재인용.

98 마우라 내각의 모로코 출병 정책에 반대하여 바르셀로나 노동자, 민중이 일련의 폭동을 일으킨 1909년 7월 25일에서 8월 2일까지의 한 주.

99 Adolf Loos, "Mein Haus am Michaelerplatz," II-III

100 Christopher Long, The Looshaus, Yale University Press, 2011, p.10 재인용.

101 아돌프 로스, 현미정 옮김, '미하엘러플라츠의 집에 대한 두 논평과 편지 하나', 장식과 범죄, 미디어버스, 2018, 252~253쪽

102 Elana Shapira, Style and Seduction: Jewish Patrons, Architecture, and Design in Fin de Siècle Vienna, Brandeis University Press, 2016, pp.210~211

103 Elana Shapira, Style and Seduction: Jewish Patrons, Architecture, and Design in Fin de Siècle Vienna, Brandeis University Press, 2016, pp.205~206

104 Henry Russell Hitchcock & Philip Johnson, The International Style, W. W. Norton & Co., 1932.

105 Grete Tugendhat 'On the Construction of the Tugendhat House', Daniela Hammer-Tugendhat and Wolf Tegethoff, The Tugendhat House: Ludwig Mies van der Rohe, Birkhäuser, p.22

106 Daniela Hammer-Tugendhat and Wolf Tegethoff, The Tugendhat House: Ludwig Mies van der Rohe, Birkhäuser, 2015.

107 https://www.thewoodhouseny.com/journal/2018/2/21/villa-tugendhat

108 Dietrich Neumann, 'Can one live in the Tugendhat House? A Sketch', www.cloud-cuckoo.net heft 3.2 Neumann.pdf

109 Die Form 6, 1931, pp.392~393

110 Daniela Hammer-Tugendhat and Wolf Tegethoff, 'Is the Tugendhat House

645

Habitable?', The Tugendhat House: Ludwig Mies van der Rohe, Birkhäuser, 2015, pp.70~71

111   Daniela Hammer-Tugendhat and Wolf Tegethoff, 'Is the Tugendhat House Habitable?', The Tugendhat House: Ludwig Mies van der Rohe, Birkhäuser, p.20

112   Grete Tugendhat 'The Inhabitants of he Tugendhat House Give their Opinion', Daniela Hammer-Tugendhat and Wolf Tegethoff, The Tugendhat House: Ludwig Mies van der Rohe, Birkhäuser, p.77

113   Daniela Hammer-Tugendhat and Wolf Tegethoff, 'Is the Tugendhat House Habitable?', The Tugendhat House: Ludwig Mies van der Rohe, Birkhäuser, p.76

114   Daniela Hammer-Tugendhat and Wolf Tegethoff, 'Is the Tugendhat House Habitable?', The Tugendhat House: Ludwig Mies van der Rohe, Birkhäuser, p.77

115   볼프 테게노프는 '미스 반데어로에-빌라의 전원주택 프로젝트'에서 유리벽을 "얇은 막 (Membran)"이라고 불렀다. 프리츠 노이마이어, 꾸밈없는 언어: 미스 반 데어 로에의 건축, 김영철·김무영 옮김, 동녘, 2009, 291쪽 주64.

116   Gaston Bachelard, The Poetics of Space, Beacon Press, 1964, p.62

117   Fritz Tugendhat, 'The Inhabitants of he Tugendhat House Give their Opinion', Hammer-Tugendhat and Wolf Tegethoff, The Tugendhat House: Ludwig Mies van der Rohe, Birkhäuser, p.77

118   Grete Tugendhat, 'The Inhabitants of he Tugendhat House Give their Opinion', Hammer-Tugendhat and Wolf Tegethoff, The Tugendhat House: Ludwig Mies van der Rohe, Birkhäuser, p.77

119   Grete Tugendhat, 'On the Construction of the Tugendhat House', Daniela Hammer-Tugendhat and Wolf Tegethoff, The Tugendhat House: Ludwig Mies van der Rohe, Birkhäuser, p.21

120   Fritz Tugendhat, 'The Inhabitants of he Tugendhat House Give their Opinion', Hammer-Tugendhat and Wolf Tegethoff, The Tugendhat House: Ludwig Mies van der Rohe, Birkhäuser, p.77

121   David Spaeth, Mies Van Der Rohe, Rizzoli, 1985, pp.68~69 재인용.

122   Grete Tugendhat, 'On the Construction of the Tugendhat House', Daniela Hammer-Tugendhat and Wolf Tegethoff, The Tugendhat House: Ludwig Mies van der Rohe, Birkhäuser, p.21

123   Grete Tugendhat, 'The Architect and the Client', Hammer-Tugendhat and Wolf

Tegethoff, The Tugendhat House: Ludwig Mies van der Rohe, Birkhäuser, p.83

124 An Autobiography – Frank Lloyd Wright, Longmans, Green and Company, 1932.

125 Edgar Kaufmann Jr.m Fallingwater: A Frank Lloyd Wright Country House, Abbeville Press, 1987에 그 경위가 기록되어 있다.

126 F. L. Wright, "In the Cause of Architecture: The Logic of the Plan", Architectural Record, 63(Jan. 1928), p.49

127 "Twenty five Years of the House on the Waterfall, Frank Lloyd Wright architect": Kaufmann. in the August 1962 issue of L'Architettura.

128 Edgar Kaufmann Jr., Fallingwater: A Frank Lloyd Wright Country House, Abbeville Press, 1987.

129 Edgar Kaufmann Jr., Fallingwater: A Frank Lloyd Wright Country House, Abbeville Press, 1987, pp.51~54

130 Nina Fisher, What Lou Taught Me: Growing Up in Kahn's Fisher House https://philly.curbed.com/2018/2/20/16886274/louis-kahn-fisher-house-first-person-essay

131 C.P. 스노우, 《두 문화》, 오영환 역, 사이언스북스, 2007

132 Carter Wiseman, Louis I. Kahn: Beyond Time and Style-A Life in Architecture, W. W. Norton & Company, 2007, p.112

133 Richard Saul Wurman(ed.) What Will be Has Always Been, Rizzoli, 1986, p.77

134 제이콥 브로노우스키, 《인간 등정의 발자취》, 김현숙, 김은국(역), 바다출판사, 2009.

135 Alexandra Latour(ed.), "On Form and Design", Louis I. Kahn: Writings, Lectures, Interviews, Rizzoli, 1991, pp.107~108

136 Wendy Lesser, You Say to Brick: The Life of Louis Kahn, 2017, p.243

137 Louis I. Kahn, from Heinz Ronner, with Sharad Jhaveri and Alessandro Vasella Louis I. Kahn: Complete Works 1935~1974, p.158

138 김광현, "'질투와 우연을 가능하게 하는 연구소", 《건축 이전의 건축, 공동성》, 공간서가, 2014, 90쪽

139 Richard Saul Wurman(ed.) What Will be Has Always Been, Rizzoli, 1986, p.296

140 Wendy Lesser, You Say to Brick: The Life of Louis Kahn, 2017, p.143

141 Alexandra Latour(ed.), Louis I. Kahn: Writings, Lectures, Interviews, Rizzoli, 1991, p.206

142 Louis Kahn, The Institute received the American Institute of Architects, Twenty-Five Year Award in 1992.

143 Wendy Lesser, You Say to Brick: The Life of Louis Kahn, 2017, p.245

144 Carter Wiseman, Louis I. Kahn: Beyond Time and Style-A Life in Architecture, W. W. Norton & Company, 2007, p.134

145 Wendy Lesser, You Say to Brick: The Life of Louis Kahn, 2017, p.42

146 Wendy Lesser, You Say to Brick: The Life of Louis Kahn, 2017, pp.195~196

147 Carter Wiseman, Louis I. Kahn: Beyond Time and Style-A Life in Architecture, W. W. Norton & Company, 2007, p.108

148 "Hope lies in dreams, in imagination and in the courage of those who dare to make dreams into reality."

149 Wendy Lesser, You Say to Brick: The Life of Louis Kahn, 2017, p.33

150 이 말을 제목으로 한 책이 발간되었다. Tim Madigan, Of the First Class: A History of the Kimbell Art Museum, Mascot Books, 2019.

151 마셜 마이어스 인터뷰, ルイス·カーン 発想と意味, a+u 1983年11月臨時増刊号, p.226

152 Carter Wiseman, Louis I. Kahn: Beyond Time and Style-A Life in Architecture, W. W. Norton & Company, 2007, p.210

153 Kimbell Art Museum, 'Policy Statement', In Pursuit of Quality: The Kimbell Art Museum-An Illustrated History of the Art and Architecture, Harry N Abrams Inc, 1988, p.318

154 Kimbell Art Museum, 'Pre-Architectural Program', In Pursuit of Quality: The Kimbell Art Museum-An Illustrated History of the Art and Architecture, Harry N Abrams Inc, 1988, pp.319~327

155 "The spaces, forms and textures should maintain a harmonious simplicity and human proportion between the visitor and the building and the art objects observed." Kimbell Art Museum, 'Pre-Architectural Program', In Pursuit of Quality: The Kimbell Art Museum-An Illustrated History of the Art and Architecture, Harry N Abrams Inc, 1988, p.319

156 Carter Wiseman, Louis I. Kahn: Beyond Time and Style-A Life in Architecture, W. W. Norton & Company, 2007, p.211

157 마샬 메이어스 인터뷰, ルイス·カーン 発想と意味, a+u 1983年11月臨時増刊号, p.225

158 Carter Wiseman, Louis I. Kahn: Beyond Time and Style-A Life in Architecture,

W. W. Norton & Company, 2007, p.227

159 Light Is the Theme: Louis I. Kahn and the Kimbell Art Museum, Kimbell Art Museum, 1975, p.17

160 Richard Saul Wurman(ed.) What Will be Has Always Been, Rizzoli, 1986, p.177

161 Light Is the Theme: Louis I. Kahn and the Kimbell Art Museum, Kimbell Art Museum, 1975.

162 Wendy Lesser, You Say to Brick: The Life of Louis Kahn, 2017, p.189

163 https://www.seacoastonline.com/story/news/2004/04/18/take-books-go-to/50253242007

164 https://www.architectmagazine.com/project-gallery/phillips-exeter-academy-library

165 James-Chakraborty, Kathleen (2004). "Our Architect", The Exeter Bulletin. Phillips Exeter Academy (Spring).

166 Carter Wiseman, Louis I. Kahn: Beyond Time and Style: A Life in Architecture, W. W. Norton & Company, 2007, p.194

167 James-Chakraborty, Kathleen (2004). "Our Architect", The Exeter Bulletin. Phillips Exeter Academy (Spring).

168 Carter Wiseman, Louis I. Kahn: Beyond Time and Style: A Life in Architecture, W. W. Norton & Company, 2007, p.200

169 https://www.exeter.edu/news/lou-who-how-kahn-came-exeter

170 Jatio(National) Sangsad(Assembly) Bhaban(Building), Shere(Tiger)-e(of)-Bangla(Bengal) Nagar(city). 이와 함께 순다람 타고르(Sundaram Tagore) 감독의 영화 'Louis Kahn's Tiger City'를 보라. https://filmfreeway.com/LouisKahnsTigerCity

171 벵골족 세 번의 독립, 방글라데시의 역사.
https://www.youtube.com/watch?v=YXM4E4lplJl

172 Sarah Williams Goldhagen, Louis Kahn's Situated Modernism, Yale University Press, 2001, p.164

173 미나렛은 모스크의 부수 건물로, 예배 시간 공지(아잔)를 할 때 사용되는 탑이다.

174 Carter Wiseman, 같은 책, 2007, p.153

175 파키스탄이 영국으로부터 독립한 해

176 Carter Wiseman, 같은 책, 2007, p.153

177 Wendy Lesser, You Say to Brick: The Life of Louis Kahn, 2017, p.223

178   Carter Wiseman, 같은 책, p.158

179   Carter Wiseman, 같은 책, p.174

180   Wendy Lesser, 'Parliament's Castle', http://threepennyreview.com/samples/lesser_su16.html

181   Carter Wiseman, Louis I. Kahn: Beyond Time and Style-A Life in Architecture, W. W. Norton & Company, 2007, p.160

182   William Curtis, Mateo Kries, Louis Kahn: The Power of Architecture, Vitra Design Museum, 2013, p.225

183   김광현, "'나의 건축가' 속의 건축", 《건축 이전의 건축, 공동성》, 공간서가, 2014, 76~82쪽

184   Carter Wiseman, 같은 책, p.174 재인용.

185   L.M. Roth, Understanding Architecture, West View Press, 1998, p.137

186   Carter Wiseman, 같은 책, p.175 재인용.

187   Sarah Williams Goldhagen, 같은 책, p.166

188   Alfredo Brillembourg(ed.), Torre David: Informal Vertical Communities, Lars Muller Publishers, 2012, pp.141~144

189   이에 대해서는 김광현, 건축, 모두의 미래를 짓다, 21세기북스, 2021, 107~115쪽 참조.

190   Alfredo Brillembourg(ed.), Torre David: Informal Vertical Communities, Lars Muller Publishers, 2012. 알프레도 브릴렘버그 등, 『토레 다비드: 수직형 무허가 거주 공동체』, 김마림 역, 미메시스, 2015년. 원서의 부제는 '느슨한 수직 공동체(informal vertical community)'

191   Lucien Kroll, "Anarchitecture," in The Scope of Social Architecture, R. Hatch, ed. Van Nostrand Reinhold, 1984, pp.167~169

192   Bernard Rudofsky, Architecture Without Architects: A Short Introduction to Non-Pedigreed Architecture, Doubleday & Company, 1964.

193   이 내용은 안드레아 오펜하이머 지음, 티머시 헉슬리 사진, 『희망을 짓는 건축가 이야기: 사무엘 막비와 루럴 스튜디오』, 이상림 옮김, 공간사, 2005년에 잘 나와 있다.

194   불어사전은 'bricoleur'를 "수공일(목공일) 하는 사람, 또는 그런 일을 좋아하는 사람'이라고 설명하고 있다.

195   1992년 발간된 이 책은 16년 동안 라다크의 변화를 기록하면서, 서구 세계와는 너무나도 다른 가치로 살아가는 라다크 마을 사람들을 통해 사회와 지구 전체를 생각하게 해주었다. '미래'는 앞날을 뜻하고 '오래된'은 많은 시간이 지났다는 말인데, 물질만능주의에 빠진 현실에 대한 미래의 해결은 과거에 이미 있다는 뜻이다.

196 옥상녹화는 건물 표면에 그늘을 만들고, 식물이 자라는 토양이 햇볕을 흡수하여 표면의 온도를 낮추어준다. 그러면 대기로 다시 방출되는 열도 감소하고 실내와 건물 주변의 온도도 낮아진다. 녹화가 되지 않은 일반적인 옥상은 태양복사에너지의 95퍼센트를 그대로 대기로 방출하지만, 옥상을 녹화하면 유입된 태양복사에너지의 58퍼센트를 감소시켜 도시 전체가 뜨거워지는 도시열섬현상을 완화해준다. 그 대신 방수를 잘해야 하고 적재 하중을 줄이기 위해 경량 토양 등을 사용해야 한다.

197 곡면 형태의 계란이나 조개껍데기는 비교적 얇은데도 외력에 강하고 잘 깨지지 않는다. 셸 구조(shell structure)란 이러한 성질에 착안해 고안된 것으로, 곡면판구조라고도 한다. 얇은 판에 곡률을 갖게 한 곡면판은 평탄한 판보다 강도가 높아지고, 지주 없이 긴 지붕을 만들 수 있다. 구형, 원통형, 파라볼로이드(포물면)형, 하이퍼볼릭 파라볼로이드(쌍곡포물면)형의 셸이 있다. 호주 시드니 오페라하우스의 지붕이 대표적인 셸 구조다.

198 존 러스킨, 건축의 일곱 등불(Seven Lamps of Architecture), 현미정 역, 마로니에북스, 2012.

199 김진소,『천주교 전주교구사』, 천주교 전주교구, 1998, 422~436쪽

200 田澤耕, ガウディ伝−「時代の意志」を読む, 中央公論新社, 2011, pp.52~53

201 바르셀로나를 포함한 스페인 북동부의 광역자치주. 스페인에는 카탈루냐, 발렌시아, 안달루시아, 바스크 등 17개의 광역자치주가 있으며 카탈루냐는 2017년에 주민투표를 통해 스페인으로부터의 독립을 선언하기도 했다.

202 모스크는 메카의 카바 신전을 향해 예배할 수 있도록 세운다. 이 방향을 키블라(qiblah)라고 하고, 이 방향에 직교하게 세운 벽을 키블라 벽이라고 한다. 그 벽의 중앙에는 메카 방향을 나타내는 반원형의 벽감인 미흐랍이 놓인다.

203 E. B. Banning, So Fair a House, Current Anthropology Volume 52, no.5, October 2011, p.631

204 Wikipediahttps://ja.wikipedia.org wiki ストーンヘンジ

205 고대 켈트의 성직자. 켈트인의 애니미즘적인 경향이 강한 종교 생활을 지배했다. 삼림 속에서 사람을 신에게 바치는 인신 공희(人身供犧)의 의식을 하며 불사(不死)를 설교했다.

206 'Stonehenge 3 II (2600 BC to 2400 BC)' in 'Stonehenge', Wikipedia

207 Spiro Kostof, A History of Architecture: Settings and Rituals, Oxford University Press; Revised edition, 1995, p.41

208 Spiro Kostof, 위의 책, p.41

그들의 집은 이렇게 시작되었다
: 우리가 기억해야 할 '제2의 건축가'들

초판 1쇄 펴냄 2025년 4월 3일

지은이 김광현

펴낸이 고영은 박미숙
펴낸곳 뜨인돌출판(주) | 출판등록 1994.10.11.(제406-251002011000185호)
주소 10881 경기도 파주시 회동길 337-9
홈페이지 www.ddstone.com | 블로그 blog.naver.com/ddstone1994
페이스북 www.facebook.com/ddstone1994 | 인스타그램 @ddstone_books
대표전화 02-337-5252 | 팩스 031-947-5868
책임편집 박경수 | 디자인 이기희 이민정 | 마케팅 오상욱 | 경영지원 김은주

ISBN 978-89-5807-063-4 03540